Theorie und Berechnung von Tragwerken

Aktuelle Forschungsbeiträge

Festschrift

OTTO STEINHARDT

zum 65. Geburtstag
am 25. Februar 1974

Herausgegeben von K. Möhler und G. Valtinat
Versuchsanstalt für Stahl, Holz und Steine
der Universität Fridericiana (TH) Karlsruhe

Springer-Verlag Berlin Heidelberg New York 1974

Herausgeber: Prof. Dr.-Ing. K. MÖHLER und Prof. Dr.-Ing. G. VALTINAT

Mit 190 Abbildungen

ISBN 978-3-642-93033-1 ISBN 978-3-642-93032-4 (eBook)
DOI 10.1007/978-3-642-93032-4

Softcover reprint of the hardcover 1st edition 1974

Offsetdruck: fotokop wilhelm weihert kg, Darmstadt. Einband: Konrad Triltsch, Würzburg.

Inhaltsverzeichnis

O. Prof. Dr.-Ing. OTTO STEINHARDT, Dr. sc. techn. h. c. (ETH)

geboren am 25. Februar 1909 in Oberhausen (Rhld)

Als Folge des totalen Zusammenbruchs am Ende des II. Weltkrieges setzte die wissenschaftliche Arbeit an den deutschen hohen Schulen zwar nur zögernd ein, jedoch zeigte sie schon bald - und dies insbesondere auch auf dem Gebiet des "konstruktiven Ingenieurbaus" - bemerkenswerte Erfolge. Damals (1947) begann O. STEINHARDT seine Lehr- und Forschungstätigkeit auf den Gebieten der Baustatik, des Stahlbaus und des Ingenieurholzbaus an der Karlsruher Technischen Hochschule Fridericiana. Achtzehn Monate später - am 24. II. 1949 - erfolgte seine Ernennung zum o. Professor, womit er die Nachfolge von E. Gaber, dem Schüler Fr. Engesser's antrat. Zur 1oo. Wiederkehr des Geburtstages dieses Mitbegründers der wissenschaftlichen Methodik in der Brückenbaukunst erwähnte O. Steinhardt (zum 12. Februar 1948) in einem Festvortrag einige Leitgedanken Engesser's, die insbesondere deshalb interessant sind, weil sie seither richtungsweisend für das gesamte Forschungsgebiet an der Karlsruher "Versuchsanstalt für Stahl, Holz und Steine" geblieben sind: "Die technischen Probleme sind in der Regel äußerst kompliziert und können nur durch weitgehendste Abstraktion, also große Vereinfachung, praktisch bewältigt werden. Die Schwierigkeit liegt dabei im Erfassen des Wesentlichen und Ausscheiden des Nebensächlichen. Technische Probleme sind daher grundsätzlich nicht als bloße Anwendungen der Mathematik anzusehen; eine einfache, auf Erfassung der wesentlichen Bedingungen aufgebaute Formel ist (insbesondere für den Konstrukteur) im allgemeinen zweckentsprechender als eine möglichst mathematisch exakte, jedoch undurchsichtige".- Natürlich erscheint heute, im Zeitalter der Computer, der Rahmen für "Mathematisierungen" ganz wesentlich erweitert.-

Als Kind des Ruhrgebietes besuchte O. Steinhardt das Oberhausener Realgymnasium, studierte - nach ausgiebiger Praktikantenzeit in einer Dortmunder Brückenbauwerkstatt und in einem technischen Büro der Firma Harkort, Duisburg - bis zum Sommer 1933 an der Technischen Hochschule Darmstadt. Er war dort, zunächst vorübergehend, als Assistent H. Kayser's im "Ingenieurlaboratorium" tätig, um anschließend (1934 1936) in Köln-Wesseling und Hagen-Haspe als Statiker und amtlich geprüfter Schweiß fachingenieur zu wirken. Für die Jahre 1936 bis 1938 verpflichtete ihn H. Kayser erneut in sein Darmstädter Forschungsinstitut, zuletzt als Dr.-Ing. und als stellvertretenden Leiter. In seiner damaligen Dissertation behandelte O. Steinhardt - einer diesbezüglichen Anregung von F. Bleich folgend - ein aktuelles Problem über die Spannungsberechnung in gekrümmten biegesteifen Stäben; dabei wurden von ihm die theoretische Lösung, die Verifikation an wirklichkeitsnahen Modellen und praktisch brauchbare Näherungsansätze gleichzeitig erarbeitet. Hiermit zeigte sich schon früh - sowie dann späterhin in seinem Handbuch "Theorie und Berechnung der Stahlbrücken", das im Jahre 1958 im Springer-Verlag erschien -, daß der Verfasser neben der notwendigen wissenschaftlichen Exaktheit immer auch die aus dem großen Schatz der Ingenieurerfahrung kontinuierlich fließenden Einsichten zur Geltung bringen möchte. Aus der Tradition der Altmeister (wie z.B. O. Mohr und Fr. Engesser) und ihrer Sachwalter und Mehrer (wie z.B. F. Bleich, A. Hawranek, F.Schleicher, E. Chwalla und F. Stüssi) wird von ihm die Konsequenz gezogen, daß sich auch in Zukunft die Theorien des Stahlbaus jeweils möglichst eng an veränderte werkstoffliche und konstruktive Gegebenheiten anzupassen haben.

Ab Oktober 1938 arbeitete O. Steinhardt, zunächst als Statiker, späterhin als Abteilungsleiter und schließlich als Handlungsbevollmächtigter in der Geschäftsleitung der Firma J. Gollnow & Sohn (Stettin) - zusammen mit bedeutenden Ingenieuren wie A. Feige, H. Beer und J. Argyris. Nach dem Kriege wechselte er - im Zuge der Wiederherstellung zerstörter Verkehrswege - mehrfach Standort und Wirkungsfeld, um schließlich (ab 1946) endgültig in Kalsruhe ansässig zu werden. Hier konnte er damals - bis zu seiner Berufung an die Fridericiana - als Oberingenieur seiner Firma auf eine mehr als 12jährige Stahlbaupraxis zurückblicken, die vom Bau fester und beweglicher Brücken, vom Turm- und Mastbau, dem Bau von Raketenstartgerüsten, von Bahnhofs- und Industriehallen bis hin zu großen Montage-Verfahren reichte.

Die wissenschaftliche Tätigkeit von O. Steinhardt kann ab dem Jahre 1937 datiert werden; der nachstehende Auszug von Veröffentlichungen mag hierzu einen Überblick bieten: Der Verfasser dieser Bücher, Skripten und Zeitschriftenaufsätze, der gleichzeitig um eine zielstrebige nationale und internationale Normung bemüht ist, vertritt die Auffassung, daß die Grundlagen der "Technischen Mechanik", d.h. insbesondere zeitgemäße Tragwerkstheorien, die gleichzeitig werkstoffliche, konstruktive und fertigungsabhängige "Imperfektionen" zu berücksichtigen vermögen, vor den (natürlich ästhetisch sehr befriedigenden!) geschlossenen mathematischen "Lösungen" den Vorzug verdienen.- So erwuchsen aus seinen zahlreichen Untersuchungen über Niet-, Schrauben-, Schweiß- und Kleb-Verbindungen des Metallbaus, sowie aus Messungen an wirklichkeitsnahen Großmodellen praktisch verwertbare theoretische Ansätze zur "vollständigen Berechnung von orthotropen Platten im Stahlbau" (1963 und 1965), zur "Anwendung der Energie-Methode auf Stabwerke" (1969), zu "Lebensdauerfunktionen" bei schwingbeanspruchten Aluminiumverbindungen (1971 und 1972), zu "Beulproblemen" an Kugel- (1968) und Zylinder-Schalen (197o und 1972), zum "elastischen" und "unterbrochenen" Verbund, zu Fachwerk-Verbundträgern, vorgespannten Seilnetzträgern u.a.m.-

Zahlreiche temperaturabhängige Sprödbruch- und (dauerlastabhängige) Ermüdungs-Versuche für Druckrohrleitungen von Wasserkraftanlagen, einschließlich Entwurf, Bemessung und Ausführung, bildeten ein ganz spezifisches Forschungsfeld O. Steinhardt's und seiner engsten Mitarbeiter.- Weiterhin entwickelte sich eine sehr umfangreiche angewandte Forschung in der Karlsruher "Versuchsanstalt" (abgesehen von derjenigen für die Baustoffe Holz, Steine und Kunststoffe) auf dem Felde der Verbindungstechnik; hier wurden nicht nur die HV-Technik für den europäischen Raum aus der Taufe gehoben, sondern es folgten bald die Klebe- und VK-Technik im Metallbau, es wurden normgerechte biegesteife Kopfplattenstöße und SL-Verbindungen (immer bei Einsatz von "hochfesten" Schrauben) entwickelt.

Seit einigen Jahren wendet sich O. Steinhardt in besonderer Weise wieder den aktuellen Problemen des Stahlhoch- und Brückenbaus zu. Hier entstanden neben einem einführenden Kongreßbericht (New York, 1968) über "Plastizitätstheorie" späterhin kritische theoretische Überlegungen zur Berechnung geschweißter Biegeträger (197o und 1971) und zu den ersten deutschen "Traglast-Richtlinien" (1971 bis 1973); es wurden aber auch Betrachtungen zum "überkritischen Verhalten" von Vollwandträgern (London 1971) und zum Kastenträger-Problem (London 1973 und Brüssel 1974) theoretisch entwickelt und an Großmodellen verifiziert, die die internationalen Bemühungen sehr gefördert haben dürften. In diesem Zusammenhang mögen die Knick-Versuche an einfachsymmetrischen Aluminiumstäben erwähnt sein (Paris 1973), die - durch alternativen Ersatz des sogenannten ω-Verfahrens in der Norm DIN 4113 - den wesentlichen Schritt vom klassischen "Verzweigungsproblem" zu nichtlinearen (stoff- und formbedingten) Theorien offenlegen, wobei auch brauchbare Bemessungsformeln für das Gesamtfeld des Stabknickens (also des Biege- und Dreh-Knickens!) resultierten.

Es konnte bei der Vielseitigkeit des Forschungsbetriebes in der Karlsruher "Versuchsanstalt" nicht ausbleiben, daß O. Steinhardt zur Obmannschaft bzw. zur Mitarbeit in nationalen und internationalen Fachgremien aufgefordert wurde, in denen er auch weiterhin mitwirkt (vgl. Anhang 2).- Der Ausfluß derartiger Tätigkeiten beeinflußt natürlich auch die Lehre an der heutigen Universität Karlsruhe. Hier wird laufend - anhand von immer wieder zeitgemäß zu überarbeitenden Skripten und Sonderdrucken - einer strebsamen Schülerschaft auf dem Felde des Metallbaus außer den klassischen Grundlagen auch das lebendige Geschehen an der Front der Entwicklungen der technischen Praxis vor Augen geführt; bemerkenswerte Dissertationen und Habilitationen zeugen vom bisherigen Erfolg dieser Bemühungen.-

Jeder technisch-wissenschaftlichen Arbeit liegt, und dies gilt nach Ansicht von O. Steinhardt ganz besonders ausgeprägt für Standfestigkeitsnachweise im Konstruktiven Ingenieurbau, neben der (unerläßlichen) mathematisierbaren Logik ein wesentlicher Anteil von als "Regeln der Baukunst" anerkannter Erfahrung zugrunde. Aus dieser Einsicht heraus sollten selbst so leistungsfähige Methoden wie z.B. diejenige der Matrizen- bzw. Tensorrechnung oder diejenige der "Finiten Elemente", die beide oft ganze Programmsysteme bei Rechenzentren bewirkt haben, auf den Anwendungsfeldern des Bauingenieurs immer bedächtig und selbstkritisch vorbereitet sein. Denn bei allen digitalen Informationsdarstellungen kann die "Ausgabe", über die dem Computer implizierten Regeln, im Zuge der "Verarbeitung" grundsätzlich nie gehaltvoller als die "Eingabe" sein, wodurch diese - in ihren bei Tragwerken oft sehr komplexen Verknüpfungen einerseits von wahrscheinlichen Lastfällen und andererseits von Fakten wie Baugrund, Werkstoff, Verbindungen und "Imperfektionen" - für die Standsicherheit ausschlaggebend bleibt. So brauchbar also eine "gute Theorie" ist, sie kann bei ihrer Formulierung der "Praxis" nicht entbehren!

Berufs- und Privatleben erscheinen bei O. Steinhardt in harmonischer Weise verknüpft. Gemeinsame Interessen sind dabei oft nicht nur dem persönlichen Kontakt zu seinen Mitarbeitern dienlich, sondern sie führen ihn und seine Gattin Hildegard (194o) oft weit ins Ausland - offensichtlich besonders gern nach Ägypten, wo auch heute noch Freunde und Pferde ihn erwarten.

K. Möhler und G. Valtinat

Mitgliedschaften

Deutscher Ausschuß für Stahlbau (DASt)

Wissenschaftlicher Beirat und
Sachverständigenausschüsse des Instituts für Bautechnik (IfB)

Landesprüfungsausschuß des Landes Baden-Württemberg

Beratendes Mitglied des Fachnormenausschusses für Bauwesen (insbes. Arb.-Ausschuß DIN 4113, Grundnorm im Stahlbau etc.)

Deutsche Delegation der Internationalen Vereinigung für Brückenbau und Hochbau (IVBH)

Verein Deutscher Ingenieure (VDI)

Deutscher Verband für Schweißtechnik (DVS)

Bundesvereinigung der Prüfingenieure für Baustatik

Karlsruher Hochschulvereinigung e.V.

Hochschulverband

Beratendes Mitglied der Deutschen Forschungsgemeinschaft

Chairman des Technical Committee 17 "Tall Buildings"

Member des Joint Committee of JABSE-ASCE

Veröffentlichungen

a) Bücher und Schriften

FRIEDRICH ENGESSER...zum Gedächtnis. C.F. Müller, Karlsruhe 1949.+)

Der Lehrstuhl für Stahl, Holz und Steinbau sowie die Versuchsanstalt für Stahl, Holz und Steine (Geschichte und Entwicklung); aus: Festschrift zur 125-Jahrfeier der Technischen Hochschule Fridericiana Karlsruhe, Karlsruhe 195o.

Die Entwicklung des Stahlbaus im Spiegel der amtlichen Bestimmungen; aus: Abhandlungen aus dem Stahlbau "Stahlbau-Tagung Karlsruhe 1951", Köln 1951, H. 1o. +)

Versuche zur Anwendung vorgespannter Schrauben im Stahlbau, Teil I. Berichte des Deutschen Ausschusses für Stahlbau, Köln 1954, H. 18 (mit K. Möhler). +)

Theorie und Berechnung der Stahlbrücken. Berlin/Göttingen/Heidelberg 1958 (mit A. Hawranek). +)

Gleitfeste Schraubenverbindungen im Stahlbau; aus: Festschrift "5o Jahre Deutscher Ausschuß für Stahlbau", Köln 1958. +)

Versuche zur Anwendung vorgespannter Schrauben im Stahlbau, Teil II. Berichte des Deutschen Ausschusses für Stahlbau, Köln 1959, H. 22 (mit K. Möhler). +)

Die Karlsruher Versuche an Punktschweißverbindungen. Berichte des Deutschen Ausschusses für Stahlbau. Teil I. Köln 196o, H. 23 (mit G. Bierett). +)

HV-verschraubte Kopfplattenverbindungen bei biegefesten Stabwerken (Deutsch-Schweizer Gemeinschaftsversuche). Stahlbau-Verlag, Köln 1961 (mit R.Schlaginhaufen).

Versuche zur Anwendung vorgespannter Schrauben im Stahlbau, Teil III. Berichte des Deutschen Ausschusses für Stahlbau, Köln 1962, H. 24 (mit K. Möhler). +)

Zur Tragfähigkeit von versteiften Flachblechtafeln im Metallbau. Berichte der Versuchsanstalt für Stahl, Holz und Steine der Technischen Hochschule, Karlsruhe 1963, H.1 (mit G. Abdel Sayed). +)

Druckrohrleitungen für Wasserkraftanlagen (Neuere Entwicklungen). Berichte der Versuchsanstalt für Stahl, Holz und Steine der Technischen Hochschule, Karlsruhe 1965. H.2. +)

Zur vollständigen Berechnung von "orthotropen Platten" im Stahlbau. Stahlbau und Baustatik. Aktuelle Probleme. Wien/New York 1965. +)

Zur Tragfähigkeit von versteiften Kugelschalen im Metallbau. Berichte der Versuchsanstalt für Stahl, Holz und Steine der Technischen Hochschule, Karlsruhe 1968, H.3 (mit M. Sawires). +)

Versuche zur Anwendung vorgespannter Schrauben im Stahlbau, Teil IV. Berichte des Deutschen Ausschusses für Stahlbau, Köln 1969, H. 25 (mit K. Möhler und G. Valtinat). +)

Über die Anwendung der Energie-Methode auf Stabwerke; in: Aus Theorie und Praxis des Stahlbetonbaues - Festschrift zum 65. Geburtstag von Herrn Professor Dr.-Ing. Gotthard Franz, Karlsruhe. Wilhelm Erst & Sohn, Berlin 1969. +)

Zur Beulstabilität von Kreiszylinderschalen. Berichte der Versuchsanstalt für Stahl, Holz und Steine der Technischen Hochschule, Karlsruhe 197o, H. 4 (mit U. Schulz). +)

Das überkritische Verhalten von Aluminium-Vollwandträgern mit Quersteifen. I. Bericht aus der Versuchsanstalt für Stahl, Holz und Steine der Universität Karlsruhe. Extrait du Rapport Colloquium London 1971 der IVBH, Zürich 1972 (mit W. Schröter).

Das überkritische Verhalten von Aluminium-Vollwandträgern mit Quersteifen. II. Bericht aus der Versuchsanstalt für Stahl, Holz und Steine der Universität Karlsruhe. Extrait du Rapport Colloquium London 1971 der IVBH, Zürich 1972 (mit W. Schröter).

Die Schwingfestigkeit geschweißter Aluminiumverbindungen. Berichte der Versuchsanstalt für Stahl, Holz und Steine der Universität Fridericiana, Karlsruhe 1971, H.5. (mit D. Kosteas). +)

5o Jahre Versuchsanstalt. Ansprachen, Kurzvorträge, Veröffentlichungen. Berichte der Versuchsanstalt für Stahl, Holz und Steine der Universität Fridericiana, Karlsruhe 1971, H.7. (mit K. Möhler). +)

Aktuelle Forschungsergebnisse aus dem Druckrohrleitungsbau. Berichte der Versuchsanstalt für Stahl, Holz und Steine der Universität Fridericiana, Karlsruhe 1974, H.6. (mit F. Mang), in Vorbereitung. +)

b) Zeitschriften-Aufsätze (Auszug)

Dehnungsmessungen und Spannungsuntersuchungen an geschweißten Vollwandträgern (Bericht aus dem Ingenieurlaboratorium der Technischen Hochschule Darmstadt). Der Stahlbau 1o (1937), H.5/6 (mit H. Kayser und A. Herzog).

Beitrag zur Berechnung gekrümmter Stäbe mit gegliedertem Querschnitt. Dissertation Darmstadt 1938.

Untersuchung von Holzverbindungen oder Holztragwerken mittels Kraftfeldern. (Mitteilung aus dem Ingenieurlaboratorium der Technischen Hochschule Darmstadt. Holz als Roh- und Werkstoff 1 (1938) H.1.

Die Berechnung zweistäbiger Rahmenecken mit zusammengesetztem Querschnitt. Der Stahlbau 13 (194o), H.3/4.

Die Nietverbindung im Lichte moderner Forschung. Aus Lehre und Forschung, Karlsruhe 1948.

Untersuchungen über die Beanspruchung von unmittelbar belasteten Gurtungen von fachwerkartigen Kranbrücken. Die Bautechnik 26 (1949), H.5.

Betrachtungen zu Dauerversuchen an größeren Nietverbindungen. Die Bautechnik 26 (1949), H.9 (mit K. Möhler).

Die Wiederherstellung der Straßenbrücke über den Neckar zwischen Obrigheim und Diedesheim. Brücke und Straße 1 (1949), H.2.

+) sind in Buchform erschienen

Der Wiederaufbau der Straßenbrücken in Württemberg-Baden. Brücke und Straße 1 (1949), H.3.

Zur statischen Berechnung stählerner Kuppeln und verwandter Bauformen. Die Bautechnik 27 (195o), H.2.

Ein neues Bau- und Montageverfahren für genietete Stahlträger im Verbund mit Stahlbeton-Druckplatten. Die Bautechnik 27 (195o), H.3.

Bauformen stählerner Verbund-Fachwerkträger. Die Bautechnik 27 (195o), H.7.

Fachwerk-Verbundträger für Brückenbau und Hochbau. Der Bauingenieur 25 (195o), H.8.

Zur Berechnung der Verbund-Fachwerkträger. Die Bautechnik 28 (1951), H.4.

Versuche mit zusammengesetzten genagelten I-Holzbiegeträgern. Deutscher Zimmermeister 53 (1951), H.7 (mit K. Möhler).

Entwicklungstendenzen des Ingenieur-Holzbaus. VDI-Ztschr. 93 (1951), Nr. 29.

Die waagerechte Koppelung von Trägern mittels querliegender Torsionsglieder. VDI-Ztschr. 94 (1952), Nr. 6.

Experimentelle Spannungsermittlungen an Eckkonsolen. Der Bauingenieur 27 (1952), H.7.

Reine Theorie und praktische Berechnung von Bauwerken. VDI-Ztschr. 95 (1953), Nr.8.

Stand der Stahlbauweise. VDI-Ztschr. 95 (1953), Nr. 29.

Zeitgemäße Holzkonstruktionen des Hochbaus. Deutscher Zimmermeister 56 (1954), H.24.

Die Druckrohrleitungen der Big-Eildon-Sperre (Australien). Der Bauingenieur 3o (1955), H.1 (mit H. Leck).

Untersuchungen an geschweißten Druckbehältern und Rohrleitungen. Der Bauingenieur 3o (1955), H.3.

Die Anwendung der Schweißtechnik im neuzeitlichen Stahlhoch-, Brücken- und Gleisbau. Schweißen und Schneiden 7 (1955), H.6.

Vom Brückenbau in Holz. Deutscher Zimmermeister 57 (1955), H.14.

Eine Fußgängerbrücke mit 3o m Spannweite. Deutscher Zimmermeister 57 (1955), H.14.

Vorgespannte Schrauben im Stahlbau, VDI-Ztschr. 97 (1955), Nr.21.

Grundlagen für Berechnung und Ausführung von Holztragwerken. Deutscher Zimmermeister 57 (1955), H.19.

Stand des Ingenieurholzbaus. I. Einfluß der jüngsten Entwicklung auf die Neufassung der Berechnungsvorschriften. II. Fortschrittliche Bauweisen in Holz. VDI-Ztschr. 98 (1956), Nr.34 und Nr.35 (mit K. Möhler).

Pressure Pipelines for Hydro-Electric Power Plants. German Constructional Engineering for Export (1957), H.5.

Konstruieren in Stahl unter besonderer Berücksichtigung der HV-Schrauben. Veröffentlichungen des Deutschen Stahlbau-Verbandes (1958), H.12.

Die Stahlkonstruktionen der großen deutschen hydro-elektrischen Speicheranlagen. Veröffentlichungen des Deutschen Stahlbau-Verbandes (1958), H.13.

Vorgespannte Schrauben im Stahlbau. VDI-Ztschr. 1o1 (1959), Nr.19.

Mathematik und Bautechnik. Aus Lehre und Forschung, H.3, Darmstadt 1959.

Hochfeste vorgespannte Schrauben (HV-Schrauben) als neuartige Verbindungsmittel des Stahlbaus (Vorbericht). Zur Anwendung von HV-Schrauben im Stahlbau (Schlußbericht), Sechster Kongreß Stockholm 196o der IVBH, Zürich 196o.

Verbindungen bei Aluminium-Konstruktionen des Ingenieurbaus. VDI-Ztschr. 1o2 (196o), Nr.35.

Die Karlsruher Versuche an Nietlochschweißverbindungen unter einer CO_2-Schutzgas-Atmosphäre. Veröffentlichungen des Deutschen Stahlbau-Verbandes (1962). H.15.

Modelluntersuchungen zur Bestimmung der Schweißnahtscherspannungen in der Schwimmeranschlußkonstruktion beim Schiffshebewerk Henrichenburg. Der Bauingenieur (1963), H.5 (mit G. Valtinat),

Vorläufige Richtlinien für HV-Verbindungen für stählerne Ingenieur- und Hochbauten, Brücken und Krane. Hrsg. Deutscher Ausschuß für Stahlbau, 2. Ausg. Köln 1963. Rezension: Der Bauingenieur (1963), H.12.

Ebene vorgespannte Seilnetze (Tragverhalten und Feuersicherheit). Wissenschaftliche Ztschr. Technische Universität Dresden 13 (1964), H.3.

Über die konstruktiven Funktionen der Schweißnaht im Metallbau. Schweißen und Schneiden (1965), H.1.

Stand der Verbindungstechnik im Metallbau. Abhandlungen der Internationalen Vereinigung für Brückenbau und Hochbau - Festschrift für Prof. Fritz Stüssi - Zürich 1966, Bd.26.

Untersuchungen an einfachen und mit HV-Schrauben kombinierten, geschweißten Überlappungsverbindungen im elastischen und plastischen Bereich. Fachbuchreihe Schweißtechnik 53, I. u. II, Düsseldorf 1968 (mit G. Valtinat).

Das Metallkleben im Stahlbau. Vortrag anläßlich der Stahlbau-Tagung Dresden 1967. Die Straße 8 (1968), H.6.

Dauerfestigkeitsuntersuchungen an stumpfgeschweißten Aluminiumstäben. Technische Mitteilungen 62 (1969), H.9.

Zur örtlichen Stegbeanspruchung zentrisch belasteter Kranbahnträger bei Verwendung elastisch gebetteter Kranschienen. Der Bauingenieur 44 (1969), H.8. (mit U. Schulz).

Die Verbindungstechnik im Metallbau unter besonderer Berücksichtigung der HV-Technik, Teil I und II. VDI-Ztschr. 111 (1969), H.22 und H.24.

Trapezblechscheiben im Stahlhochbau - Wirkungsweise und Berechnung. Die Bautechnik 47 (197o), H.1o (mit U. Einsfeld).

Systematik der Auswertung von Schwingfestigkeitsuntersuchungen an geschweißten Aluminiumproben mit Hilfe elektronischer Rechenanlagen. IV. Schweißtechnisches Hochschulkolloquium 197o Essen. Technische Mitteilungen 63 (197o), H.11 (mit D. Kosteas).

Zum Beulverhalten von Kreiszylinderschalen. Schweizerische Bauzeitung 89 (1971), H.1 (mit U. Schulz).

Aluminium im konstruktiven Ingenieurbau. Aluminium 47 (1971), H.2 u. H.4.

Aluminiumkonstruktionen im Bauwesen. Schweizerische Bauzeitung 89 (1971), H.11.

Ausstellungspavillon mit außergewöhnlicher Aluminiumkonstruktion in Hannover. Prüfung der statischen Berechnung. Aluminium 48 (1972), H.4 (mit D. Kosteas).

Schrägkabelbrücke mit drei Fahrbahnen übereinander. Extrait du Rapport préliminaire Neuvième Congrès Amsterdam 1972 der IVBH, Zürich 1972.

Ermüdungsfestigkeit geschweißter Aluminium-Verbindungen - Untersuchung mit Hilfe mehrparametriger Lebensdauerlinien, Teil I und II. VDI-Ztschr. 114 (1972), Nr.8 u. Nr. 11 (mit D. Kosteas).

Sprödbruch- und Ermüdungsuntersuchungen an zylindrischen Hohlkörpern mit Rundnahtversatz und unterschiedlichen Versteifungen. VDI-Ztschr. 114 (1972), Nr.13 (mit F. Mang).

Stahlhochbau und Industriebau. Jahresbericht 1973. VDI-Ztschr. 115 (1973), Nr.9.

Recent revisions to German standard; aus: Reprints of Conference on Steel Box Girder Bridges London 1973. The Institution of Civil Engineers, London 1973.

Material behaviour and stability in Aluminium-construction E-DIN 4113 (Paper 16); aus: Reprints of Colloquium on centrally compressed struts Paris 1972. Centre Technique Industriel de la Construction Métallique, Puteaux/Paris (in Vorbereitung).

Contribution to the design of Box Girders for ultimate strength; aus: Reprints of Meeting Brüssel. European Convention für Constructural Steelwork (Plate Buckling) 1974 (mit H. Rubin), in Vorbereitung.

Doktoranden

Lühr, Gerhard (1948)
Walter, Helmut (1948)
Schröder, Heinz (195o)
Peters, Klaus (1952)
Hoischen, Anselm (1952)
Atrops, Jonann Ludwig (1953)
Moppert, Hugo August (1954)
Hoyden, A. (1955)
Eisenmann, Ortwin (1955)
Schiller, Adolf (1956)
Dörnen, Klaus (1956)
Bongard, Werner (1957)
Kubitzki, Hans-Henning (1959)
Schneider, Walter (1959)
Schreier, Gerhard (1961)
Schwalbach, Heinz (1962)
Bratanow, Theodore (1962)
Abdel Sayed, George (1963)
Reusch, Dieter (1963)
Mang, Friedrich (1965)
Unger, Helmut (1965)
Kirchner, Götz (1965)
Valtinat, Günther (1966)
Ehlbeck, Jürgen (1966)
Schelling, Wolfgang (1968)
Sawires, Mamnoun J. (1968)
Schulz, Ulrich (197o)
Kosteas, Dimitris (197o)
Einsfeld, Ulrich (197o)
Hawlitzky, Dietmar (197o)
Rubin, Helmut (1972)
Vielsack, Peter (1973)

Habilitanden

Fadle, Johann: Der homogene, durchlaufende Träger auf unverschieblichen Stützen. (195o)

Möhler, Karl: Über das Tragverhalten von Biegeträgern und Druckstäben mit zusammengesetztem Querschnitt und nachgiebigen Verbindungsmitteln. (1956)

Mang, Friedrich: Die Sattellagerung unversteifter kreiszylindrischer Rohre und Behälter. (1969)

Valtinat, Günther: Kriterium zur Erfassung der Spannungsversprödung von Werkstoffen. (197o)

Kosteas, Dimitris: Voraussage des Ermüdungsverhaltens von Metallkonstruktionen. (1974)

Schulz, Ulrich: Probleme bei der Anwendung von duroplastischen Kunststoffen im Konstruktiven Ingenieurbau. (1974)

Stahlbrückenbau in der Bundesrepublik Deutschland

H. THUL, Bonn

1. Geschichtlicher Rückblick

Brücken standen, soweit sich die Geschichte der Bautechnik zurückverfolgen läßt, neben Sakralbauten, Burgen und Schlössern immer im Mittelpunkt des Bauschaffens. Für den Konstrukteur, Statiker und Monteur spiegeln sie nicht nur deutlich den jeweiligen Stand bautechnischer Entwicklung wider, sondern zeugen zugleich von Tatkraft, Wagemut, Ideenreichtum und Liebe zum Detail. Gedanken und Wünsche sind hier in der Tat Materie geworden, die sich Tag für Tag dem Urteil des Betrachters stellen muß. So wundert es niemanden, wenn nicht nur für den Ingenieur, sondern auch für den technisch interessierten Laien, den Politiker, den Verkehrsteilnehmer, den Ästhet und den "Mann auf der Straße" Brücken neben ihrer Zweckbestimmung meist einen Hauch von Mythos, Abenteuer und ausgewogener Eleganz ausstrahlen. Sie sind Ausdruck ihrer Zeit und wurden zum Symbol für Frieden und Völkerverständigung.

Die ersten Brücken werden aus Holz (Abb. 1), später aus Stein gebaut (Abb. 2). Da die Lebensdauer des Holzes sehr beschränkt ist und der Stein Biege- und Zug-

Abb. 1 Alte Rottbrücke bei Weihmörting im Zuge der ehem. B 12; Spannweiten: 2 x 23,5o m. In jedem Feld ist ein Holzjoch als zusätzliche Stützung aufgestellt worden

Beitrag in "Theorie und Berechnung von Tragwerken", Springer-Verlag 1974, von Ministerialdirigent Dr.-Ing. E.h. H. Thul, Bundesverkehrsministerium, Bonn

Abb. 2 Brücke über die Tauber bei Dettwang.
Die im 15. Jahrhundert gebaute Brücke wurde im letzten Kriege zerstört und 1949 wieder aufgebaut. Länge des Bauwerkes = 28 m; Lichtweite der beiden Bögen = 9 m

beanspruchungen nur unzulänglich aufnehmen kann, konstruiert und baut man schon bald Gewölbe (Abb. 3) und später Bogen mit aufgeständerter oder angehängter Fahr-

Abb. 3 Talbrücke Arendsburg bei Bückeburg im Zuge der Autobahn A2.
Das mit viel Liebe in den Jahren 1938/39 errichtete Bauwerk hat 29 Bögen à 19,17 m

bahn. Erst in der zweiten Hälfte des 18. Jahrhunderts werden die ersten gußeisernen Brücken hergestellt; jedoch auch Gußeisen ist kaum in der Lage, die auftretenden Zugbeanspruchungen aufzunehmen. Nur wenig später - Ende des 18. Jahrhunderts - gelingt es dann, in großem Umfang Schmiedeeisen herzustellen und die aufgezeigten Nachteile zu überwinden. Damit ist für den Brückenbau eine Epoche von so hoher Effizienz eingeleitet, daß man in der Tat von einer technischen Revolution sprechen kann. Die Erfindung der Eisenbahn und die ständige Erweiterung des Eisenbahnnetzes forcieren diese Entwicklung und stellen den Brückenbau vor immer größere Aufgaben (Abb. 4). Arbeitsumfang und Schwierigkeitsgrad nehmen so stark zu, daß Intuition und handwerkliches Können allein nicht mehr ausreichen. Der Brückenbauer wird Statiker, Ingenieur und muß doch gleichzeitig Baumeister im althergebrachten, guten Sinne bleiben (Abb. 5).

Abb. 4 Viergleisige Eisenbahnbrücke (Hohenzollernbrücke) über den Rhein in Köln, wiederaufgebaut 1952.
Gesamtlänge: 4o9 m;
Größte Mittelöffnung: 167,75 m

Abb. 5 Norderelbebrücke Hamburg im Zuge der B 4/75.
Spannweite der statisch bestimmt gelagerten Lohse-Träger = 1o1 m bzw. 1o2 m. Der auf dem Bild dargestellte Vollwandträger ist in den Jahren 1928/29 als Ersatz für den 1888/89 in gleicher Form (Fischbauch) konstruierten Gitterträger gebaut worden

Eine exakte Erfassung des Kräfteverlaufs - des Kräftespiels - und die möglichst gleichmäßige Heranziehung aller Brückenteile zur Lastaufnahme und -abtragung ist die fast selbstverständliche Fortsetzung einer Entwicklung, die sicherlich manche Rückschläge hinnehmen muß, im wesentlichen aber doch den hohen Stand der heutigen Brückenbaukunst einleitet.

Um die Jahrhundertwende bieten die Ingenieure eine neue, nämlich die Stahlbeton-Bauweise an. Damit werden auch biegebeanspruchte Konstruktionen in Massivbauweise möglich. Platten-, Balken-, Plattenbalken- und Rahmenbauwerke entstehen in reichlicher Zahl. Bis zum Flächentragwerk ist es nur noch ein kleiner Schritt. Und als es schließlich gelingt, Stahl hoher Festigkeit herzustellen, beginnt der Siegeszug des Spannbetons (Abb. 6). Seine großen Erfolge sind nicht nur auf seine Wirt-

Abb. 6 Glemstalbrücke Schwieberdingen im Zuge der B 1o mit einer größten Mittelöffnung (Bogen) von 124,8o m. Fertigstellung: 1962

schaftlichkeit in bestimmten Spannweiten-Bereichen zurückzuführen, sondern letztlich auch darauf, daß mit dem Spannbeton eine Vielzahl neuer konstruktiver Möglichkeiten gegeben ist. Immer neue Spannverfahren werden entwickelt und die Herstellung und der Korrosionsschutz verbessert. Selbst kleine Brücken werden wirtschaftlich in Spannbeton ausgeführt, der sehr bald zu einem harten Konkurrenten für den Stahlbau wird (Abb. 7). Doch wirkt sich der Spannbeton gleichzeitig auch sehr befruchtend auf das Baugeschehen aus:

Abb. 7 Überführung der Ehrenberger-Straße in Wuppertal-Langerfeld (Picasso-Brücke), ein Bauwerk, das die Gestaltungsmöglichkeiten mit Spannbeton deutlich zu erkennen gibt

Die Güte der Baustähle sowie die Verbindungsmittel werden verbessert, die Herstellungsverfahren vereinfacht und rationalisiert, die Montagen mechanisiert, wirtschaftlichere Bausysteme entwickelt, und das Material wird mit Hilfe exakter statischer Berechnung höher beansprucht.

Die technischen Fortschritte werden beschleunigt durch das in der Bundesrepublik Deutschland übliche Ausschreibungsverfahren, bei dem in der Regel die Bauart nicht vorgeschrieben ist und Sonderentwürfe zugelassen sind, so daß neueste Erkenntnisse und Erfahrungen in den Wettbewerben ihren Niederschlag finden können. Hinzu kommt eine zielstrebige Forschung, kommen viele Versuche, um leichtere und damit wirtschaftlichere Konstruktionen sowie größere Spannweiten zu erreichen. Nur mit diesen Gegebenheiten können letztlich auch moderne Trassierungselemente im Straßenbau angewandt werden, die sowohl volkswirtschaftlichen Überlegungen als auch höheren Sicherheitsanforderungen untergeordnet sind. Steigungen, Krümmungen und Kuppenausrundungen werden verkehrsgerechter gestaltet: die Brücke hat sich dem anzupassen. Es versteht sich von selbst, daß damit an die Bauwerke in bezug auf Leichtigkeit und Formgebung höchste Ansprüche gestellt sind. Die klassische Stabstatik wird verlassen; an ihre Stelle tritt die Kontinuumsstatik. Das Tragwerk wird als Flächentragwerk berechnet und das Tragverhalten im räumlichen System erfaßt (Abb. 8).

Abb. 8 Haseltalbrücke (Deckbrücke mit orthotroper Fahrbahnplatte) im Zuge der Bundesautobahn Frankfurt/M.-Würzburg. Brücke und Straße sind gut in das Landschaftsbild eingebettet

2. Neue Bauweisen

Die Folgen des 2. Weltkrieges, d.s. zerstörte Straßen und Brücken sowie Armut und Personalknappheit, sind Ansporn und Basis zugleich für einen Neuanfang, der schließlich sowohl im wirtschaftlichen als auch im technischen Bereich zu einzigartigen Erfolgen führt. Ingenieur, Architekt und Verkehrsplaner arbeiten in gegenseitiger befruchtender Wechselwirkung eng und erfolgreich zusammen. Das Bauvolumen nimmt von Jahr zu Jahr zu; der personelle Aufwand wird ebenso wie der Materialanteil, bezogen auf die Brückeneinheit, geringer.

Der Wettstreit Stahlbau/Spannbetonbau erreicht für Spannweiten bis zu etwa 2oo m schon bald seinen Höhepunkt. Der immer größer werdende Marktanteil des Massivbaues und die außerordentlich große Stahl- und Facharbeiterknappheit machen das besonders deutlich. Die Stahlbauindustrie ist zu erhöhten Anstrengungen gezwungen und schöpft u.a. alle Möglichkeiten einfacher Werkstattfertigung und schneller Montagen aus. Dies ist um so notwendiger, als die Statistik nachweist, daß von 1oo Brücken in der Bundesrepublik nur noch 15 in Stahl gebaut werden. Vergleicht man allerdings die Bauwerkslängen miteinander, so ändert sich dieses Verhältnis auf etwa 75 : 25, da Stahlbrücken in der Regel Großbrücken sind.

Etwa um 195o ist die Verbund- und die Leichtbauweise entwickelt. Beide setzen sich sehr schnell durch und beherrschen das gesamte Baugeschehen im Stahlbau. Neue Bausysteme folgen, die sowohl den Zeitgeschmack als auch den technischen und ökonomischen Forderungen besser entsprechen. Daß hierfür hochwertigere Baustähle, neue und bessere Verbindungsmittel sowie umfassendere Rechenverfahren notwendige Voraussetzungen sind, versteht sich von selbst.

2.1 Verbundbrücken

Mit der Verbundbauweise hat der Stahlbauer erstmals die Möglichkeit, die Materialien Beton und Stahl optimal gemeinsam zur Kraftübertragung einzusetzen. Bis nahezu 1oo m Spannweite erweist sich die neue Bauweise als wirtschaftlich. Bedingung hierfür ist jedoch, daß die einzelnen Teile des Bauwerks möglichst einfach ausgebildet und die Montage sowie die Einleitung der Vorspannung mit wirtschaftlichen Mitteln ausgeführt werden können (Abb. 9).

Eine Reduzierung der Vorspannkraft läßt sich allerdings auch auf andere Weise, wie z.B. durch Unterbrechen der Verbundwirkung im Bereich der Stützmomente erreichen. Mit Rücksicht auf die Wirtschaftlichkeit sollte dieses Verfahren jedoch auf Ausnahmefälle beschränkt bleiben.

Die schubfeste Verbindung zwischen Betonplatte und Stahlträger wird in der Regel durch vollautomatisch aufgeschweißte Dübel hergestellt. Hierbei haben sich sowohl das Philips- als auch das Peco-Bolzen-Schweißverfahren bewährt.

Die Stützenmomente werden durch entsprechende Längs-Vorspannungen abgetragen. Hierfür eignen sich besonders Stützenbewegungen, da die so eingetragenen Momente durch das Kriechen der Betonplatte kaum verändert werden.

Abb. 9 Wertachtalbrücke bei Nesselwang. Verbundtragwerk mit einer größten Spannweite von 62,75 m (Baujahre 1959/6o). Moderne Trassierungselemente stellen keine besonderen Probleme für die Konstruktion des Bauwerkes dar

Bei großen Brücken ist jedoch die für die Überhöhung notwendige Konstruktion zumeist unwirtschaftlich, ganz abgesehen davon, daß ggf. zu hohe Druckspannungen in den Beton eingeleitet werden. Daher wird in diesen Fällen die zunächst als Durchlaufträger montierte Brücke in kleinere, gelenkig miteinander verbundene Abschnitte eingeteilt, die mit entsprechend geringen Pressenwegen vorgespannt werden. Anschließend werden die Gelenkpunkte im Stahlträger biegesteif geschlossen.

Der geringe Schalungsaufwand, das niedrige Eigengewicht, die bessere Stahlausnutzung und die Tatsache, daß kein Lehrgerüst benötigt wird, werden der Verbundbauweise auch in Zukunft ein weites Anwendungsfeld sichern.

2.2 Leichtfahrbahnen

Für Spannweiten über 1oo m werden Leichtfahrbahnen entwickelt, die als ebene Deckbleche mit einer beliebigen Zahl von Hauptträgern ausgebildet sind. Die Bleche haben Längs- und Quersteifen in geringem Abstand, und die einzelnen Elemente werden nicht mehr als unabhängige Tragwerke in vertikaler Ebene berechnet.

Vorgänger der Leichtfahrbahn ist der Trägerrost, der aber schon bald durch die Hohlkastenbauweise abgelöst wird (Abb. 1o): Normal- und Schubspannung aus der

Abb. 1o Fehmarnsundbrücke im Zuge der B 2o7 (Vogelfluglinie). Größte Mittelöffnung der kombinierten Straßen-/Eisenbahn-Brücke ist 248,5o m (Baujahre 1963/64). Das hochgradig statisch unbestimmte System mit der eigenwilligen Bogenform ist technisch wie ästhetisch gut gelungen

Biegung verteilen sich gleichmäßig auf die Gurte bzw. Stege, während den Torsionsmomenten aus einseitiger Belastung der Schubfluß im gesamten Kastenquerschnitt entgegenwirkt. Das engmaschige Netz von Längs- und Querrippen stellt schließlich im Zusammenwirken mit den Flachblechen ein nahezu vollkommenes Flächentragwerk dar. Damit ist gleichzeitig die Möglichkeit zur Entwicklung neuer Brückensysteme mit größeren Spannweiten bei relativ geringem Gewicht gegeben (Abb. 11).

Abb. 11 Rheinbrücke Kehl-Straßburg im Zuge der B 28; Spannweiten: 2 x 122,7o m, (Fertigstellung: 196o)

2.3 Seilträgerbrücken

Diese Tatsache findet ihren Niederschlag in formschönen Balkenbrücken geringer Konstruktionshöhe (Abb. 12), aber auch in Seilträgerbrücken, wiewohl bei diesen primär das Seil Form und Konstruktion bestimmt (Abb. 13).

Abb. 12 Ruhrtalbrücke Mintard, eine formschöne Balkenbrücke mit orthotroper Platte im Zuge der B 288.
Gesamtlänge: 18oo m;
Größte Mittelöffnung: 126 m; (Fertigstellung: 1966)

Abb. 13 Rheinbrücke Duisburg-Homberg im Zuge der B 6o (alt); Größte Mittelöffnung: 285,5o m; (Fertigstellung: 1954)

Zwischen dem Bau der Hängebrücke über die Menaistraße (1823) mit einer Gesamtspannweite von 177 m bis zu dem der Narrows-Brücke (1967) in New York mit 1298 m Spannweite liegt nur eine kurze Zeitspanne, in der unendlich viel geleistet worden ist. Doch schon zeichnen sich weit größere Überbrückungslängen ab. Der 2 Jahre alte Entwurf des Italieners Musmeci weist für die Meerenge von Messina eine Spannweite von 3ooo m auf! Hiergegen nimmt sich die in der Bundesrepublik Deutschland gebaute größte Hängebrücke, die Rheinbrücke Emmerich, mit einer Mittelspannweite von 5oo m nur sehr bescheiden aus (Abb. 14).

Abb. 14 Rheinbrücke Kleve-Emmerich im Zuge der B 22o, Deutschlands größte Hängebrücke.
Mittelöffnung: 5oo m; (Baujahre 1963/65)

Im Jahre 1956 ist in Schweden die 1. seilverspannte Brücke von einer deutschen Firma fertiggestellt. Dieses System, das eine Vielzahl von Variationsmöglichkeiten hinsichtlich Fahrbahnquerschnitt, Seilzahl, Seilführung, Zahl und Richtung der Seil- bzw. Tragwerksebenen, Zahl und Anordnung der Pylone usw. bietet, setzt sich wegen seiner Wirtschaftlichkeit in Spannweitenbereichen zwischen 2oo m und 4oo m in der Bundesrepublik Deutschland sehr schnell durch (Abb. 15). Insbesondere die Mittelträgerbauweise bietet hierbei sowohl wirtschaftliche als auch

Abb. 15 Rheinbrücke Düsseldorf-Nord, eine Schrägseilbrücke mit 2 Tragwänden im Zuge der B 7 und einer größten Öffnung von 26o m; (Baujahre 1956/57)

Abb. 16 Rheinbrücke Bonn-Nord im Zuge der B 56. Die Mittelträgerbrücke, ein Vielseilsystem, hat eine größte Mittelöffnung von 28o m. (Fertigstellung: 1967)

technische und gestalterische Vorteile: Die Seilverspannung ist in der mittleren Vertikalebene des Tragwerks angebracht. Die einseitigen Lasten werden dabei in konzentrierter Form abgetragen, und zwar die Vertikallasten über das in der Mittelebene liegende Biegetragwerk und das aus der Exzentrizität herrührende Drehmoment über einen drehsteifen Versteifungsträger, der als Hohlkasten konstruiert ist (Abb. 16).

Seilverspannte Systeme werden auch weiterhin eine große Zukunft haben. Die Voraussetzungen hierzu sind Zugglieder, die trotz hoher Vorspannung unter ständiger Last noch genügend Tragreserven für die Verkehrslast haben. Das Parallelseil mit seinem größeren und exakt bestimmbaren E-Modul (2ooo Mp/cm^2 gegenüber 17oo Mp/cm^2 beim verschlossenen Seil) und der höheren zulässigen Schwingbreite wird mit dem verschlossenen Seil konkurrieren, und es wird sicher schon bald möglich sein, Öffnungen von weit mehr als 4oo m mit seilverspannten Systemen zu überbrücken. Vorschläge hierfür liegen bereits bis zu Spannweiten von 85o m vor.

3. Einzel-Entwicklungen

Die aufgezeigten Erfolge wären nicht möglich gewesen, wenn nicht auch den vielen Details, angefangen von der Verbesserung vorhandenen über die Entwicklung neuen Materials bis hin zu den Verbindungsmitteln besondere Aufmerksamkeit geschenkt worden wäre. HV-Verbindungen werden ebenso wie VK-Verbindungen oder Schließringbolzen zu einem festen Bestandteil der Brückenbautechnik. Und es ist fast eine Selbstverständlichkeit, daß auch die Schweißverfahren verbessert werden. Darüberhinaus bleibt der deutsche Brückenbau bemüht, auch Aluminium sowie neue Stähle mit höheren Güteeigenschaften im Brückenbau einzusetzen. Mit vielen Versuchen und durch ständige Forschung wird das technische Wissen erweitert und sein Umsetzen in die Praxis gefördert.

Es sei dem Berichter an dieser Stelle der Hinweis gestattet, daß der Jubilar an der jüngsten Entwicklung maßgeblichen Anteil hat. Der Umfang seiner Forschungstätigkeit ist so groß, daß eine Aufzählung den Rahmen dieses Aufsatzes sprengen würde. Die Ergebnisse seines unermüdlichen Schaffens aber haben den Stahlbrückenbau in seiner ganzen Breite nachhaltig beeinflußt.

4. Schlußbemerkung

In der vorliegenden Abhandlung konnten nur wenige Hinweise auf das Schaffen und die Erfolge des deutschen Stahlbrückenbaues gegeben werden. Allein diese skizzenhafte Darstellung zeigt, daß der deutsche Brückenbau unserer Zeit an vorrangiger Stelle in der Welt steht. Zwar gibt es in Deutschland keine Brücke mit extrem großen Spannweiten; dazu war von der Topografie her gesehen keine Veranlassung.

Es ist aber immer großer Wert auf eine gute und moderne konstruktive Durchbildung jedes Details gelegt und versucht worden, offene Fragen durch eine Vielzahl von Forschungsaufträgen oder auf experimentellem Wege zu klären und die Ergebnisse sehr schnell in die Praxis umzusetzen. Die Verantwortlichen - und hierzu gehört auch der Jubilar - haben sich nie gescheut, hierbei auch Risiken zu tragen und waren sich doch stets der Verantwortung den Mitbürgern gegenüber bewußt. Sie alle haben aber auch, bei Anerkennung der notwendigen ökonomischen Erfordernisse, stets darauf geachtet, daß die Brücke Kunstbauwerk bleibt, das ist ein Bauwerk mit hohem technischen Leistungsstand, das sich organisch in das Landschaftsbild einpaßt und in gestalterischer Hinsicht auch vor der Kritik unserer Nachkommen bestehen kann.

Beitrag zum Beulproblem bei stählernen Kastenträgern

K. ROIK, Bochum

1. Einleitung

Im Zusammenhang mit den bekannten Einstürzen an Stahlkastenträgerbrücken der letzten Jahre (Lit. 1) wurden intensive Bemühungen unternommen, um die Ursachen zu ergründen, die zu diesen Schadensfällen geführt haben (Lit. 2). Kurzfristig erschien es außerdem notwendig, einige Sofortmaßnahmen zu ergreifen, um sicherzustellen, daß Kastenträgerbrücken, die sich im Planungs- oder Ausführungsstadium befanden, auf jeden Fall ausreichende Sicherheiten besitzen (Lit. 3, 4). Zudem muß bei allen schweren Bauunfällen berücksichtigt werden, daß zunächst Ermittlungen der Staatsanwaltschaft (oder einer vergleichbaren Instanz) einsetzen, um die Schuldfrage zu klären. Gegebenenfalls ist ein Strafprozeß oder ein Zivilprozeß zu erwarten, oder es sind anderweitig die Regreßansprüche der Geschädigten zu regeln.

Dies alles führt dazu, daß sich erst nach einer gewissen Zeit der notwendige Abstand einstellt, um die erforderlichen Lehren aus den Unfällen zu ziehen. Denn seit Bestehen der Baukunst sind es häufig die Fehlschläge, die am meisten zur Weiterentwicklung beigetragen haben.

2. Folgerungen aus den Schadensfällen

Aus den Schadensfällen der letzten Jahre an stählernen Brücken in Kastenträgerbauweise kann folgende Zwischenbilanz gezogen werden:

1. In allen Fällen lag die Hauptursache in Mängeln im konstruktiven Detail.

2. Es kann daher gefolgert werden, daß sich in keinem Fall die bisherige Berechnungsmethode des Gesamtsystems nach der "linearisierten Beultheorie" als völlig unbrauchbar erwiesen hat, wenn sie mit der notwendigen Sorgfalt und den entsprechenden Sicherheitskoeffizienten (Lit. 5) durchgeführt wurde.

Beitrag in "Theorie und Berechnung von Tragwerken", Springer-Verlag 1974, von
Prof. Dr.-Ing. K. Roik, Institut für Konstruktiven Ingenieurbau, Lehrstuhl II, Ruhr-Universität Bochum

3. Es erscheint unerläßlich, sich bei der Ausbildung von Details (Einzelelemente, Stöße, Anschlüsse usw.) entweder auf erprobte Konstruktionen zu beschränken oder intensive Untersuchungen durchzuführen.

4. Die Probleme sind auf keinen Fall durch globale Erhöhung des "Sicherheitskoeffizienten" zu lösen, wenn man die Wurzel des Übels treffen will.

5. Es erscheint dringend erforderlich, die Gesamtzusammenhänge im Hinblick auf die Eigenschaften der realen Konstruktion (mit Imperfektionen) besser zu ergründen.

6. Es besteht keinerlei Anlaß zur Panik. Auch Angst vor unzureichender Sicherheit von Kastenträgern ist unbegründet.

Diese Folgerungen (insbesondere Punkt 2) stehen in gewissem Widerspruch zu den Auffassungen anderer Autoren (Lit. 6, 7, 8). Es soll daher näher darauf eingegangen werden.

In (Lit. 6) wird bei Berücksichtigung von Vordeformationen und elastischer Rechnung nach nichtlinearer Theorie am "Gesamtbeulfeld" eine Näherung für die Traglast (Versagensgrenze) bestimmt. Als Kriterium für das Versagen wird das Erreichen der Fließgrenze an den fest gelagerten Seitenrändern der Platte benutzt. Ihre Theorie wenden die Verfasser u.a. an, um "den Unfall zu erklären, der sich am 9.11.1969 an der Kastenträgerbrücke über die Donau bei Wien ereignet hat".

Ich bin in meinem Gutachten (Lit. 9, 1o) zu einer anderen Schlußfolgerung gekommen und möchte dies kurz erläutern.

3. Die Hauptursache für das Ausbeulen des Bodenbleches bei der Donaubrücke in Wien

Betrachtet man außer der großen Beule im Kastenträger (Abb. 1) die Bodenblechlängssteifen im Bereich der Versagensstelle näher (Abb. 2), so fällt auf, daß sie örtlich außerordentlich scharf seitlich umgeknickt sind. Dies läßt vermuten, daß es sich um einen Vorgang ähnlich dem örtlichen Ausbeulen der Längssteifen handelt. Es sei vermerkt, daß die Berechnung der Längssteifen auf örtliches Ausbeulen entsprechend den gültigen Vorschriften (ohne Imperfektionen) ordnungsgemäß durchgeführt worden war. Wenn man bedenkt, daß die Längssteifen aus Flachstählen bestehen - also sehr lange, schmale Blechfelder mit einem freien und einem elastisch eingespannten Rand sind -, so kann man sich vorstellen, daß diese Konstruktion sehr empfindlich gegen örtliche geometrische Imperfektionen sein muß.

Weiterhin war die Frage zu stellen: Handelte es sich um eine ungewöhnliche, neuartige Konstruktion, oder lagen bereits Erfahrungen aus der Praxis vor? Die Beantwortung dieser Frage führte bereits auf den Kern des Problems. Die Europabrücke im Zug der Brennerautobahn ist nach etwa den gleichen Konstruktionsprinzipien gebaut mit einem gravierenden Unterschied: Die Stöße der Flachstahllängssteifen im Bodenblech sind bei der Europabrücke mit HV-geschraubten Laschen ausgeführt, bei der Donaubrücke in Wien jedoch durch Stumpfschweißung mit einseitig beigelegter Fugenleiste (Abb. 2).

Abb. 1 Donaubrücke Wien, ausgebeulter Kastenträger

Abb. 2 Donaubrücke Wien, Bodenblechlängssteifen im Bereich der Beulstelle im Inneren des Kastenträgers

Infolge des Schweißverfahrens entstehen im allgemeinen Verformungen und Eigenspannungen. Da die ursprünglich an diesen Stellen vorhandene Vordeformationen natürlich nicht mehr feststellbar waren, wurden an vergleichbaren, unversehrten Stößen Imperfektionsmessungen vorgenommen. Als Ergebnis wurden Abweichungen von der Geraden am oberen (freien) Rand der Steifen in der Größe von 4 bis 6 Millimetern festgestellt, die örtlich im Bereich der Stumpfschweißnaht konzentriert waren (Abb. 7).

Es wurde nun nach einem Berechnungsmodell gesucht, das einfach war und trotzdem diese Tatsachen möglichst naturgetreu beschreiben konnte, d.h. die Vordeformation und die plastische Eigenschaft des Werkstoffes berücksichtigte. Außerdem war die Frage zu klären, welche der möglichen oder vorhandenen Imperfektionen "kritisch" sind.

Eine Analogie aus dem Stabilitätsverhalten der Stäbe kann die Antwort auf diese Fragen erleichtern. Allgemein bekannt ist die Tatsache eines "Spannungsproblemes mit Verzweigungspunkt". Ein (elastischer) Stab sei so vordeformiert (imperfekt), daß er alle möglichen Figuren aufweist, aber ausgerechnet n i c h t die Form seines ersten Eigenwertes, d.h. seiner natürlichen Knickbiegelinie. Als Beispiel sei der "Zimmermannstab" genannt (Abb. 3) oder der symmetrisch vordeformierte Druckstab über zwei (oder mehrere) gleiche Öffnungen (Abb. 4).

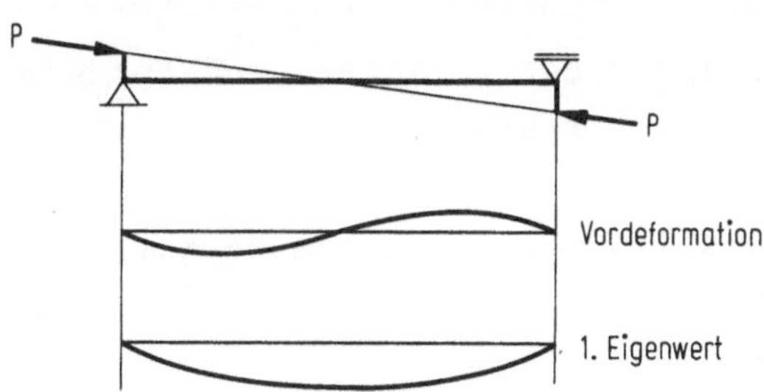

Abb. 3 Der "Zimmermannstab" als Beispiel für ein Spannungsproblem mit Verzweigungspunkt

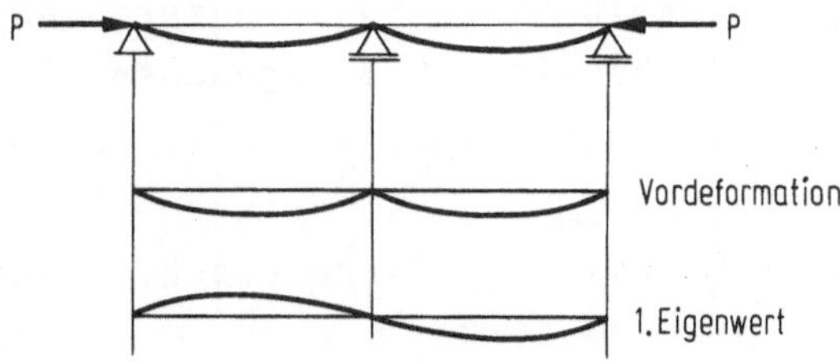

Abb. 4 Der symmetrisch vordeformierte Druckstab über mehrere Felder als Beispiel für ein Spannungsproblem mit Verzweigungspunkt

Das Kraft-Verformungs-Diagramm für diese Fälle zeigt den typischen Verlauf einer plötzlichen Änderung im Tragverhalten (Abb. 5). Dabei sind außer dem (rein theoretischen) Verzweigungspunkt A noch in die Skizze eingetragen:

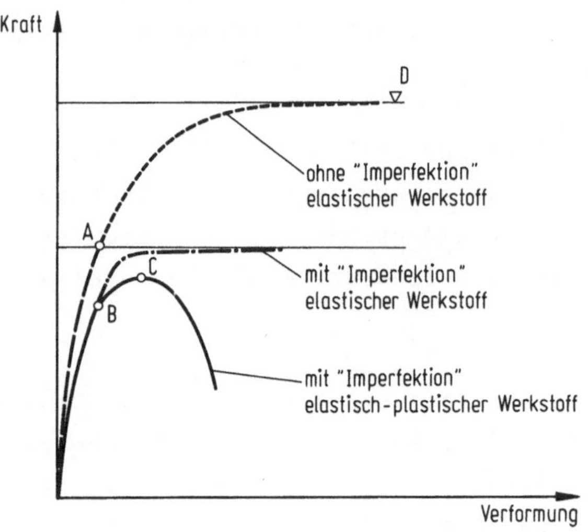

Abb. 5 Das Kraft-Verformungs-Diagramm für ein Spannungsproblem mit Verzweigungspunkt.
A = Verzweigungslast, B = elastische Grenzlast, C = Traglast,
D = höherer Eigenwert

das Verhalten, wenn außer der "planmäßigen" Vordeformation noch (ungewollte) Imperfektionen auftreten und

das Verhalten bei elastisch-plastischem Werkstoff.

Punkt B: elastische Grenzlast

Punkt C: Traglast

Punkt D: höherer Eigenwert

Das Kriterium für das Vorhandensein eines Spannungsproblems mit Verzweigungspunkt haben Klöppel und Lie (Lit. 11) bereits 1943 angegeben. In diesem Zusammenhang sei auch an die wertvolle Arbeit von Cornelius (Lit. 12) erinnert.

Selbstverständlich treten beim Beulen ähnliche Erscheinungen auf.

Zurück zur Längssteife, die im Bereich des Schweißstoßes örtlich deformiert war. Eine "exakte" Lösung als Platte mit entsprechenden Randbedingungen erschien zu kompliziert. Daher wurde der oberste Streifen der Längssteife von der übrigen

Konstruktion abgeschnitten gedacht und als "elastisch gebetteter Druckstab mit Vordeformation" berechnet. Die Federkonstante der Bettung wurde dabei näherungsweise nach der zu erwartenden maßgebenden Deformationsfigur bestimmt (Abb. 6).

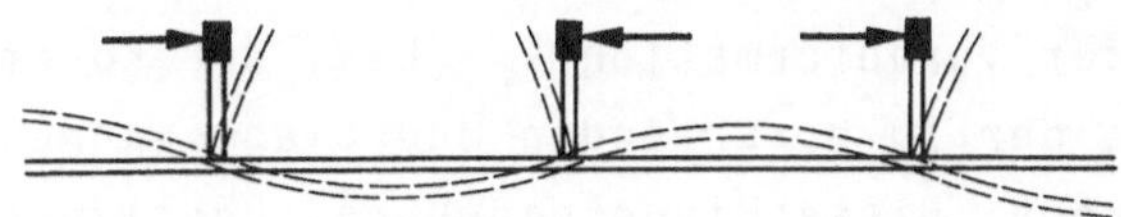

Abb. 6 Deformationsfigur zur Abschätzung der Federkonstanten

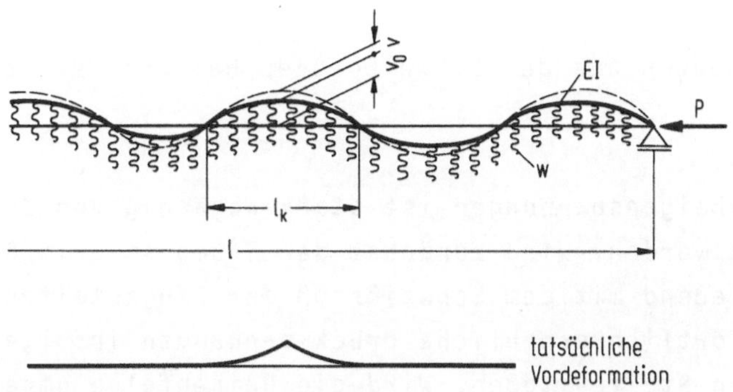

Abb. 7 Berechnungsmodell: Der elastisch gebettete Druckstab mit "kritischer" Vordeformation und die tatsächliche Vordeformation

Als Berechnungsmodell diente das in Abb. 7 skizzierte System. Für die Vordeformation wurde die "kritische Knickbiegelinie", d.h. die Wellenlänge des ersten Eigenwertes angesetzt, damit nicht ein "Spannungsproblem mit Verzweigungspunkt" entstand. Diese kritische Wellenlänge l_K ist die bekannte Engeßer-Lösung des elastisch gebetteten geraden Druckstabes

$$l_K = \frac{l}{m} = \pi \sqrt[4]{\frac{EI}{w}} .$$

Die Differentialgleichung des Problems lautet dann

$$EI \cdot v^{IV} + P \cdot v'' + w \cdot v = - P \cdot v_o'' .$$

Mit dem Ansatz

$$v = C \cdot \sin \frac{m\pi x}{l} \text{ und } v_o = C_o \cdot \sin \frac{m\pi x}{l}$$

ist ihre Lösung

$$C = C_o \cdot \frac{P}{P_{KE} - P}$$

mit

$$P_{KE} = 2 \cdot \sqrt{w \cdot EI}$$

der Engeßerschen Knicklast für den elastisch gebetteten Druckstab. Durch Variation der Absolutgröße der Vordeformation v_0 (bzw. der Konstanten C_0) konnten nun Aussagen über die Größe der zu erwartenden Querbiegespannungen am freien Rand der Längssteife gemacht werden. Diese Biegespannungen überlagern sich mit den übrigen längsgerichteten Normalspannungen in der Längssteife, und zwar

den Druckspannungen aus dem Hauptsystem und

den Eigenspannungen aus dem Schweißprozeß bei der Herstellung der Stumpfnaht.

Die Größe der Schweißeigenspannungen ist stark abhängig von der Reihenfolge, in der die Nähte gelegt werden. Wird zunächst der Stumpfstoß im Bodenblech voll geschweißt und anschließend mit dem Schweißstoß der Längssteifen begonnen, so erhält das Bodenblech örtlich erhebliche Druckspannungen infolge der behinderten Schrumpfungen aus den Steifenstößen. Wird die Reihenfolge umgekehrt (dies ist auf der Baustelle im allgemeinen nicht üblich), so erhalten die Längssteifen Druckspannungen infolge der behinderten Schrumpfungen beim Schließen des Bodenblechstoßes.

Im vorliegenden Fall waren diese Tatsachen durch eine gut ausgearbeitete Montageanweisung berücksichtigt worden. Es war die genaue Reihenfolge der einzelnen Schweißlagen festgelegt worden, wobei jeweils abwechselnd am Bodenblech und an den Längssteifen geschweißt werden sollte, um die Schrumpfungen in beiden Teilen möglichst gleichmäßig zu erzeugen, sie also nicht gegenseitig zu behindern. Auf diese Weise wurde ein möglichst eigenspannungsfreier Zustand hergestellt.

Unterstellt man, daß tatsächlich keine Eigenspannungen in der Längssteife vorhanden waren, so kann man unter Berücksichtigung der im Hauptsystem wirkenden Druckspannungen berechnen, bei welcher Vordeformation v_0 an der äußersten Faser der Längssteife am freien Rand die Fließgrenze erreicht wird und wie groß die Traglast ist.

Beim Vorhandensein einer bestimmten Vordeformation tritt bei allmählicher Laststeigerung ein (überlineares) Anwachsen der Verformung ein, bis an der Randfaser die Fließgrenze erreicht ist (elastische Grenzlast). Weitere Laststeigerungen rufen ein Hineinplastizieren in den Querschnitt hervor. Dadurch wird der Biegewiderstand herabgesetzt, die Deformation steigt progressiv an, und an der Stelle der größten Deformation bildet sich eine Fließzone aus, die zu einem scharfkantigen Versagen führt (Traglast) (Abb. 2). Das seitliche Ausweichen der Steifen hat naturgemäß den völligen Zusammenbruch dieses Bodenblechfeldes zur Folge.

Um eine gewisse Kontrolle der Rechenergebnisse zu erhalten, wurde die Berechnung des elastisch gebetteten Druckstabes mit Vorverformung an zwei Berechnungsmodellen durchgeführt:

an einem 1 cm breiten Streifen des oberen Randes (Abb. 8a) mit einer kritischen Wellenlänge l_K = 28 cm,

an einem 5 cm breiten Streifen des oberen Randes (Abb. 8b) mit l_K = 36 cm.

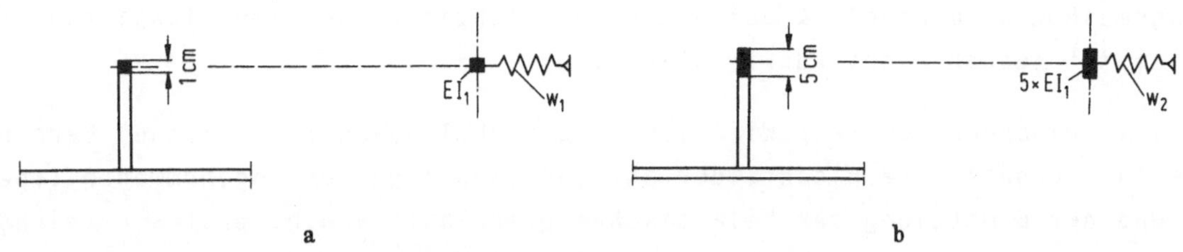

Abb. 8 Berechnungsmodelle:
a) 1 cm breiter Streifen
b) 5 cm breiter Streifen

In beiden Fällen wurde die rechnerische Traglast erreicht bei einer Vordeformation von rd. 4 mm.

Dieses Ergebnis zeigt, daß das Berechnungsmodell gegenüber den Annahmen relativ unempfindlich ist. Die oben erwähnten gemessenen Vordeformationen weisen die gleiche Größenordnung auf und lassen den Schluß zu, daß die "Imperfektionen" an den Schweißstellen der Bodenblechsteifen die Hauptursache für den Schadensfall an der Donaubrücke Wien darstellten.

Der Verfasser hat damals bereits vor der Verwendung von Flacheisen als Beulsteifen gewarnt. Wulstprofile sind zwar etwas günstiger, aber auch sie sind gegen örtliche Deformationen sehr empfindlich (Lit. 8).

An der Form des ausgebeulten Gesamtfeldes kann man im übrigen sofort erkennen, welches Teil der Längssteifen zuerst versagt hat. Versagt die Längssteife des Bodenbleches in ihrem oberen (vom Blech abgewandten) Bereich, so beult das Gesamtfeld nach u n t e n aus. Dies war bei der Donaubrücke in Wien der Fall (Abb. 1). Versagt dagegen die Längssteife in ihrem unteren Bereich (im Bodenblech), so tritt die Beule nach o b e n auf (Rheinbrücke Koblenz) (Lit. 13).

Aufgrund der angedeuteten Überlegungen erscheint es von ausschlaggebender Wichtigkeit, welche Art, Form und Größe von Vordeformationen in die Berechnung eingeführt werden. Es genügt nicht, lediglich die Vordeformationen des "Gesamtfeldes" zu berücksichtigen, sondern alle der möglichen kritischen Vorverformungen müssen untersucht werden. Der Schadensfall an der Donaubrücke in Wien ist jedenfalls nach meiner Überzeugung ohne die hier geschilderten Zusammenhänge nicht befriedigend erklärbar.

4. Probleme, die bei der Berücksichtigung von Imperfektionen auftreten

Wie kann nun das Problem der Bemessung von Stegblechen und Bodenblechen momentan und in der Zukunft gelöst werden? Zweifellos muß eine Weiterentwicklung der Berechnungsmethoden im Hinblick auf die Berücksichtigung der Imperfektionen erfolgen. Dies ist jedoch nicht kurzfristig lösbar.

Hierzu sei folgendes bemerkt: Will man eine nichtlineare (elastische) Berechnungsmethode für ausgesteifte Blechfelder auf der Grundlage von angenommenen Imperfektionen und der Ermittlung der "elastischen Grenzlast" - d.h. erstes Erreichen der Fließgrenze - anwenden, so muß man vor allem sicher sein, daß man nicht in ein "Spannungsproblem mit Verzweigungspunkt" hineinläuft. Und hierin liegt die Hauptschwierigkeit, da das Problem der richtigen Auswahl der möglichen Vordeformationen eines ausgesteiften Blechfeldes sehr komplex ist. Mit anderen Worten: Das Versagen kann eintreten durch

Imperfektionen der Längssteifen (entspricht dem "Gesamtfeldbeulen")

Imperfektionen der Quersteifen (entspricht dem "Gesamtfeldbeulen")

Imperfektionen des Bleches zwischen den Steifen (entspricht dem "Einzelfeldbeulen")

örtliche Imperfektionen, insbesondere der Längs- oder Quersteifen und des Bodenbleches an Stößen (entspricht dem örtlichen Beulen).

Außerdem sind ungünstige Kombinationen aus zwei oder mehreren der genannten Imperfektionen möglich. So kann z.B. zunächst die (großwellige) Imperfektion der Längssteifen maßgebend für das Deformationsanwachsen sein, aber plötzlich schlägt eine örtliche Imperfektion der Längssteife (Donaubrücke Wien) oder des Bodenbleches (Rheinbrücke Koblenz) durch (Abb. 5) und führt zum Zusammenbruch.

Bedenkt man nun noch, daß das Versagensverhalten u.a. noch abhängt von

der Beanspruchung (Druck, Biegung, Schub und deren Kombination), der Größe und der Verteilung der (Schweiß-) Eigenspannungen,

der Streuung der Fließgrenze,

so erkennt man, welch schwieriges Problem allein schon die zuverlässige Vorhersage der elastischen Grenzlast darstellt.

Die rechnerische Bestimmung der Traglast ist noch viel schwieriger, da die "plastischen Reserven" des Gesamtsystems sehr unterschiedlich sind. So hat z.B. das örtliche Überschreiten der Fließgrenze im Bodenblech (infolge Druck- plus Schubspannungen) völlig andere Auswirkungen als das Plastizieren von Teilen der Längssteifen.

Auf jeden Fall benötigt man jedoch die Lösungen des zugehörigen Stabilitätsproblems - d.h. der "linearisierten Beultheorie"-, um die Formen der "kritischen" Vordeformation zu finden. Die Ergebnisse theoretischer Überlegungen müssen außerdem noch durch Versuche erhärtet werden.

Auf der anderen Seite ist leicht zu erkennen, daß es hoffnungslos wäre, sich an Hand von vielen Versuchen ohne genügende theoretische Untermauerung einen Katalog von Bemessungsdiagrammen erstellen zu wollen. Beides - Theorie und Versuche - müssen Hand in Hand gehen, um bei der Vielzahl der Parameter eine Lösung der Probleme zu erreichen. Dies jedoch kostet viel Zeit und viel Geld. Es wird aber mit Sicherheit eines der wichtigsten Forschungsthemen der nächsten Jahre sein. Die Ergebnisse werden nicht nur für den Stahlbrückenbau von Bedeutung sein, sondern auch für den Schiffbau, den Flugzeugbau und Bereiche des Maschinenbaus.

Es ist auch nicht zu erwarten, daß diese immense Arbeit von einem oder einzelnen Forschern bewältigt werden kann. Vielmehr ist möglichst frühzeitig eine Koordination der Forschungsaktivitäten erforderlich, damit aus den vielen einzelnen Bausteinchen zuletzt ein Mosaik wird und nicht nur ein Steinhaufen. Der Deutsche Ausschuß für Stahlbau - insbesondere sein Unterausschuß "Stabilität" und dessen Arbeitsgruppe "Plattenbeulen" - haben sich diese Aufgabe zum Ziel gesetzt.

5. Was kann in der Zwischenzeit geschehen?

In der Zwischenzeit muß aber auch gebaut werden, und zwar mit ausreichender Sicherheit. Dazu erscheint es dem Verfasser als wichtigster Punkt, auf die konstruktiven Details zu achten, denn diese waren - wie bereits eingangs festgestellt - die Hauptursachen bei sämtlichen Schadensfällen.

Weiterhin sind einige allgemeine Bedingungen für die Maßgenauigkeit der Konstruktionen notwendig. Aber auch hier muß mit Vernunft vorgegangen werden, um nicht durch übertriebene Anforderungen volkswirtschaftlichen Schaden anzurichten. Die Anforderungen an die Ebenheit der Einzelblechfelder zwischen den Steifen sind zweifellos von untergeordneter Bedeutung gegenüber den Imperfektionen der Längssteifen. Außerdem liegen die Verhältnisse bei Stegblechen wesentlich günstiger als bei den Bodenblechen, da ein Ausbeulen von Stegblechen im allgemeinen nicht zum Einsturz führt, wenn die Gurte (oder Bodenbleche) in der Lage sind, die Normalspannungen des (ausgebeulten) Stegteiles zu übernehmen. Hierfür wurden bereits Vorschläge gemacht (Lit. 14, 15).

Bleibt also als Hauptproblem die sichere Bemessung der mit Imperfektionen behafteten Bodenblechlängssteifen. Auf diesem Gebiet haben wir aber z.T. gesicherten Boden unter den Füßen, denn es handelt sich um ein dem Stabknicken und Biegedrillknicken (mit erzwungener Drillachse) sehr ähnliches Problem. Insbesondere zeigen bei sehr breiten Bodenblechen die im mittleren Bereich liegenden Längssteifen ein "stabartiges" Verhalten, da sie von den Randbedingungen der starren Lagerung durch die Stegbleche nichts mehr spüren. Eine wesentliche Steigerung im überkritischen Bereich durch Umlagerung ist auch nicht zu erwarten, wenn die "Knickspannungen" tief im plastischen Bereich liegen - und sie liegen bei hoher Ausnutzung immer im plastischen Bereich.

Daher sollten bis zum Vorliegen genauerer und gesicherter Erkenntnisse die Längssteifen von Bodenblechen, die stabartiges Verhalten zeigen, wie Knickstäbe bemessen werden (Lit. 16). Bei dieser Berechnung als Knickstab nach DIN 4114 sind geometrische und werkstoffbedingte Imperfektionen berücksichtigt. Ihr Schlankheitsgrad λ_{id} soll dann nach folgender Formel berechnet werden

$$\lambda_{id} = \frac{s_k}{i_{red}}$$

$$\text{mit } i_{red} = \sqrt{\frac{I_{red}}{F_{voll}}}$$

Dies ist folgendermaßen zu verstehen:

Bei eintretender Biegedeformation der Steife, deren Wellenlänge der Knicklänge entspricht, bildet nur ein Teil des Bleches (die mittragende Breite) den Gurt der Steife, damit ergibt sich die reduzierte Biegesteifigkeit EI_{red}. Die Kraft, die auf die als Knickstab berechnete Steife entfällt, richtet sich aber nach ihrem vollen Flächenanteil. Der Zusammenhang ist auch aus folgender Formel zu ersehen

$$P_{ki} = \frac{EI_{red}\ \pi^2}{s_k^{\,2}} = F_{voll}\ \sigma_{ki}$$

Eine Schwierigkeit tritt hierbei auf: Wann zeigt eine Beulsteife "stabartiges" Verhalten?

Jeder Ingenieur, der sich häufig mit der Auswertung der Beulwerttafel (Lit. 5) beschäftigt hat, hat sicher schon die Erfahrung gemacht, daß für sehr kleine Werte α = a/b die Ablesegenauigkeit durch "schleifende Schnitte" stark sinkt, da dort die Kurven für die Beulwerte sehr steil verlaufen.

Dies sind typische Fälle für "stabartiges Verhalten", da sie auf die - im Verhältnis zum Querrahmenabstand - sehr große Kastenbreite zurückzuführen sind, also darauf, daß die starren Seitenränder "sehr weit weg" sind und keinen nennenswerten Einfluß auf die Stabilität der mittleren Steifen haben. Einen guten Anhalt liefern außerdem die Überlegungen in (Lit. 5) auf Seite 15. Aber auch hier muß man mit Vernunft vorgehen, denn im elastischen Bereich und bei "schmalen" Bodenblechen - d.h. bei nennenswerter Laststeigerung durch Umlagerung der Spannungen im überkritischen Bereich - sowie für die äußeren Steifen breiter Kastenträger liegt die Berechnung als Knickstab zu weit auf der sicheren Seite und ist unwirtschaftlich (Lit. 6, 7).

Beim augenblicklichen Stand der Erkenntnis ist es nicht möglich - insbesondere bei Grenzfällen - zu sagen: hier liegt stabartiges Verhalten vor und hier nicht; die Übergänge sind selbstverständlich fließend. Eine Vorschrift kann z.Zt. nicht so gestaltet werden, daß sie jedes eigene Denken unnötig macht.

Bei der neuen Regelung, die Längssteifen ggf. als Druckstäbe zu bemessen, gewinnt jedenfalls die konstruktive Detailausbildung (z.B. der Stöße) ihre richtige Bedeutung. Man braucht sich nur zu fragen: Würde man diesen Stoß auch in einem Druckstab ausführen oder zulassen? (Vgl. auch Folgerungen 1 und 2).

Zweifellos ist die Bestimmung der Traglast bei Beanspruchung infolge Druck und Schub in Bodenblechen von Kastenträgern am schwierigsten zu lösen. Glücklicherweise sind die Schubspannungen im Bodenblech meist relativ gering, bei breiten Kastenträgern können sie allerdings für die äußeren Bereiche von fühlbarem Einfluß sein. Werden aber (bei breiten Bodenblechen) alle (auch die äußeren) Längssteifen als Knickstäbe bemessen, so gleicht sich dieser Einfluß aus. Zusätzlich sollte wie bisher stets der Nachweis für die kombinierte Beanspruchung nach den Beulwerttafeln geführt werden.

Noch einige Worte zu bisherigen Versuchen und den daraus hergeleiteten Folgerungen: Alle "Beulversuche" an druckbeanspruchten Teilfeldern ohne seitliche Stützung (z.B. in (Lit. 8) beschrieben) sind in Wirklichkeit "Knickversuche" an sehr breiten Stäben (Flundern), die keine wesentlichen Abweichungen von den Versuchen erwarten lassen, die den Europäischen Knickspannungskurven zugrunde liegen (Lit. 17). Insofern müssen die Ergebnisse der "Beulversuche" mit der Berechnung als Knickstab (Lit. 16) verglichen werden.

Die Versuchsanordnung (Einleitung der Druckkräfte über Linienkipplager in der Gesamtschwerachse der Flunder) hat außerdem den Nachteil, daß sie viel exzentrizitätsanfälliger ist als die wirkliche Bodenplatte im Bauwerk. Bei der fortschreitenden Deformation ändert nämlich der Schwerpunkt der Längssteife seine Lage durch die Wirkung der mittragenden Breite des zugehörigen Blechteils bei der zunehmenden Biegebeanspruchung der Längssteife. Die Krafteinleitung bleibt aber in der alten Lage des Schwerpunktes des Gesamtquerschnittes (voll mitwirkende Blechbreite). Diese im Versuch zusätzlich eingeleitete Exzentrizität tritt im Bauwerk nicht auf, da bei einer Höhe des Kastenträgers von einigen Metern eine Änderung der Gurtschwerlinie von einigen Millimetern keinen Einfluß hat.

6. Zusammenfassung

Als Zwischenbilanz werden Folgerungen aus den Einstürzen an Stahlkastenträgerbrükken gezogen. Danach sind die Hauptursachen Mängel im konstruktiven Detail und nicht ein völliges Versagen der bisherigen Berechnungsgrundlagen.

Es wird nochmals die nach Auffassung des Verfassers schwerwiegendste Ursache behandelt, die zum Ausbeulen der Bodenbleche an der Donaubrücke in Wien geführt hat.

Im engen Zusammenhang hiermit werden die schwierigen Probleme aufgezeigt, die bei der konsequenten Berücksichtigung von Imperfektionen in der Berechnung auftreten.

Es folgen Betrachtungen über die augenblickliche Situation der Beulberechnung.

Literatur

(1) Maquoi, R. und Ch. Massonnet: Leçons a tirer des accidents survenus a quatre grands ponts metalliques en caisson. Ann. Trav. Publ. Belgique 1972.

(2) International Conference on Steel Box Girder Bridges. London, Februar 1973, (dort weitere Literaturhinweise).

(3) Committee of Investigation into the Design and Erection of Box Girder Bridges. Interim Rules May 1971.

(4) Allgemeines Rundschreiben Straßenbau Nr. 1/1972 des Bundesministers für Verkehr vom 15.3.1972. Betr.: Stabilität von Druckgurten im Stahlbrückenbau.

Allgemeines Rundschreiben Straßenbau Nr. 2/1972 des Bundesministers für Verkehr vom 15.3.1972. Betr.: Belastungsannahmen und zulässige Spannungen für Bauzustände im Brückenbau.

(5) Klöppel, K. und K. H. Möller: Beulwerte ausgesteifter Rechteckplatten. Band II, Berlin 1968.

(6) Maquoi, R. und Ch. Massonnet: Théorie non-linéaire de la résistance postcritique de grandes poutres en caisson raidies. IVBH-Veröffentlichungen Zürich 1971, 31-II, S. 91-14o.

(7) Dubas, P.: Versuche über das überkritische Verhalten längsversteifter Kastenträger. IVBH-Seminar, London 1971.

(8) Leonhardt, F. und D. Hommel: The necessity of quantifying imperfections of all structural members for stability of box girders. International conference on steel box girder bridges. London, Februar 1973.

(9) Roik, K.: Gutachten über die Ursache des Schadensfalles an der 4. Donaubrücke der Stadt Wien vom 25.11.1969.

(1o) Roik, K.: Nochmals: Betrachtungen über die Bruchursachen der neuen Wiener Donaubrücke - Tiefbau 197o, Bd. 12.

(11) Klöppel, K. und K. H. Lie: Das hinreichende Kriterium für den Verzweigungspunkt des elastischen Gleichgewichtes. Stahlbau 16 (1943), H. 6/7, S. 17.

(12) Cornelius, W.: Der elastisch gebettete Druckstab als Spannungsproblem. Dissertation Darmstadt 1944.

(13) Steinhardt, O.: Gutachten Rheinbrücke Koblenz-Horchheim, Absturz des westlichen Strombrückenteiles. August 1972.

(14) Basler, K.: Vollwandträger, Berechnung im überkritischen Bereich. IVBH Zürich 1971.

(15) J. Scheer und E. Gentz: Bemerkungen zu den ergänzenden Bestimmungen der DIN 4114.

(16) Ergänzungserlaß zur DIN 4114. Mitteilungen des Instituts für Bautechnik, Heft 3, Juni 1973, S. 83.

Beitrag zur Frage Imperfektionen und Schwingungsverhalten im Brückenbau

J. WEINHOLD, Hannover

"Der Brückenbau ist unstreitig ein Gegenstand, welcher alle Aufmerksamkeit verdienet, und jede Bemühung zur Verbesserung desselben muß willkommen sein; weil gute und vorzüglich dauerhafte Brücken allgemein nützlich sind. Ich betrachte den Brückenbau als einen Zweig der ausübenden Mechanik: der mögliche Vorwurf, als sey ich durch diese Untersuchung aus meinem Pfade gewichen, kann mich also auf keine Weise treffen".

Georg von Reichenbach (1772 - 1826)[+)]

1. Einleitung

Die Häufung von Versagensfällen bei großen Brückenbauvorhaben in Stahl-Hohlkastenbauweise in letzter Zeit bewirken, daß die bisherigen offenbar nicht ausreichenden und nicht vollständigen verbindlichen Vorschriften, Berechnungsverfahren und Konstruktionsregeln nunmehr Gegenstand intensiver und großangelegter Forschungsvorhaben werden. Steinhardt (Lit. 1) fordert in seinem Gutachten zum Brückeneinsturz in Koblenz-Horchheim "eine bessere und überschaubare Berücksichtigung der Imperfektionen". Ähnlich hat Chwalla (Lit. 2) schon vor Jahrzehnten von "planmäßig nicht vorgesehenen, baupraktisch unvermeidlichen Imperfektionen" gesprochen und gefordert, daß das mit Imperfektionen behaftete System dem Standsicherheitsnachweis zugrunde zu legen ist. Bei den in Betracht zu ziehenden geometrischen, technologischen und konstruktiv bedingten Imperfektionen und deren Kombinationen dürfte es zweckmäßig sein, zwei Arten zu unterscheiden. Eine erste, die etwa im Zusammenhang mit einer Standardisierung der Hohlkastenbauweise nach Regeln der Statistik quantitativ darstellbar sein dürfte, eine zweite Art, die Steinhardt (Lit. 3) als "ungeschickte Detailaus-

---

Beitrag in "Theorie und Berechnung von Tragwerken", Springer-Verlag 1974, von Prof. Dr.-Ing. habil. J. Weinhold, Direktor des Instituts für Baustoffkunde und Materialprüfwesen, Technische Universität Hannover

+) Beginn der Vorrede zu Reichenbachs heute noch richtungsweisendem Werk "Theorie der Brückenbögen und Vorschläge zu eisernen Brücken". München, 1811.

führung" kennzeichnet. Er hebt ferner hervor, daß die meisten Kastenbrückeneinstürze durch "unzureichende konstruktive Einzelheiten" oder durch "unbefriedigende Aufstellungsverfahren" verursacht worden sind. Diese zweite Art von Imperfektionen hat den Charakter von "groben Fehlern", die nicht im voraus kalkulierbar sind und deswegen schon aus wirtschaftlichen Gründen nicht über erhöhte Sicherheitszahlen berücksichtigt werden können. Zur Vermeidung unzureichender, gefährlicher konstruktiver Einzelheiten werden deshalb Vorschriften für die konstruktive Auslegung und ebenso einzuhaltende Grenzen für gewisse unvermeidliche Imperfektionen vorgeschlagen und gefordert (Lit. 3).

Das Sicherheitsrisiko bei den bewußten großen Brückenbauwerken im voraus umfassender kalkulierbar und tragbar zu machen, ist das Ziel der innerhalb der Fachwelt international inganggebrachten, großangelegten Zusammenarbeit und Forschung. Im Hinblick auf die eingetretenen Zusammenbrüche stellt sich aber auch die Frage nach einer Möglichkeit, während der Erstellung des Bauwerkes mit anderen, bisher nicht angewandten Methoden, aufgrund von Messungen am Objekt selbst, einen mittelbaren Hinweis auf die Annäherung an den instabilen Zustand erkennen zu können. Diese Frage kann voraussichtlich bedingt - unter gewissen Voraussetzungen - bejaht werden.

Der bisher allein nur in Betracht gezogene Fall der statischen Stabilität ist ein Sonderfall der allgemein kinetischen Stabilität. Man kann in Worten definieren: Ein System ist dann stabil, wenn es nach Anbringen einer Störung sich selbst überlassen den Zustand vor der Störung wieder erreicht. Verstehen wir unter einer Störung eine kurzzeitige Anregung zu "kleinen" Eigenschwingungen bzw. Resonanzschwingungen, die sich der statischen Durchbiegung überlagern, so wird das mit Imperfektionen behaftete System auf die Störung qualitativ und quantitativ anders antworten, als es dem idealen System ohne Imperfektionen (rechnerisch) zukommt. Der Unterschied beider Systeme im Schwingungsverhalten - etwa in der Eigenschwingungsdauer und in der Dämpfung - wird einerseits mit zunehmenden Imperfektionen und andererseits mit der Annäherung an den instabilen Zustand anwachsen. Damit bietet sich, wie weiter unten für einen angenommenen Sonderfall näher diskutiert, eine sicher sehr erwünschte Warnungsmöglichkeit - das Erkennen der Annäherung an die Stabilitätsgrenze - an.

Im folgenden Abschn. 2 wird für den praktisch als vorerst in erster Linie interessierend angenommenen Fall des freien Vorbaues unter sehr vereinfachenden Annahmen - insbesondere mit rein elastischem Verhalten, konstantem Trägerquerschnitt und gleichförmiger Belastung - ein Modell durchgerechnet, als Ausgangsbasis für die Diskussion eines denkbaren und hiermit vorgeschlagenen Verfahrens, nämlich der experimentell-theoretischen Anwendung der Methode der kleinen Schwingungen mit fortschreitenden Vorbaustadien. Im Abschn. 3 wird versucht, anhand der Ergebnisse der Modellrechnung des vorhergehenden Abschnittes grob quantitativ abzuschätzen, welcher Abstand von der Stabilitätsgrenze - ausgedrückt durch einen noch vorhandenen Sicherheitsfaktor - aus dem Schwingungsverhalten mit zunehmender Vorbaulänge und/oder mit zusätzlichen Auflasten erschlossen werden könnte. Dies unter der begründeten Voraussetzung, daß das Wirksamwerden plastischer Anteile in den Imperfektionen - die hier als mit maßgeblich vorausgesetzt sein sollen - im Schwingungsverhalten hinreichend genau erkennbar gemacht werden kann.

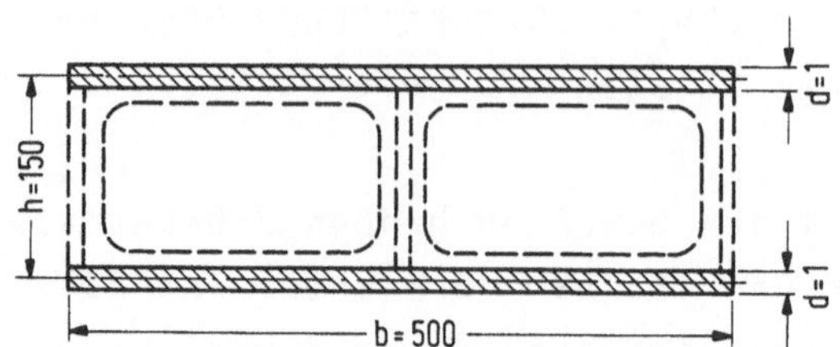

Abb. 1 Trägerquerschnitt, schematisch

Ein Kragträger von konstantem Doppelflanschquerschnitt (unter rechnerischer Vernachlässigung der Stege) mit veränderlicher Vorbaulänge L (Abb. 1) wird für drei Fälle von Imperfektionen hinsichtlich der hier ungedämpften Eigenschwingungsdauer untersucht

Fall a) ohne Imperfektionen, d.h. für den "planmäßigen" Fall,

Fall b) mit einer sinusförmigen Vorkrümmung im Untergurt an der Einspannung,

Fall c) mit einer im Untergurt sinuswellenförmig durchlaufenden Vorkrümmung.

Die Knotenpunkte der Sinuswellen seien konstruktiv abgestützt gedacht. Als Pfeilhöhen-Sehnen-Verhältnis f/l sei 1/2oo und 1/4oo angenommen. 1/2oo möge einem nicht auszuschließenden Höchstwert, 1/4oo einem Mittelwert entsprechen. Der Fall b) soll den Einfluß einer örtlichen Imperfektion dem Fall c) einer durchlaufenden gleichartigen Imperfektion quantitativ gegenüberstellen.

Der Kernpunkt der hier gegebenen Schwingungsrechnung liegt in der Berücksichtigung der Abminderung der Biegesteifigkeit zufolge der von zweiter Ordnung kleinen Sehnenverkürzung der sinusförmigen Imperfektionen, welche der Hooke'schen Dehnung in den Gurten vergleichbar ist.

Es sei noch bemerkt, daß der von Flachsbart, Mettler und Klotter untersuchte Fall des unter pulsierender Längskraft stehenden Druckbiegestabes (siehe Lit. 4 und die dort weiter angegebene Literatur) hier wegen der sehr niedrigen Pulsationsfrequenz nicht maßgeblich wird.

2. Zahlenbeispiel

Der zugrundegelegte Balkenquerschnitt, wie in Abb. 1 schematisch dargestellt, habe mit den dort angegebenen Abmessungen unter den oben gemachten einschränkenden Voraussetzungen (Doppelflanschquerschnitt) die nachstehenden Querschnittskennwerte

Gesamtfläche $F = 1000\ cm^2$

Trägheitsmoment $J = 5{,}625 \cdot 10^6\ cm^4$,

Trägheitsradius $i = \sqrt{J/F} = 75\ cm$.

Der Balken bestehe aus Baustahl St 52, mit $E = 2{,}1 \cdot 10^6\ kp/cm^2$ und einer Fließgrenze von $\sigma_F = 3600\ kp/cm^2$ sowie einem spez. Gewicht von $\gamma = 7{,}8\ p/cm^3$. Die weiter noch benötigten Querschnittskennwerte sind

Biegesteifigkeit $EJ = 11{,}81 \cdot 10^{12}\ kpcm^2$

Eigengewichtsbelastung $q = 7{,}8\ kp/cm$,

mit $\rho = \gamma/g$ als Dichte bei $g = 981\ cm/sek^2$ ist weiter noch

$i\sqrt{E/\rho} = 38{,}54 \cdot 10^6\ cm^2/sek$.

Fall a) Die Gleichung für die n-te Eigenschwingungsdauer T_n eines einseitig eingespannten geraden Stabes von konstantem Querschnitt und der Länge L lautet, wie man den Handbüchern entnimmt,

$$T_n = \frac{2\pi}{\kappa_n^2} \frac{L^2}{i} \sqrt{\frac{\rho}{E}} \qquad (1)$$

Für die hier interessierende Grundschwingung gilt $\kappa_1 = 1{,}87510$. Mit den oben aufgeführten Querschnittskennwerten folgt dann

$$T_1 = 4{,}6363 \cdot 10^{-4}\ L^2\ sek/m^{-2}. \qquad (2)$$

Für eine weiter unten näher definierte kritische Länge $L_k = 62{,}0174$ m, bei welcher die Eulerlast in der als "Stab" betrachteten sinusförmigen Imperfektion erreicht wird, notieren wir formal eine zugehörige Schwingungsdauer

$$T_k = 1{,}7832\ sek\ ,$$

als Schnittpunkt der Geraden $T_1 - L^2$ mit der Asymptote $T(L_k) \to \infty$.

Fall b) Es sei, wie schon erwähnt, in dem sonst "planmäßigen" Träger eine Imperfektion im Einspannungsbereich vorhanden, die wir modellmäßig als gelenkig eingebauten Untergurtteil annehmen und der einfacheren Rechnung halber als mit f/l = 1/200 bzw. mit 1/400 vorgekrümmten Stab ansehen. Seine Euler-Knicklast P_E sei

1ooo Mp. Damit ist bei den gegebenen Gurtabmessungen die Knicklänge l = 29,387 cm und der Schlankheitsgrad λ = 1o1,8. Zufolge der Sehnenverkürzung unter Last wird nun über den Bereich der Imperfektion eine n i e d r i g e r e Biegesteifigkeit (EJ)' wirksam, deren Ausmaß von der Kraglänge L abhängt. Zur Berechnung dieser Abminderung gehen wir von der Formel bei Ratzersdorfer (Lit. 5) für die zusätzliche Mittenausbiegung v_m eines sinusförmig mit der Pfeilhöhe f gelenkig gelagerten Stabes von der Länge l aus, der mit einer Längskraft P unterhalb der Eulerlast P_E belastet ist,

$$v_m = f \cdot \frac{P}{P_E - P} \, . \tag{3}$$

Die von zweiter Ordnung (gegenüber f und v_m) kleine zusätzliche Verkürzung infolge der Ausbiegung v_m gegenüber der von f bedingt nun im Untergurt eine scheinbare zusätzliche Stauchung ε_f, die sich der normalen mittleren Spannungsdehnung ε_x überlagert. Nach elementarer Rechnung ergibt sich hierfür

$$\varepsilon_f = \frac{\pi^2}{4} \left(\frac{f}{l}\right)^2 \frac{P}{P_E - P} \left(\frac{P}{P_E - P} + 2\right) \tag{4}$$

und die zufolge ε_f niedrigere Biegesteifigkeit wird damit

$$(EJ)' = EJ \, \frac{1}{1 + 0{,}5\varepsilon_f/\varepsilon_x} \, . \tag{5}$$

Die Erweiterung der Gl.(5) für den Fall der Platte erscheint möglich, (siehe etwa Lit. 6).
Mit den angenommenen Zahlenwerten ist in Gl.(4) jetzt mit x als Längskoordinate einzusetzen

$$P(x) = \frac{qx^2}{2h} = 0{,}26 \, x^2 \tag{6}$$

(P in Mp, x in m) und in Gl.(5)

$$\varepsilon_x = \frac{2P(x)}{EF} = 2{,}4762 \cdot 10^{-7} \, x^2 . \tag{7}$$

(Von einer Zusammenfassung der Gln.(4) bis (7) zu einer geschlossenen Formel für (EJ)' abhängig von x wird der Übersichtlichkeit halber abgesehen). In der Tabelle 1 sind einige Wertepaare des Nenners in Gl.(5) abhängig von L und f/l eingetragen.

Tabelle 1

L in m	EJ/(EJ)'	
	f/l = 1/4oo	f/l = 1/2oo
o	1,o1619	1,o6477
1o	1,o1685	1,o674o
2o	1,o1912	1,o7648
3o	1,o2437	1,o9748
4o	1,o376o	1,15o4o
5o	1,o8922	1,35688
6o	3,1o311	9,41244
62,o174	∞	∞

In Abb. 2 ist der Verlauf von (EJ)' mit (EJ)' für L = 0 als Einheit graphisch dargestellt.

Zur Bestimmung der Kreisfrequenz ω bzw. der Schwingungsdauer T benützen wir das Näherungsverfahren von Rayleigh und Morrow (siehe etwa Lit. 7) in der für konstanten Querschnitt geltenden Form

$$\omega^2 = \left(\frac{2\pi}{T}\right)^2 = \frac{i^2 E}{\rho} \cdot \frac{\int_0^L E'/E \, \{u''(x)\}^2 dx}{\int_0^L \{u(x)\}^2 dx}, \tag{8}$$

u (x) ist dabei eine "kleine", dem Verlauf der statischen Durchbiegung jeweils proportionale Amplitude. Im Fall b) gilt im Abschnitt $0 \leq x \leq L-l$ die volle Biegesteifigkeit EJ, im Abschnitt $L-l \leq x \leq L$ die abgeminderte (EJ)'. Wir können also setzen (unter Weglassung eines Proportionalitätsfaktors)

$$\begin{aligned} u''(x) &= x^2 \quad \text{für } 0 \leq x \leq L-l \text{ und} \\ u''(x) &= \frac{E'}{E} x^2 \quad \text{für } L-l \leq x \leq L \end{aligned} \tag{9}$$

unter Beachtung der Übergangsbedingungen für u' und u an der Stelle L-l und der Randbedingungen an der Stelle L bei der Integration von Gl.(9). Die Wiedergabe der keine Besonderheiten bietenden weiteren Rechnung sei hier unterdrückt. Für einige größere Werte von L sind die errechneten Schwingungsdauern in der Tabelle 2 wiedergegeben und außerdem in Abb. 3 über L^2 praphisch aufgetragen.

Tabelle 2 Schwingungsdauern

T [sek] / L [m]	Fall a)	Fall b)		Fall c)	
	Null	f/l = 1/4oo	f/l = 1/2oo	f/l = 1/4oo	f/l = 1/2oo
5o	1,1545	1,156	1,159	1,188	1,261
55,5	1,4224	1,426	1,437	1,475	1,627
59	1,6o75	1,623	1,669	1,751	2,o27
6o	1,6624	1,696	1,793	1,93o	-
61	1,7183	1,83o	2,121	-	-
62,o174	1,7761	∞	∞	∞	∞

Da die statische Biegelinie mit dem Amplitudenverlauf der exakten Lösung nicht vollkommen übereinstimmt, ergeben sich im Fall a) für f/l = 0 geringfügige Unterschiede. So folgt hier für L_k = 62,o174 m eine Schwingungsdauer von 1,7761 sek, während der exakte Wert wie oben im Fall a) sich zu 1,7832 sek um o,4% höher ergibt.

Im Fall c) ist in den Integralen von Gl.(8) der stetige Verlauf von (EJ)' zu berücksichtigen. Wir setzen mit $\xi = x/L$ hierfür in erster Näherung

$$E/E' = C(1+a\xi^{n}) \tag{1o}$$

entsprechend dem in Tabelle 1 bzw. in Abb. 2 dargestellten Verlauf. C ist der Wert von E/E' für L = 0. Der Koeffizient a und der Exponent n werden für eine Übereinstimmung der Näherung Gl.(1o) an der Stelle L und einem benachbarten niedrigeren Wert ermittelt. In Abb. 2 ist ein solcher Näherungsverlauf für L = 6o m bei f/l = 1/4oo eingetragen. Es ist dabei a = 2,o537 und n = 24.

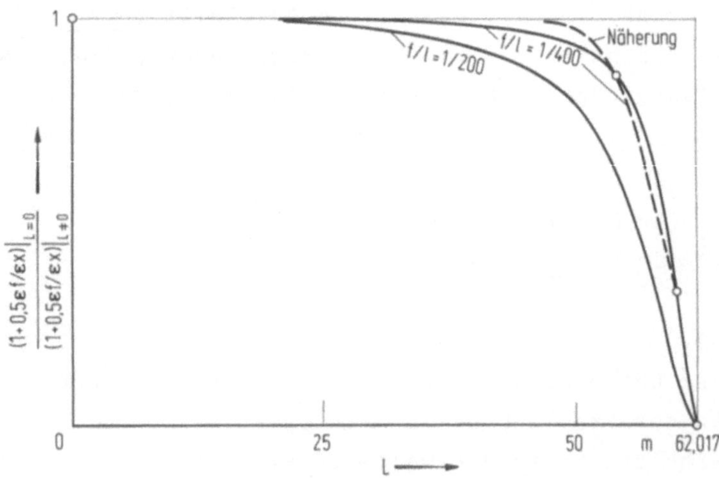

Abb. 2 Verlauf der bezogenen Biegesteifigkeit

Mit dem Näherungsansatz Gl.(1o), welcher im übrigen beliebig erweitert und verfeinert werden kann, wird

$$u''(x) = cL^2\xi^2\,(1+a\xi^n) \qquad (11)$$

und weiter mit den Randbedingungen $u(1) = u'(1) = 0$

$$u(\xi) = cL^4\left\{1/12\cdot(3-4\xi+\xi^4) + \frac{a}{(n+3)(n+4)}\left((n+\xi)-(n+4)\,\xi+\xi^{\,n+4}\right)\right\}. \qquad (12)$$

Der weitere Rechnungsgang unter Benutzung der Gl.(8) führt dann zu den in der Tabelle 2 und im Diagramm Abb. 3 enthaltenen Ergebnissen für Fall c). Eingetragen sind in Abb. 3 ferner die Tangenten der Schwingungsdauerverläufe an der Stelle L = 0. Diese haben im Fall c) bei L_k = 62,o174 m die Ordinatenabschnitte 1,79o sek für f/l = 1/4oo und 1,835 sek für f/l = 1/2oo.

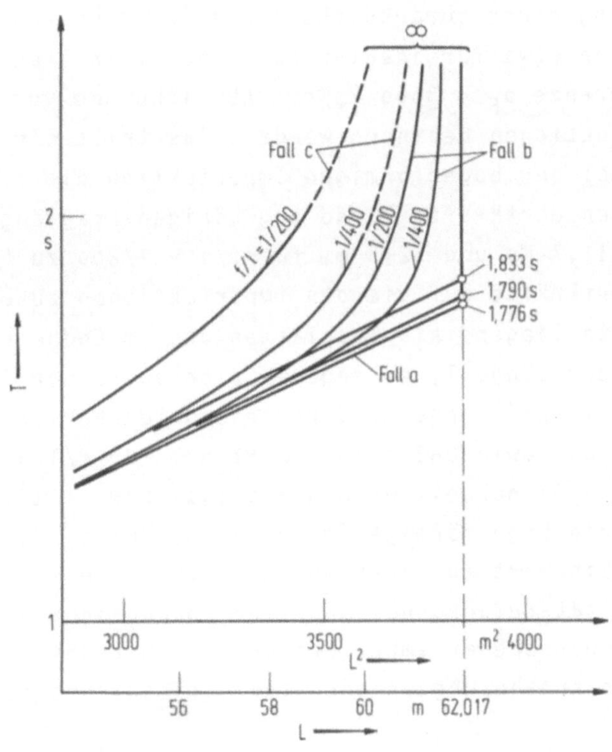

Abb. 3 Verlauf der Schwingungsdauern

3. Diskussion zu den Ergebnissen

In Abb. 3 fällt zunächst auf, daß mit einer Ausnahme - Fall c), f/l = 1/2oo - die Unterschiede in den Schwingungsdauern für verhältnismäßig hohe Werte von L noch sehr gering sind und erst nahe bei L_k dann hyperbolisch rasch anwachsend gegen unendlich gehen. Dies bedeutet einerseits, daß für die ins Auge gefaßte praktische Anwendung eine gewisse noch zu ermittelnde Genauigkeit bei der Messung der Schwingungsdauern erforderlich sein wird. Andererseits kann der Umstand, daß bei kleinen Vorbaulängen die Unterschiede in den Schwingungsdauern der in Betracht gezogenen Fälle sehr klein sind, dazu benutzt werden, den Vergleichsverlauf - das ist der imperfektionsfreie Verlauf - zu extrapolieren (bei den hier getroffenen Annahmen linear mit L^2), bzw. für den praktischen Vergleichsfall, mit veränderlichen Biegesteifigkeiten und Belastungen, die Schwingungsrechnungen abzustützen. Zufolge des in Wirklichkeit bei höheren Belastungen elastisch-plastischen Verhaltens in den Imperfektionsbereichen werden jedoch früher und größere Abweichungen vom zu rechnenden imperfektionsfreien Verhalten zu erwarten sein.

Dies müßte eine absehbar mögliche Erweiterung der hier gegebenen Rechnung für elastisch-plastisches Verhalten angenommener Imperfektionen im zusätzlichen Anstieg der Schwingungsdauer voraussichtlich zeigen. Es kann aber zunächst abgeschätzt werden, wann etwa für ideal-plastisches Verhalten bei einem Stahl St 52 mit der Fließgrenze σ_F = 36oo kp/cm^2 Abweichungen vom rein elastischen Verhalten der Imperfektionen beginnen werden. Das tritt ein, wenn auf der Biegedruckseite im Scheitel der bogenförmigen Imperfektion die Fließgrenze erreicht wird. Die betreffenden Gurtkräfte P und zugehörigen Kraglängen L ergeben sich für f/l = 1/4oo zu 711,7 Mp und 52,3 m, für f/l = 1/2oo zu 58o,5 Mp und 47,3 m. Bezieht man diese Gurtkräfte auf die den Imperfektionen zukommenden Traglasten, auf der sicheren Seite liegend als Traglasten des am Endhebel f außermittig belasteten Stabes von der Länge l, so ergeben sich aus einer Interpolation der Tabellen bei (Lit. 8) als kritische Gurtkräfte und zugehörige Längen 831,5 Mp und 56,6 m für f/l = 1/4oo, sowie 683,o Mp und 51,5 m für f/l = 1/2oo. Eine untere Grenze der vorhandenen Sicherheit wäre damit 1,17 bzw. 1,18. Die vergleichsweise höhere Traglast für die bogenförmige Imperfektion dürfte diese Werte auf mindestens 1,25 anheben. Ein Wert in einer solchen Höhe wäre wohl geeignet und ausreichend, den stabilitätsgefährdenden Einfluß vorhandener nicht hinreichend berücksichtigter oder übersehener Imperfektionen noch rechtzeitig zu erkennen und so vor einer weiteren Annäherung an die Stabilitätsgrenze zu w a r n e n .

Zu folgern ist weiter, daß eine Darstellung der experimentell erhobenen Schwingungsparameter Weg und Geschwindigkeit in Form aufeinanderfolgender Phasenkurven und Phasenporträts (siehe z.B. bei Magnus Lit. 9) wegen der bei einsetzenden plastischen Verformungen in den Imperfektionen zunehmenden Dämpfung - neben der mehr als im rein elastischen Vergleichsfall zunehmenden Schwingungsdauer - die Annäherung an einen kritischen Zustand mit wachsender Vorbaulänge oder mit der Aufbringung einer zusätzlichen Belastung ebenfalls erkennbar machen würde. Quantitativ müßte dies allerdings im Wege des Versuches und theoretischer Untersuchungen im Hinblick auf die praktische Anwendung des hier gemachten Vorschlages noch näher erforscht werden. Interessant wäre auch noch das Studium der Möglichkeit, einen quantitativen Schluß auf den instabilen Zustand aus aufeinanderfolgenden Phasenporträts ziehen zu können. Phasenporträts des hier betrachteten mechanischen Systems müßten nämlich aus kinetischen Gründen dem Typ "mit asymtotischem Sattelpunkt" entsprechen, welch letzterer den instabilen Zustand kennzeichnet (Lit. 9).

4. Schlußbemerkung

Bisherige Unsicherheiten in der Berechnung der Stabilitäslasten zufolge des mehr spekulativen Ansatzes der Imperfektionen könnten im Zuge des vorgeschlagenen mittelbaren experimentellen Abfragens der Imperfektionen, über deren Auswirkungen, ganz wesentlich abgemindert werden. Die hier gemachten Ausführungen sollen eine Anregung sein, künftig die bisher dominierende, vielfach zu schematisch gehandhabte und manchmal auch überbewertete "Berechnung" durch eine bisher oft zu kurz gekommene vermehrte Orientierung am wirklichen Verhalten der Bauwerke zu ergänzen. Dies entspräche auch alter Erkenntnis: "Die Betrachtung der Natur ermangelt der leitenden Idee und die philosophische Spekulation ermangelt der Erfahrung" (Francis Bacon, 1561 - 1626). "Der Verstand vermag nichts anzuschauen und die Sinne vermögen nichts zu denken. Nur daraus, daß sie sich vereinigen, kann Erkenntnis entspringen". (Immanuel Kant, 1724 - 18o4).

Literaturverzeichnis

(1) Steinhardt, O.: Gutachten Rheinbrücke Koblenz-Horchheim, Absturz des westlichen Strombrückenteils. August 1972.

(2) Chwalla, E.: Vorlesungen über Baustatik an der Deutschen Technischen Hochschule Brünn. 1936.

(3) Steinhardt, O.: Recent Revisions to German Standard DIN 4114. Vortrag London 13./14.II.1973 anläßlich der Tagung Steel Box Girder Bridges, Paper 12.

(4) Mettler, E.: Eine Theorie der Stabilität der elastischen Bewegung. Ing.-Archiv Bd. XVI, 1947. S. 135.

(5) Ratzersdorfer, J.: Die Knickfestigkeit von Stäben und Stabwerken. Wien 1936, S. 74.

(6) Weiss, S.: Über das Nachbeulverhalten einseitig gedrückter, elastisch eingespannter Rechteckplatten und ihre Beanspruchung bei Anfangsausbiegungen. Forschungszentrum des Deutschen Schiffbaues Hamburg, Bericht Nr. 18/1971.

(7) Geiger, H. u. K. Scheel: Handbuch der Physik. Bd. VI, Mechanik der elastischen Körper, S. 363.

(8) Jäger (Ježek), K.: Die Festigkeit von Druckstäben aus Stahl. Wien 1937, S. 94.

(9) Magnus, K.: Schwingungen. Stuttgart 1961.

Über Geometrie und Tragfähigkeit auf Druck beanspruchter Kanten von Kastenträgerquerschnitten

I. BUCĂ, Bukarest und G. VALTINAT, Karlsruhe

1. Einleitung

Das Karlsruher Konzept zur Untersuchung der Tragfähigkeit von Vollwand- und Kastenträgern unterteilt sich i.w. in die drei Hauptfragen

1. Ausgesteifte Stegbleche von Vollwandträgern
2. Ausgesteifte, gedrückte Gurtbleche und Stegbleche von Kastenträgern
3. "Kante" zwischen Gurtblech und Stegblech in gedrückten Bereichen von Kastenträgern.

Zu den erst- und zweitgenannten Problemen werden - insbesondere auch im Rahmen der Neuarbeitung der zuständigen Normen DIN 4113 und 4114 - in der Karlsruher Versuchsanstalt seit mehreren Jahren experimentelle und theoretische Untersuchungen sowohl für Tragwerke aus Aluminium als auch aus Stahl durchgeführt mit der Absicht, für baupraktische Fälle einfach zu handhabende Berechnungsweisen zu entwickeln, Konstruktionshinweise zu geben sowie Gültigkeitsgrenzen abzustecken. In diesem Zusammenhang wird auf die Arbeiten (Lit. 1 bis 6) hingewiesen.

Das unter 3. genannte Problem wird in dieser Abhandlung einer Lösung zugeführt, die von dem mit dieser Festschrift geehrten Jubilar in zahlreichen Gesprächen mit den Verfassern vorgezeichnet wurde.

Die Abhandlung stellt das Ergebnis einer engen Zusammenarbeit der beiden Verfasser dar. Sie wurde während des Deutschland-Aufenthaltes des Erstverfassers an dem Karlsruher Institut als Stipendiat der Alexander von Humboldt-Stiftung und durch die wissenschaftliche Betreuung von Herrn Prof. Steinhardt ermöglicht.

Beitrag in "Theorie und Berechnung von Tragwerken", Springer-Verlag 1974, von Dr.-Ing. I. Bucă, Dozent am Lehrstuhl für Brückenbau der Technischen Hochschule für Bauwesen, Bukarest (z.Zt. in Karlsruhe) und Prof.Dr.-Ing. G. Valtinat, Wissenschaftlicher Rat an der Versuchsanstalt für Stahl, Holz und Steine der Universität Fridericiana (T.H.) Karlsruhe

Für das Versagen von Kastenträgern sind mehrere Kriterien maßgebend. Neben denjenigen, die die Stabilität druckbeanspruchter, ausgesteifter und nichtausgesteifter Bleche beinhalten, ist zusätzlich das Tragverhalten der "Kanten" Kastenbodenblech/Kastenstegblech gesondert zu beurteilen.

In diesem Zusammenhang wird der Fall untersucht, wann die Spannung σ in der Kante zweier rechtwinklig zueinander stehender, verschweißter, druckbeanspruchter Bleche (z.B. Gurtblech und Stegblech) zum Versagen der Kante führt. Dabei werden ungleichförmige Spannungsverteilungen, wie solche in Kastentragwerken gegeben sind, berücksichtigt.

Einleitung des Versagens von Kastenträgern erfolgt durch

I. Ausbeulen der Bleche (gedrücktes Gurtblech oder Stegblech)

II. Überschreiten der Drillstabilität der Kante, wenn $\sigma_{kr}^{Kante} < \sigma \leq \sigma_F$
(σ = vorhandene Spannung, σ_F = Fließspannung)

III. Knittern der Kante, wenn die Fließstauchung ε_F überschritten wird
(d.h. Fließen der Kante bzw. Versagen des Gesamtquerschnitts).

IV. Versagen der gezogenen Querschnittsbereiche.

Für die Fälle I und III wurden bereits Teillösungen erarbeitet (Lit. 1 bis 7). Das Kriterium II wurde noch nicht untersucht. Der Fall IV bleibt außer Betracht.

Für die kritische Traglast (Drillknicklast) der Kante sind zwei Möglichkeiten denkbar.

I/III. $\sigma_{kr}^{Kante} \geq$ o,85 σ_F im Fall I oder III.
Bei dieser Möglichkeit werden vor dem Drillknicken der Kante bzw. zum gleichen Zeitpunkt andere Kriterien maßgebend (der Wert o,85 σ_F wurde in Lit. 2 niedergelegt und begründet).

II. $\sigma_{kr}^{Kante} <$ o,85 σ_F.
Bei dieser Möglichkeit muß unterschieden werden zwischen

II.1 $\sigma_{Ki} < \sigma_{kr}^{Kante} <$ o,85 σ_F.
(σ_{Ki} = ideale Beulspannung von angrenzenden Blechen).
Hierbei wird das Versagen des Kastenträgers durch Ausbeulen von gedrückten Blechen eingeleitet, wobei letztgenannte weiterhin allerdings "im Verbund" wirken.

II.2 $\sigma_{kr}^{Kante} \leq \sigma_{Ki}$.
Hierbei ist Drillknicken der Kante möglich.

2. Die allgemeinen Grundgleichungen für das Drillknicken eines L-Profils mit gebundener Drehachse

2.1 L-Profil mit freien Rändern und gleichmäßiger Spannungsverteilung

Aus Abb. 1 können folgende geometrische Beziehungen abgelesen werden

$$\varphi(z) = \frac{u}{y} \; ; \quad u = \varphi(z) \cdot y$$
$$\frac{\partial u}{\partial z} = u' = \frac{\partial \varphi(z)}{\partial z} \cdot y = \varphi' y \, . \tag{1a, b}$$

Weil die Drehachse im Schubmittelpunkt M gebunden ist ($u_M = 0$) und der Abstand zwischen dem Schwerpunkt S und der gebundenen Drehachse klein ist, werden die Biegebeanspruchungen vernachlässigt.

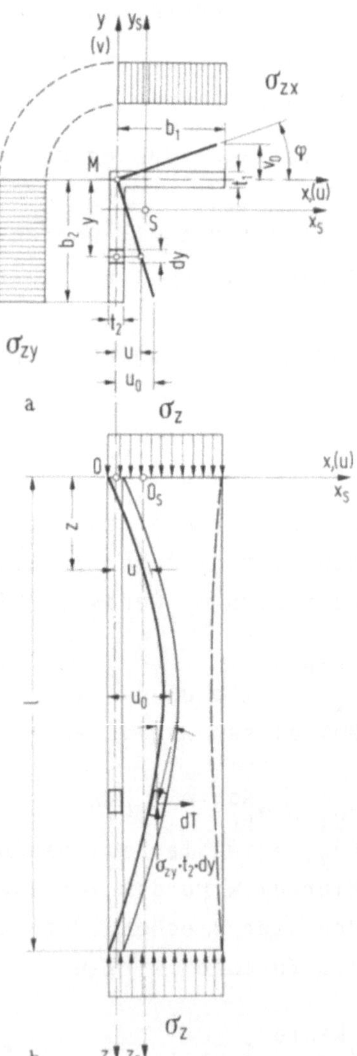

Abb. 1 Zur Ableitung der Grundgleichungen

Am Element dy wirkt die Abtriebskraft (Abb. 1b)

$$dT = \sigma_{zy}\, t_2\, dy\, \frac{du}{dz} = \sigma_{zy}\, t_2\, \frac{d\varphi}{dz}\, y dy, \tag{2}$$

sie erzeugt das Abtriebsmoment

$$dM_z^{(a)} = y \cdot dT = \sigma_{zy} \cdot t_2 \cdot \frac{d\varphi}{dz} \cdot y^2 \cdot dy.$$

Das gesamte äußere Abtriebsmoment wird dann

$$M_z^{(a)} = \int_0^{b_1} \sigma_{zx} \cdot t_1 \frac{d\varphi}{dz} \cdot x^2 dx + \int_0^{b_2} \sigma_{zy} \cdot t_2 \frac{d\varphi}{dz} \cdot y^2 \cdot dy$$

$$= \sigma_z \cdot \varphi'(z) \cdot \left[\int_0^{b_1} t_1\, x^2 dx + \int_0^{b_2} t_2\, y^2\, dy \right] = \sigma_z\, \varphi'(z) \cdot J_{pM}, \tag{3}$$

wobei

$$J_{pM} = \int_0^{b_1} t_1\, x^2 dx + \int_0^{b_2} t_2\, y^2\, dy. \tag{4}$$

Das innere Haltemoment ist

$$M_z(i) = EC_M \cdot \varphi'''(z) - GJ_D \cdot \varphi'(z). \tag{5}$$

Aus dem Momentgleichgewicht erhalten wir die folgende Differentialgleichung

$$EC_M\, \varphi'''(z) - GJ_D\, \varphi'(z) + \sigma\, J_{pM}\, \varphi'(z) = 0 \tag{6}$$

2.2 L-Profil mit federgelagerten Rändern und gleichmäßiger Spannungsverteilung

Die Federkonstanten des gemäß Abb. 2 elastisch gebetteten Querschnitts sind c_1 und c_2. Wenn wir annehmen, daß die Kräfte F_1, F_2 proportional zu den Federwegen sind, folgt

$$\begin{aligned} dF_1(z) &= v_o(z) \cdot c_1 \cdot dz = \varphi \cdot b_1 \cdot c_1 \cdot dz \\ dF_2(z) &= u_o(z) \cdot c_2 \cdot dz = \varphi \cdot b_2 \cdot c_2 \cdot dz. \end{aligned} \tag{7a, b}$$

Hieraus ergibt sich ein zusätzliches Haltemoment

$$dF_1 \cdot b_1 + dF_2 \cdot b_2 = \varphi \cdot b_1^2 \cdot c_1 \cdot dz + \varphi \cdot b_2^2 \cdot c_2 \cdot dz, \tag{8}$$

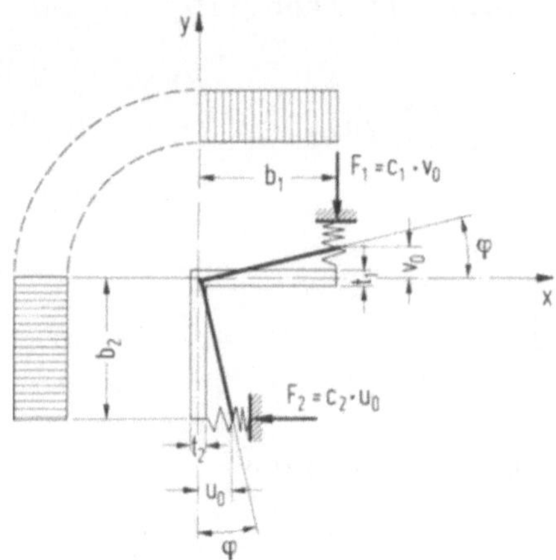

Abb. 2 Gleichmäßige Spannungsverteilung auf den Winkelschenkeln

und in diesem Fall wird die Dgl. (6) zu

$$E \cdot C_M \cdot \varphi'''(z) - (G \cdot J_D - \sigma \cdot J_{pM}) \cdot \varphi'(z) + \varphi \cdot (c_1 \cdot b_1^2 + c_2 \cdot b_2^2)\, dz = 0$$

bzw. nach dz abgeleitet

$$EC_M \varphi^{IV}(z) - (GJ_D - \sigma \cdot J_{pM}) \varphi''(z) + \varphi (c_1 \cdot b_1^2 + c_2 \cdot b_2^2) = 0. \qquad (10)$$

Als Lösung nehmen wir die folgende Form an

$$\varphi = \varphi_0 \cdot \sin \frac{n\pi z}{l}, \qquad (11a)$$

ihre Ableitungen sind

$$\varphi'' = -\varphi_0 \cdot \left(\frac{n\pi}{l}\right)^2 \cdot \sin \frac{n\pi z}{l} \qquad (11b)$$

$$\varphi^{IV} = \varphi_0 \cdot \left(\frac{n\pi}{l}\right)^4 \cdot \sin \frac{n\pi z}{l}. \qquad (11c)$$

Nach Einsetzen und Vereinfachen erhält man schließlich den Wert der kritischen Drillknickspannung zu

$$\sigma_{kr} = \frac{1}{J_{pM}} \left[EC_M \left(\frac{n\pi}{l}\right)^2 + GJ_D + (c_1 \cdot b_1^2 + c_2 \cdot b_2^2) \left(\frac{l}{n\pi}\right)^2 \right]. \qquad (12)$$

Der maximale Wert der Drillknickspannung ergibt sich aus der Bedingung

$$\frac{\partial \sigma_{kr}}{\partial n} = 0 \qquad (13)$$

für die Halbwellenzahl

$$n = \frac{1}{\pi}\sqrt[4]{\frac{c_1 \cdot b_1^2 + c_2 \cdot b_2^2}{EC_M}} \tag{14}$$

und die Halbwellenlänge

$$l_n = \frac{l}{n} = \pi \sqrt[4]{\frac{EC_M}{c_1 \cdot b_1^2 + c_2 \cdot b_2^2}} \; . \tag{15}$$

Aus Gl.(12) wird dann

$$\sigma_{kr} = \frac{1}{J_{pM}} \left[GJ_D + 2 \sqrt{EC_M \, (c_1 b_1^2 + c_2 b_2^2)} \right]. \tag{16}$$

Im Fall $c_1 = c_2$ und $b_1 = b_2$ ist

$$\sigma_{kr} = \frac{1}{J_{pM}} \left[GJ_D + 2 \sqrt{2cb^2 EC_M} \right]. \tag{16a}$$

Die Beziehungen (16) und (16a) sind nur gültig, wenn der Stab mit einer oder mehreren Halbwellen ($n \geq 1$) ausknickt. Das ist der Fall bei

$$n = \frac{l}{\pi}\sqrt[4]{\frac{c_1 \cdot b_1^2 + c_2 \cdot b_2^2}{EC_M}} \geq 1 \quad \text{oder} \quad c_1 \cdot b_1^2 + c_2 \cdot b_2^2 \geq EC_M \left(\frac{\pi}{l}\right)^4 .$$

Im einfachen Fall (16a) kann man einen gewissen Wert der Federkonstanten c^+ feststellen, der die Gültigkeitsgrenze der Beziehungen (16) bzw. (16a) anzeigt.

Mit $c_1 = c_2$ und $b_1 = b_2$ ist

$$c^+ = \frac{\pi^4 EC_M}{2b^2 l^4} \; . \tag{17}$$

In der Abb. 3 wurden für verschiedene Konstanten c der elastischen Bettung die kritischen Drillknickspannungen dargestellt. Für alle Werte $c \geq c^+$ sind die durch die Gl.(16a) berechneten σ_{kr}-Werte unabhängig von der Länge des Stabes, denn die Knicklänge ist $l_n \leq l$.

Für die Fälle $c \leq c^+$ sind die kritischen Spannungen abhängig von der Stablänge, sie müssen dann über die Gl.(12) berechnet werden.

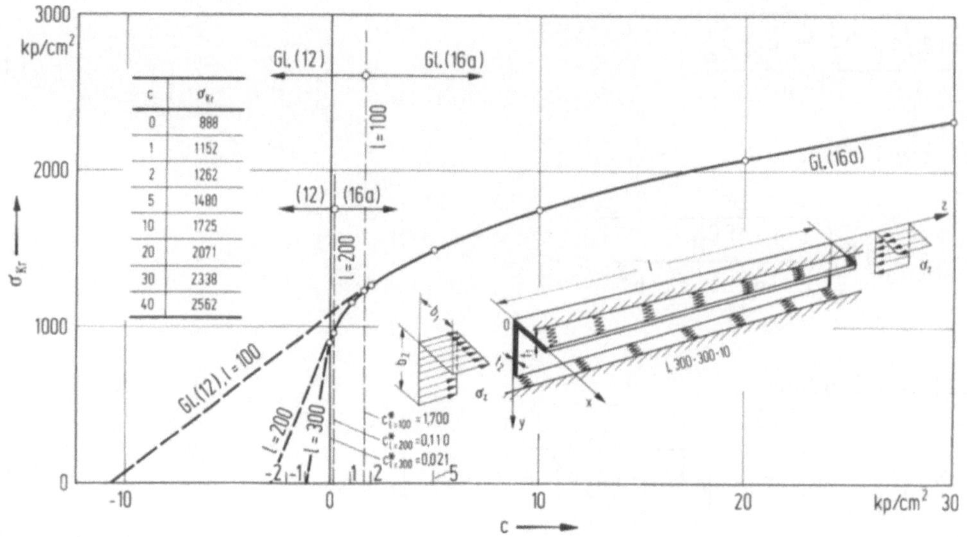

Abb. 3 Die graphische Darstellung der Funktion σ_{Kr} - c

2.3 L-Profil mit federgelagerten Rändern und linearen Spannungsverteilungen

Für den in Abb. 4 dargestellten Querschnitt mit linear-veränderlicher Spannungsverteilung wird gesetzt

$$\frac{\sigma_{min\,1}}{\sigma_{max}} = \beta_1$$

$$\frac{\sigma_{min\,2}}{\sigma_{max}} = \beta_2 \,. \qquad (18a,\ b)$$

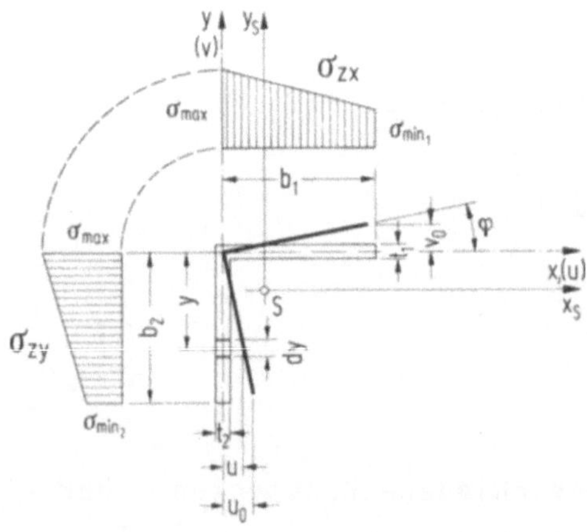

Abb. 4 Lineare Spannungsverteilung

In diesem Fall werden die Abtriebskräfte am Element analog zu Gl.(2) für die beiden Schenkelbereiche ermittelt, hieraus ergeben sich die Teilabtriebsmomente und schließlich das gesamte äußere Abtriebsmoment in der Form der Gl.(3).

Mit den Gln.(18a, b) folgt

$$\sigma_{zx} = \sigma_{max} - \frac{x}{b_1}(\sigma_{max} - \sigma_{min\,1}) = \sigma_{max}\left[1 - \frac{x}{b_1}(1-\beta_1)\right]$$

$$\sigma_{zy} = \sigma_{max} - \frac{y}{b_2}(\sigma_{max} - \sigma_{min\,2}) = \sigma_{max}\left[1 - \frac{y}{b_2}(1-\beta_2)\right],$$

setzt man diese Beziehungen in Gl.(3) ein, so ist

$$M_z^{(a)} = \sigma_{max}\cdot\varphi'\left[\frac{t_1 b_1^3}{3}\left[1-\frac{3(1-\beta_1)}{4}\right] + \frac{t_2 b_2^3}{3}\left[1-\frac{3(1-\beta_2)}{4}\right]\right] = \sigma_{max}\cdot\varphi'\cdot J_{pM,1}. \quad (19)$$

Aus dem Momentengleichgewicht ergibt sich die Dgl. (analog zur Dgl.(1o)) und schließlich die kritische Drillknickspannung

$$\sigma_{kr,1} = \frac{1}{J_{pM,1}}\left[GJ_D + 2\sqrt{EC_M\,(c_1\cdot b_1^2 + c_2\cdot b_2^2)}\right] \quad (16b)$$

mit

$$J_{pM,1} = \frac{t_1 b_1^3}{3}\left[1-\frac{3(1-\beta_1)}{4}\right] + \frac{t_2 b_2^3}{3}\left[1-\frac{3(1-\beta_2)}{4}\right]. \quad (2o)$$

Die Erhöhungen der mit den Gln.(16b) und (2o) berechneten $\sigma_{kr,1}$-Werte gegenüber dem Fall mit gleichmäßiger Spannungsverteilung werden in Abb. 5 dargestellt.

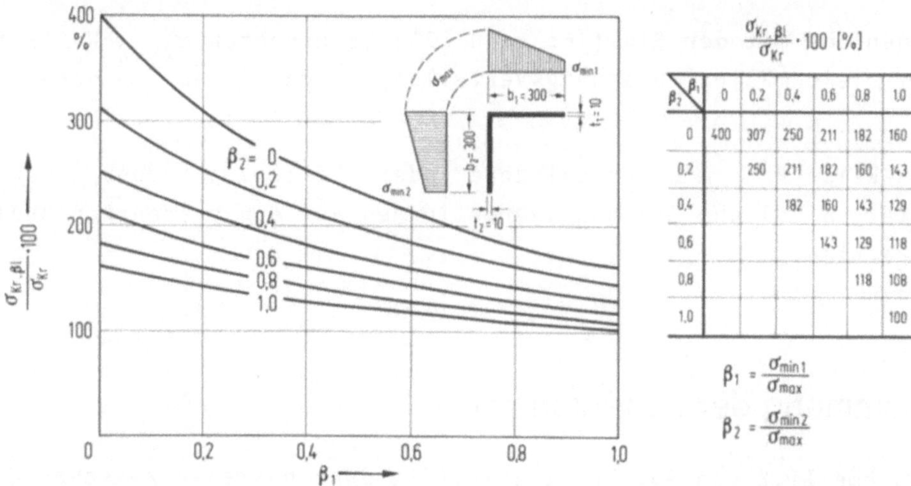

β_2 \ β_1	0	0,2	0,4	0,6	0,8	1,0
0	400	307	250	211	182	160
0,2		250	211	182	160	143
0,4			182	160	143	129
0,6				143	129	118
0,8					118	108
1,0						100

Abb. 5 Die graphische Darstellung der Funktion σ_{Kr}- β_i bei der linearen Spannungsverteilung

2.4 L-Profil mit federgelagerten Rändern und parabolischen Spannungsverteilungen

Bei parabolischen Spannungsverteilungen (Abb. 6) kann man das Problem analog zu Abschn. 2.3 betrachten. Ohne detaillierte Ableitung erhält man

$$\sigma_{kr,2} = \frac{1}{J_{pM,2}} \left[GJ_D + 2\sqrt{EC_M\,(c_1 \cdot b_1^2 + c_2 \cdot b_2^2)} \right] \tag{16c}$$

mit

$$J_{pM,2} = \frac{t_1 b_1^3}{3}\left[1 - \frac{19(1-\beta_1)}{2o}\right] + \frac{t_2 b_2^3}{3}\left[1 - \frac{19(1-\beta_2)}{2o}\right]. \tag{21}$$

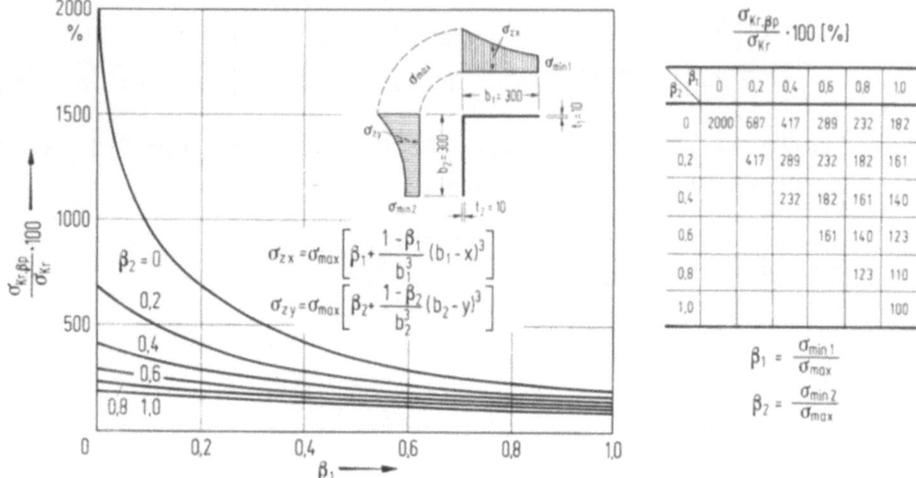

$\frac{\sigma_{Kr,\beta p}}{\sigma_{Kr}} \cdot 100\,[\%]$

β_2 \ β_1	0	0,2	0,4	0,6	0,8	1,0
0	2000	687	417	289	232	182
0,2		417	289	232	182	161
0,4			232	182	161	140
0,6				161	140	123
0,8					123	110
1,0						100

$\beta_1 = \frac{\sigma_{min\,1}}{\sigma_{max}}$

$\beta_2 = \frac{\sigma_{min\,2}}{\sigma_{max}}$

Abb. 6 Die graphische Darstellung der Funktion $\sigma_{Kr} - \beta$ bei der parabolischen Spannungsverteilung

Die Erhöhungen der mit den Gln.(16c) und (21) berechneten $\sigma_{kr,2}$-Werte gegenüber dem Fall mit gleichmäßiger Spannungsverteilung werden in Abb. 6 dargestellt.

In derselben Weise kann man verschiedene andere Fälle von Spannungsverteilungen und auch unterschiedliche Spannungsverteilungen auf den beiden Schenkeln des Winkels betrachten.

3. Zur Bestimmung der Federkonstanten

Wenn die Annahme II.2 von Abschn. 1 zutrifft, dann bestehen zwischen der (losgelöst gedachten) Kante einerseits und dem Gurt- und Stegblech andererseits Kräfte, die auf die Ecke eine stützende Wirkung ausüben. (Stützende Momente aus der gegenseitigen Einspannung sollen hier unberücksichtigt bleiben). Diese Kräfte sind als Linienkräfte in Längsrichtung sinusförmig verteilt (Abb. 7). Für den Längsschnitt x zum Beispiel ergibt sich

$$q_{zx} = q_{ox} \cdot \sin \frac{n\pi z}{l} . \tag{22}$$

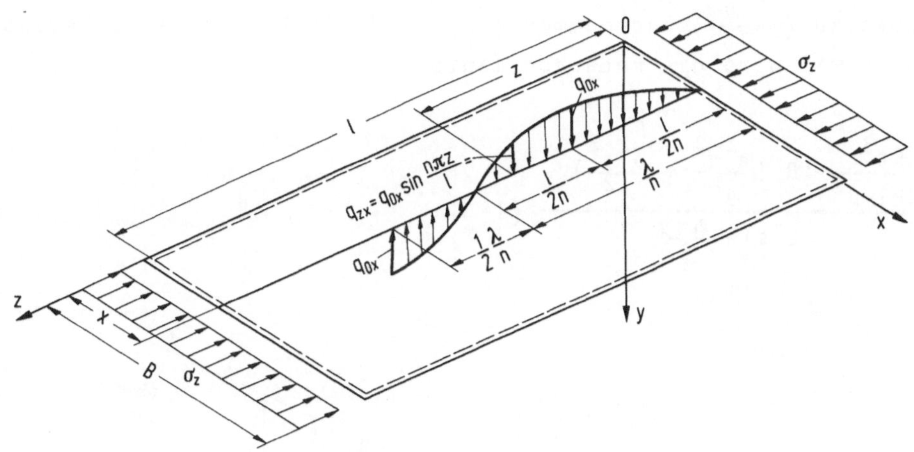

Abb. 7 Zur Ermittlung der elastischen Bettung

Über die daraus resultierende Durchbiegung w wird entsprechend die Federkonstante als $c = \frac{q}{w}$ (Winkler-Annahme) proportional zur Belastung angenommen. Der Wert von c kann über die Energie des Systems ermittelt werden (Lit. 11).

Hierzu wird die folgende Annahme über die Biegefläche getroffen

$$w = w_o \cdot \sin \frac{m\pi x}{B} \sin \frac{n\pi z}{l} . \tag{23}$$

Aus dem Gleichgewicht zwischen innerer Arbeit

$$\begin{aligned} A_i &= \frac{D}{2} \iint_F \left\{ \left(\frac{\partial^2 w}{\partial x^2} + \frac{\partial^2 w}{\partial z^2}\right)^2 - 2(1-\mu) \left[\frac{\partial^2 w}{\partial x^2} \frac{\partial^2 w}{\partial z^2} - \left(\frac{\partial^2 w}{\partial x \partial z}\right)^2 \right] \right\} dxdz \\ &= \frac{D \cdot B \cdot l}{8} w_o \left(\frac{m^2\pi^2}{B^2} + \frac{n^2\pi^2}{l^2}\right)^2 \end{aligned} \tag{24}$$

und äußerer Arbeit

$$\begin{aligned} A_a &= \frac{1}{2} \int_o^l q\, w\, dz = \frac{1}{2} w_o \cdot q_{ox} \cdot \sin \frac{m\pi x}{B} \int_o^l \sin^2 \frac{n\pi z}{l} \cdot dz\ z \\ &= \frac{1}{4} w_o \cdot q_{ox} \cdot l \cdot \sin^2 \frac{b_1}{B} \end{aligned} \tag{25}$$

ergibt sich

$$c = \frac{q_{ox}}{w_o} = \frac{D \cdot B \cdot \left(\frac{m^2\pi^2}{B^2} + \frac{n^2\pi^2}{l^2}\right)^2}{2 \sin \frac{m\pi x}{B}} . \tag{26}$$

Weil das Blech unter Längsdruckspannungen σ steht, geht ein Anteil seiner Biegesteifigkeit verloren, dieser Anteil wird analog zur reduzierten Biegesteifigkeit des Knickstabes zu $(1-\frac{\sigma}{\sigma_{Ki}})$ angenommen (σ_{Ki} = ideale kritische Ausbeulspannung des Bleches). Damit wird die Federkonstante

$$c = \frac{\frac{Et^3}{12(1-\mu^2)} \cdot B \left(\frac{m^2\pi^2}{B^2} + \frac{n^2\pi^2}{l^2}\right)^2}{2 \sin \frac{m\pi x}{B}} \left(1-\frac{\sigma}{\sigma_{Ki}}\right) \qquad (27)$$

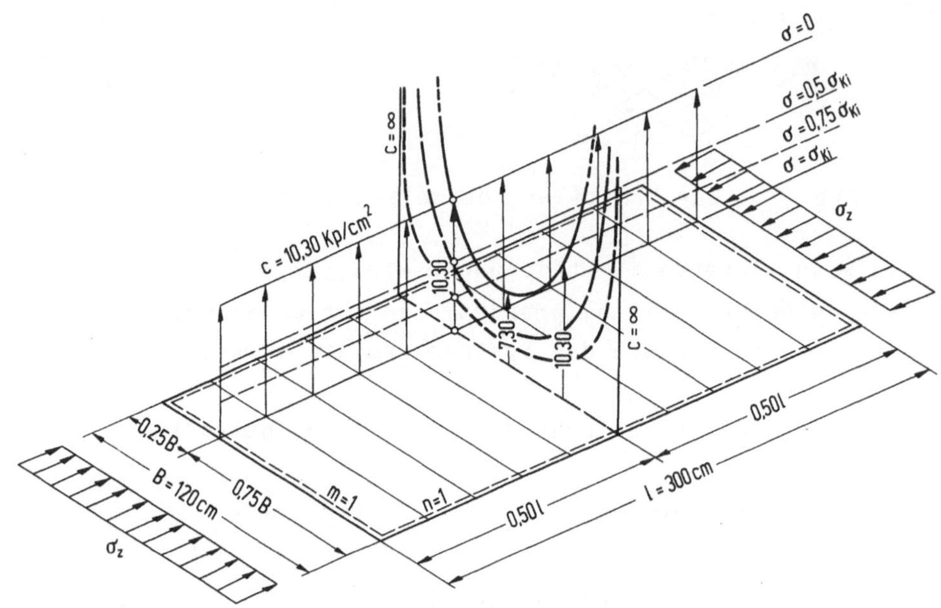

Abb. 8 Verteilung der Federungskonstanten einer Platte

Für das in Abb. 8 dargestellte Blech ist die elastische Federkonstante in Abhängigkeit von σ/σ_{Ki} und für m = n = 1 im Querschnitt z = o,5o l und Längsschnitt x = o,25 B aufgetragen (für n > 1 ergeben sich größere Werte). Sie ist in Längsrichtung konstant.

4. Verhalten der Kanten und ihr Beitrag zur Gesamttraglast von unausgesteiften Kastenträgern

Die Kanten eines Kastenträgers können als Stäbe mit Winkelquerschnitt zwischen zwei Querrahmen betrachtet werden. Die beiden Schenkellängen des Winkels, die Werte zwischen Null und jeweils der halben Blechbreite annehmen können, ergeben sich aus einer Berechnung der maximalen Tragfähigkeit der gedrückten Teile des Kastenträgers.

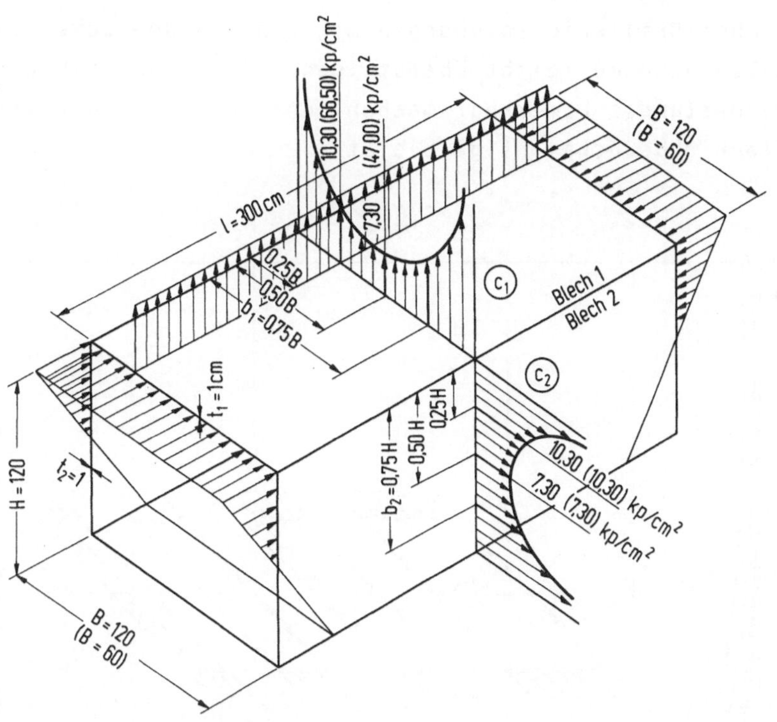

Abb. 9 Verteilung der Federungskonstanten bei einem Kastenträgerabschnitt

Im folgenden werden die beiden Kastenträger der Abb. 9 analysiert. Zunächst werden die kritischen Ausbeulspannungen eines Bleches mit den Abmessungen $B = 12o$ cm, $l = \alpha B$, $t = 1$ cm ermittelt (Abb. 1oa). Unter den vorangestellten Annahmen lassen sich ferner mit Gl.(12) und Gl.(27) - unter Zugrundelegung von L-Querschnitten, bei welchen jeweils eine Schenkellänge Null ist - die kritischen Drillknickspannungen der Kanten berechnen und zwar für die Fälle

Schenkellänge = halbe Blechbreite (b_1=B/2), mit elastischer Bettung (Fall b)

Schenkellänge = halbe Blechbreite (b_1=B/2), ohne Bettung (Fall c)

Schenkellänge < halbe Blechbreite (b_1<B/2), entsprechende Bettung (Fall d).

Ein Vergleich der Ergebnisse zeigt, daß

die minimalen kritischen Drillknickspannungen im Fall b etwa 1o% kleiner sind als die Ausbeulspannungen im Fall a (Blech). (Einfluß der Vernachlässigung der federnden Einspannung),

die kritischen Drillknickspannungen mit abnehmenden Schenkelbreiten die Ausbeulspannungen leicht übersteigen; hier kann sich der Einfluß des Wölbwiderstandes bemerkbar machen, der bei der Beuluntersuchung für das Blech unberücksichtigt bleibt.

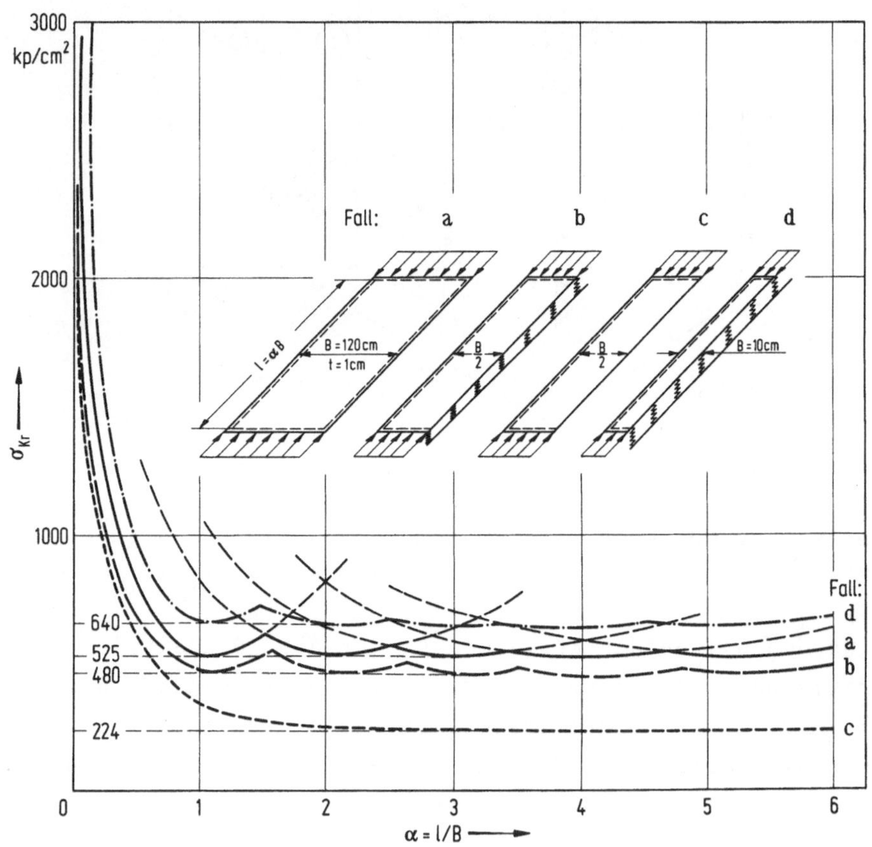

Abb. 1o Die graphische Darstellung der Funktion $\sigma_{Kr} - \alpha$

Diese Bemerkungen bleiben für alle Blechabmessungen (l/B in Abb. 1o und B/t in Abb. 11) gültig.

Hinsichtlich der Gesamttragfähigkeit von Blech und Rand ist festzustellen, daß diese nicht schon bei Erreichen der Ausbeulspannungen erschöpft ist, sondern erst, wenn Versagen des Bleches und Drillknicken der Randstreifen eintreten. Für das erste Beispiel (Abb. 9, B = 12o cm) ist die ideale Ausbeulspannung des gedrückten Gurtes σ_{Ki} = 525 kp/cm^2 und seine Tragfähigkeit somit $D_o^+ = \sigma_{Ki} \cdot B \cdot t$ = 63 Mp. Theoretisch könnten im nachkritischen Zustand die Randfasern die Fließgrenze σ_F erreichen, wenn die Spannungsverteilung nach der Kurve K_8 der Abb. 12 (Lit. 7) verliefe. In Wirklichkeit aber ist dieser Zustand nicht erreichbar, weil die Randstreifen schon vorher im elastischen Bereich drillknikken, nämlich wenn die Spannungsverteilung der Kurve (K_9) entspricht.

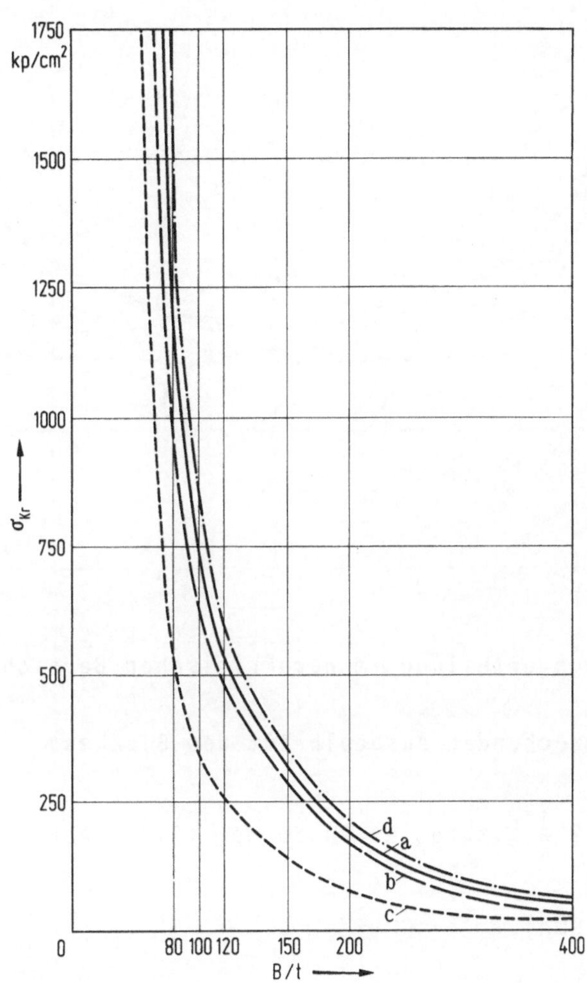

Abb. 11 Die graphische Darstellung der Funktion $\sigma_{Kr} - \xi$

Im Falle des Zusammenwirkens von Gurt und Stegblechen des Kastenträgers wird das Drillknicken der Kanten mit L-Querschnitt interessant. Die kritischen Drillknickspannungen dieser Kanten mit verschiedenen auf den Gurt- und Stegblechen federgelagerten Schenkeln (Breiten b_1 und b_2) werden in der Abb. 12 (K_2 bis K_7) dargestellt. Im Grenzzustand des Kastenträgers ist die Spannungsverteilung der Fahrbahnplatte von der Einhüllenden Kurve EK begrenzt, die Tragfähigkeit als gesamte Druckkraft (Abb. 13) ist

$$D = 2b_1t_1 \ \sigma_{kr}^{Kante} + (B-2b_1)\ t_1\ \sigma_{Ki} + 2b_2t_2\ \left(\frac{1+\varkappa}{2}\right)\ \sigma_{kr}^{Kante} \qquad (28)$$

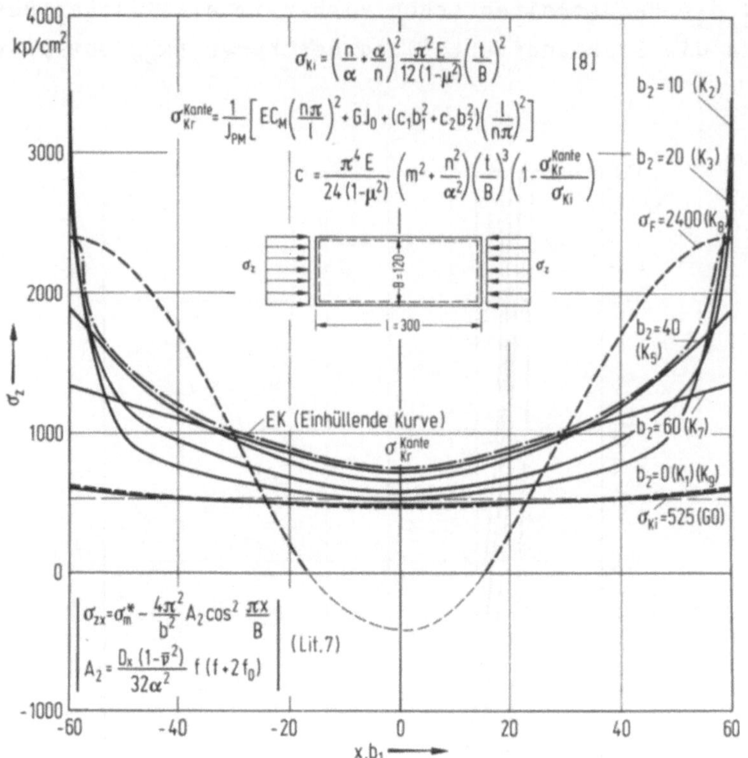

Abb. 12 Die Spannungsverteilung im nachkritischen Bereich, Fall B = 12o cm

im Gegensatz zur entsprechenden Ausbeulkraft des Bleches

$$D^{+}_{H/2} = Bt_1 \cdot \sigma_{Ki} + 2\,\frac{1}{2}\,\frac{H}{2}\,t_2\,\sigma_{Ki} = 94{,}5o \text{ Mp} \quad \text{(G1 in Abb. 13)}$$

(Stegbeulen angeschlossen).

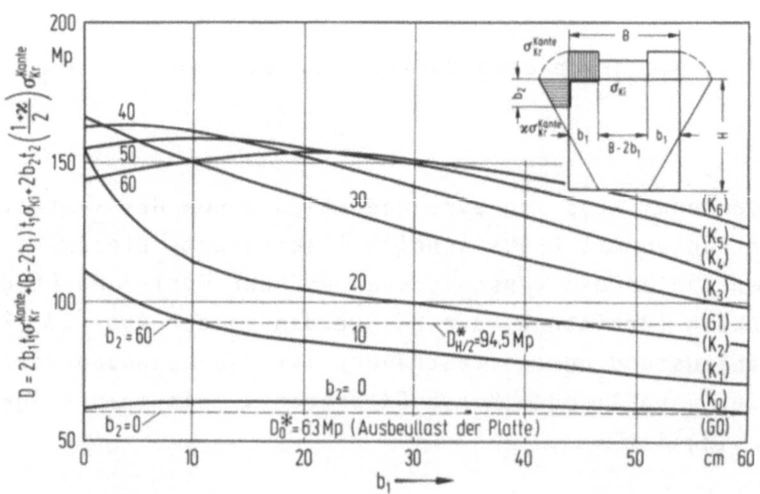

Abb. 13 Die Darstellung der Tragfähigkeitsfunktion, Fall B = 12o cm

Die Kurven K_1 bis K_6 in Abb. 13 entsprechen verschiedenen Breiten b_2 des Steges, und sie zeigen, daß die maximale Tragfähigkeit des gedrückten Kastenteiles etwa erreicht wird, wenn das gesamte Blech B ausgebeult ist und zusätzlich die Kanten mit einem Gurtrandstreifen von b_1 = o bis 1o cm und einem Stegrandstreifen von b_2 = 3o bis 4o cm drillknicken. Das bedeutet eine Vergrößerung der Gesamtdruckkraft von etwa 6o% infolge der Eckwirkung. Je stärker die Kanten relativ zur Blechbeultragfähigkeit sind, desto größer wird die Gesamttragfähigkeit des Kastenträgers. (Im übrigen wird aus Abb. 13 bestätigt, daß die Beullast der Gurtplatte allein und die Gesamttragfähigkeit des Streifens im Fall d (mit b_2 = 0) etwa die gleichen sind.

Bei der entsprechenden Untersuchung am zweiten Beispiel (Abb. 9, B = 6o cm) kann man folgende Schlüsse ziehen.

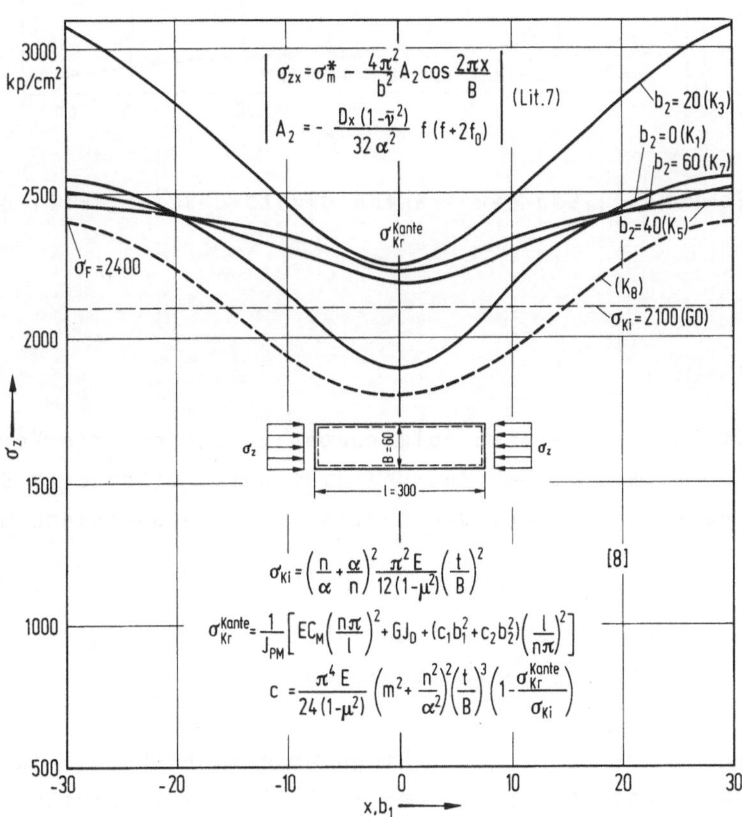

Abb. 14 Die Spannungsverteilung im nachkritischen Bereich, Fall B = 6o cm

Der nachkritische Spannungszustand (Abb. 14, K_8) bis zum Kantenfließen ist diesmal maßgebend, weil alle kritischen Drillknickspannungen grösser sind.

Das Versagen findet nach der Ausbeulung der Fahrbahnplatte und nach dem Drillknicken der Kanten (b_1 = 1o cm; b_2 = 6o cm) im plastischen

Bereich ($\sigma_{kr}^{Kante} \approx$ 28oo kp/cm^2) statt. Die Vergrößerung der Tragfähigkeit im Vergleich mit $D^+_{H/2}$ (Gerade G1 in Abb. 13) beträgt hier wegen σ_{Ki} = 21oo kp/cm^2 nur etwa 1o%.

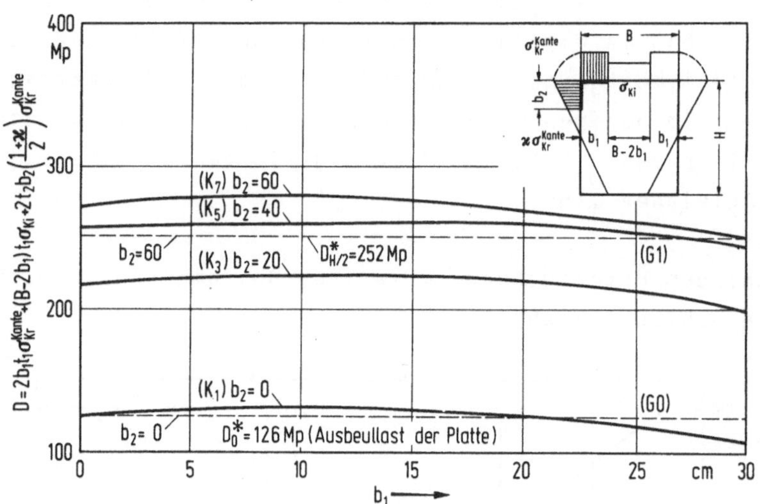

Abb. 15 Die Darstellung der Tragfähigkeitsfunktion, Fall B = 6o cm

5. Schlußfolgerungen

Die in diesem Beitrag mitgeteilten Ableitungen versuchen, die Versagensmöglichkeiten eines Kastenträgers zu prüfen, und dies unter besonderer Berücksichtigung der Gefahr des Drillknickens der Kanten zwischen Gurtblech und Stegblech vor deren Ausbeulung.

Die Ergebnisse gestatten für den Fall der isotropen, unausgesteiften Flachbleche von Kastenträgern eine Reihe von Schlußfolgerungen

1. Vor Ausbeulen der Gurt- bzw. Stegbleche kann ein Drillknickversagen der Kanten nicht eintreten, der Fall II.2 (vgl. Einführung) ist auszuschließen. Die minimale kritische Drillknickspannung eines Blechstreifens mit der Breite b_1 = B/2 (der als Extremfall eines L-Querschnittes nach Reduktion einer Schenkelbreite gegen Null angesehen wird,) ist praktisch gleich der Ausbeulspannung des Bleches selbst. Für Breiten b_1 < B/2 eines solchen Streifens steigen die Drillknickspannungen leicht an. Dies ist bei den genannten Voraussetzungen auf die zusätzliche Berücksichtigung des Wölbwiderstandes zurückzuführen, die in der Theorie der Plattenbeulung nicht enthalten ist. Die kritischen Drillknickspannungen von L-Querschnitten mit ver-

schiedenen Schenkelbreiten $b_1 \leq B/2$ und $b_2 > o$ sind ebenfalls größer als die Ausbeulspannungen der jeweils angrenzenden Bleche (Abb. 16).

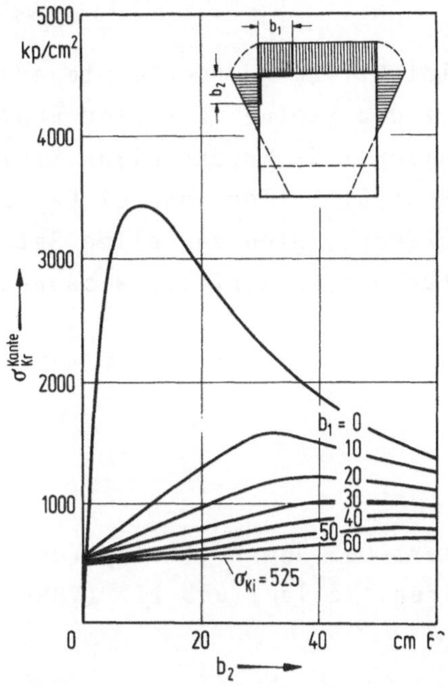

Abb. 16 Die graphische Darstellung der Funktion $\sigma_{Kr} - b_1 - b_2$

2. Die Kanten liefern eine Tragfähigkeitsreserve, die auch von Winter (Lit. 13) in Versuchen vielfach festgestellt und theoretisch behandelt wurde. Um gerade diese Reserve der Randbereiche (Kanten) voll nutzen zu können, ist der wesentliche Anteil der Gurtquerschnittsfläche dort zu konzentrieren. Bei zusätzlicher Ausbildung der Kanten als Hohlquerschnitte dürfte i.d.R. die Traglastbegrenzung erst durch Erreichen des Fließens in diesem Bereich gegeben sein.

3. Eine solche Maßnahme würde gleichzeitig die Beullast der Flachbleche im Mittelbereich des Kastens anheben, weil die hohe Drehsteifigkeit der Kanten eine Einspannung für die Plattenlängsränder liefert.

4. Das vorliegende Problem ist für den praktischen Fall des Kastenträgers mit längsversteiften Blechen zu untersuchen. Wichtige Parameter sind hierbei neben den Biegesteifigkeiten der Längsrippen besonders deren Abstände im engeren Bereich der Kanten.

Ferner wird vorgeschlagen, das Drillknicken von Kanten bei Trapezquerschnitten zu studieren.

5. Schließlich sind ergänzende Untersuchungen zum Biegedrillknick-Verhalten von gedrückten Längsrippen, die mit dem Flachblech verbunden und somit elastisch eingespannt und gebettet sind, erforderlich. Ansätze hierzu wurden von Roik (Lit. 12) mitgeteilt.

Der durch die Alexander von Humboldt-Stiftung ermöglichte enge Kontakt zwischen der Versuchsanstalt für Stahl, Holz und Steine (Direktor Prof.Dr.-Ing. Dr.sc. techn.h.c. Otto Steinhardt) der Universität Fridericiana Karlsruhe und dem Lehrstuhl für Brückenbau (Leiter Prof.Dipl.-Ing. Andrei Caracostea) der Technischen Hochschule für Bauwesen Bukarest, wird von allen Beteiligten dankbar begrüßt, er bildet die Grundlage für eine zukünftige wissenschaftliche Zusammenarbeit.

Literaturverzeichnis

(1) Steinhardt, O. und W. Schröter: Das überkritische Verhalten von Aluminium-Vollwandträgern mit Quersteifen. Teile I und II. IVBH-Kolloquium, London 1971.

(2) Steinhardt, O.: Recent revisions to German Standard DIN 4114. Proceedings of the International Conference organized by the Institution of Civil Engineers in London, 13.- 14. February, 1973.

(3) Steinhardt, O. und H. Rubin: Das Verhalten von Kastenträgern im überkritischen Bereich. IVBH-Symposium - Lissabon, September 1973.

(4) Steinhardt, O. und H. Rubin: Zur Berechnung längsversteifter Kastenträger im überkritischen Bereich. (In Vorbereitung).

(5) Steinhardt, O. und H. Rubin: Contribution to the Design of Box Girders for Ultimate Strength. (In Vorbereitung für die Tagung Brüssel 1973/74).

(6) Schröter, W.: Das Verhalten von auf Biegung und Schub beanspruchten Stegblechen im überkritischen Bereich. Entwurf der Dissertation, Universität Karlsruhe.

(7) Maquoi, R. et Ch. Massonnet: Théorie non-linéaire de la résistance postcritique des grandes poutres en caisson raidies. Mémoire de l'A.I.P.Ch. - Zürich 1971.

(8) Kollbrunner, C.F. und M. Meister: Ausbeulen - Theorie und Berechnung von Blechen. Berlin Göttingen Heidelberg 1958.

(9) Bürgermeister, G., H. Steup und H. Kretzschmar: Stabilitätstheorie. Band I. Berlin 1966.

(1o) Kollbrunner, C.F. und M. Meister: Knicken, Biegedrillknicken, Kippen. Berlin Göttingen Heidelberg 1961.

(11) Wolmir, A.S.: Biegsame Platten und Schalen. Berlin 1962.

(12) Roik, K.: Beitrag zum Beulproblem stählerner Kastenträger. Beitrag in Theorie und Berechnung von Tragwerken. Berlin 1974.

(13) Winter, G.: Dünnwandige Konstruktionen. Theoretische Lösungen und Versuchsergebnisse. Achter Kongreß IVBH - New York 1968 - Vorbericht.

Zur Erschöpfungslast schubbeanspruchter Stehbleche

P. DUBAS, Zürich

1. Einführung

Bekanntlich besitzen auf reinen Schub beanspruchte Stehbleche erhebliche überkritische Reserven, die mit der Schlankheit b/t relativ zunehmen: ist die Verzweigungslast der linearen Beultheorie erreicht, so kann ein Querkraftzuwachs durch Ausbildung eines Zugfeldes aufgenommen werden. Rode (Lit. 1) hat schon 1916 darauf hingewiesen und im überkritischen Bereich eine zusätzliche Tragwirkung des Blechträgers als Ständerfachwerk angenommen, mit einer zu 80·t geschätzten Breite der Zugdiagonalen. Mit der Weiterentwicklung der klassischen Beultheorie ist diese Betrachtungsart eine Zeitlang fast in Vergessenheit geraten, man hat sich begnügt, die Tragreserven stillschweigend in den gegenüber den Knickproblemen stark verminderten Beulsicherheiten zu berücksichtigen (vgl. z.B. Lit. 2). In den letzten fünfzehn Jahren ist das Problem des überkritischen Verhaltens wieder in den Vordergrund getreten; für schubbeanspruchte Stehbleche stehen zahlreiche Tragmodelle zur Verfügung, die experimentell nachgeprüft worden sind.

In seiner 1969 veröffentlichten Theorie nimmt Basler (Lit. 3) biegeweiche Gurte an, die bei der Verankerung des Zugfeldes nicht mitwirken sollen; der Neigungswinkel φ des Zugfeldes ist daher kleiner als der Winkel Θ der Felddiagonale (keine Ständerfachwerkanalogie). Bei normaler Gurtsteifigkeit stimmen die so errechneten Erschöpfungslasten mit den Versuchsergebnissen befriedigend überein. Allerdings haben schon Gaylord (Lit. 4) und Fujii (Lit. 5) auf gewisse Widersprüche in den Ableitungen hingewiesen; bei der Aufstellung der Gleichgewichtsbedingungen im Zugfeld wird nämlich stillschweigend angenommen, daß die Pfostenquerkraft null ist. Da die Gurte an der Abtragung der Vertikalkomponente des Zugfeldes voraussetzungsgemäß nicht beteiligt sind und da die Wirkungslinie der Zugfeldkraft nicht durch die Eckpunkte des Stehblechfeldes geht, hat der Pfosten die Verankerungskraft aufzunehmen; die Querkraft Q_o in Pfostenmitte ergibt sich nach Abb. 1 zu

$$Q_o = H - A_H = \sigma_t \cdot t \cdot a \cdot \sin\varphi \cos\varphi \left(1 - \frac{b-a\ \mathrm{tg}\varphi}{b}\right) = \alpha \cdot \sigma_t \cdot t \cdot a \cdot \sin^2\varphi .$$

Beitrag in "Theorie und Berechnung von Tragwerken", Springer-Verlag 1974, von
Prof. Dr.sc.techn. P. Dubas, Lehrstuhl und Institut für Baustatik und Stahlbau, Eidg. Technische Hochschule Zürich

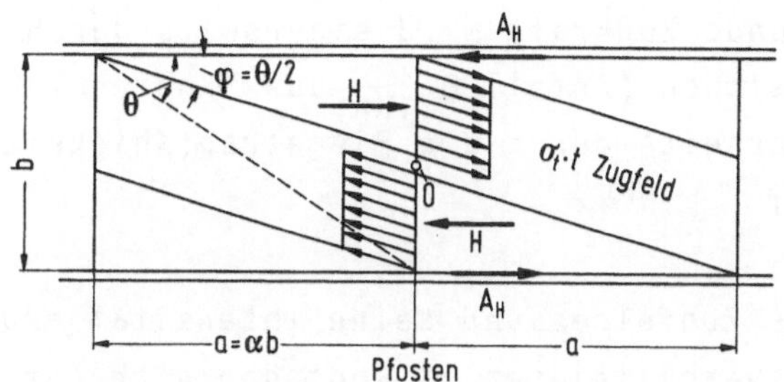

Abb. 1 Zugfeld nach Basler (Lit. 3)

Wird diese Querkraft bei der Aufstellung der Gleichgewichtsbedingungen berücksichtigt, so ergibt sich eine mit der Vertikalkomponente des Zugfeldes übereinstimmende Stehblechquerkraft Q_σ von

$$Q_\sigma = \sigma_t \cdot \frac{bt}{2} \operatorname{tg} \frac{\Theta}{2} , \qquad (1)$$

während Basler mit folgendem Wert rechnet:

$$Q_\sigma = \sigma_t \cdot \frac{bt}{2} \sin\Theta .$$

Für gebräuchliche Verhältnisse $\alpha = a/b$ ist dieser Wert 1,5 bis 2 mal größer als derjenige nach Gl.(1). Da die an sich korrekte Gl.(1) zu Erschöpfungslasten führt, die gegenüber den Versuchswerten zu klein ausfallen, ist das Tragmodell kaum zutreffend und durch ein anderes zu ersetzen.

2. Vorschlag eines einfachen Ständerfachwerkmodelles

Bei Bauteilen aus Stahl, d.h. aus einem Werkstoff mit ausgeprägter Fließgrenze, darf man zur Abschätzung der Erschöpfungslast einfache Gleichgewichtsmodelle heranziehen. Dabei sind alle wichtigen Parameter zu berücksichtigen, im vorliegenden Fall folgende:

a) Aufnahme einer Teilquerkraft Q_τ durch ein Schubspannungsfeld, dessen Intensität durch die kritische Schubspannung τ_{kr} der klassischen Beultheorie gegeben ist; wie es schon Rode (Lit. 1) angenommen hat, bleibt diese Tragwirkung auch beim ausgebeulten Blech erhalten;

b) nach Überschreiten der Beulgrenze bildet sich ein Zugfeld bzw. eine Zugdiagonale, deren Mittellinie mit der Stehblechdiagonale zusammenfällt; durch diesen zentrischen Anschluß entsteht ein Modell mit optimalem Kräftefluß zwischen Zugfeld, Gurten und Pfosten;

c) die entsprechende Zugkraft wird einerseits durch das Blech selber in den Eckbereichen (Anteil $Q_{\sigma,Kn}$ aus "Knotenblechwirkung") abgetragen, andererseits durch die Biegetragfähigkeit der Gurte (Anteil $Q_{\sigma,G}$);

d) die Breite des Zugfeldes und seine Intensität ergeben sich aus den Beanspruchungsverhältnissen im Knotenbereich (Stabilität und Fließkriterium);

e) die Erschöpfungslast ist gleich der Summe der obenerwähnten Anteile und beträgt somit

$$Q_{Er} = Q_\tau + Q_{\sigma,Kn} + Q_{\sigma,G}. \qquad (2)$$

Die unter Punkt c erwähnte "Knotenblechwirkung" ist schon von einigen Autoren angedeutet worden, u.a. von Basler (Lit. 3) sowie von Bresler/Lin/Scalzi (Lit. 6); im vorliegenden Beitrag soll diese Tragwirkung q u a n t i t a t i v geschätzt werden. Auch die Beteiligung der Gurte an der Abtragung des Zugfeldes ist in verschiedenen Modellen berücksichtigt, so bei Fujii (Lit. 5), Rockey/Škaloud (Lit. 7 Steinhardt/Schröter (Lit. 8). Diese Tragwirkung wird in den folgenden Ableitungen als sekundär betrachtet, so daß weitergehende Vereinfachungen zulässig erscheinen

3. Anteil des Schubspannungsfeldes

Für die angenommene gleichmäßige Verteilung der kritischen Schubspannungen τ_{kr} im ganzen Stehblech ergibt sich der Anteil Q_τ zu

$$Q_\tau = b \cdot t \cdot \tau_{kr} \qquad (3)$$

4. Zugfeldanteil aus Knotenblechwirkung

Nach Abb. 2 soll die Abtragung des Zugfeldanteiles aus Knotenblechwirkung in den zwei Eckzonen erfolgen, deren Form mit derjenigen des Stehblechfeldes übereinstimmt; bei dieser Annahme wird die Horizontal- bzw. die Vertikalkomponente der Zugkraft in den Gurt bzw. in den Pfosten durch gleichgroße Schubspannungen τ' eingeleitet, so daß sich der komplexe Beanspruchungszustand der Knotenbereiche als reines Schubspannungsfeld vereinfachen läßt.

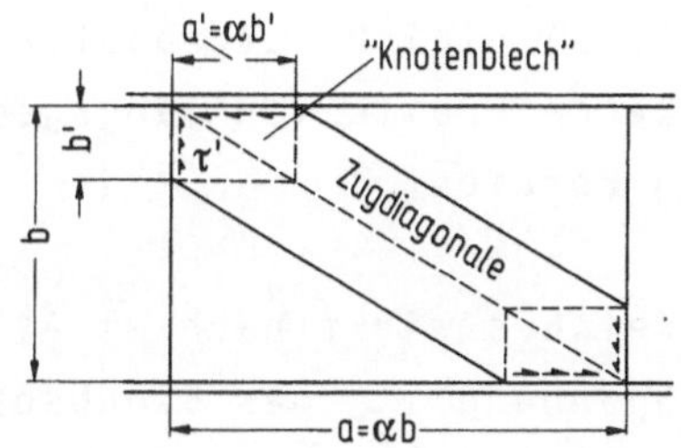

Abb. 2 Knotenbereich zur Abtragung der Zugdiagonalkraft

Die Gesamtschubspannung in den Ecken ergibt sich aus der Summe der in Abschn. 3 schon berücksichtigten Spannung τ_{kr} (Tragwirkung des linearen Beulzustandes) und der soeben eingeführten Spannung τ' (Abtragung des Zugfeldes); als vereinfachte F l i e ß b e d i n g u n g gilt daher

$$\tau_{kr} + \tau' = \tau_F = \sigma_F \frac{\sqrt{3}}{3}, \tag{4}$$

wenn wir τ_F nach der Hypothese von Huber/von Mises/Hencky (konstante Gestaltänderungsarbeit) bestimmen.

Die Abmessungen a' und b' der "Knotenbereiche" sind nach Gl.(4) durch die Bedingung einer vollen Plastifizierung auf Schub festgelegt. Somit ist zuerst die kritische Spannung τ'_{kr} der Knotenbereiche zu schätzen, deren Randbedingungen aber unbekannt sind. Wir wollen annehmen, daß diese Randbedingungen und somit auch der Beulwert k mit denjenigen des Gesamtfeldes a·b übereinstimmen. Diese Annahme sowie diejenige einer gleichmäßigen Schubbeanspruchung des ganzen Knotenbereiches - und nicht nur des Eckdreieckes - liegen auf der sicheren Seite, so daß die Plastifizierungsbedingung näherungsweise in der Form

$$\tau'_{kr} = \tau_F \tag{5}$$

angeschrieben werden kann, die an sich nur für einen Werkstoff mit ideal elastischem-plastischem Verhalten gültig ist. Amerikanische Untersuchungen (vgl. Lit. 3) zeigen, daß wegen des Überganges zwischen Proportionalitätsgrenze und Fließgrenze genauer mit $\tau'_{kr,id} = 1{,}25\ \tau_F$ zu rechnen wäre; dieser kleine Unterschied gegenüber Gl.(5) ist durch die vorher erwähnte vorsichtige Annahme des Beulwertes gedeckt.

Aus der soeben vorausgesetzten Gleichheit der Beulwerte des Gesamtfeldes a·b (τ_{kr}) und der Knotenbereiche a'·b' (τ'_{kr}) ergibt sich die einfache Beziehung

$$\tau_{kr}/\tau'_{kr} = (b'/b)^2$$

und daher unter Berücksichtigung von Gl.(5)

$$b' = b\sqrt{\tau_{kr}/\tau_F} \quad \text{bzw.} \quad a' = a\sqrt{\tau_{kr}/\tau_F}. \tag{6}$$

Interessanterweise ist die Gl.(6) gleich aufgebaut wie die Beziehung von v. Kärmän (vgl. Lit. 9) für die mitwirkende Breite von längsgedrückten, vierseitig gelagerten Platten im überkritischen Bereich.

Auf der Höhe b' des Knotenbereiches wirkt nach Gl.(4) eine Gesamtschubspannung der Größe τ_F; abzüglich der Spannung τ_{kr} des Schubspannungsfeldes nach Abschn. 3 verbleibt somit eine Spannung $\tau' = \tau_F - \tau_{kr}$ aus dem Zugfeld. Der Anteil des Zugfeldanteiles aus Knotenblechwirkung beträgt daher

$$Q_{\sigma,Kn} = b' \, t \, (\tau_F - \tau_{kr}).$$

Unter Berücksichtigung von Gl.(6) erhält man

$$Q_{\sigma,Kn} = b \, t \, \tau_F \, (1 - \tau_{kr}/\tau_F) \sqrt{\tau_{kr}/\tau_F} \tag{7a}$$

bzw. für die entsprechende mittlere Erschöpfungsspannung

$$\tau_{\sigma,Kn} = \tau_F \, (1 - \tau_{kr}/\tau_F) \sqrt{\tau_{kr}/\tau_F} \, . \tag{7b}$$

5. Zugfeldanteil aus Gurtbiegung

Der Einfluß der Gurtbiegung ermöglicht nach Abb. 3 eine gewisse Verbreiterung des Zugfeldes; die zugehörige Vertikalkomponente V_G wirkt etwa im Abstand a' vom Eckpunkt, wenn man die Breite des zusätzlichen Teilzugfeldes vernachlässigt. Für einen durchlaufenden Gurt mit dem plastischen Moment M_p ergibt sich daher für den Traglastzustand unter Berücksichtigung von Gl.(6)

$$2 \, M_p = V_G \, \frac{a' \, (a - a')}{a} = V_G \, a \, \left(\sqrt{\tau_{kr}/\tau_F} - \tau_{kr}/\tau_F \right).$$

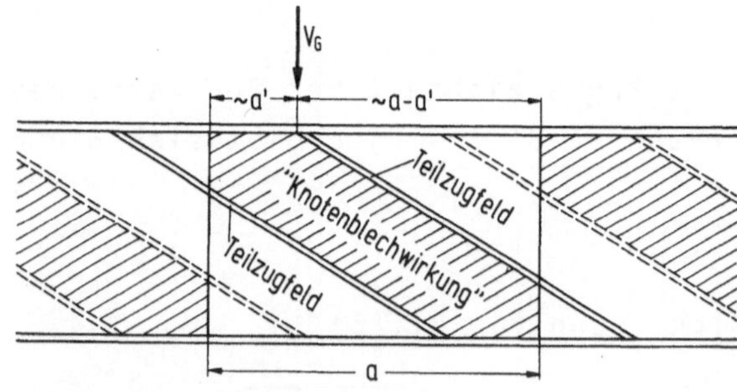

Abb. 3 Verbreiterung des Zugfeldes infolge Gurtbiegung

Für einen Blechträger mit gleichem Ober- und Untergurt beträgt die entsprechende Querkraft

$$Q_{\sigma,G} = \frac{4\ M_p}{a\ (\sqrt{\tau_{kr}/\tau_F} - \tau_{kr}/\tau_F)}. \tag{8}$$

Bei mehreren nebeneinanderliegenden, durch eine konstante Querkraft beanspruchten Feldern sind die Verankerungskräfte der Teilzugfelder der angrenzenden Stehbleche (in Abb. 3 gestrichelt gezeichnet) zu berücksichtigen; $Q_{\sigma,G}$ vermindert dann zu

$$Q_{\sigma,G} = \frac{4\ M_p}{a\sqrt{\tau_{kr}/\tau_F}} \tag{9}$$

Bei Verhältnissen a'/a > o,5 beeinflussen sich die in den Gurten verankerten Teilzugfelder gegenseitig; im Grenzfall a'/a = 1 ist zudem kein Platz mehr für Zusatzfelder aus Gurtbiegung vorhanden; diesem Umstand wird näherungsweise mit folgendem Korrekturfaktor Rechnung getragen

$$4\ (1 - a'/a)^2 \quad \text{bzw.} \quad 4\ (1 - \sqrt{\tau_{kr}/\tau_F})^2, \tag{1o}$$

nur anzuwenden für $\sqrt{\tau_{kr}/\tau_F} > 0{,}5$.

6. Gebrauchsformeln und Grenzen der Anwendbarkeit

Nach den Gln.(2), (3), (7a), (8) und (1o) beträgt die totale Querkraft im Erschöpfungszustand

für $\sqrt{\tau_{kr}/\tau_F} \leq 0{,}5$

$$Q_{Er} = b\ t\left[\tau_{kr} + \tau_F(1-\tau_{kr}/\tau_F)\sqrt{\tau_{kr}/\tau_F}\right] + \frac{4\ M_p}{a(\sqrt{\tau_{kr}/\tau_F}-\tau_{kr}/\tau_F)} \tag{11}$$

für $\sqrt{\tau_{kr}/\tau_F} > 0{,}5$

$$Q_{Er} = b\ t\left[\tau_{kr} + \tau_F(1-\tau_{kr}/\tau_F)\sqrt{\tau_{kr}/\tau_F}\right] + \frac{16\ M_p}{a}\ (\sqrt{\tau_F/\tau_{kr}}-1) \tag{12}$$

Die Quersteifen wirken als Pfosten des Ständerfachwerkmodelles und haben daher die Vertikalkomponente $Q_{\sigma,Kn} + Q_{\sigma,G}$ des Zugfeldes aufzunehmen; von den Werten Q_{Er} nach den Gln.(11) und (12) ist somit jeweils der Anteil des Schubspannungsfeldes $Q_\tau = b\ t\ \tau_{kr}$ (linearer Beulzustand) abzuziehen. Für Verhältnisse b'/b > o,5 liegt dieses Verfahren auf der sicheren Seite, weil die Zugfelder angrenzender Stehbleche teilweise ineinanderfließen.

Bei der Anwendung der Formeln (11) und (12) sind folgende Einschränkungen zu beachten:

a) Bei mehreren nebeneinanderliegenden, auf konstanten Schub beanspruchten Feldern ist der Gurtbiegeeinfluß nach Gl.(9) einzusetzen; dieser Fall ist allerdings nur bei gleichzeitiger großer Biegebeanspruchung möglich (vgl. dazu Punkt d);

b) für große Verhältnisse $\alpha = a/b$ ($\alpha > \sim 3{,}5$) ist für die Fließbedingung nicht mehr der schubbeanspruchte Knotenbereich, sondern der normale Zugfeldbereich mit der gleichzeitig wirkenden Schubspannung τ_{kr} maßgebend; allerdings ist eine gewisse Verbreiterung des Zugfeldes außerhalb der Knotenbereiche ohne weiteres denkbar;

c) bei Trägern mit sehr starken Gurten kann der Gurtanteil überwiegen; in solchen extremen Fällen, die in der normalen Konstruktionspraxis kaum vorkommen, dürfen die Formeln nicht mehr verwendet werden, weil bei deren Ableitung die im Gurt verankerten Teilzugfelder als schmal vorausgesetzt worden sind;

d) Stehbleche sind selbstverständlich nie auf reinen Schub beansprucht. Die immer vorkommenden Biegespannungen vermindern die Schubkraft Q_{Er}. Einerseits ist bei der Bestimmung der Gurtmomente M_p der Einfluß der Gurtnormalkräfte aus der Trägerbiegung zu berücksichtigen, andererseits ist bei Trägermomenten, die nicht von den Gurten allein aufgenommen werden können, auch die vom Stehblech getragene Querkraft zu vermindern (vgl. z.B. Lit. 3, 7 usw.).

7. Vergleich mit Versuchsergebnissen

In Tabelle 1 sind die nach den Gln.(11) und (12) gerechneten Erschöpfungslasten mit den Ergebnissen von einigen Versuchen an Trägern mit schlanken Stehblechen verglichen. Da die Schubversuche meistens an kurzen Trägern durchgeführt werden, darf man für den Gurtanteil mit Gl.(8) rechnen; zudem ist der Einfluß der Trägerbiegung meistens relativ klein (Ausnahmen werden besonders vermerkt).

Für die Bestimmung von τ_{kr} wurde eine <u>gelenkige</u> Lagerung an allen vier Rändern angenommen, so daß die Beulwerte nach DIN 4114, Tafel 6, Zeile 5, zu benützen sind. In Wirklichkeit ist eine gewisse Einspannung vorhanden; dies ist wahrscheinlich einer der Gründe dafür, daß die rechnerischen Werte eher unterhalb der experimentellen liegen.

Tabelle 1 Vergleich der Erschöpfungslasten nach den Gln.(11) und (12) mit Versuchsergebnissen

Autor Ref.	Träger	a x b x t mm mm mm	a/b	b/t	τ_{kr} kg/cm^2	τ_F t/cm^2	$\frac{\tau_{kr}}{\tau_F}$	$\sqrt{\frac{\tau_{kr}}{\tau_F}}$	$\tau_{\sigma,Kn}$ kg/cm^2	$Q_\tau + Q_{\sigma,Kn}$ t
BASLER Lit. 3	G6-T1	19o5x127ox4,9	1,5	259	2o1	1,49	o,135	o,367	473	42,o
	G6-T2	953x127ox4,9	o,75	259	382	1,49	o,256	o,5o6	561	58,7
	G7-T1	127ox127ox5,o	1,o	255	273	1,49	o,183	o,428	521	5o,4
	G7-T2	127ox127ox5,o	1,o	255	273	1,49	o,183	o,428	521	5o,4
OKUMURA Lit. 1o	G1-1	36oox12oox6,6	3,o	182	331	2,86	o,116	o,341	862	94,5
	G1-2	18oox12oox6,6	1,5	182	4o8	2,86	o,143	o,378	926	1o5,7
	G2-1	285ox 95ox6,6	3,o	144	529	2,86	o,185	o,43o	1oo2	96,o
	G2-2	1425x 95ox6,6	1,5	144	652	2,86	o,228	o,478	1o55	1o7,o
ŠKALOUD Lit. 11	TG1/1'	1ooox1ooox2,5	1,o	4oo	111	1,18	o,o941	o,3o7	328	11,o
	TG2/2'	1ooox1ooox2,5	1,o	4oo	111	1,18	o,o941	o,3o7	328	11,o
	TG3/3'	1ooox1ooox2,5	1,o	4oo	111	1,18	o,o941	o,3o7	328	11,o
	TG4/4'	1ooox1ooox2,5	1,o	4oo	111	1,18	o,o941	o,3o7	328	11,o
ROCKEY Lit. 12	1AS1,o	565x 572x3,12	o,99	183	535	1,54	o,347	o,589	592	2o,1
	1AS1,5	851x 572x3,12	1,49	183	4o5	1,35	o,3oo	o,548	518	16,5
	2BS1,o	565x 57ox3,18	o,99	18o	553	1,37	o,4o4	o,635	518	19,4
	2BS1,5	848x 57ox3,18	1,49	18o	418	1,4o	o,299	o,547	537	17,3
OSTAPENKO Lit. 13	UG1.1	732x 915x3,o5	o,8	3oo	26o	1,8o	o,144	o,38o	585	23,6
	UG2.1	1o98x 915x3,1	1,2	295	177	1,75	o,1o1	o,318	5oo	19,2
	UG3.1	1464x 915x3,1	1,6	295	151	1,76	o,o858	o,293	471	17,6
	UG4.1	216ox122ox2,95	1,77	414	73,3	2,28	o,o321	o,179	395	16,9
	UG4.6	216ox122ox4,65	1,77	262	183	1,44	o,127	o,356	448	35,8

Tabelle 1 (Fortsetzung) Vergleich der Erschöpfungslasten nach den Gln.(11) und (12) mit Versuchsergebnissen

Autor Ref.	Träger	$b_G \times d_G$ mm mm	$\sigma_{F,G}$ t/cm^2	M_p cm t	$Q_{\sigma,G}$ t	Q_{Er} t	$Q_{exp.}$ t	$\frac{Q_{Er}}{Q_{exp}}$
BASLER Lit. 3	G6-T1	3o8 x 19,8	2,66	8o	7,2	49,2	52,6	o,94
	G6-T2	3o8 x 19,8	2,66	8o	13,1	71,8	68,o	1,o6
	G7-T1	31o x 19,5	2,64	78	1o,o	6o,4	63,5	o,95
	G7-T2	31o x 19,5	2,64	78	1o,o	6o,4	65,8	o,92
OKUMURA Lit. 1o	G1-1	25o x 23	5,1o	169	8,3	1o2,8	99,o	1,o4
	G1-2	25o x 23	5,1o	169	16,o	121,7	129,o	o,94
	G2-1	25o x 19	5,3o	12o	6,9	1o2,9	98,o	1,o5
	G2-2	25o x 19	5,3o	12o	13,5	12o,5	125,o	o,96
ŠKALOUD Lit. 11	TG1/1'	16o x 5,2	2,86	3,1	o,6	11,6	11,8[1)]	o,98
	TG2/2'	2oo x 1o,1	2,86	14,6	2,7	13,7	14,1	o,97
	TG3/3'	2oo x 16,5	2,86	38,9	7,3	18,3	19,3	o,95
	TG4/4'	2oo x 2o,2	2,86	58,3	11,o	22,o	21,1	1,o4
ROCKEY Lit. 12	1AS1,o	2x3,15x35[2)]	2,6o	1o,o	2,o	22,1	21,3	1,o4
	1AS1,5	2x3,15x35	2,o8	8,o	1,2	17,7	15,o	1,18[3)]
	2BS1,o	2x4,85x33	3,31	17,o	2,8	22,2	21,6	1,o3
	2BS1,5	2x4,85x33	2,71	14,o	2,2	19,5	19,3	1,o1
OSTAPENKO Lit. 13	UG1.1	} 2o3 x 15,9[4)]	2,4o	~1o1[4)]	23,4	47,o	4o,3	1,17
	UG2.1	} 2o3 x 15,9	2,58	~1o8	18,1	37,3	34,5	1,o8
	UG3.1	} +267 x 19,1	2,34	~ 98	12,9	3o,5	29,7	1,o3
	UG4.1	} 254 x 19,1	2,4o	~15o	18,9	35,8	37,o	o,97
	UG4.6	} 33o x 35,2	2,4o	~15o	12,1	47,9	44,8	1,o7

1) Kleinster Wert aus zwei Versuchen; vgl. auch Abb. 4
2) Exzentrische Versteifungsrippen; vgl. Lit. 12
3) Vorzeitiges Ausbeulen des dünnwandigen Gurtbleches wahrscheinlich (Einfluß der Trägerbiegung)
4) Unsymmetrische Träger; für M_p wird näherungsweise mit dem Mittelwert aus Obergurt und Untergurt gerechnet

Die Tabelle zeigt, daß trotz der stark vereinfachenden Annahmen die Übereinstimmung zwischen Theorie und Versuch als befriedigend anzusehen ist. Dies gilt insbesondere auch für den Gurtbiegeanteil. Abb. 4 veranschaulicht, daß die Zunahme der Erschöpfungslast mit dem Biegewiderstand der Gurte richtig erfaßt ist. Auf der anderen Seite führt die Knotenblechwirkung auch bei dünnen Gurten zur Bildung eines Zugfeldes, während in solchen Fällen Rockey/Škaloud die Mitwirkung eines Stegstreifens für die Ermittlung des plastischen Momentes M_p des Gurtes annehmen müssen (vgl. Lit. 7).

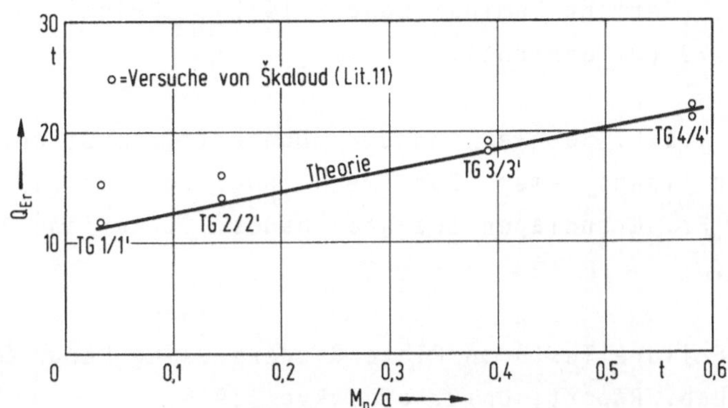

Abb. 4 Abhängigkeit der Erschöpfungslast von dem Biegewiderstand der Gurte

Das vorgeschlagene Tragmodell erlaubt somit eine einfache und zuverlässige Abschätzung der Erschöpfungslast schubbeanspruchter Stehbleche.

8. Literatur

(1) Rode, H.H.: Beitrag zur Theorie der Knickerscheinungen. Der Eisenbau 7 (1916), S. 21o.

(2) Chwalla, E und W. Gehler: Erläuterungen zur Begründung des Normblattentwurfes DIN E 4114, Berlin, 1939, 2. Teil, S.17.

(3) Basler, K.: Strength of Plate Girders in Shear. Trans. Amer. Soc. Civ. Eng. Vol. 128, Part II (1963), S.683; vgl. auch: Vollwandträger, Berechnung im überkritischen Bereich. Schweiz. Stahlbau-Vereinigung, Zürich 1968.

(4) Gaylord, E.H. jun.: Zuschrift zur Lit. 3. Trans. Amer. Soc. Eng. Vol. 128, Part II (1963), S. 712.

(5) Fujii, T.: On an Improved Theory for Dr. Basler's Theory. Schlußbericht 8. Kongreß der IVBH (New York 1968) Zürich (1969), S. 479.

(6) Bresler, B., T.Y. Lin and J.B. Scalzi: Design of Steel Structures. 2nd Edit., John Wiley & Sons, New York, 1968, S. 513.

(7) Rockey, K.C. and M. Škaloud: The Ultimate Load Behaviour of Plate Girders Loaded in Shear. Berichte der Arbeitskommissionen der IVBH, Band 11, (Bericht Seminar London 1971) Zürich, 1972, S.1.

(8) Steinhardt, O. und W. Schröter: Das überkritische Verhalten von Aluminium-Vollwandträgern mit Quersteifen. Berichte der Arbeitskommissionen der IVBH, Band 11, (Bericht Seminar London 1971), Zürich, 1972, S.145 (1. Bericht) und S.179 (2. Bericht).

(9) v. Kārmān, Th., E.E. Sechler and L.H. Donnell: The Strength of Thin Plates in Compression. Trans. Amer. Soc. Mech. Eng. Vol. 54 (1932), S. 53; vgl. auch: Stüssi, F.: Grundlagen des Stahlbaues. 2. Auflage 1971, Springer-Verlag, S.442.

(1o) Okumura, T.: Failure Tests on Plate Girders Using Large Sized Models. Struct. Eng. Lab. Report, Univ. of Tokyo, 1966.

(11) Škaloud, M.: Ultimate Load and Failure Mechanism of Thin Webs in Shear. Berichte der Arbeitskommissionen der IVBH, Band 11, (Bericht Seminar London 1971) Zürich, 1972, S. 115.

(12) Rockey, K.C., H.R. Evans and D.M. Porter: The Ultimate Load Capacity of Stiffened Webs Subjected to Shear and Bending. Internat. Conf. on Steel Box Girder Bridges, London 1973, Preprints Paper No. 4.

(13) Chern, C. and A. Ostapenko: Ultimate Strength of Plate Girders under Shear. Fritz Eng. Labor. Report No. 328.7, August 1969.

Effect of Flange Stiffness upon the Ultimate Load Behaviour of Thin Webs Subjected to a Partial Edge Load

M. ŠKALOUD, Prag

1. Introductory Remarks

The objective of the research is to obtain enough information about the ultimate load behaviour of plate girders the webs of which are subjected to a concentrated (or, more accurately, to a narrow partial edge) load, such as are crane run-way girders, certain types of bridge girders and similar structures. Special care is given to the influence of the flexural rigidity of flanges on the deformation, and stress state of the web and flanges, and the failure mechanism and ultimate load of the whole girder. The investigation is carried out by the author, his co-workers in the Department "Stability" of the Institute Ing. M. Drdácký, Ing. M. Zörnerová and Ing. J. Kratěna, Ph. D., and by Assoc. Prof. P. Novák, Ph. D. and Ing. Bohdanecký, both of them from Structural Institute in Prague.

The experiments represent merely the first part of the research project. Using the experimental data, the writer and his co-workers are going to establish an ultimate load design procedure for steel plate girders whose webs are subjected to a partial edge load.

2. Test Girders

Three series of test girders were tested; their general details are given in Figs. 1a, b, c.

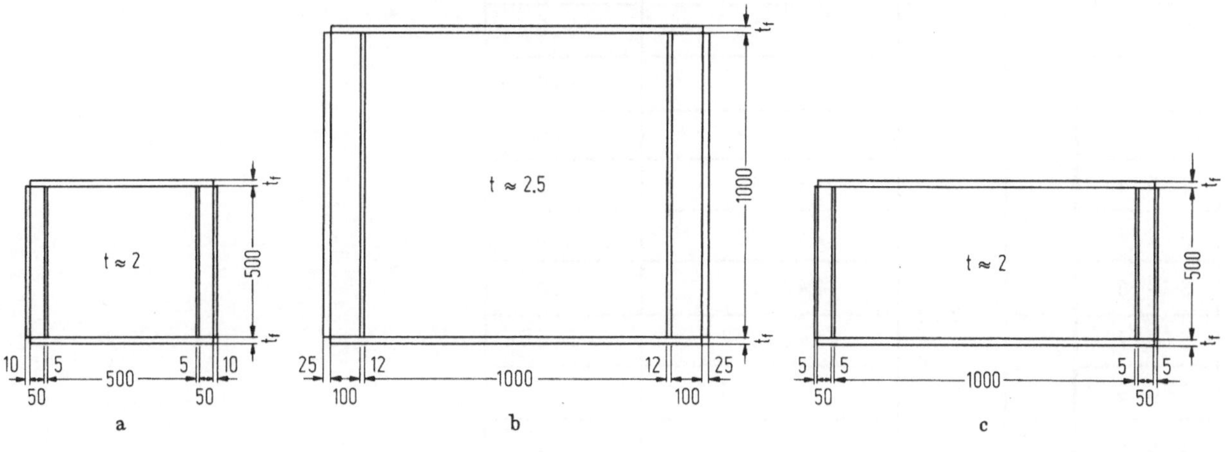

Fig. 1

Beitrag in "Theorie und Berechnung von Tragwerken", Springer-Verlag 1974, von Assoc. Prof., D.Sc.,Ing. M. Škaloud, Direktor der Abteilung Stabilität des Instituts für Theoretische und Angewandte Mechanik der Tschechoslowakischen Akademie der Wissenschaften, Prag

An inspection of the figures shows that the web panels of the first two series had aspect ratio α of 1, those of the third series had $\alpha = 2$. In each series the depth-to-thickness ratio $\lambda = b/t$ of the web was constant, but the flange dimensions varied from girder to girder, so that the effect of the flexural rigidity of flanges upon the ultimate load behaviour of webs could be studied. The flange stiffness was measured by the parameter I_f/a^3t, I_f denoting the moment of inertia of the flange, a the width of the web panel and t its thickness. The values of this parameter are listed in Table 1, together with other geometrical characteristics of the test girders.

Table 1

<table>
<tr><th>Girder</th><th>α</th><th>λ</th><th>I_f/a^3t [Units of 10^{-6}]</th><th>P_{ult} [T]</th></tr>
<tr><td>TG 1</td><td rowspan="13">1</td><td rowspan="7">400</td><td>0.887</td><td>5.0</td></tr>
<tr><td>TG 1'</td><td>0.849</td><td>5.5</td></tr>
<tr><td>TG 2</td><td>6.85</td><td>6.5</td></tr>
<tr><td>TG 3</td><td>28.55</td><td>7.0</td></tr>
<tr><td>TG 4</td><td>54.70</td><td>9.0</td></tr>
<tr><td>TG 5</td><td>245.39</td><td>18.0</td></tr>
<tr><td>TG 5'</td><td>236.44</td><td>18.5</td></tr>
<tr><td>STG 1</td><td rowspan="12">250</td><td>3.48</td><td>3.6</td></tr>
<tr><td>STG 2</td><td>3.50</td><td>4.0</td></tr>
<tr><td>STG 3</td><td>63.89</td><td>5.5</td></tr>
<tr><td>STG 4</td><td>64.36</td><td>5.5</td></tr>
<tr><td>STG 5</td><td>254.22</td><td>7.5</td></tr>
<tr><td>STG 6</td><td>242.11</td><td>8.0</td></tr>
<tr><td>STG 7</td><td rowspan="6">2</td><td>0.257</td><td>3.75</td></tr>
<tr><td>STG 8</td><td>0.254</td><td>3.5</td></tr>
<tr><td>STG 9</td><td>7.51</td><td>4.8</td></tr>
<tr><td>STG 10</td><td>7.51</td><td>5.25</td></tr>
<tr><td>STG 11</td><td>38.13</td><td>6.0</td></tr>
<tr><td>STG 12</td><td>38.13</td><td>5.5</td></tr>
</table>

The research on steel girders was accompanied with a photoelasticity investigation conducted by the author and J. Kratěna on epoxy-resin models.

In all tests the web panels were subjected to a narrow partial edge load, applied on to the upper flange at the mid-distance of the vertical stiffeners (Fig. 2). The width of the load c = a/1o.

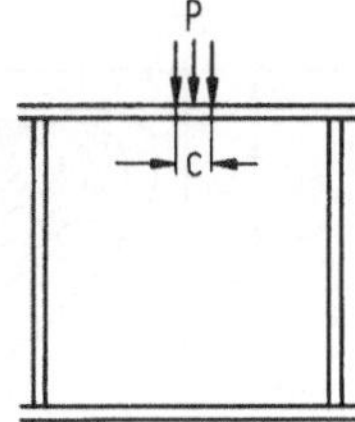

Fig. 2

Apart from the aforesaid static tests, a number of experiments on plate girders subjected to a variable repeated concentrated load were also conducted, the aim being to look into the deflection stability and incremental collapse of the test girders. A description of these experiments is beyond the scope of this paper; they will be presented in another publication (Ref. 1).

3. Apparatus

The buckled pattern of the web was measured by means of a stereophotogrammetric method. The application of this method enabled us to take all readings in a very short time (o.oo1 sec.). This was most desirable, since a study of the final, plastic stage - in which the web and flanges were already yielding - was one of the main objectives of the investigation. Moreover, the stereophotogrammetric method made it possible to measure not only the deflection perpendicular to the web, but also the in-plane distortion of the mesh that was marked on the web, and the deformation of the boundary frame of the panel.

A set of strain gauges was attached to both sides of the web and of the upper flange in order the stress pattern in the girder could be studied. Several of the strain gauges, as well as deflection pick-ups, were linked to an automatic recorder "Ultraletta". Thus it was possible to study, as a function of time, the progression of the plastification of the girder.

The post-failure plastic residue in the web and flanges of each test girder was also carefully measured.

4. Effect of Flange Stiffness upon the Deformation of the Web and Flanges

The post-failure plastic residues w_{pl} in web panels W 2 of test girders TG 1 (flexible flanges) and TG 5 (rigid flanges) are plotted in Fig. 3a and b. The plastic residues in the upper (i.e. loaded) flange of girders TG 1 - TG 5 are given in Fig. 4.

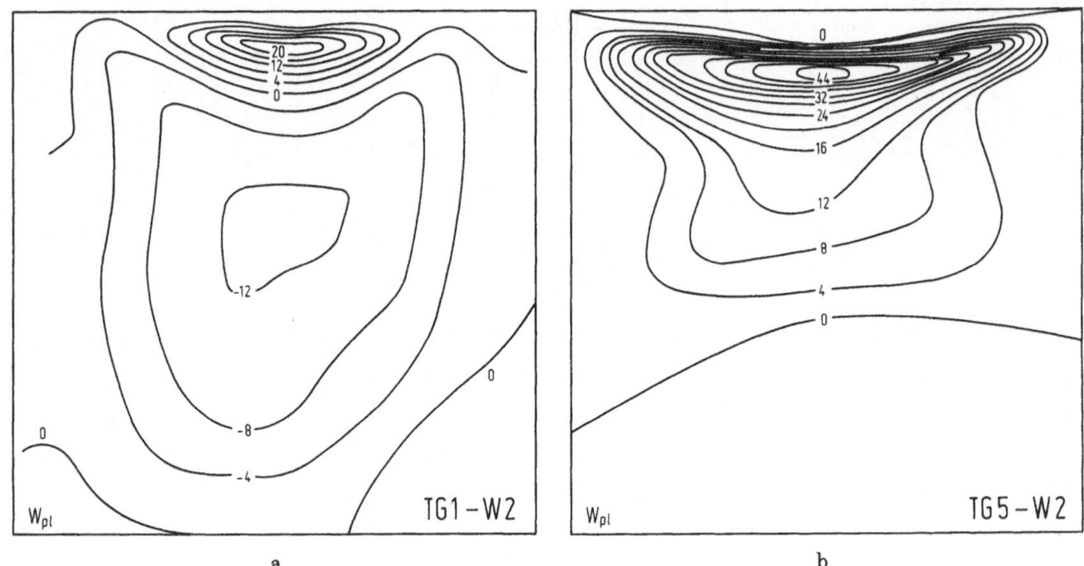

Fig. 3

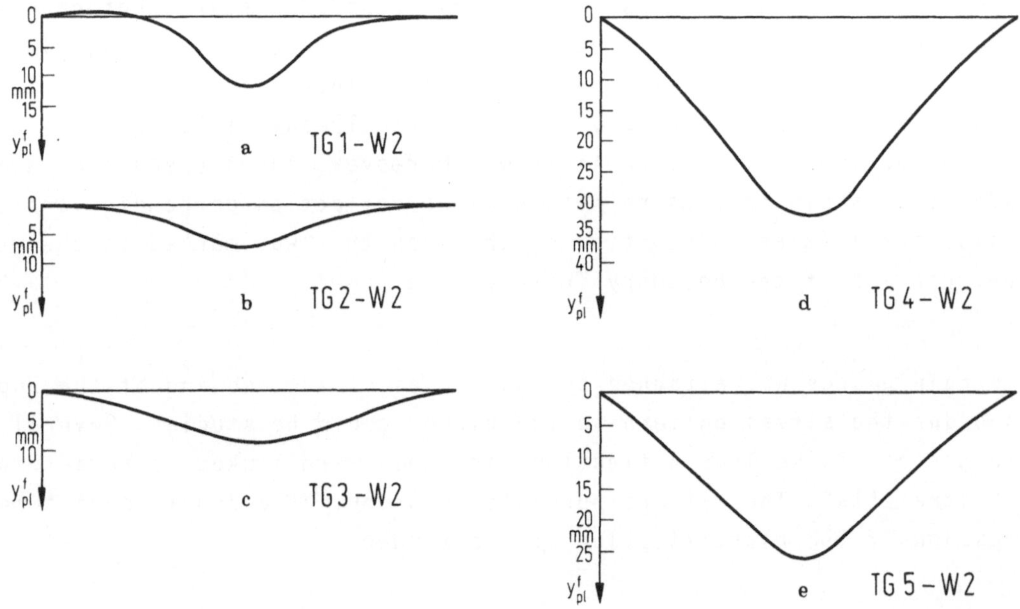

Fig. 4

An inspection of the aforesaid figures shows the pronounced influence that flange stiffness has on the buckled pattern of the web and the flange deflection.

While, in the case of flexible flanges, the buckling of the web and the flexure of the flanges are localized in the neighbourhood of the partial edge load, for heavy flanges the buckled pattern of the web and the flange deflection are distributed almost over the whole width of the web panel. The performance of the web panel is then more homogeneous; this is affecting - as it will be demonstrated below - very beneficially the ultimate load behaviour of the girder.

5. Effect of Flange Stiffness upon the Stress State in the Web and Flanges

The pattern of ε_{my} (ε_{my} denoting the vertical - i.e. parallel to the load - membrane strain) in web W 2 of girder TG 1 (flexible flanges) is given in Fig. 5, Fig. 5a shows the values of ε_{my} along two horizontal lines (the first of them being situated 3o mm and the other 3oo mm from the top flange), and Fig. 5b gives the strains ε_{my} along the vertical axis of the web.

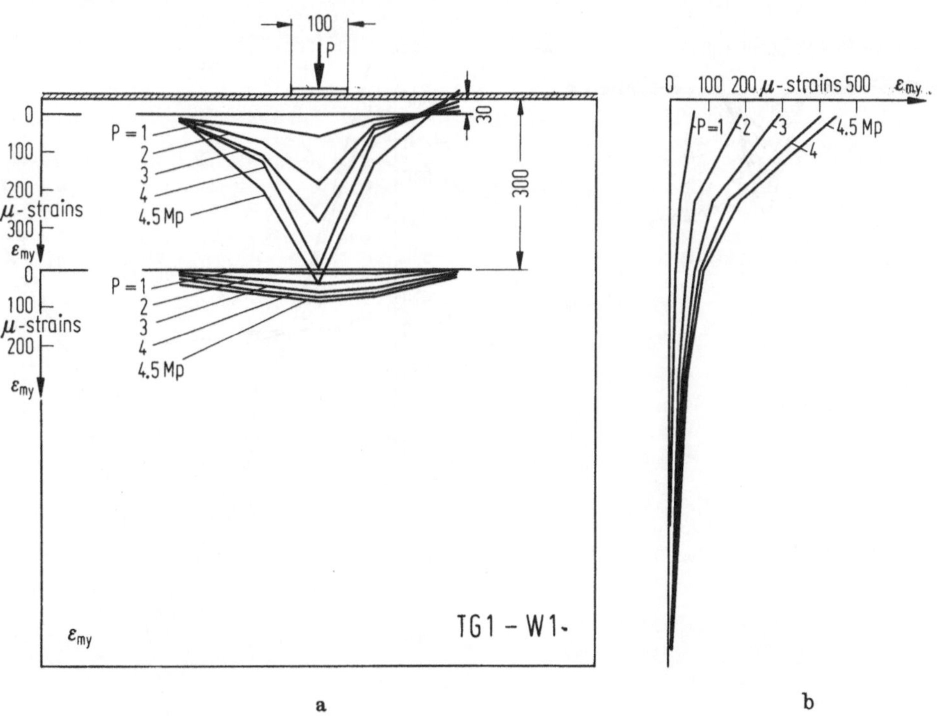

Fig. 5

The membrane strain distribution in web W 2 of girder TG 5 (heavy flanges) is shown in Fig. 6.

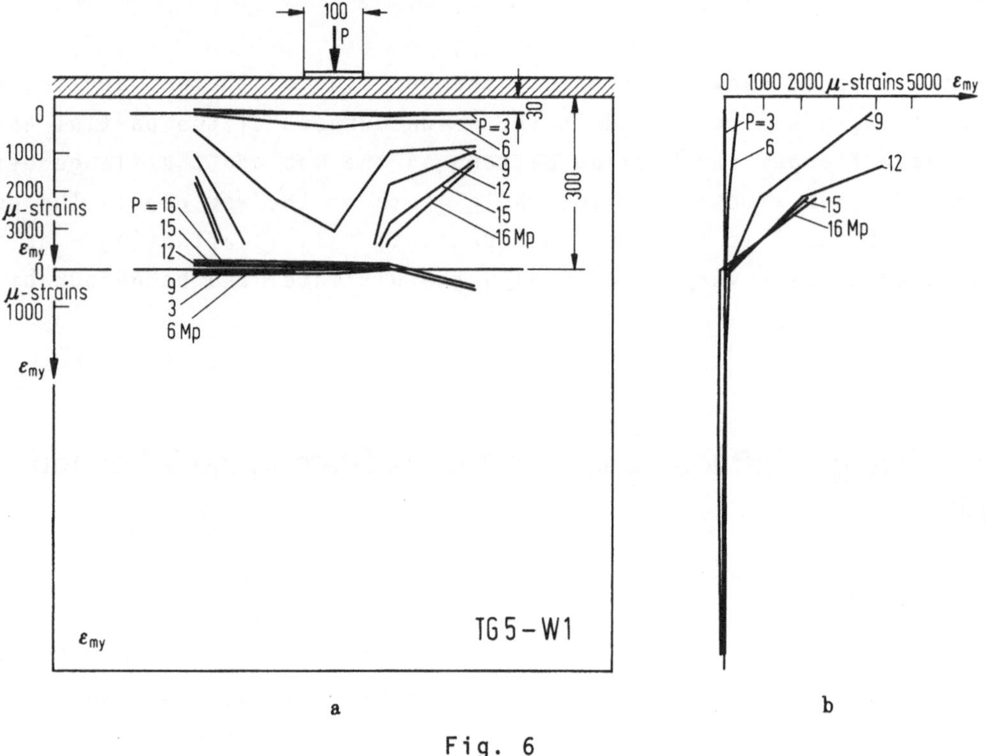

Fig. 6

The bending strains in the flanges of the same girders are plotted in Fig. 7.

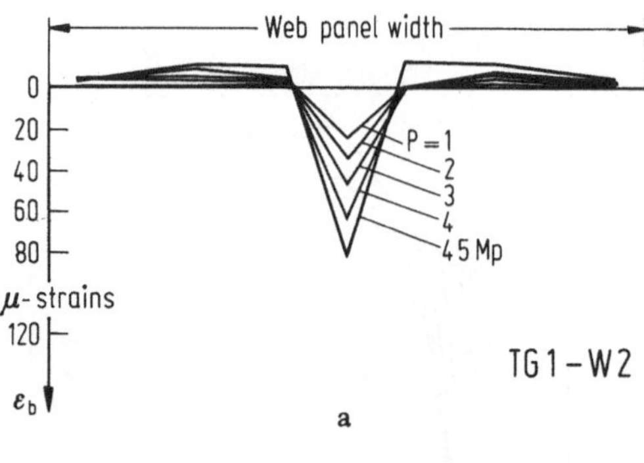

Fig. 7

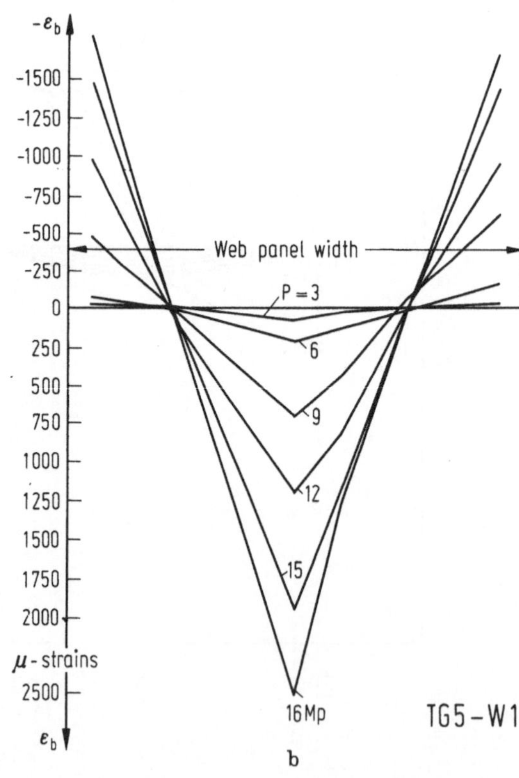

A comparison of the membrane strain patterns given in Figs. 5 and 6 again shows the considerable influence of the flange inertia upon the post-buckled performance of the web. In the case of a girder with flexible flanges, the membrane stress pattern, like the buckled surface of the web discussed above, is localized in the neighbourhood of the partial edge load. Moreover, in this case are the strains still small for a load amounting to 9o% of the experimental load-carrying capacity. This indicated that the upper flange and the adjacent part of the web buckled inwardly (and the girder failed) before, or shortly after, the onset of yielding in the web. On the other hand, for a girder with rigid flanges, the stress pattern is wider (more distributed over the width of the web panel); and even after the web has plastified in a considerable portion, the girder can sustain further load - thanks to the rigidity of the boundary framework consisting of the flanges and vertical stiffeners.

The same conclusions follow from an analysis of the bending strains in the upper flange of girders TG 1 and TG 5, plotted in Fig. 7.

6. Effect of Flange Stiffness upon the Ultimate Load of the Test Girders

The ultimate loads P_{ult} of the girders are given in Table 1. For girders with $\alpha = 1$, the ratios P_{ult}/P_{cr} (P_{cr} denoting the critical load evaluated by Rockey's theory (Ref. 2), which takes account of flange dimensions) are plotted, in terms of flange stiffness parameter I_f/a^3t and of the depth-to-thickness ratio $\lambda = b/t$ of the web, in Fig. 8.

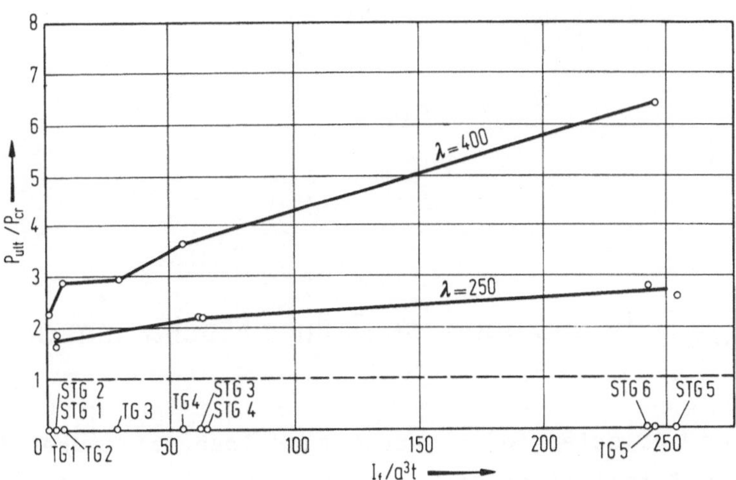

Fig. 8

An analysis of the table and figure indicates that thin webs subjected to a concentrated load, applied on to the upper flange between the vertical stiffeners of the web, manifest (like thin webs subjected to shear, bending and the like) a considerable post-critical reserve of strength, which ought to be taken into account in an optimum design of steel plate girders. This postbuckled strength grows with the depth-to-thickness ratio of the web and with the moment of inertia of the flange.

The effect of flange stiffness is very significant. For example, for girder TG 1, which had flexible flange with $I_f/a^3t = 0.89$, the load-carrying capacity was 5 tons. On the other hand, for girder TG 5, having rigid flanges with $I_f/a^3t = 254.4$, the ultimate load attained 18 tons; which is 260% higher than the abovementioned collapse load of TG 1.

Also the influence of the aspect ratio α is pronounced. For example, the reduction in ultimate strength due to an increase in α can be seen, in terms of the moment of inertia I_f of the flange, in Fig. 9.

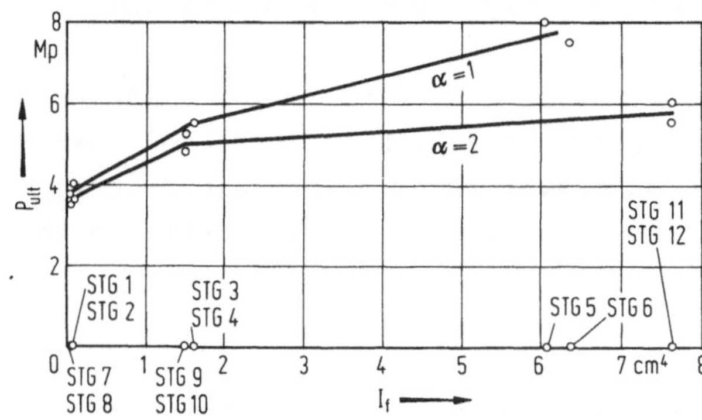

Fig. 9

7. Effect of Flange Stiffness upon the Failure Mechanism of the Test Girders

A girder with a web subjected to a concentrated load fails when the web is buckled to such an extent that it ceases to provide the loaded flange with sufficient support; and this flange, accompanied with an adjacent portion of the web, buckles inwardly.

Segmental strips of plastification, marked by peeling off of lime paint or roll scale, develop on both surfaces of the web at its most stressed portions (Fig. 1o).

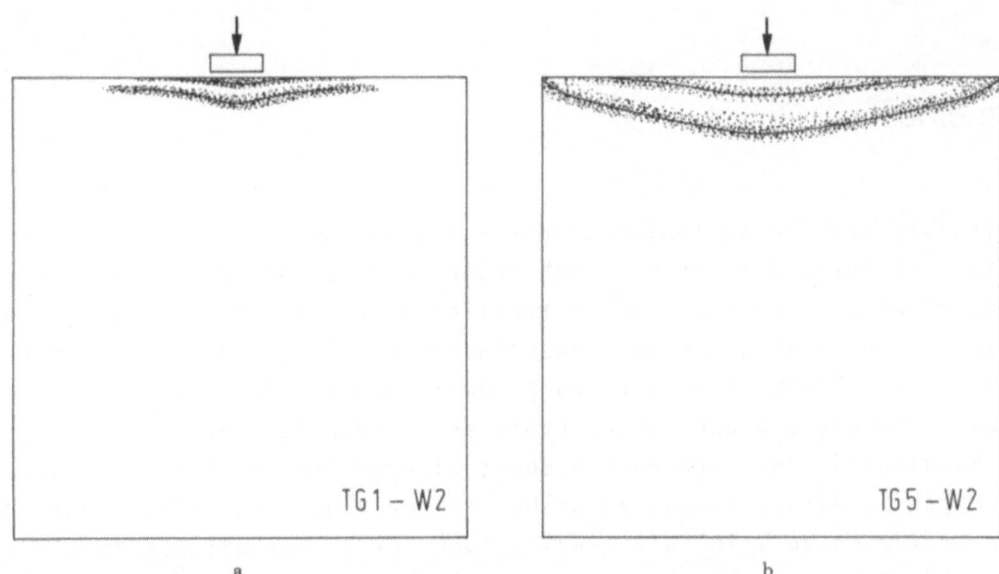

Fig. 1o

Even in this case a pronounced influence of flange inertia is observed.

On a girder with flexible flanges, the buckling of the upper flange and adjacent web portion (and, consequently, the segmental yielding strips) are localized in the neighbourhood of the partial edge load (Fig. 1oa).

On the other hand, in the case of a girder with rigid flanges, the failure mechanism, is spread over the whole width of the web panel (Fig. 1ob). Besides that, in this case the collapse of the girder is a slower process (and, therefore, not so dangerous a type of failure) than that which occurs with a girder having flexible flanges.

References

(1) Novák P. and M. Škaloud: Incremental collapse of thin webs subjected to cyclic concentrated loads. Publication of the IABSE Symposium "Resistance and Ultimate Deformability of Structures Acted on by Well Defined Repeated Loads", Lisbon, September 1973.

(2) Rockey, K.C., M. El-gaaly and D. Bagchi: Buckling and ultimate strength of thin walled members when subjected to patch loading. University College Cardiff, 1971.

Beurteilung von Baukonstruktionen

V. HORÁK, Prag

1. Allgemeines

Die Entwicklung der Beurteilungsmethodik von tragenden Baukonstruktionen und Fundamenten ist durch das Bemühen nach Erstellung von optimalen, d.h. sicheren, zweckmäßigen und ökonomischen Baukonstruktionen charakterisiert. Aufgrund der sich entfaltenden Erfahrungen und Erkenntnisse über gegenseitige Bindungen zwischen der auf das Tragwerk einwirkenden Umwelt und der Fähigkeit der Konstruktion, dieser Wirkung standzuhalten, kommt es ständig zur erneuten Infragestellung der Richtigkeit der angewandten Beurteilungskriterien für Baukonstruktionen. Das Ergebnis dieses Prozesses pflegt in der Regel die Präzisierung der angewandten Kriterien zu sein, die Präzisierung der Sicherheit der Konstruktionen, ihrer Zuverlässigkeit, wahrscheinlichen Haltbarkeit und Lebensdauer, Effektivität u.ä.

Das tatsächliche Verhalten der Tragwerke hängt von vielen Einflüssen und Komponenten ab; wir bemühen uns, diese bei der Bemessung von Baukonstruktionen möglichst genauestens hinsichtlich der Auswirkungen und Folgen auf die Funktion des Bauwerks wie auch die Volkswirtschaft zu erfassen. In Betracht kommen vor allem Probleme der Belastung der Konstruktion, ihrer Größe und möglichen Kombinationen, Probleme der mechanischen Eigenschaften der Konstruktionsmaterialien, einschließlich Technologie der Herstellung und des Baues, Probleme der statischen Konstruktionssysteme, einschließlich Raumschematisierung, Probleme der Einflüsse der Umwelt, in der die Konstruktion wirken wird u.ä.. Einige Einflüsse und Größen sind im vorherein bestimmt durch die festgesetzten Anforderungen an die Funktion der Konstruktion (sog. primäre Faktoren, z.B. Belastung, Umwelt, prinzipielle geometrische Ausmaße bzw. Umrisse, u.ä.); andere Größen können wir im Verlaufe des Entwurfes beeinflussen oder zum Teil auch wählen (sog. sekundäre Faktoren, z.B. Wahl des Konstruktionsmaterials und seine mechanischen Eigenschaften und daraus folgende Querschnittdimensionen, statisches System und sich daraus ergebende Verteilung der Steifigkeit der Tragwerkselemente, gegebenenfalls die Reaktion auf die Fundamente, die Technologie der Herstellung und des Baus, u.ä.).

Beitrag zu "Theorie und Berechnung von Tragwerken" Springer-Verlag 1974, von
Doz.Ing. V. Horák, Dr.Sc., Direktor des Staatlichen Forschungsinstituts für Stahlbau (SU-CVUT) Prag, Tschechoslowakei

Gegenseitige Bindungen zwischen den primären und sekundären Faktoren bringt u.a. die statische Berechnung des Tragwerkes und seiner Grundelemente zum Ausdruck, bzw. allgemeiner gesagt: die Beurteilung der Zuverlässigkeit des Tragwerkes. Da der Großteil der angeführten Faktoren solche sind, die in gewissen Grenzen veränderliche Größen darstellen, sind auch die gegenseitigen Bindungen zwischen primären und sekundären Faktoren in den entsprechenden Grenzen veränderlich. Je nachdem diese Tatsache bei der Beurteilung der Tragwerke respektiert wird, können einige Grundmethoden der Bemessung und Beurteilung von Tragwerken unterschieden werden

a) Die traditionellen Methoden des Sicherheitsnachweises (Deterministische Verfahren)
   - aa) Summarischer Sicherheitsfaktor
     - aaa) Zulässige Spannungen
     - aab) Traglastverfahren
   - ab) Partielle Sicherheitsfaktoren
     - aba) = baa) Methode nach Grenzzuständen

b) Statistische statische Berechnungsverfahren
   - ba) Extreme Ausgangswerte
     - baa) = aba) Methode nach Grenzzuständen
   - bb) Extreme Funktionswerte
   - bc) Zuverlässigkeitstheorie

c) Statistische statische und ökonomische Berechnungsverfahren
   - ca) Zuverlässigkeit und Effektivität.

Im weiteren Teil der Abhandlung konzentrieren wir die Aufmerksamkeit auf die Konzeption der Methode der Grenzzustände von Tragwerken, auf in einigen romanischen und sozialistischen Ländern laufend angewandte Methoden und auf die mögliche Entwicklung der komplexen Beurteilung von Tragwerken vom Gesichtspunkt ihrer Zuverlässigkeit und Effektivität.

2. Methode der Beurteilung von Tragwerken nach Grenzzuständen

Berechnungsentwürfe von Tragwerken nach Grenzzuständen wurden vor allem einerseits von CEB (Europäisches Betonkomitee), andererseits von CIB (Internationaler Rat für Bauforschung und Dokumentation), ISO (Internationale Organisation für Standardisierung), RGW (Ständige Kommission für Bauwesen (SKB) des Rates für Gegenseitige Wirtschaftshilfe) bearbeitet. Von den angeführten Entwürfen nennen wir zur Information die Grundsätze des Bemessungsverfahrens von Tragwerken nach

Grenzzuständen, die in den Ländern des RGW angewendet werden und im Grunde von SNiP II-A.1o-72 ausgehen.

Ziel der Berechnung von Baukonstruktionen ist die Sicherstellung der geforderten Bedingungen der Nutzung und die unerläßliche Festigkeit bei minimalem Materialverbrauch und minimalem Energieaufwand bei der Herstellung und Montage.

Die Grenzzustände der Baukonstruktion sind solche Zustände, in welchen die Konstruktion für die Nutzung unbrauchbar wird, sie entspricht durch Ausfall der Tragfunktion oder durch Einschränkung der Brauchbarkeit nicht mehr den an sie bei laufender Nutzung gestellten Anforderungen. Als laufende Nutzung versteht man die Nutzung bei uneingeschränktem Betrieb entsprechend den technologischen oder Betriebsbedingungen, die in den Normen und im Projekt der Konstruktion vorausgesetzt wurden, ohne daß der Bedarf von außerordentlicher Reparatur oder erhöhter Überwachung auf der Konstruktion hervorgerufen würde.

Man unterscheidet folgende Grenzzustände

a) erste Gruppe - Grenzzustände, hervorgerufen durch den Verlust der Tragfähigkeit oder Nichteignung für die weitere Nutzung,

b) zweite Gruppe - Grenzzustände, hervorgerufen durch die Nichteignung für die normale, laufende Nutzung.

Zu den Grenzzuständen der ersten Gruppe gehören: allgemeiner Verlust der Formstabilität; Verlust der Stabilität der Lage; Versagen des Konstruktionsmaterials (Schub-, Spröd-, Ermüdungsbruch, Zertrümmerung u.ä.); Versagen bei gleichzeitiger Wirkung von Kräftefaktoren und ungünstiger Außeneinwirkung; qualitative Veränderungen in der Konfiguration; Resonanzschwingung, die zur Störung in der Nutzung der Konstruktion führt; weiterhin Zustände des Tragwerkes, bei welchen es erforderlich ist, die Benützung vorübergehend zu unterbrechen (Defekte, hervorgerufen durch ungenügende Widerstandsfähigkeit der Konstruktion, z.B. gegen Erdbeben, Explosion, Feuer u.ä.).

Zu den Grenzzuständen der zweiten Gruppe gehören solche Zustände, die die normale Nutzung der Konstruktion erschweren oder ihre Dauerhaftigkeit infolge unzulässiger Verformungen (Durchbiegung, Verdrehung, Senkung), Schwingung, Rissen u.ä. verringern.

Die erforderliche Zuverlässigkeit und Gewähr vor dem Entstehen der Grenzzustände der Konstruktion ist sichergestellt durch gebührende Betrachtung der möglichen ungünstigen Charakteristiken der Materialien; Betrachtung der ungünstigsten, jedoch realen Kombination von Belastung und Einflüssen; Betrachtung der Bedingungen und Besonderheiten der tatsächlichen Wirkung (Arbeit) der Konstruktion und der Fundamente; durch entsprechende Auswahl der Rechenschemen und Voraussetzungen der Berechnung einschließlich der Betrachtung von Fällen der plastischen und rheologischen Eigenschaften der Materialien.

Die Berechnung der Konstruktion soll mit der gegebenen Wahrscheinlichkeit die Entstehung jedes der Grenzzustände verhindern; es muß deshalb sichergestellt werden, daß die während des Gebrauchs des Objektes auf die Konstruktion einwirkenden Kräftefaktoren keine Größen erreichen, die die Nutzung beschränken. Diese Bedingung kann für die Grenzzustände der ersten Gruppe folgendermaßen angeschrieben werden

$$N \leq \phi,$$

hierin bedeuten

- N Beanspruchung im betrachteten Element der Konstruktion (Funktion der Belastung und übriger Einflüsse),

- ϕ Grenzbeanspruchung, die das betrachtete Element übernehmen kann (Funktion der Materialeigenschaften und der Abmessungen des Elements).

Da durch die Berechnung die Möglichkeit der normalen Nutzung während der vorgesehenen Gebrauchsdauer nachgewiesen werden soll, stellt die Größe N die größtmögliche Beanspruchung während dieser Zeit dar, die imstande ist, eine Störung hervorzurufen. Diese Beanspruchung wird aus den Rechenlasten P bestimmt, die die einmalig mögliche, größte Belastung (Tragfähigkeit bei einmaliger Wirkung) oder die die maßgebende wiederholte Belastung (Tragfähigkeit bei Ermüdungsbeanspruchung) darstellen. Diese Belastungen werden bestimmt mittels Multiplizieren der Grund-, Normativlasten P_i^n (die den Bedingungen der normalen Nutzung entsprechen) mit den Überlastungsfaktoren n_i (die mögliche Abweichungen der Belastung zur ungünstigen Seite berücksichtigen). Die Beanspruchungsgröße N kann daher wie folgt ausgedrückt werden

$$N = \sum P_i^n \cdot n_i \cdot \alpha_i = \sum P_i \cdot \alpha_i,$$

wobei α_i die Beanspruchung bei $P_i = 1$ bezeichnet.

Die Tragfähigkeit = Grenzbeanspruchung ϕ, die das betrachtete Element übernehmen kann, soll als kleinste mögliche Beanspruchung bestimmt werden. Der Wert ϕ wird durch Multiplizieren der geometrischen Charakteristik F des Querschnittes (Fläche, Widerstandsmoment u.ä.) mit der Rechenfestigkeit R bestimmt. Die Rechenfestigkeit R wird bestimmt durch Dividieren der Grundcharakteristik des Materials (= der durch Normen mit Betrachtung der statistischen Veränderlichkeit und der

Bedingungen der Kontrolle bestimmten Normativbeanspruchung R^n) durch den Sicherheitsfaktor des Materials k_m (der die Abweichungen der Charakteristiken des Materials in der Konstruktion von denjenigen im Kontrollprüfkörper erfaßt), weiter durch Multiplizieren mit dem Faktor der Bedingungen des Verhaltens der Konstruktion m_k und schließlich durch Dividieren durch den Zuverlässigkeitsfaktor der Konstruktion k_N. Der Faktor k_N berücksichtigt den Grad der Verantwortung und volkswirtschaftliche Werte; in ihm drückt sich die Bedeutung der Erreichung dieses oder jenes Grenzzustandes aus. Sein Wert wird durch die Projektierungsnormen bestimmt. Für den Großteil der Konstruktionen wird $k_N = 1$ gesetzt.

Für die Größe der Grenzbeanspruchung gilt daher

$$\Phi = \frac{m_k}{k_N} F \frac{R^n}{k_m} = \frac{m_k}{k_N} FR .$$

Die Grundungleichung für Grenzzustände der ersten Gruppe hat die Form

$$\sum P_i^n \cdot n_i \cdot \alpha_i \leq \frac{m_k}{k_N} F \frac{R^n}{k_m} .$$

Für die Grenzzustände der zweiten Gruppe gilt analog die Ungleichung

$$\delta \leq \frac{1}{k_N} \delta_{gr} ,$$

worin bedeuten

δ Deformation oder Formänderung der Konstruktion, die als Folge der Wirkung von äußeren Normativeinflüssen (Funktion der Belastung, des Materials und des Konstruktionssystems) entsteht,

δ_{gr} Grenzdeformation oder Grenzformänderung, die zur Einschränkung der vorgegebenen normalen Nutzung, die durch Normen oder Empfehlungen festgelegt wurde (Funktion der Konstruktionsvorschrift), führt.

3. Komplexe Beurteilung der Zuverlässigkeit und Effektivität von Tragwerken

Die erhöhten Anforderungen an die kontinuierliche Entfaltung der Volkswirtschaft kommen auch in erhöhten Anforderungen an die komplexe Bemessung und Beurteilung von Baukonstruktionen im einzelnen wie auch in ihrer Gesamtheit als volkswirtschaftliche Einheiten vom Gesichtspunkt der Zuverlässigkeit und Effektivität des ganzen Systems oder eines Teiles zum Ausdruck.

Zuverlässigkeit und Effektivität des Tragwerkes (im weiteren nur System) sind voneinander unabhängige funktionelle Größen, die mittels entsprechender Maßstäbe gemessen und nach verschiedenen Kriterien bewertet werden. Bei der Bestimmung des extremen Wertes einer dieser Größen wird gewöhnlich die zweite Größe zur Nebenbedingung der Lösung der Aufgabe. In der Regel wird die Untersuchung der maximalen Effektivität bei gegebener Zuverlässigkeit des Systems oder Untersuchung der maximalen Zuverlässigkeit des Systems bei gegebener Effektivität des Systems gefordert. Stets handelt es sich jedoch um die Untersuchung der Vorkommenswahrscheinlichkeit einer bestimmten Probabilitätserscheinung bei im vorhinein bestimmten Nebenbedingungen.

Betrachten wir das Verhalten eines Systems, das unter der Wirkung der äußeren Einflüsse steht. Die Wirkung der äußeren Einflüsse wird durch die Elemente $\underline{q}$ des $\underline{Q}$-Raumes charakterisiert, das Verhalten des Systems durch die Elemente $\underline{u}$ des $\underline{U}$-Raumes. Jeder Verwirklichung der äußeren Wirkung auf das System entspricht die Verwirklichung des Verhaltens des Systems. Die Struktur und die Eigenschaften des Systems sind je nach seinem Charakter entweder durch den Operator $\bar{H}$ oder durch den Operator $\bar{L}$ charakterisiert. Der Zusammenhang zwischen den Elementen $\underline{q}$ und $\underline{u}$ kann entweder mit

$$\underline{u} = \bar{H}\cdot\underline{q} \quad \text{oder} \quad \bar{L}\cdot\underline{u} = \underline{q}$$

bezeichnet werden, was beispielsweise der üblichen Eintragung der Lösung von Aufgaben der Mechanik fester Körper, bzw. von Bauelementen oder Konstruktionen entspricht. Der mathematische Charakter der Elemente $\underline{q}$ und $\underline{u}$ kann jedoch allgemein sehr verschieden sein (z.B. Zahlen, Vektoren, Tensoren, Funktion einer oder mehrerer Veränderlicher u.ä.). Weil $\underline{q}$ stochastisch ist, ist auch $\underline{u}$ stochastisch. Der Operator $\bar{H}$ (oder $\bar{L}$) kann entweder deterministisch oder auch stochastisch sein. Der $\underline{U}$-Raum ist so zu wählen, daß das Verhalten des Systems durch $\underline{u}$-Elemente voll definiert ist. Jedem Verhalten des Systems entspricht also ein $\underline{u}$-Element des $\underline{U}$-Raumes.

Wir führen zusätzlich den $\underline{V}$-Raum mit $\underline{v}$-Elementen ein, die die Qualität des Systems bzw. seines Verhaltens charakterisieren. Jeder Verwirklichung der $\underline{u}$-Elemente entspricht die Verwirklichung der $\underline{v}$-Elemente. Der Zusammenhang zwischen $\underline{u}$-Elementen und $\underline{v}$-Elementen kann folgende Form haben

$$\underline{v} = \bar{M}\cdot\underline{u},$$

wo $\bar{M}$ der Operator der Qualität des Systems ist. Da $\underline{u}$ stochastisch ist, wird auch $\underline{v}$ stochastisch sein, wobei der Operator $\bar{M}$ entweder deterministisch oder stochastisch sein kann. Die Menge der vom Gesichtspunkt der Qualität des Systems zulässigen Systemzustände bildet im $\underline{V}$-Raum den $\underline{V}^p$-Unterraum der zulässigen Systemzustände, die Menge der nichtzulässigen Systemzustände dann den $\underline{V}^n$-Unterraum. Das Versagen des Systems entspricht dem zufälligen Einfall der Qualitätstrajektorie über die Grenze des zulässigen $\underline{V}^p$-Bereiches, und die Zuverlässigkeit des Systems kann durch die Wahrscheinlichkeit des Aufenthaltes des $\underline{v}$-Elementes im zulässigen $\underline{V}^p$-Bereich in dem betrachteten Zeitabschnitt $0 \leq \tau \leq t$ definiert werden, d.h. durch die Wahrscheinlichkeit

$$P(t) = P\left[v(t) \varepsilon V^p;\ 0 \leq \tau \leq t\right].$$

Dieser Ausdruck für die Zuverlässigkeit setzt voraus, daß das Versagen immer dasselbe Gewicht und dieselben Folgen für das System und die Erfüllung seiner Funktion hat. Vom Gesichtspunkt der Folgen des Versagens des Systems, die sich in den Reparaturkosten, in den Verlusten bei der Unterbrechung seiner Funktion usw. widerspiegeln, ist es erforderlich, verschiedene Versagensarten zu unterscheiden, d.h. eine Klassifizierung der einzelnen Versagensarten des Systems vorzunehmen und daraus die entsprechenden Konsequenzen zu ziehen (z.B. kleine, kurzfristige, aber oftmalige Versagen des Systems zuzulassen und große, langfristige, jedoch seltene auszuschließen oder umgekehrt u.ä.). Da die Regulierung des Auftretens der einzelnen Versagensarten in die Struktur des Systems selbst eingreift, müssen die ökonomischen Folgen des Versagens des Systems bei der Bildung seiner Struktur respektiert werden. Diese ökonomische Operation wird durch den Operator $\bar{N}$ erfaßt, dessen Struktur abermals sehr verschiedenartig sein kann. Wir ordnen so den $\underline{v}$-Elementen aus dem $\underline{V}$-Raum, die die Qualität des Systems ausdrücken, die $\underline{w}$-Elemente aus dem $\underline{W}$-Raum zu, die die ökonomischen Folgen der Qualität des Systems im Raum der ökonomischen Parameter zum Ausdruck bringen. Es kann also die Beziehung $\underline{w} = \bar{N}\ \underline{v}$ angeschrieben werden. Ähnlich wie im $\underline{V}$-Raum können auch im $\underline{W}$-Raum Unterräume eingeführt werden, und zwar für die zulässigen ökonomischen Kennziffern der $\underline{W}^p$-Unterraum und für die nichtzulässigen ökonomischen Kennziffern der $\underline{W}^n$-Unterraum. Da die $\underline{v}$-Elemente stochastisch sind, sind auch die $\underline{w}$-Elemente stochastisch. Der Operator $\bar{N}$ kann entweder deterministisch oder stochastisch sein. Da sich die Kriterien der Qualität des Systems allgemein von den ökonomischen unterscheiden, decken sich natürlich mittels Operator $\bar{N}$ auch nicht die Bereiche V^p und W^p. Das ökonomische Versagen des Systems entspricht dann dem zufälligen Einfall der Trajektorie der Ökonomik des Systems über die Grenze des zulässigen $\underline{W}^p$-Bereiches und die Effektivität des Systems kann jetzt durch die Wahrscheinlichkeit des Aufenthaltes des $\underline{w}$-Elementes im $\underline{W}^p$-Bereich in dem betrachteten Zeitraum $0 \leq \tau \leq t$ definiert werden, d.h. durch die Wahrscheinlichkeit

$$E(t) = E\left[w(t) \varepsilon W^p;\ 0 \leq \tau \leq t\right].$$

Aus den oben angeführten Zusammenhängen für die Zuverlässigkeit und für die Effektivität des Systems kann man das System komplex betrachten und untersuchen.

Man kann jetzt solche Eigenschaften des Systems verlangen, daß die Zuverlässigkeit des Systems ihr Maximum bei gegebener Effektivität erreicht oder die Effektivität ihr Maximum bei gegebener Zuverlässigkeit. Die Lösung dieser Aufgabe kann mit Hilfe der bekannten Neyman-Pearson-Lemma durchgeführt werden, aber nur in dem Falle, daß man keine wie auch immer lautenden Anforderungen an die Größe des Bereiches der unabhängigen zufälligen Größen ($\underline{q}$) stellen muß. Dies ist aber allgemein nicht Sache der Untersuchung der Zuverlässigkeit und der Effektivität der Systeme, bzw. der Baukonstruktionen oder ihrer Teile, bei der vielmehr eine Übersicht über die Einflüsse der einzelnen unabhängigen zufälligen Größen oder über die Einflüsse von Gruppen solcher Größen erforderlich ist. Mathematisch kann man diese Aufgaben folgendermaßen formulieren:

Die inverse Aufgabe der effektiven Zuverlässigkeit

$$E(t) = E\left[w(t) \in W^p /Q^o;\ 0 \leq \tau \leq t\right] = \text{Extrem (Maximum)}$$

bei den Nebenbedingungen

$$p(t) = P\left[v(t) \in V^p /Q^o;\ 0 \leq \tau \leq t\right] = \alpha = \text{konst.}$$
$$Q^o = K_q = \text{konst. (Volumenbedingung).}$$

Die inverse Aufgabe der zuverlässigen Effektivität

$$P(t) = P\left[v(t) \in V^p /Q^o;\ 0 \leq \tau \leq t\right] = \text{Extrem (Maximum)}$$

bei den Nebenbedingungen

$$E(t) = E\left[w(t) \in W^p /Q^o;\ 0 \leq \tau \leq t\right] = \beta = \text{konst.}$$
$$Q^o = K_q = \text{konst. (Volumenbedingung).}$$

Die reziproke inverse Aufgabe der optimalen Verteilung der zufälligen unabhängigen Veränderlichen bei gegebener Zuverlässigkeit und bei gegebener Effektivität

$$Q^o = \text{extrem}$$

bei den Nebenbedingungen

$$P(t) = P\left[v(t) \in V^p /Q^o;\ 0 \leq \tau \leq t\right] = \alpha = \text{konst.,}$$
$$E(t) = E\left[w(t) \in W^p /Q^o;\ 0 \leq \tau \leq t\right] = \beta = \text{konst..}$$

Zur Lösung dieser Aufgabe war es erforderlich, die Neyman-Pearson-Lemma mit Hilfe der inversen Variationsprinzipien bedeutend zu erweitern und zu verallgemeinern, so daß nun die Lösung dieser Aufgaben im Bereich der unabhängigen zufälligen Veränderlichen gesucht und die optimale Form dieser Gebiete für den gegebenen Inhalt bestimmt werden kann. Man kann auch die Volumenbedingungen zu einzelnen Gruppen der Veränderlichen oder zu einzelnen Veränderlichen in Beziehung setzen (hybride inverse Variationsaufgaben der Zuverlässigkeit und der Effektivität des Systems) oder einzelne, im vorhinein ausgewählte Gruppen der Veränderlichen oder ausgewählte einzelne Veränderliche tauschen (komplexe hybride inverse Variationsaufgaben der Zuverlässigkeit und Effektivität des Systems).

4. Schlußbemerkungen

Durch die Formulierung des Problems der Zuverlässigkeit und Effektivität der Systeme, bei welchen die Anforderungen einer genauen und strengen Beurteilung der objektiven Probabilitätsrealität des Systems und ihre Funktion von erstrangiger Bedeutung sind, durch geeignete Verallgemeinerung des Problems und dessen erfolgreicher theoretischen Lösung kann wesentlich zur Sicherstellung des optimalen kontinuierlichen Betriebs in volkswirtschaftlich bedeutenden Systemen beigetragen werden. Die vorgelegte Theorie der Zuverlässigkeit und Effektivität der Systeme ermöglicht es, bei der komplexen Wertung der Systeme, Einrichtungen und Konstruktionen gleichzeitig verschiedene Gesichtspunkte anzuwenden. Sie geht von den bisherigen Erkenntnissen der Zuverlässigkeitstheorie von Systemen aus, von den mathematischen Grundlagen der Wertung statistischer Hypothesen, die sie durch Anwendung inverser Variationsprinzipien wesentlich erweitert und verallgemeinert.

Zur Planung und zum Bau von Triebwasserleitungen – die Triebwasserleitung des Pumpspeicherwerkes Waldeck II

F. MANG, Karlsruhe und W. POEHLMANN, Erlangen

1. Einleitung

Bei der Planung und beim Bau von Triebwasserleitungen werden Spitzenleistungen von Ingenieuren und Wissenschaftlern gefordert. Die Aktivität des Jubilars bei der Erforschung des Tragverhaltens der Bauelemente solcher Anlagen, seine Beratung bei der Planung und Ausführung sowie seine Tätigkeit als Prüfingenieur im Rahmen der Errichtung nahezu aller bedeutender mitteleuropäischer Pumpspeicherwerke und zahlreicher Auslandsprojekte, ist Grund, anläßlich seines 65. Geburtstages über Probleme dieses Fachgebietes zu berichten. Da der durch ihn betreute Bau der Pumpspeicheranlage Waldeck II, neben anderen, derzeit seiner Vollendung entgegengeht, soll dieses Projekt als Anwendungsbeispiel mit in die Darlegungen einbezogen sein.

Von einer Triebwasserleitung hängt die Betriebssicherheit der Wasserkraftanlage entscheidend ab. Gesteigerte Maschinenleistungen erfordern bei den in Deutschland im allgemeinen verfügbaren begrenzten Fallhöhen große Wassermengen und damit große Leitungsdurchmesser sowie gleichzeitig wegen der Geländeformen große Leitungslängen. Schon durch die Abmessungen ergeben sich somit beachtliche Bauwerke, die neuerdings immer mehr verdeckt und damit weitgehend unsichtbar verlegt werden.

Bei dem hier neben allgemeingültigen Aussagen anzusprechenden Pumpspeicherwerk Waldeck II handelt es sich um eine Kavernenanlage mit zwei Pumpspeichersätzen, welche aus der oben angeordneten Turbine, der Synchronmaschine (Generatorbetrieb: Nennleistung 22o MW) und der unten liegenden Pumpe bestehen.

Beitrag in "Theorie und Berechnung von Tragwerken", Springer-Verlag 1974, von Prof.Dr.-Ing. F. Mang, Wissenschaftlicher Rat an der Versuchsanstalt für Stahl, Holz und Steine der Universität Karlsruhe (TH); W. Poehlmann (Ing.), Siemens AG, Bereich Energieversorgung, Erlangen

2. Die generelle Leitungsführung

2.1 Allgemeines

In erster Annäherung sollen bei solchen Anlagen die einzelnen Bauwerke, wie Oberbecken, Maschinenhalle und Unterbecken durch die Triebwasserleitung möglichst kurz bzw. gradlinig verbunden werden.

Während die Lage des Ober- und des Unterbeckens durch die Topografie weitgehend festliegt, kann die Maschinenhalle horizontal in der durch den Zulaufdruck für die Pumpen vorgegebenen Höhe theoretisch in einem weiten Bereich verschoben werden. Die vielen zunächst vorhandenen Möglichkeiten zwischen der Anordnung der Maschinenhalle nahe am Unterbecken - freistehend mit frei- oder im Bereich des Hanges verlegter OW-Triebwasserleitung - bis zur Anordnung als Kaverne - unter dem Oberbecken mit senkrecht verlaufendem Schacht und langer UW-Leitung - werden aber durch eine Vielzahl anderer Einflüsse weitgehend eingeengt.

Bei vielen Projekten, so auch für Waldeck II, scheidet ein freistehendes Krafthaus aus folgenden Gründen aus: Zur Gewährleistung des erforderlichen Pumpenzulaufdruckes müßte es tief unterhalb der Geländeoberfläche angeordnet werden. Dies hätte erheblichen Bauaufwand (große, etwa 75 m tiefe Baugrube) zur Folge. Die bei einer solchen Lösung naheliegende, am Hang verlegte Triebwasserleitung würde beachtliche Kosten für Festpunktkonstruktionen, Dehnungsstücke und Auflager verursachen, wobei es sehr schwierig wäre, sie im oberen Bereich tief genug zu verlegen, um in kritischen Fällen Unterdruckbildung zu vermeiden.- Bei vielen Geländeformen kann das Wasserschloß, das bei der großen Entfernung zwischen OW- und UW-Becken nur durch unwirtschaftliche Vergrößerung der Leitungsquerschnitte vermeidbar wäre, kaum untergebracht werden. Zu Recht bestehende Forderungen des Landschaftsschutzes lassen sich mitunter wegen der sichtbaren Rohrtrasse nicht erfüllen (Abb. 1).

Bei einer tief unterirdischen Leitungsführung können Festpunkte, Auflager sowie Dehnungsstücke entfallen, und die Leitung läßt sich ohne Rücksicht auf Geländeformen verlegen. Erschwernisse bei der Überwachung im späteren Betrieb werden u.U. durch das Fehlen unvorhergesehener äußerer Einflüsse ausgeglichen. Die durch große Querschnitte und die Wahl der Neigung ermöglichte weitgehende Mechanisierung der Ausbrucharbeit hat das Baukostenverhältnis von Stollen (Ausbruch und Beton) zu frei verlegter Leitung (Erdarbeit, Festpunkte usw.) zugunsten des Stollens verschoben. Die moderne Betontechnologie ("Rinnen"beton zur Hinterfüllung) trägt ebenfalls dazu bei, Stollenlösungen für Triebwasserleitungen heute in zunehmendem Maß vorzuziehen. Selbst wenn die entlastende Wirkung des Gebirges nicht ausgenutzt werden kann, sind die Vorteile der einbetonierten Leitung offensichtlich.- Nach der Entscheidung zum Bau einer Kavernenanlage bleibt die Bestimmung ihrer genauen Lage, welche zunächst nur der Höhe nach festliegt. Die noch immer zahlreichen Möglichkeiten der Rohrführung werden dadurch weiter eingeengt.

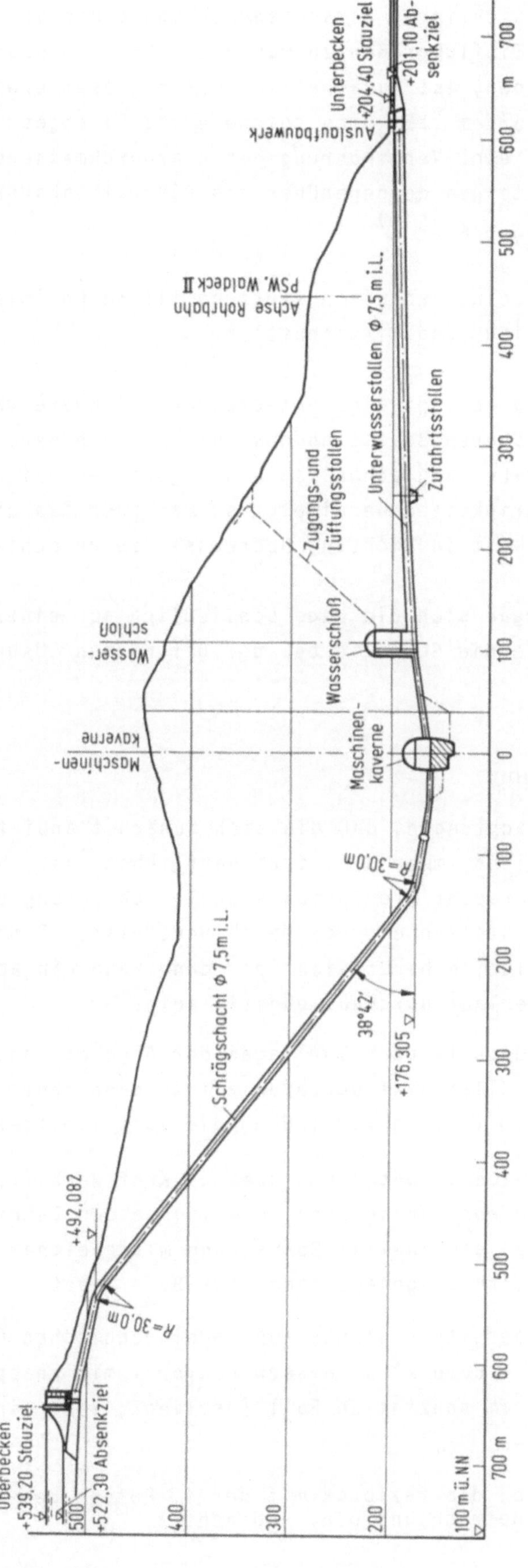

Abb. 1 Längsschnitt der Anlage Waldeck II

Damit die unter Berücksichtigung verschiedener von außen vorgegebener Forderungen und von sonstigen Einflußgrößen zu wählenden Regulierbedingungen der Anlage eingehalten werden können, ist zunächst schon aus diesem Grunde eine kurze Rohrlänge anzustreben; außerdem läßt eine solche große Fließgeschwindigkeiten zu und erlaubt somit zunächst eine Verminderung des Rohrdurchmessers. Mit steigender Fließgeschwindigkeit steigen demgegenüber die Rohrreibungsverluste etwa nach folgendem Zusammenhang: $H_v = K/d^5$ +)

Damit stellt sich hier eine technisch-wirtschaftliche Optimierungsaufgabe für den Hydrauliker, Ingenieur und Wirtschaftler.

Eine kürzere OW-Leitung bedingt eine entsprechende längere UW-Leitung. Da die OW-Leitung wegen der höheren Belastung gewöhnlich die höheren Kosten verursacht und der Verlauf der UW-Leitung schon wegen der geringen Neigung bei der Bauausführung weniger Schwierigkeiten bereitet, ist man auch aus diesem Grunde bestrebt, die Kaverne möglichst weit in Richtung Oberwasser zu verschieben.

Im Falle Waldeck II ergab sich die Lage schließlich aus einer Kostenoptimierung, wobei erfreulicherweise die Geologie bei der gefundenen Lösung ebenfalls gute Voraussetzungen bot.

2.2 OW-Triebwasserleitung

Oft zeigen nähere Betrachtungen, daß die sich zunächst anbietende geradlinige Rohrführung durchaus nicht immer die wirtschaftlichste ist. Werden Einzelheiten des Gebirgsaufbaus untersucht (Verformungsmodul, Schichtung usw.), das Ausbruchs- und Betonierverfahren (Stollenneigung, Maschineneinsatz, Rinnenbeton) und der Einbauvorgang der Stahlteile berücksichtigt, dann kann ein abgeknickter und damit längerer Rohrleitungsverlauf durchaus günstig sein.

Der allerdings für Waldeck II nach Vorliegen der Angebote angestellte Kostenvergleich unter Beachtung aller Einflußgrößen zeigte dann aber, daß die angestrebte fast geradlinige und damit kurze Verbindung die vorteilhafteste ist (Abb. 2).

Um die Möglichkeit zu haben, später ein zweites Kraftwerk mit etwa gleicher Leistung an das gleiche Oberbecken anzuschließen, ohne den Betrieb von Waldeck II zu stören, wurde daneben ein zweiter Rohrstrang mit gleichem Durchmesser verlegt, welcher vom Einlaufbauwerk ausgehend nach etwa 80 m endet.

Das, wie weiter vorne bereits erwähnt, aus regeltechnischen Gründen nach oben begrenzte Produkt $\Sigma l \cdot v \approx 6000\ m^2/s$, dessen Faktor l mit knapp 1000 m (OW-Einlauf bis Wasserschloß) hier im speziellen Fall festliegt, läßt eine Wasserfließgeschwin-

---

+) Einzelverlustanteile, die reziprok mit der 4. Potenz des Durchmessers wachsen, bleiben bei dieser Betrachtung u.a. unbeachtet.

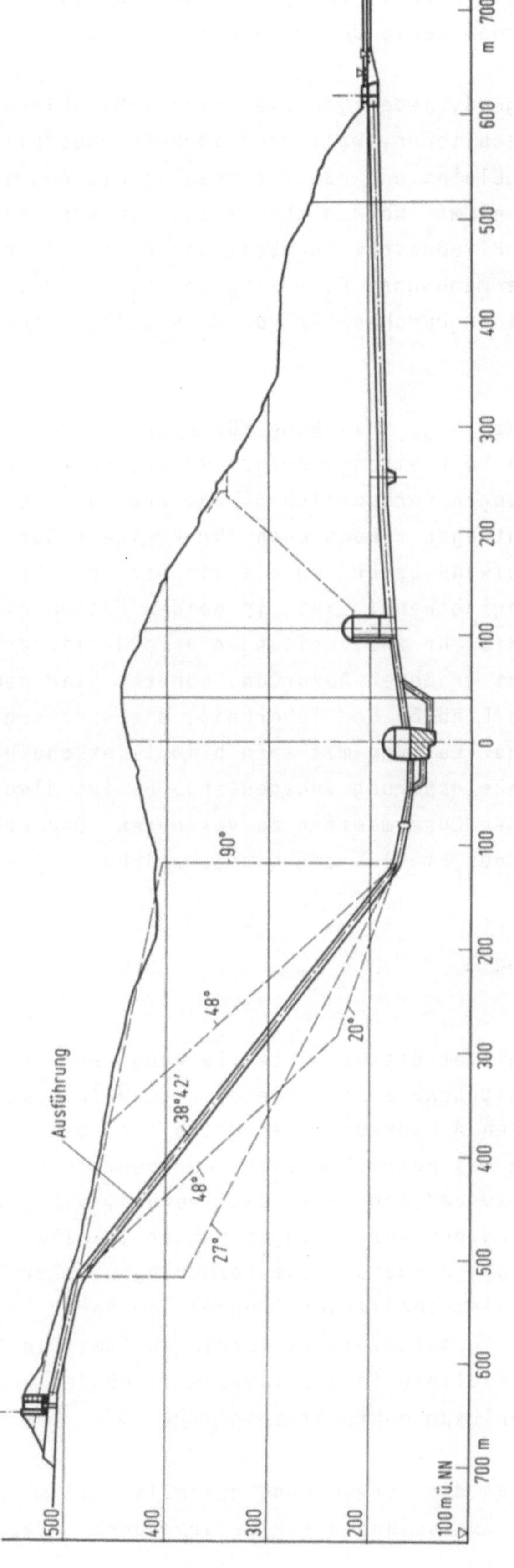

Abb. 2 Untersuchte Varianten für OW-Rohrverläufe zur Anlage Waldeck II

digkeit von 6,15 m/s zu. Ein Wert, der gegenüber Auslegungen in der Vergangenheit deutlich erhöht in dem heute üblichen Bereich liegt.

Es ist zunächst naheliegend, jeden von zwei großen Maschinensätzen an eine gesonderte Leitung anzuschließen, weil dann auch bei Ausfall einer Leitung eine Maschine verfügbar bleibt und damit eindeutig die Betriebssicherheit gegenüber einer Leitung zunimmt. Werden aber Kosten untersucht, ergibt sich ein anderer Schluß. Gleiche Fließgeschwindigkeit und damit gleicher Rohrquerschnitt verlangen wegen des Zusammenhangs: $F_1 = 2 \cdot F_2$ und $d_1^2 = 2 \cdot d_2^2$, hier im speziellen Fall für eine Leitung einen Durchmesser von $d_1 = 5{,}75$ m, für zwei Leitungen solche von $d_2 = 4{,}07$ m.

Die dann in etwa geltende obige Beziehung für hydraulische Verluste zeigt, daß 2 Leitungen den 2fachen Rohrreibungsverlust verursachen wie eine Leitung. Schon überschlägliche Überlegungen verdeutlichen, daß zwei Stollen und entsprechend vermehrte Montageeinrichtungen - wenn auch für kleinere Durchmesser und geringere Einzelgewichte - mehr Aufwand erfordern als ein Stollen. Sollen, was bei einer solchen Gegenüberstellung notwendig ist, in beiden Fällen die gleichen Verluste auftreten, dann müßten die für zwei Leitungen erforderlichen Durchmesser vergrössert werden. Das bedeutet größeren Ausbruch, höheres Stahlgewicht und damit eine weitere Verteuerung. Die Einbuße an Sicherheit, die eine Abhängigkeit zweier Maschinensätze von nur einer Leitung mit sich bringt, erscheint gegenüber der dadurch erreichbaren Kosteneinsparung unbedeutend. Es ist also allgemein günstig, wenig Leitungen mit großen Durchmessern zu verwenden. Die Grenze wird durch die zulässige Beanspruchung des Stahles und die Schweißbarkeit der erforderlichen Wanddicke gesetzt.

2.3 OW-Verteilleitung

Im Falle Waldeck II verbindet die OW-Verteilleitung (an den Durchmesser 5,75 m der kurzen unteren Flachstrecke anschließend) die OW-Triebwasserleitung mit den Kugelschiebern vor den 4 hydraulischen Maschinen. Damit die Richtungs- und Geschwindigkeitsänderung des Betriebswassers nur geringe Verluste verursachen, durfte das System nicht zu gedrängt aufgebaut werden, d.h., zwischen der Verzweigung, den Krümmern und den Abzweigungen mußten jeweils ausreichend lange gerade Abschnitte eingebaut werden. Diese Forderungen zu erfüllen, fiel um so leichter, als auch aus felsmechanischen Gründen der Berg, besonders im kavernennahen Bereich, nur wenig aufgelockert werden durfte. Die Stichleitungen sollen demnach möglichst geradlinig in die Kaverne einmünden und Querverbindungen genügend weit von dem Hohlraum entfernt sein (Abb. 3).

Hohe Forderungen werden an die Verzweigung gestellt. Sie müssen Wasser unter den verschiedensten Betriebszuständen verlustarm führen. Dazu kommt als be-

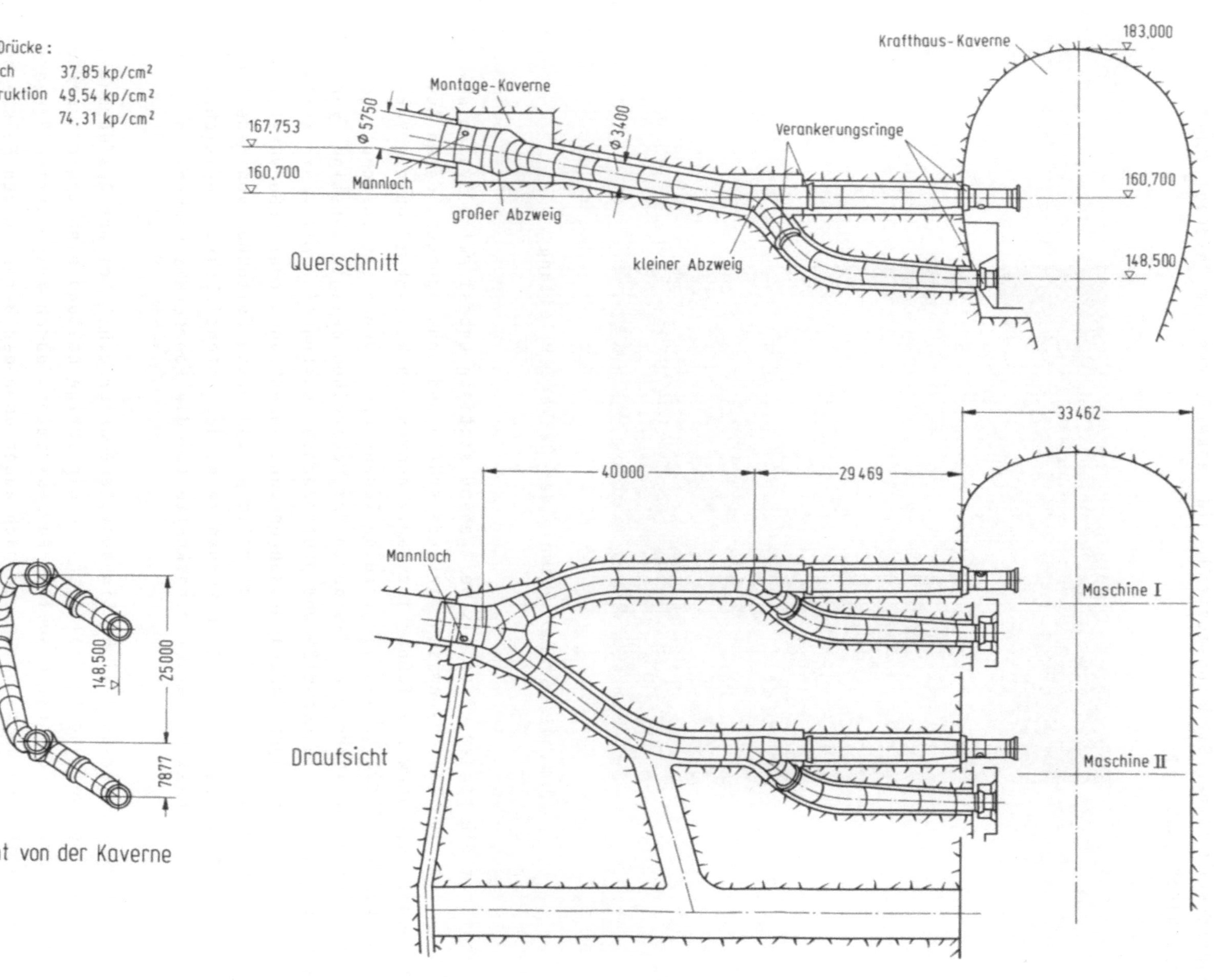

Abb. 3 OW-Verteilleitung Waldeck II

sonders schwieriger Strömungszustand, die Wasserführung im "hydraulischen Kurzschluß" (Abb. 4).

Abb. 4 Großer Abzweig der OW-Verteilleitung

Daneben hat die Konstruktion als weitgehend statisch unbestimmtes System beträchtliche, zum Teil dynamisch wirkende Kräfte und Schwingungen, deren Ausmaß rechnerisch schwer erfaßbar ist, aufzunehmen. In Waldeck II wurden Verzweigungen und Abzweige mit biegefreien Innenverstärkungen (Innensichel) gewählt. Hierfür sprachen u.a. das durch Versuchsreihen belegte günstige hydraulische Verhalten, die schweiß- und prüfgerechte Konstruktion mit wenig Kehlnähten und die geringen Außenabmessungen ohne Außenkragen oder Außenverstärkungen. Letzteres ist besonders bei volleinbetonierten Leitungen von Bedeutung, weil der Ausbruch geringgehalten werden kann, das Betoneinbringen erleichtert wird und keine unklaren Verankerungskräfte auf die Rohrschale kommen.

Es wurden zwei unterschiedliche Einbausysteme untersucht: Bei der Ausführung 1 sollten die Verzweigung frei bleiben und die übrige Leitung einbetoniert werden. Im System auftretende Kräfte sollten an bestimmten, durch kragenartige Ringe verstärkten Stellen aufgenommen und nach außen über den Beton in den Fels eingeleitet werden. Um die Kavernenwand nur wenig mit Kräften in Richtung Kaverne zu belasten, d.h. um die Gewölbebildung wenig zu stören, sollten die Turbinen- und Pumpenstichleitungen etwa 3o und 2o m von den Austrittsstellen entfernt im Berg verankert werden und die restlichen Stränge elastisch umhüllt in Längsrichtung beweglich bleiben.

Bei der Ausführung 2 sollte die gesamte Leitung mit Beton umgeben werden. Kräfte werden dort, wo sie auftreten, unmittelbar über die Rohrschale und den umgebenden Beton in den Fels geleitet. Um auch bei dieser Ausführung die Kavernenwand nicht ungünstig zu belasten, werden etwa 22 und 3o m der unteren Enden der Turbinen- und Pumpenstichleitungen unter 62,5 bar Überdruck (1,25facher höchster Betriebsdruck) einbetoniert und damit in Längsrichtung vorgespannt. Zur Kaverne hin gerichtete Kräfte (Turbinenstrang etwa 47oo t, Pumpenstrang etwa 3ooo t) werden dadurch genügend weit von der Kavernenwand entfernt auf den Fels übertragen. Entgegengesetzt gerichtete Kräfte (Pumpenstrang 3oo t, Turbinenstrang 5ooo t) werden über Kragen von der Kavernenwand aufgenommen.

Obwohl die Ausführung 1 statisch klarer ist, entschloß man sich, in erster Linie wegen der schwierigen Verankerungen der in wechselnden Richtungen belasteten Ankerringe, die Ausführung 2 zu wählen, die zudem noch kostenmäßige Vorteile bot.

2.4 Panzerungen der UW-Verteilleitung

Die UW-Verteilleitung besteht aus zwei für jeden Maschinensatz gesondert bis in das Wasserschloß geführten Strängen, die ähnlich wie die OW-Verteilleitung eine beachtliche Entwicklungslänge erfordern. Bedingt durch die hoch liegenden Turbinen und der unterhalb der Pumpen angeordneten UW-Kugelschieber muß dabei ein Höhenunterschied von mehr als 4o m überbrückt werden. Wegen der immer noch recht hohen Fließgeschwindigkeiten, der unruhigen Strömung und nicht zuletzt zum Schutz der Kaverne gegen eindringendes Wasser sind die Stränge bis nahe an das Wasserschloß gepanzert.

Weil das Wasserschloß mit seiner Höhe von 52 m und einem Durchmesser von 23 m ausreichend weit von der Kaverne und dem Zufahrtstollen entfernt sein sollte, mußte die Leitung im Grundriß unsymmetrisch abgebogen geführt werden. Die Abzweigstücke, ähnlichen Forderungen wie die in der OW-Verteilleitung unterworfen, gleichen diesen auch in ihrem Aufbau. Die weitgehend im Rohrinneren liegende Versteifungssichel wurde hier mit Rücksicht auf unsymmetrische hydrodynamische Belastungen zusätzlich seitlich abgestützt. Zur Verminderung von Saugrohrpulsationen sind nahe hinter den UW-seitigen Turbinenkugelschiebern Abreißkanten (Querschnittssprünge) und vorsorglich Stutzen zum Einblasen von Luft vorgesehen. Über Kragen wird die zum Unterwasser hin gerichtete Druckkraft von etwa 1oo t als Pressung auf den Fels übertragen. Den Zug von etwas mehr als 1ooo t nehmen 2o Anker (12 und 15 m lang) mit einer Nennlast von je 125 Mp auf. Die tief liegenden Pumpenzulaufstränge sind mit den Saugrohren verschweißt, und das ganze System ist bis an die UW-Kugelschieber einbetoniert. Freie Kräfte werden also unmittelbar über die Rohrschale in den Beton eingeleitet.

Mit Rücksicht auf Außenwasserdruck und Schwingungen bot sich für den Rohrmantel als wirtschaftliche Lösung ein Verbund zwischen Stahl und Beton an, indem die Rohrschale mit Hilfe von Pratzen außen im Beton verankert wird. Für eine solche Lösung, die man bei Stählen höherer Festigkeit wegen der ungünstigen Kehlnahtverbindung Pratze/Rohrschale und der unklaren Verankerungskräfte nicht anwendet, sprach das gute Dehnverhalten des problemlos schweißbaren, verwendeten Materials St 37.3. Die Pratzen, je nach Durchmesser 12 bis 24 Stück auf den Umfang verteilt, haben bei einer Höhe von 2oo mm Breiten zwischen 25o und 3o5 mm. Befürchtungen, daß die im unteren Rohrumfang angeordneten Pratzen, besonders in den Kehlen Rohrschale/Pratze, nur ungenügend von Beton umhüllt werden, bestätigten sich in einem Großversuch. Zwei 3o-mm-Bohrungen je Pratze, 25 mm von der Rohrschale entfernt, reichten aus, diesen Mangel weitgehend zu beseitigen. Ein guter Verbund läßt sich aber nur erreichen, wenn darüber hinaus ausreichend aber vorsichtig gerüttelt wird. Dabei hat es sich bewährt, die Rüttler an die Betonieraussteifung zu klemmen (Abb. 5).

Abb. 5 Abzweig der UW-Verteilleitung mit Pratzen

3. Bemessung

3.1 Allgemeines

Wie zuvor dargelegt, ist die Triebwasserleitung hier nur in den kurzen Abschnitten des Kavernenbereichs freiliegend ausgeführt und bietet ein relativ wirklichkeitsnah zu definierendes statisches System. Auf den übrigen Strecken müßte strengen festigkeits- und stabilitätstheoretischen Untersuchungen ein Verbundsystem aus stählerner Rohrschale, umgebendem Beton und anschließendem Erdreich bzw. Fels zugrunde gelegt werden. Die zugehörigen maßgebenden Betriebslastfälle ergeben sich dabei aus dem jeweils örtlich gemäß Drucklinienplan anzusetzenden

Innendruck, ferner aus der Außenwasserdruckbelastung, den Temperaturveränderungen im System gegenüber dem Montage-Schlußzustand und dem Erddruck der Überschüttung. Aktive Gebirgsdrücke auf das Rohrsystem werden im standfesten bzw. durch besondere Maßnahmen vergüteten Gebirge ausgeschlossen.

Im Hinblick auf die Unsicherheiten in den Annahmen zum beschriebenen Verbundsystem und auch in den zu erwartenden Belastungen waren für die einzelnen Abschnitte der Triebwasserleitung jeweils besondere Berechnungsannahmen sinnvoll. Desgleichen werden wesentliche Montagezustände und Lastfälle sowie spezielle Besonderheiten, wie sie sich u.a. in den Vorkehrungen zur Beherrschung des Stabilitätsproblems bei Außenwasserdruckbelastung auf die leere Rohrleitung und auch in dem erstmaligen Einsatz von hochfesten, wasservergüteten Feinkornbaustählen beim Bau einer Triebwasserleitung in der Bundesrepublik darbieten, besprochen.

3.2 OW-Triebwasserleitung

Die obere Flachstrecke der OW-Triebwasserleitung ist als eingeerdetes, betonumkleidetes Stahlrohr ausgeführt. Die Erddruckbelastung aus der Überschüttung wurde allein dem bewehrten Betonmantel zugewiesen, so daß die innenliegende Stahlschale allein für den planmäßigen Berechnungs-Innendruck zu dimensionieren bzw. mit der aus montage- und transporttechnischen Gründen vorgeschriebenen Mindestwanddicke von 18 mm auszuführen war. Die einzuhaltende rechnerische Sicherheit gegenüber der Werkstoff-Streckgrenze (hier Material St E 26, σ_s = 26 kp/mm^2) in den Vergleichsspannungsnachweisen bzw. im Nachweis der maximalen Umfangsspannungen war in Anlehnung an die VDEW-Richtlinien (Lit. 1) mit ν = 1,8 festgelegt.

Zur Aufnahme der in Rohrachsenrichtung wirkenden Längskräfte aus "Querkontraktion" und "Bodendruck" infolge Innendruckbeaufschlagung, ferner aus Temperaturschwankung um $\pm$ 10°C gegenüber Montageschluß, wurden im Abstand von 18 m doppelstegige, ausgesteifte Verstärkungsringe mit entsprechend der zulässigen Betonpressung dimensionierten Steghöhen paarweise angeordnet. Diese Ringe dienten während des Betonierens einerseits als Anschlußstellen für jeweils 4 Vorspann-Felsanker von je 45 Mp Tragfähigkeit gegen Auftrieb. Sie wurden andererseits auch als Beulaussteifung für den in vorgeschriebener Folge und maximaler Geschwindigkeit zwischen eine Außenschalung und die Rohrleitung einzubringenden Beton herangezogen. Im erstgenannten Falle war ein statisches Ringsystem mit Schubkräften an der Ring-Innenseite und resultierenden Reaktionskräften an den beiden seitlichen Ringscheiteln zugrunde zu legen (Berechnung Lit. 2). Beim letztgenannten Stabilitätsfall lag das System der über Schubringe ausgesteiften Kreiszylinderschale vor, bei welchem Ringe und Zylinderschale gemäß Lit. 3 behandelt werden konnten; dabei war allerdings drehsymmetrische Belastung vorausgesetzt; diese von der Wirklichkeit abweichende Annahme wurde durch erhöhte Sicherheitsfaktoren in der Berechnung ausgeglichen. Solche Berechnungen wiesen im vorliegenden Falle nach, daß die im Abstand von 18 m angeordneten, außen aufgeschweißten Ringsteifen durch zusätzliche vom Rohrinnern her eingebrachte, verspannte Sprengringe im Abstand von 3 m während des Betonierens ergänzt werden mußten. Bei den Betonierarbeiten wurde auf gute Einbringung geachtet, um der die Korrosion an der ungeschützten Stahlschale fördernden Spalt- oder Hohlraumbildung vorzubeugen.

Der im Übergang von der vorstehend beschriebenen Flachstrecke zum Schrägschacht liegende obere Krümmer wurde über Felsanker und anschließende Traversen bzw. Bandagen verankert. Die in Richtung der Krümmer-Abtriebskraft angeordneten Felsanker sind für die wirksamen "Bodendrücke" aus Innendruck sowie für die genannten Temperaturschwankungen ausgelegt. Die Rückverankerung des Krümmerbereiches in den OW- und UW-seitigen Rohrstrecken blieb aus Sicherheitsgründen bzw. wegen der unterschiedlichen Steifigkeit der beiden Verankerungselemente unberücksichtigt. Die in den Krümmer-Segmenten wirksamen Randstörungen wurden über schalentheoretische Sondernachweise ermittelt, wobei die über den Umfang des schrägen Zylinderschnittes und gleichzeitig in Richtung der Zylinderachse veränderlichen Schnittkräfte zum Ansatz kamen. Vereinfachungen in diesen relativ aufwendigen Untersuchungen waren unter der Voraussetzung kleiner Segment-Schnittwinkel möglich.

Einzelne Abschnitte des Schrägschachtes sind entsprechend den vorliegenden Gebirgsverhältnissen unterschiedlich dimensioniert. Der zwischen oberem Krümmer und Höhenkote 415 m ü. NN liegende Bereich ist wegen des schlechten Gebirgszustandes als freiliegender Stahlzylinder für den vollen, örtlich maßgebenden Innendruck, ohne Rücksicht auf den Verbund mit der Umgebung, ausgelegt. Dabei waren für die Festigkeitsnachweise eine Sicherheit $\nu = 1{,}8$ gegenüber der Werkstoff-Streckgrenze und gleichzeitig eine Sicherheit $\nu = 2{,}5$ gegenüber der Bruchgrenze bzw. die Mindestwanddicke von 18 mm einzuhalten. Für die Strecke zwischen Höhenkote 415 m ü. NN und unterem Krümmer waren bei der Bemessung gegenüber der Innendruckbelastung zwei Kriterien zu beachten. Da die Stahlpanzerung eventuelle örtliche Störungen der im ganzen als relativ gut zu bezeichnenden Gebirgsstruktur und auch begrenzte Fehlstellen im Beton ausgleichen muß, war einerseits eine Sicherheit $\nu = 1{,}1$ gegenüber der Werkstoff-Streckgrenze nachzuweisen, wobei der Stahlzylinder als "freiliegend" anzusehen war. Für das planmäßig wirksame Verbundsystem zwischen Stahlpanzerung, Betonumhüllung und Gebirge mußte andererseits eine Sicherheit beim Lastfall "Innendruck" von mindestens $\nu = 1{,}6$ eingehalten sein. Das Zusammenwirken der einzelnen Elemente des Verbundsystems war gemäß Lit. 4 unter Voraussetzung eines 2,o mm weiten Spaltes zwischen Stahlpanzerung und Beton und eines Verformungsmoduls von 45 ooo kp/cm^2 sowie einer Querdehnzahl m = 3 für das Gebirge berechnet worden.

3.3 Untersuchungen und Maßnahmen zur Außenwasserdruck-Belastung

Nach Sondierungsbohrungen, deren Ergebnisse sich während der Ausbruchsarbeiten im wesentlichen bestätigt haben, wird angenommen, daß kein oder nur wenig Bergwasser auftritt und die Leitungen allenfalls einem geringen Außenwasserdruck ausgesetzt sein werden. Obwohl diese Annahmen gut begründet sind, läßt sich davon aber nicht mit Sicherheit ableiten, wie die Leitung im späteren Betrieb tatsächlich belastet wird. Unbekannt bleiben die Durchlässigkeit des Betons zwischen Fels und Stahlrohrleitung (Betonierfugen) und der Wasserhaushalt des Gebirges. Auch der Einfluß des Spaltes zwischen Beton und Stahl bleibt ungewiß, da seine Größe nur in etwa vorhergesagt werden kann und ferner seine flächenmässige Ausdehnung kaum abschätzbar ist.

In Waldeck II wurde deshalb - ausgehend von Erfahrungen mit in ähnlichen Gebirgen verlegten Leitungen - darauf verzichtet, die OW-Triebwasserleitung besonders für die Aufnahme des Außenwasserdrucks zu bemessen. Zunächst wurden zwischen Fels und Beton 7 Drainagerohre verlegt, die in den Höhen beginnen, wo - nach den beim Ausbruch vorgefundenen Anzeichen - Bergwasser auftreten könnte. Sie enden unten nahe der Rohrverzweigung in einer dafür vorgesehenen Nische. Im Betrieb bleiben sie unten verschlossen und werden nur während der Bauzeit sowie bei entleerter Rohrleitung geöffnet. Sie sollen das Bergwasser erfassen und abführen, bevor es an die Rohrschale gelangen kann.

Da nur die leere Leitung gefährdet ist, wird dafür gesorgt, daß der Schrägschacht nicht unkontrolliert leerläuft. Immer wenn die Schützen im Einlaufbauwerk aus irgendeinem Grunde fallen (Schließzeit etwa 60 s), müssen auch die Kugelschieber, durch eine abhängige Steuerung (Verriegelung) betätigt, schneller oder früher schließen (Schließzeit etwa 35 s). Sinkt während längerer Stillstandszeiten der Wasserspiegel in der Leitung durch Leckverluste oder sonstige Wasserentnahmen, dann wird durch ständigen Zufluß von oben für Ersatz gesorgt.

Ausgehend von den sich aus der Berechnung auf Innendruck ergebenden Wanddicken wurde aufgrund bestimmter Annahmen (einseitiger Spalt 2 mm, Sicherheit 1,6) nach Amstutz (Lit. 5 bis 7) rechnerisch ermittelt, welcher Außenwasserdruck aufgenommen werden kann. Der anstehende Außenwasserdruck wird mit Gebern gemessen, die zwischen der Rohraußenwand und dem Ummantelungsbeton angebracht sind und demnach den tatsächlichen Spaltwasserdruck erfassen. Im ganzen werden 23 Geber, die sich für ähnliche Messungen an der Rohrleitung des Pumpspeicherwerks Rönkhausen bewährt haben, längs des Schrägschachts verteilt vorgesehen. Sie sind vom Inneren der Rohrleitung aus zugänglich, können überwacht und erforderlichenfalls ausgewechselt werden.

Zur Entlastung, d.h. zum Abbau eines unzulässig hohen Außenwasserdrucks, sind Schraubverschlüsse in der Rohrwand über die Länge der Rohrleitung verteilt. Sie sind, um den gesamten Rohrumfang zu erfassen, paarweise gegenüberliegend angeordnet und haben in der Regel einen Durchmesser von 3o mm. Die Schwächung der Rohrschale durch diese Öffnungen wurde über die Einführung von Gestaltfaktoren in den Festigkeitsnachweisen berücksichtigt.

Ist der durch die Geber angezeigte Außenwasserdruck an einer oder mehreren Stellen zu hoch, dann wird er planmäßig abgebaut.

Der Wasserspiegel im Rohr wird dabei langsam bis nahe an den oberen kritischen Bereich so weit abgesenkt, daß die Leitung noch nicht gefährdet ist. Die über dem Wasserspiegel liegenden, unter erhöhtem, aber noch zulässigem Außenwasserdruck stehenden Entlastungsöffnungen werden vom Rohrinnern, d.h. von einem Befahrwagen aus, geöffnet. In der Füllphase verläuft der Vorgang umgekehrt.

3.4 OW- und UW-Verteilleitung

Die Verhältnisse und Anforderungen an die OW-Verteilleitung führten, zusammen mit dem gesteigerten Sicherheitsbedürfnis in Kavernennähe, zu einem Sicherheitsfaktor ν = 2,2 gegenüber der Werkstoff-Streckgrenze bzw. ν = 2,5 bezogen auf die Werkstoff-Bruchfestigkeit. Die Rohrschalen wurden voll für die Innendruckbelastung dimensioniert; d.h. ein Mittragen des Gebirges blieb unberücksichtigt. Die Außenwasserdruckbelastung bei entleerter Leitung stellt für die hier vorliegenden Rohrabmessungen keinen kritischen Lastfall dar.

Die Berechnungen für das als freiliegend angenommene Verteilleitungssystem wurden nach der Stabwerkstheorie durchgeführt (Steifigkeitsabminderungen in den Krümmerbereichen), Vergleichsrechnungen für verschiedene Systeme lieferten u.a. Daten zur Wahl der Rohrfixierungen an den Turbinen- und Pumpenstichleitungen. Ähnliche Voraussetzungen galten auch bei Untersuchungen zum Druckprobenzustand der freiliegenden Verteilrohrleitung, wobei vorzugsweise die zu wählende Lagerungsweise (teilweise elastisch gebettet) des räumlichen Systems und die zu erwartenden Verschiebungen interessierten.

Beim Entwurf der UW-Verteilleitung galten die gleichen Regelungen für die Sicherheitsbeiwerte wie für die OW-Verteilleitung.

4. Werkstoffe

Für die Bauelemente der oberen Flachstrecke, für den Schrägschacht und für die UW-Verteilleitung wurden alterungsbeständige, sprödbruchunempfindliche, normalisierte Feinkornbaustähle mit Streckgrenzen zwischen 26 und 47 kp/mm^2 eingesetzt. Der letztgenannte Streckgrenzenwert war als höchstzulässiger

Maximalwert in der Ausschreibung festgelegt, um Risiken bei der Verarbeitung und insbesondere beim Schweißen zu vermeiden. Entsprechend der Schweißnaht-Wertigkeit 1 für Stumpfnähte und der bei diesem Bauwerk notwendigen Sicherheitsanforderungen wurden strenge Verarbeitungsrichtlinien aufgestellt und gesteigerte Überwachungs- und Prüfungsanforderungen erhoben.

Solche Maßnahmen wurden in verschärfter Form für den Bau des unteren Krümmers und der OW-Verteilleitung getroffen, da hier der niedriglegierte, sprödbruchunempfindliche, wasservergütete Feinkornbaustahl N-A-XTRA 7o bei der Herstellung der bis zu 56 mm dicken Abzweig- und Rohrschalen zur Anwendung kam. Dieser Werkstoff ist außer durch relativ geringen Kohlenstoffgehalt u.a. durch die Anhebung der Streckgrenze bis nahe an die Bruchfestigkeit mittels Wasservergütung gekennzeichnet. Für die Verstärkungssicheln der Abzweigrohre und die Übergänge der Flanschrohre wurde der ähnlich zu charakterisierende luftvergütete Feinkornbaustahl WELMONIL vorgesehen, da der zuvor besprochene Werkstoff in den hier notwendigen Dicken bis 15o mm nicht zur Verfügung stand. Die Flansche selbst waren aus normalisiertem Feinkornbaustahl gefertigt.

5. Montage

Die Rohrteile der OW-Triebwasserleitung wurden als 3 m lange Halbschalen angeliefert und auf dem Montageplatz neben dem Oberbecken nahe dem Einlaufbauwerk zu 9 m langen oder, für den unteren Abschnitt wegen der großen Gewichte, zu 6 m langen Schüssen verschweißt. In den zuerst verlegten beiden oberen Flachstrekken, d.h. unterhalb des Dammes, wurden die Schüsse, oberhalb des oberen Krümmers in die offene Baugrube gebracht, dann auf Schienen mit Hilfe von Winden nach oben verfahren und nach unten vorgebaut. Vor dem Einschütten wurden die Stränge abschnittsweise eingeschalt und zum Schutz gegen Erddruck mit armiertem Beton ummantelt. Zur Erhaltung der Rundheit und zur Gewährleistung einer ausreichenden Beulsicherheit war es erforderlich, während des Betonierens die einzelnen Abschnitte sorgfältig auszusteifen.

Die Schüsse für den 2. Bauabschnitt, zu dem der Schrägschacht mit den beiden Krümmern gehört, wurden wie die Teile für die Flachstrecken in die Baugrube gebracht und von hier nach unten mit einem auf Schienen fahrenden Einfahr- und Aussteifwagen abgelassen. An besonderen an der Rohrschale angebrachten Verankerungsvorrichtungen konnten die Montagewagen oder Bühnen gehalten werden. Im Hinblick auf die empfindliche Werkstoffqualität der Stahlpanzerung wurden geschraubte und geschweißte Verbindungen für die Verankerungen entwickelt und in Versuchen vor ihrem Einsatz geprüft. Der Anbau der Rohrschüsse erfolgte also von unten nach oben. Obwohl der Beton für die ersten Schüsse bis einschließlich des unteren Krümmers von unten eingepumpt wurde, war durch diesen Ablauf der übrige Baubetrieb im

Bereich der Kaverne kaum und später, als der Beton dann von oben über eine Rinne zugeführt wurde, nicht gestört.

Der Raum zwischen Rohrschale und Fels im unteren Abschnitt - im geraden Stück 6oo mm, im Krümmer 1ooo mm - erlaubte es, die Vorortnähte des hier aus wasservergütetem Feinkornstahl bestehenden Abschnittes (Wanddicken 42 und 43 mm) von beiden Seiten zu schweißen und zu prüfen. Im Schrägschacht, wo Feinkornbaustähle zwischen TT St E 26 und 47 (Wanddicken zwischen 19 und 39 mm) verwendet und die Vorortnähte von innen gegen Lasche verschweißt wurden, konnte man sich an den engsten Stellen mit einem Zwischenraum von 23o bis 35o mm begnügen.

Die Elemente der OW-Verteilleitung waren nach dem zulässigen Bahnprofil bemessen, sie wurden mit Tiefladern durch den Zufahrtstollen bis nahe an die Einbaustelle gefahren und weiter über Schienen durch den Montagestollen an die Einbaustelle gebracht. Nach dem Fertigstellen einer der Kavernenkrane konnten die Pumpen- und Turbinenflanschrohre einschließlich der aufgesetzten Ankerringe von der Kaverne aus eingeschoben werden. Der Ausbruch war so bemessen (Mindestabstand Stahl/Fels 6oo mm), daß die durchwegs aus wasservergütetem Feinkornbaustahl bestehenden Rohrteile (Durchmesser zwischen 25oo und 575o mm bei Wanddicken von 2o bis 56 mm) von beiden Seiten verschweißt werden konnten.

Die Teile zur Panzerung der UW-Verteilleitung wurden durch Zufahrtstollen bis in das Wasserschloß gebracht. Vormontiert (Verschweißen der Halbschalen zu Schüssen) wurde unter beengten Raumverhältnissen im Wasserschloß. Dabei war es erforderlich, die Teile gleich nach Fertigstellung einzubauen, weil der zur Verfügung stehende Platz zum Zwischenlagern nicht ausreichte. Später wurden fertige Schüsse für die Turbinengleitungen mit dem Kran unmittelbar von der Kaverne aus eingebracht.

6. Schluß

Die Darlegungen sollten den weitverzweigten und komplexen Problemkreis beim Bau von Triebwasserleitungen für Wasserkraftanlagen umreißen. Dabei stand die statisch-konstruktive und wissenschaftliche Ingenieuraufgabe im Zusammenspiel mehrerer Fachgebiete im Vordergrund. Die allgemeingültigen Aussagen orientierten sich dabei am aktuellen Ausführungsbeispiel der Kavernen-Pumpspeicheranlage Waldeck II.

Literatur

(1) VDEW "Vereinigung Deutscher Elektrizitätswerke e.V. Frankfurt/Main: Richtlinien für die Erstellung von stählernen Druckrohrleitungen für Wasserkraftanlagen", 2. Auflage.

(2) Mang, F.: Berechnungen und Konstruktion ringversteifter Druckrohrleitungen. Berlin, Heidelberg, New York 1966.

(3) Kollbrunner, C.F. und S. Milosavljević: Neuer Beitrag zur Berechnung von auf Außendruck beanspruchten kreiszylindrischen Rohren. Zürich 1965.

(4) Lauffer, H. u. G. Seeber: Die Bemessung von Druckstollen und Schachtauskleidungen für Innendruck aufgrund von Felsdehnungsmessungen. Österreichische Ingenieur-Zeitschrift 1962, H.2, S.37/48.

(5) Amstutz, E.: Das Einbeulen von Schacht- und Stollenpanzerungen. Schweiz. Bauz. 195o, S.1o2-1o5.

(6) Amstutz, E.: Das Einbeulen von vorgespannten Schacht- und Stollenpanzerungen. Schweiz. Bauz. 1952, S. 229-231.

(7) Amstutz, E.: Das Einbeulen von Schacht- und Stollenpanzerung. Schweiz. Bauz. 1969, S.541-549.

Rohre und Rechteckhohlprofile im Stahlbau

A. SCHILLER und K.-G. WÜRKER, Düsseldorf

Ende der vierziger und zu Anfang der fünfziger Jahre hatte der Stahlrohrbau mit Erscheinen der DIN 4115, Stahlleichtbau und Stahlrohrbau im Hochbau, Ausgabe August 195o, in Deutschland zunächst einen gewissen Abschluß gefunden. Aufbauend auf einer Reihe systematisch durchgeführter Versuche mit Rohrknotenpunkten (Lit. 1) - die entsprechend der in einem Fachwerk vorhandenen Kräfteverteilung belastet wurden (Abb. 1 und 2) - gestatten

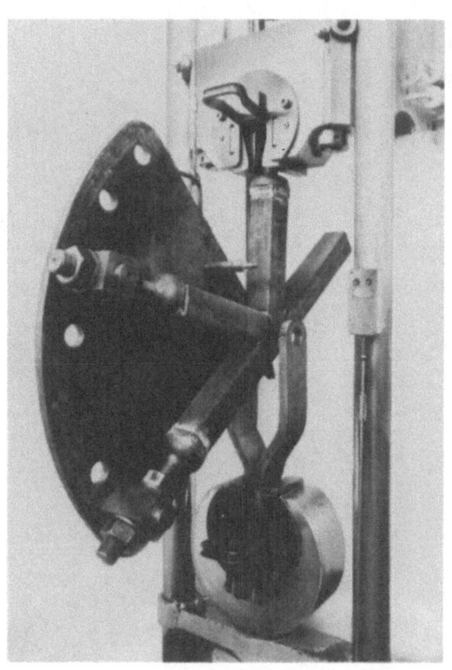

Abb. 1 Prüfvorrichtung für Rohrknoten, Vorrichtung einseitig geöffnet
Versuch mit quadratischen Hohlprofilen

Abb. 2 Rohrknoten nach dem Bruchversuch

Beitrag in "Theorie und Berechnung von Tragwerken", Springer-Verlag 1974, von Dr.-Ing. A. Schiller und Dipl.-Ing. K.-G. Würker in Fa. Mannesmannröhren-Werke AG, Düsseldorf

es einfach zu handhabende Richtlinien, dem Stahlrohr ein breites Anwendungsgebiet, vor allem im Hochbau, Kran- und Mastbau, zu erschließen.

Von wesentlicher Bedeutung war hierbei die Möglichkeit, Rohre, z.B. bei Knotenpunkten von Fachwerkträgern, unmittelbar miteinander zu verschweißen, d.h. ohne Verwendung von Knotenblechen, Rippen oder anderen Versteifungselementen (Abb. 3). Die zulässigen Spannungen in den Schweißnähten der Verbin-

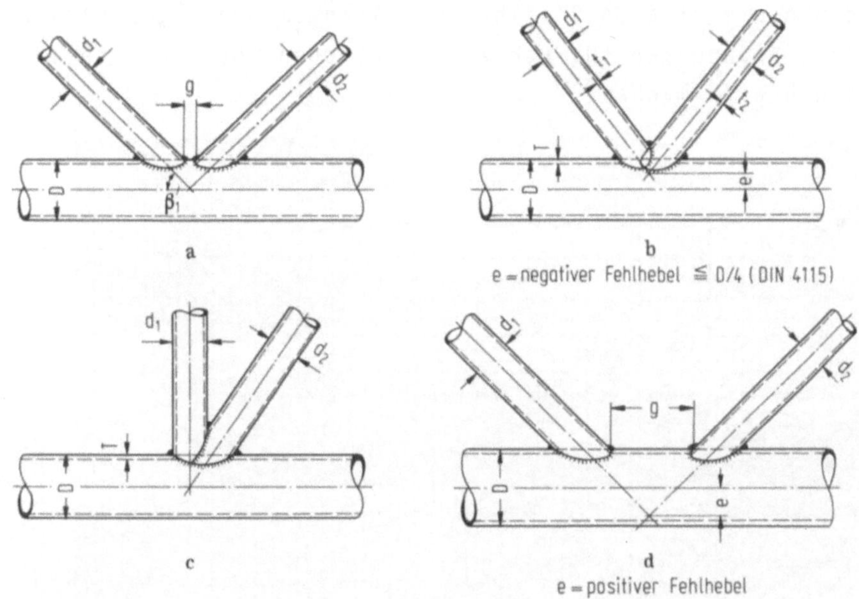

Abb. 3 Ausführungsformen von Rohrknoten
a) K-Form, Füllstäbe einzeln mit dem Gurt verschweißt, ohne Fehlhebel. Normalanschluß mit kleiner Spaltbreite g
b) K-Form, Füllstäbe auch untereinander verschweißt, mit "negativem" Fehlhebel. Große Tragfähigkeit
c) N-Form, Füllstäbe auch untereinander verschweißt, ohne Fehlhebel. Große Tragfähigkeit
d) K-Form, Füllstäbe einzeln mit dem Gurt verschweißt, mit "positivem" Fehlhebel. Große Spaltbreite g, geringe Tragfähigkeit

dung hatten zugleich die Gestaltfestigkeit der Knoten zu berücksichtigen, wodurch die eigentlichen Probleme aufgeworfen worden waren. Die Knotenformen nach Abb. 3 b und 3 c erlauben durch die unmittelbare Verschweißung der Füllstäbe einen direkten Ausgleich ihrer vertikalen Kraftkomponenten, während in den Gurtstab lediglich die horizontale Komponente eingeleitet wird. Dies vergrößert die Gestaltfestigkeit dieser Knoten erheblich. Die Außermittigkeit e (= "negativer" Fehlhebel) beeinflußt in diesem Falle die Tragfähigkeit nicht. e darf nach DIN 4115 maximal D/4 betragen. Die Verfasser sind jedoch der Ansicht, daß auch darüber hinausgegangen werden kann (bis etwa D/3), wenn anders ein "Überlappen" der Diagonalen nicht erreicht werden kann. Dagegen sollten "positive" Fehlhebel (Abb. 3 d) vermieden werden, da sie den Abstand g zwischen den Füllstäben vergrößern, was zu einer Minderung der Gestaltfestigkeit führt.

Der Besonderheit des Rohrprofils gegenüber den im Stahlbau sonst üblichen Normalprofilen (I, U, L) entsprach es daher, in DIN 4115, Abs. 4.53, eine Regelung zu schaffen, die schon damals (195o!) für bestimmte Konstruktionsformen unmittelbar verschweißter Rohre die Anwendung höherer, über DIN 41oo hinausgehender zulässiger Schweißnahtspannungen erlaubte, und zwar bis zur o,9-fachen Bauteilspannung. Einmal in der Norm genannt, gestaltete sich das dafür notwendige bauaufsichtliche Zulassungsverfahren überraschend unbürokratisch, so daß heute etwa 5o Stahlbauanstalten im Bundesgebiet von den erhöhten zulässigen Spannungen für Rohrkonstruktionen für die eine oder andere Verbindungsart Gebrauch machen.

Abb. 4 Dachbinder aus Stahlrohren über der Kunsteisbahn in München-Oberwiesenfeld, Spannweite = 51,4 m

Abb. 5 Rohrknotenpunkte eines fahrbaren Portalkranes, Nutzlast: 2 Laufkatzen mit je 6o t

Nach diesen bis heute in der Bundesrepublik gültigen Bauvorschriften sind in den vergangenen 24 Jahren seit Bestehen der DIN 4115 eine Vielzahl von Bauten verschiedenster Art aus Rohren entstanden (Abb. 4 bis 6). Eine Zusammenstellung zahlreicher Beispiele des In- und Auslandes wird in (Lit. 2) gegeben.

Abb. 6 Kugelknoten für Raumfachwerke (Okta-Platte)

In keinem Fall bestand Veranlassung, diese 195o zuweilen als avantgardistisch bezeichnete Regelung über erhöhte zulässige Spannungen einer Revision zu unterziehen. Im Gegenteil, die Verbindungsmöglichkeiten wurden um zahlreiche Konstruktionsformen erweitert, wie z.B. spitz oder halbrund "zugekümpelte" Rohre oder Kugelknoten (Lit. 3), wie sie in zahlreichen Fällen für Raumtragwerke (Lit. 4) angewendet wurden (Abb. 6).

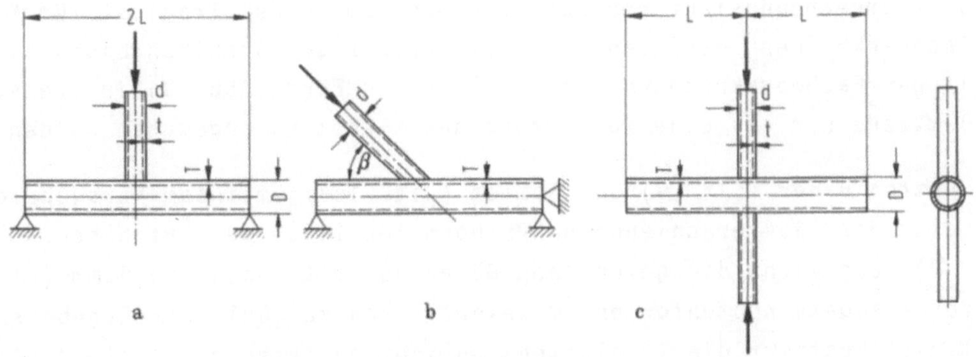

Abb. 7 Rohr-Elementarverbindungen
a) T-Verbindung
b) Y-Verbindung
c) Kreuzverbindung

Erst mit Beginn der 6oer Jahre beschäftigte sich auch die Forschung in den USA, Japan und der DDR wieder mit Untersuchungen von Rohrverbindungen, wobei die Japaner u. a. auf in der Bundesrepublik erworbenen Lizenzen aufbauten. Ausgegangen wurde in USA und Japan (Lit. 5, 6, 7, 8) von Tragfähigkeitsuntersuchungen an Elementarverbindungen (Abb. 7). Man untersuchte den Einfluß der verschiedensten Parameter auf die Traglast P_{max}, wobei sich herausstellte, daß die beiden wichtigsten

das Durchmesserverhältnis d/D und

das Verhältnis Wanddicke/Durchmesser (T/D) des Gurtes

sind. Die Wanddicke t sowie die Länge L (bei L $\gtrapprox$ 3 D) sind nur von untergeordneter Bedeutung und zu vernachlässigen. Bei schrägem Anschluß gemäß Abb. 7 b ist nur die vertikale Kraftkomponente von Bedeutung (Lit. 6), die Tragfähigkeit also proportional 1/sinβ; dies gilt nach (Lit. 9, 1o) auch für schräganlaufende Kreuzproben.

Aus diesen Versuchen wurden für die Tragkraft eine Reihe empirischer oder halbempirischer Formeln abgeleitet, die teilweise jedoch erheblich voneinander abweichen. Mit größer werdendem d/D und T/D steigt die Tragfähigkeit an, wobei die Kreuzprobe unter Zug etwas günstiger abschneidet als unter Druck.

Es ist darauf hinzuweisen, daß es hier wie auch bei allen weiteren beschriebenen Untersuchungen nur um die Formsteifigkeit (Gestaltfestigkeit) des gesamten Elementes ging, also nicht um die Schweißverbindung selbst, die genügend genau berechnet werden kann.

Umfangreiche Versuche an Kreuzproben nach Abb. 7 c mit Gurtrohrdurchmessern D von 5o bis 171 mm wurden auch von Bader (Lit. 9) und Sammet (Lit. 1o) in der DDR durchgeführt, die die so für einzelne Gurtrohre gefundene maximale Tragfähigkeit über Umrechnungsfaktoren auch zur Bestimmung der Traglast für Knotenpunkte in Fachwerkbindern benutzen.- Für die Praxis des Stahlrohrbaues sind die eigentlichen Fachwerkknotenpunkte in K- oder N-Form (Abb. 3) interessant, wobei die letztere nur als eine Sonderform des K-Knotens angesehen werden kann.

In der DDR hatten Bader (Lit. 9) und Sammet (Lit. 1o) gemeinsam Versuche durchgeführt, die zu der 1964 erschienenen DDR-Norm TGL 135o1 geführt haben. Bader (Lit. 9) vergleicht die gefundenen Gütegrade mit denen von Jamm (Lit. 1) und kommt für adäquate Knotenformen im wesentlichen zu ähnlichen Ergebnissen. Sammet (Lit. 1o) bestimmt die Traglasten von Knotenpunkten mit Hilfe der an Kreuzproben (Abb. 7 c) ermittelten Traglasten, die dann mit einem durch Versuch gefundenen Faktor α (> 1) für die jeweilige Konstruktionsart des Knotens sowie mit 1/sinβ der vorliegenden Diagonalneigung multipliziert werden.

Die interessante Gegenüberstellung der dimensionslosen α-Werte, die eine Wertung der unterschiedlichen Knotenformen erlaubt, enthält Tabelle 1 (Der Übersicht halber sind in der Tabelle auch noch die Gütegrade nach Jamm eingetragen).

Tabelle 1

Knotenform	α	nach Sammet (Lit. 1o)	Gütegrad nach Jamm (Lit. 1)
nach Abb. 3 a	2,9	Gurt gebeult	8o - 85 %
nach Abb. 3 b	3,6	Zugdiag. gerissen	95 - 1oo %
nach Abb. 3 d	1,3	e>D/2, Gurt gebeult	7o - 75 %

Hier wird die bereits früher erwähnte mindernde Wirkung des positiven Fehlhebels (mit großer Spaltbreite g) auf die Gestaltfestigkeit deutlich.

Obwohl die α-Werte von Sammet und die Gütegrade von Jamm nebeneinander für die gleiche Knotenform stehen, sind sie infolge ihres unterschiedlichen Aufbaus nicht zahlenmäßig miteinander vergleichbar.

Soweit aus den Angaben des Berichtes von Sammet zu entnehmen ist, war bei Versuch nach Abb. 3 d ein positiver Fehlhebel von mehr als dem halben Gurtdurchmesser vorhanden, daraus kann auf einen Spalt g zwischen den Diagonalen von ca. 12o mm geschlossen werden. Die von Sammet dann getroffene Festlegung, für Spaltbreiten ab 2o mm - unabhängig davon, ob ein positiver Fehlhebel vorhanden ist oder nicht - den Wert α = 1,o einzusetzen, dürfte eine Knotenform nach Abb. 3 a mit g = 2o mm doch zu negativ beurteilen. Immerhin kann man für das Versuchsstück nach Abb. 3 a mit α = 2,9 aus den Angaben des Berichtes (Lit. 1o) noch einen Spalt g von ca. 15 mm ermitteln.

Bei Zerreißversuchen an mit überlappenden Diagonalen verschweißten Knoten ist zu berücksichtigen, daß diese vielfach in den Diagonalen - also den Bauteilen - selbst zum Bruch geführt haben, ohne eine plastische Gurtverformung zu zeigen (Gütegrad = 1oo %). Ein solches Ergebnis ist deshalb zur Bestimmung von Gesetzmäßigkeiten der Knoten s t e i f i g k e i t ungeeignet.

Der von Kurobane, Natarajan (beide Japan) sowie Toprac (USA) 1968 verfaßte japanische AIJ-Standard für die Berechnung von Stahlrohrkonstruktionen (Lit. 11) nimmt zur Frage der Formsteifigkeit von Rohrknoten nur mit allgemeinen Konstruktionsrichtlinien Stellung, ohne präzise Aussagen zur "Traglast" (Gestaltfestigkeit) zu machen.

Beim Studium der Veröffentlichungen zur Frage der Formsteifigkeit und Traglast von Rohrknotenpunkten fällt dem Leser eine gewisse Uneinheitlichkeit auf, was die Voraussetzungen, Bezugsdaten (Bruch oder Streckgrenze, Soll- oder Ist-Werte), Versuchsdurchführung sowie schließlich auch die Versuchsergebnisse selbst betrifft. Hierdurch werden zahlenmäßige Vergleiche sehr erschwert, wenn nicht unmöglich gemacht. Insbesondere vermißt man häufig eine genaue Definition des Begriffes "Traglast", auf die sich die Versuchsergebnisse beziehen. Hierbei kann man - weit gefaßt - an folgende Grenzen denken:

a) Last bei Fließbeginn an der höchst beanspruchten Stelle (nur durch Aufkleben von Meßstreifen feststellbar),

b) Last bei Fließbeginn des "ganzen Knotens" (am Weg-Kraft-diagramm der Zerreißmaschine feststellbar),

c) Last bei Vorgabe eines bestimmten Fließbetrages,

d) Höchstlast, die sich nicht mehr steigern läßt (unbegrenztes Fließen oder Bruch).

Die richtige Grenze wird zwischen b) und d) liegen.- Weiterhin ist zu beachten, daß die Bedingungen des eliminierten einzelnen Versuchsknotens gegenüber dem in das Fachwerk integrierten Rohrknoten auf der ungünstigen Seite liegen, da die Steifigkeit des Versuchsmodells einschließlich Befestigung in der Vorrichtung wesentlich geringer ist als in der ausgeführten Konstruktion. Diese Tatsache konnte anhand eines an der Universität Pisa/Italien durchgeführten Traglastversuches mit einem vollständigen Fachwerkbinder aus quadratischen Hohlprofilen beobachtet werden. Weitere Großversuche dieser Art werden von CIDECT (Comité International pour le développement et l'Etude de la Construction Tubulaire)+) durchgeführt. Dieses Gremium beschäftigt sich auch mit einer möglichen Zusammenfassung der z. Zt. vorliegenden Untersuchungen. Die Schwierigkeiten einer solchen Arbeit sind jedoch aus den obengenannten technischen Gründen nicht zu unterschätzen.

Seit 1962 fand mit Aufnahme der Warmwalzung quadratischer und rechteckiger Hohlprofile durch die deutschen Rohrhersteller auch diese Profilform zunehmende Verwendung im Stahlbau. (In Großbritannien hatten diese Profile schon einige Jahre früher Eingang in den Stahlbau gefunden). Einerseits erlauben solche rechteckigen Hohlprofile bei der Verarbeitung die Anwendung glatter

---

+) CIDECT ist ein privater Zusammenschluß aller bedeutenden westeuropäischen und außereuropäischen Rohrhersteller, die gemeinsam Grundlagen für die Anwendung runder und rechteckiger Hohlprofile im Stahlbau erarbeiten

Sägeschnitte - im Gegensatz zu den Durchdringungskurven bei Rohrknotenpunkten -, andererseits sind natürlich bei Bemessung unmittelbar aufeinander verschweißter Profile zu Knotenpunkten auch hier wieder besondere Gesichtspunkte zu beachten, die die innere Formsteifigkeit des Knotenelementes betreffen.

Abb. 8 Knoten aus rechteckigen Hohlprofilen (MSH) nach dem Belastungsversuch

Abb. 9 Prüfung einer Rahmenecke auf Biegung; die quadratischen Hohlprofile (MSH) sind unmittelbar miteinander (ohne Versteifung) verschweißt

Eine Reihe von Versuchen wurden an verschiedenen Stellen durchgeführt. Schlußfolgerungen aus Ergebnissen solcher Versuche veröffentlichten erstmals in der Bundesrepublik 1967 die Mannesmannröhren-Werke AG (Lit. 12). Diese Versuche (Abb. 8 u. 9) umfaßten jedoch nur Abmessungen bis loo x loo mm und die

Stahlgüte St 37, so daß daraus allgemeingültige Regeln noch nicht abgeleitet werden können. Die in der CIDECT beteiligten Röhrenwerke ließen in den Jahren 1966 bis 1972 eine Serie von Versuchen, auch mit großen Abmessungen bis 260 x 260 mm und in der Stahlgüte St 52 durchführen. Es wurden die maßgebenden Parameter T/B, b/B und g bzw. die gegenseitige Überlappung der Diagonalen untersucht (vgl. Abb. 1o). Diese vor allem in Großbritannien durchgeführten Versuche

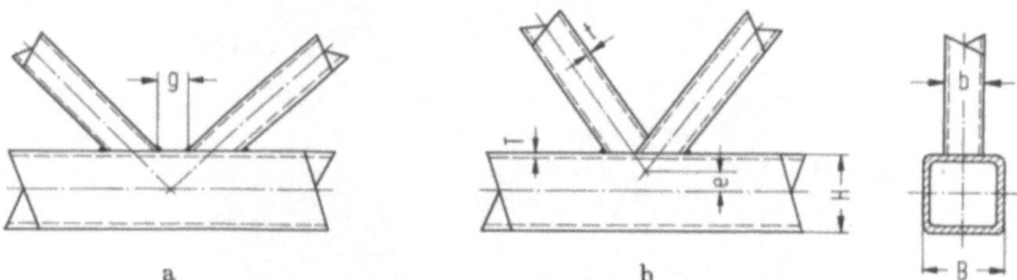

Abb. 1o Knoten aus unmittelbar verschweißten rechteckigen Hohlprofilen
a) mit getrennt aufgeschweißten Füllstäben
b) Füllstäbe auch untereinander verschweißt (Füllstäbe "Überlappen") e = negativer Fehlhebel < H/4

werden zur Zeit im Auftrage der CIDECT von der Versuchsanstalt für Stahl, Holz und Steine++) der Universität (TH) Karlsruhe ausgewertet. Für bereits jetzt erkannte Lücken in den Versuchsergebnissen werden - ebenfalls im Auftrage der CIDECT - im Forschungsinstitut der Mannesmann AG weitere Versuche mit großen Abmessungen vorbereitet. Auch diese Untersuchungen werden von der Karlsruher Versuchsanstalt mitgeplant und nach Beendigung ausgewertet.

Es lassen sich einige grundsätzliche Konstruktionsregeln für Rechteckhohlprofile nennen (die sinngemäß auch für Rohre gelten):

a) Bei durchlaufenden Profilen, z. B. Gurten in Fachwerken, ist eine größere Wanddicke bei kleineren äußeren Abmessungen vorteilhaft (T/B → groß).

b) Bei den anlaufenden Profilen, z. B. Diagonalen, Vertikalen, Streben, sind möglichst geringe Wanddicken bei großen Kantenlängen zu wählen (b/B → 1,o).

c) Die gegenseitige Verschneidung und Verschweißung der Diagonalen untereinander erhöht die Tragkraft der Knotenverbindung im allgemeinen wesentlich. Es wird dadurch - wie bei Rundrohren - ein direkter Kräfteausgleich zwischen den Streben ermöglicht.

++) Dir. Prof. Dr.-Ing. Dr.sc.techn.h.c. Otto Steinhardt

Um für die Bundesrepublik kurzfristig zu verbindlichen Richtlinien zu kommen, ist ein Ergänzungserlaß der Bauaufsichtsbehörden - in Zusammenarbeit mit dem Institut für Bautechnik in Berlin - zu DIN 4115 zu erwarten, der die Verwendung von Hohlprofilen mit Rechteckquerschnitt regeln soll. Dies betrifft u. a. auch die zulässigen Spannungen in den Schweißnähten.

Ein Beispiel für die Anwendung zeigt Abb. 11, eine Halle, deren Binder aus MSH-Rechteckhohlprofilen geschweißt wurden. Die Spannweite ist 52 m, die Gurte

Abb. 11 Fachwerkbinder einer Sporthalle aus rechteckigen Hohlprofilen, Spannweite = 52 m

Abb. 12 Einzelheit des Binders von Abb. 11

haben eine äußere Abmessung von 26o x 26o mm. Auf Abb. 12 wird ein Knotenpunkt im Detail wiedergegeben. Es ist deutlich zu erkennen, wie sich die Diagonalen überschneiden und damit eine hohe Tragfähigkeit erreicht wird.

Abschließend sei noch kurz auf kommende Normungsarbeiten hingewiesen. Bemessung und Konstruktionsrichtlinien für Rohre und rechteckige Hohlprofile im Stahlbau sollen in einer neuen Norm, DIN 4116, zusammengefaßt werden. Diese Norm ist in Bearbeitung, bis zu ihrer Fertigstellung wird jedoch noch geraume Zeit vergehen, da die oben erwähnten Untersuchungen mit Rechteckprofilen noch nicht abgeschlossen sind. Ein Kapitel dieser Norm wird auch auf stumpfgeschweißte Stöße eingehen. Sie werden fast ausnahmslos als Universalstöße ausgeführt, die heute schon aufgrund von Sonderzulassungen gemäß DIN 4115, Abs. 4.53 in manchen Fällen mit höheren zulässigen Schweißnahtspannungen als sie DIN 41oo, Absätze 5.4 und 6.2 erlauben, bemessen werden. An der Versuchsanstalt in Karlsruhe werden z. Zt. Schweiß- und Zerreißversuche an stumpf verschweißten Rohren vorbereitet, die klären sollen, unter welchen Bedingungen solche gegenüber DIN 41oo erhöhten zulässigen Spannungen allgemein erlaubt werden können.

Grundsätzlich ist eine einfache Ausdehnung der Gültigkeit von Vorschriften des konventionellen Stahlbaus mit seinen überwiegend offenen Walzprofilen auch auf Rohre und rechteckige Hohlprofile nicht immer der richtige Weg. Es müssen vielmehr die spezifischen Eigenarten der Hohlprofile berücksichtigende Bestimmungen geschaffen werden, wobei nach der einen oder anderen Seite hin Abweichungen gegenüber den bestehenden Vorschriften, z.B. DIN 41oo notwendig und berechtigt sein können.

Literaturverzeichnis

(1) Jamm, W.: Gestaltfestigkeit geschweißter Rohrverbindungen und Rohrkonstruktionen bei statischer Belastung. Schweißen und Schneiden 3 (1951), Sonderheft.

(2) Rund-Hohlprofile für den Stahlbau. Merkblatt Nr. 224 der Beratungsstelle für Stahlverwendung, Düsseldorf 1971, mit zahlreichen weiteren Literaturangaben.

(3) Klöppel, K. und W. Goder: Kugelförmiger Knoten mit sechs angeschlossenen Zugstäben aus Rohrprofilen. Stahlbau 1961, H. 2.

(4) Kunzmann, H.: Die Oktaplatte, eine moderne Dachkonstruktion aus Stahlrohren. Deutsche Bauzeitung 1964, H. 5.

(5) Dundrova, V.: Stresses at Intersection of Tubes: Cross and T-Joints. Report No. P 55o-5, The University of Texas, Austin, August 1965.

(6) Beale, L.A. und A.A. Toprac: Analysis of In-plane T, and K welded Tubular Connections. Bulletin No. 125, Welding Research Council, Oct. 1967, USA.

(7) Naka, T., B. Kato und H. Kanatani: Experimental Study on welded Tubular Connections. Research Institute of Welding, University of Tokyo, Japan 1964.

(8) Washio, K., T. Togo und N. Mitsui: Cross joints of Tubular Members. Report, Kinki Branch of AIJ, May 1965, Japan.

(9) Bader, W.: Stahlrohrkonstruktion für statische und dynamische Beanspruchung. Schweißtechnik 1962, H. 12, DDR.

(1o) Sammet, H.: Die Festigkeit knotenblechloser Rohrverbindungen im Stahlbau. Schweißtechnik 1963, H. 11, DDR.

(11) Kurobane, Y., M. Natarajan und A.A. Toprac: AIJ Standard for Structural Calculation of Tubular Steel Structures. Veröffentlicht als IIW-Dokument von "Structures Fatigue Research Laboratory", The University of Texas, Austin, Texas, Juni 1968.

(12) Mannesmann Stahlbau Hohlprofile, MSH. Druckschrift der Mannesmannröhren-Werke AG, Düsseldorf. Ausgabe Januar 1972, Ergänzung November 1972.

Beitrag zur Beurteilung der Schwingfestigkeit von geschweißten Rohrknotenpunkten in Fachwerkkonstruktionen

K. WELLINGER und R. ZIRN, Stuttgart

1. Einleitung und Problemstellung

Bei der Berechnung von Fachwerkkonstruktionen geht man in der Regel von der Annahme aus, daß für die Beanspruchung der Knotenpunkte nur die Stablängskräfte maßgebend sind (Lit. 1). Diese werden nach den Gesetzmäßigkeiten der Statik berechnet (wobei die Knotenpunkte als reibungsfreie Gelenke angenommen werden und vom unverformten Zustand ausgegangen wird) und zur Beurteilung der Schwingfestigkeit des Tragwerkes unter Berücksichtigung der Ausführung der Schweißnähte herangezogen.

In der Praxis trifft man jedoch, insbesondere bei den heute vorwiegend geschweißten Fachwerkkonstruktionen, solche idealisierten Verhältnisse nicht an. Entsprechende Dehnungsmessungen zeigen, daß außer Längskräften auch Biegemomente in den Stäben von Fachwerken wirken. Um die Lebensdauer dieser Bauteile bei schwingender Beanspruchung zuverlässig bestimmen zu können, muß auch der Anteil dieser Biegemomente an der Gesamtbeanspruchung ermittelt und berücksichtigt werden.

2. Beanspruchung eines geschweißten Rohrknotenpunktes durch Längskräfte und Biegemomente in den Diagonalrohren

Geht man davon aus, daß an einem schwingend beanspruchten Bauteil der erste Anriß durch die größte auftretende Gesamtdehnungsschwingbreite hervorgerufen wird, so kann seine Lebensdauer bis zum Rißbeginn aus Anrißkennlinien von glatten, zylindrischen bzw. prismatischen Probestäben des gleichen Werkstoffs bestimmt werden (Lit. 2). Im Falle von schwingend beanspruchten Rohrknotenpunkten läßt sich die maßgebende Gesamtdehnungsschwingbreite durch Überlagerung der aus den einzelnen Beanspruchungen (Längskräfte und Biegemomente in den Diagonalrohren) resultierenden Dehnungsschwingbreiten ermitteln.

Beitrag in "Theorie und Berechnung von Tragwerken", Springer-Verlag 1974, von Prof. Dr.-Ing. habil. Dr.-techn. E.h. Dr.-Ing. E.h. Karl Wellinger, Direktor der Staatlichen Materialprüfungsanstalt (MPA) der Universität Stuttgart und Dipl.-Ing. R. Zirn, Mitarbeiter an obengenanntem Institut

Im folgenden wird an zwei Rohrknotenbauformen an Hand von Messungen gezeigt, wie die Dehnungsschwingbreite im gefährdeten Knotenbereich von der Längskraft- und Biegebeanspruchung der Diagonalrohre abhängig ist.

2.1 Beanspruchung der Diagonalrohre durch Biegemomente

Zur Ermittlung der Spannungs-Dehnungs-Verteilung an Rohrknotenpunkten bei Belastung der Diagonalrohre durch Biegemomente wurden Dehnungsmessungen an einzelnen Rohrknotenversuchskörpern durchgeführt. Erzeugt man in einem der beiden Diagonalrohre durch Aufbringen einer Querkraft am freien Rohrende ein Biegemoment, so lassen sich mit Hilfe der Dehnungsmessung die Hauptdehnungen (ε_1, ε_2) im gefährdeten Knotenbereich entlang der Verbindungsschweißnaht von Gurt- und Diagonalrohr bestimmen. In Abb. 1 ist die Verteilung dieser Hauptdehnungen für einen Rohrknoten

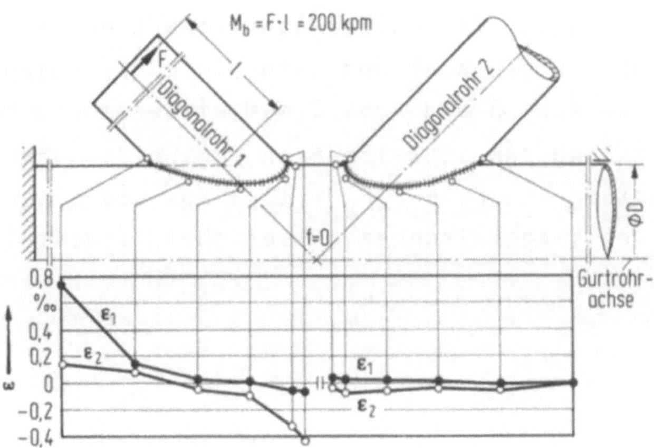

Abb. 1 Dehnungsverteilung am Rohrknoten-Versuchskörper A (ohne Fehlhebel, f = 0) bei Biegebelastung von Diagonalrohr 1 (ε_1, ε_2 = Hauptdehnungen)

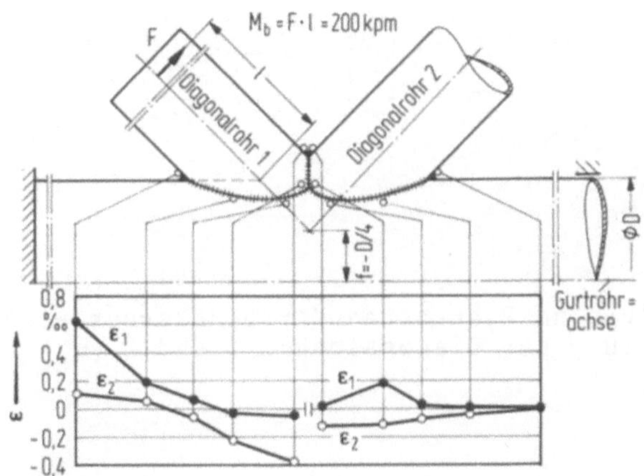

Abb. 2 Dehnungsverteilung am Rohrknoten-Versuchskörper B (mit neg. Fehlhebel, f = -D/4) bei Biegebelastung von Diagonalrohr 1 (ε_1, ε_2 = Hauptdehnungen)

(A) ohne Fehlhebel[1]) (f = 0), in Abb. 2 für einen Rohrknoten (B) mit negativem Fehlhebel (f = -D/4) bei sonst gleichen Abmessungen (Diagonalrohr: 88,9 x 4,5 mm; Gurtrohr: 177,8 x 8 mm) dargestellt, und zwar in beiden Fällen für ein Biegemoment von M_b = 2oo mkp im Diagonalrohr 1, bezogen auf den Durchstoßpunkt der Längsachse durch die Gurtrohrmantelfläche, was einer Biegenennspannung von $\sigma_{nb} = \pm$ 8,3 kp/mm^2 in diesem Diagonalrohrquerschnitt entspricht. Für Biegemomente in beiden Diagonalrohren läßt sich die daraus resultierende Dehnungsverteilung durch Überlagerung der einzelnen Beanspruchungen gewinnen.

2.2 Beanspruchung der Diagonalrohre durch Längskräfte

Für dieselben Rohrknotenbauformen (A und B) wurde auch bei Belastung der Diagonalrohre durch Längskräfte die Spannungs-Dehnungsverteilung im gefährdeten Knotenbereich bestimmt. Die Längskräfte wurden dabei gemäß der in (Lit. 3) beschriebenen Versuchsanordnung aufgebracht und waren in beiden Diagonalrohren entgegengesetzt gleich groß. In Abb. 3 und Abb. 4 ist wiederum die Verteilung der Hauptdehnungen (ε_1, ε_2) entlang den Schweißnähten für beide Rohrknotenbauformen bei einer Längskraftbelastung von $F_1 = - F_2$ = 11,9 Mp, was einer Nennspannung von $\sigma_n = \pm$ 1o kp/mm^2 in den Diagonalrohren entspricht, dargestellt.

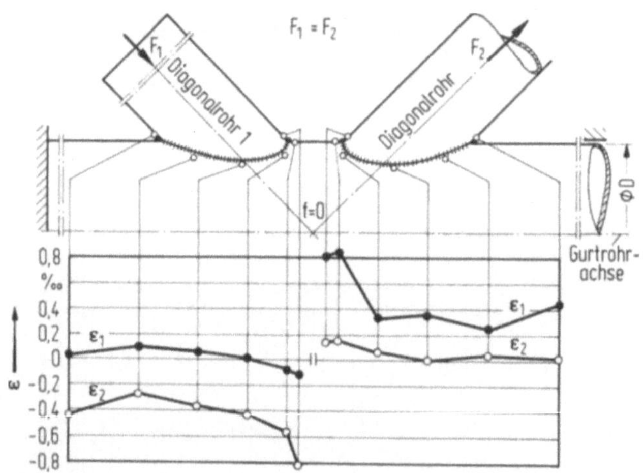

Abb. 3 Dehnungsverteilung am Rohrknoten-Versuchskörper A (ohne Fehlhebel) bei Längskraftbelastung der Diagonalrohre 1 und 2 ($\sigma_n = \pm$ 1o kp/mm^2; ε_1, ε_2 = Hauptdehnungen)

[1]) Abstand des Schnittpunktes der Diagonalrohrlängsachsen von der Gurtrohrlängsachse (Abb. 1 und 2)

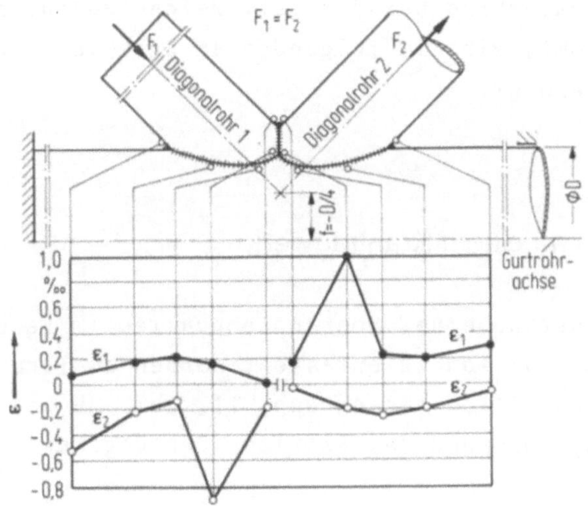

Abb. 4 Dehnungsverteilung am Rohrknoten-Versuchskörper B (mit neg. Fehlhebel) bei Längskraftbelastung der Diagonalrohre 1 und 2 (σ_n = ± 1o kp/mm^2, ε_1, ε_2 = Hauptdehnungen)

2.3 Gemeinsame Beanspruchung der Diagonalrohre durch Längskräfte und Biegemomente

Mit Hilfe der nach 2.1 und 2.2 ermittelten Ergebnisse kann nun für beliebige Kombinationen von Längskraft- und Biegemomentenbelastung der Diagonalrohre der gemeinsame Spannungs-Dehnungs-Zustand dieser Rohrknotenbauformen durch Überlagerung der Einzelbeanspruchungen bestimmt werden.

Aus dem Vergleich der Abb. 1 und 2 mit 3 und 4 wird deutlich, daß der Rohrknoten (A) ohne Fehlhebel gegen zusätzliche Biegebeanspruchung der Diagonalrohre empfindlicher ist, da sowohl Längskraft als auch Biegemoment an den gleichen Stellen (Rißausgangspunkte) Dehnungsmaxima bewirken. Demgegenüber sind Knotenpunkte mit negativem Fehlhebel (B), bei denen sich die Diagonalrohre meist überschneiden, gegen zusätzliche Biegemomente unempfindlicher, da das durch die Längskraft hervorgerufene Dehnungsmaximum an einer Stelle mit geringer Dehnung aus dem Biegemoment liegt.

3. Beanspruchung von geschweißten Rohrknotenpunkten im Fachwerkverband

Die bisher besprochenen, durch gezielte Belastungen in Laborversuchen an einzelnen Rohrknoten-Versuchskörpern ermittelten Ergebnisse können im Hinblick auf eine zuverlässige Beurteilung der Schwingfestigkeit auf die Verhältnisse im Fachwerk übertragen werden, wenn die Beanspruchung der Rohrknotenpunkte durch Längskräfte und

Biegemomente im Fachwerkverband bekannt ist. Welche Bedeutung dabei den auftretenden Biegemomenten zukommt, wird im folgenden am Beispiel von Messungen an einer Fachwerkkonstruktion gezeigt.

3.1 Dehnungsmessungen an einem Krantragwerk

Um den Beanspruchungszustand eines Rohrknotenpunktes im Verband einer schwingend belasteten Fachwerkkonstruktion zu erfassen, wurden am Turm eines Auslegerkranes, Abb. 5 (Charakteristische Daten: Krangruppe II, zul. Höchstlast 116o kp bei max. Ausladung von W = 3o m), während des Betriebs Dehnungsmessungen durchgeführt.

Abb. 5 Gestalt des Auslegerkrans (W = Ausladung, Auslegerstellung wie bei Dehnungsmessung)

Abb. 6 zeigt eine Prinzipskizze mit Ausführung und Hauptabmessungen von Rohrknotenpunkten und Fachwerk sowie die Lage und Bezeichnung der Dehnungsmeßstreifen. Die Messungen wurden bei 2o m Ausladung und bei 145o kp angehängter Last (zul. Höchstlast 1495 kp) während der Betriebszustände "Last anheben" und "Last schwenken" durchgeführt. Bei jedem Belastungszyklus wurden jeweils die Dehnungsänderungen von fünf Dehnungsmeßstreifen gleichzeitig über Trägerfrequenzmeßbrücken und Schnellschreiber registriert, wobei ein Meßstreifen ständig zur Kontrolle des einheitlichen Belastungszustandes mitgemessen wurde.

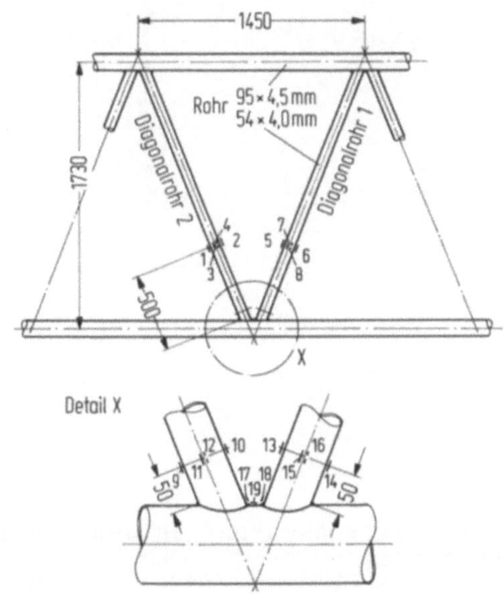

Abb. 6 Ausführung und Hauptabmessungen von Fachwerk und Rohrknotenpunkt mit Meßstellenplan

In Abb. 7 ist am Beispiel der Meßstellen 1/2 und 5/6, in Abb. 8 am Beispiel der Meßstellen 9/1o und 13/14 (Diagonalrohrquerschnitte) der zeitliche Verlauf der

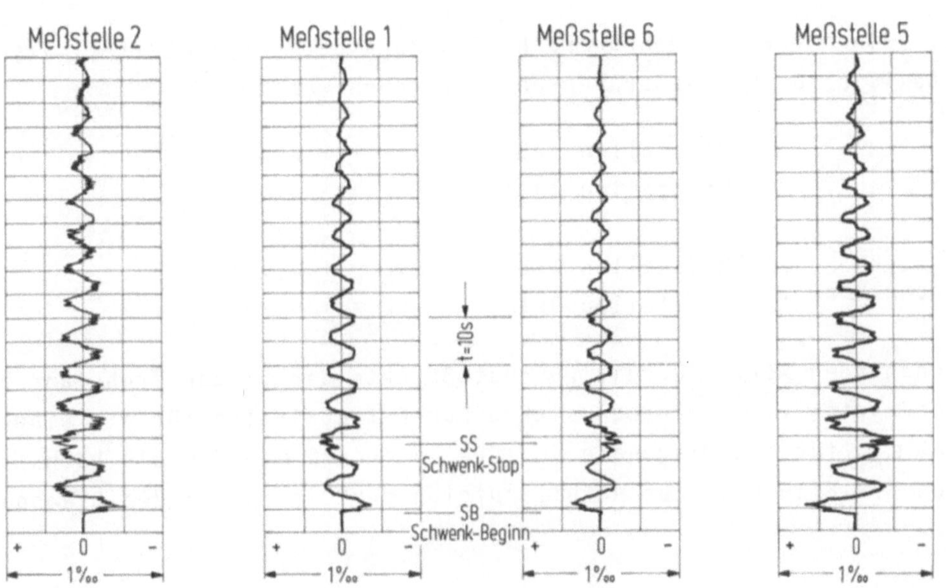

Abb. 7 Dehnungsverlauf beim "Lastschwenken" an den Meßstellen 1/2 und 5/6 (Diagonalrohrquerschnitte)

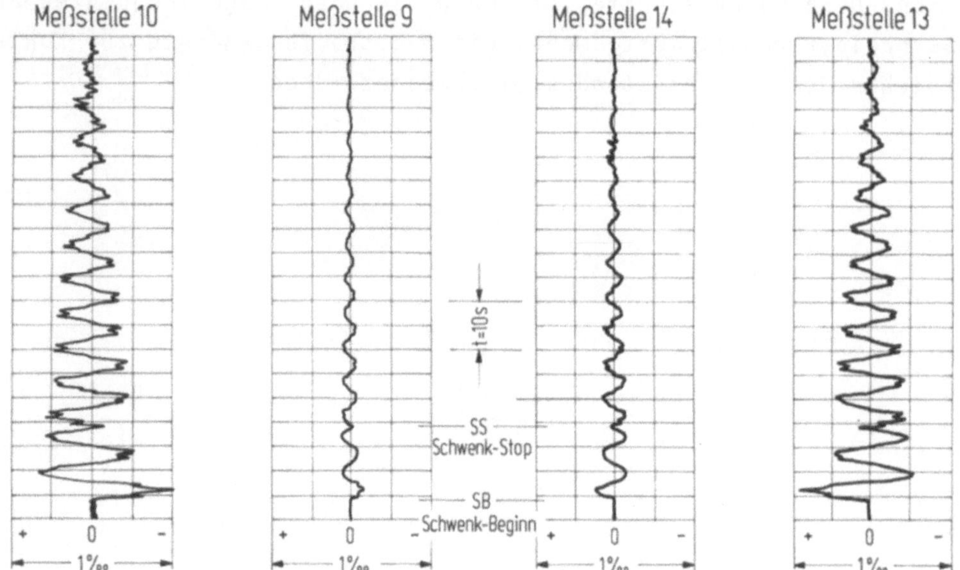

Abb. 8 Dehnungsverlauf beim "Lastschwenken" an den Meßstellen 9/1o und 13/14 (Diagonalrohrquerschnitte)

Dehnungen beim "Lastschwenken" gezeigt. Dabei wird deutlich, daß die Maximalwerte jeweils beim "Schwenk-Beginn" auftreten und die schwingende Beanspruchung durch die pendelnde Last nach Beendigung des Schwenkvorganges erst allmählich wieder abklingt. In Tabelle 1 sind die Maximalwerte des Dehnungsausschlages (ε_{ges}) beim "Lastanheben" und beim "Lastschwenken" zusammen mit den zugehörigen Membran- und Biegeanteilen (ε_m, ε_b) für alle Meßstreifen aufgeführt.

Für die einzelnen Diagonalrohrquerschnitte kann der Biegeanteil ε_b als Teil des Membrananteils ε_m beim "Lastschwenken" angegeben werden.

Diagonalrohr 1	Meßstellen 5/6	$\varepsilon_b \simeq \pm$ o,3 $\cdot \varepsilon_m$
	Meßstellen 13/14	$\varepsilon_b \simeq \pm$ o,6 $\cdot \varepsilon_m$
Diagonalrohr 2	Meßstellen 1/2	$\varepsilon_b \simeq \pm$ o,3 $\cdot \varepsilon_m$
	Meßstellen 9/1o	$\varepsilon_b \simeq \pm$ o,7 $\cdot \varepsilon_m$

Die entsprechenden Werte für die Durchstoßpunkte der Diagonalrohrlängsachsen auf der Gurtrohrmantelfläche ergeben sich durch Extrapolation für die Diagonale 1 zu $\varepsilon_b \simeq \pm$ o,65 ε_m, für die Diagonale 2 zu $\varepsilon_b \simeq \pm$ o,75 ε_m. Für die höchstbeanspruchten Stellen 17/18/19 kann der Anteil zufolge der Biegung in den Diagonalrohren mit

$\varepsilon_b \simeq$ o,7 $\cdot \varepsilon_m$ (Meßstelle 17)
$\varepsilon_b \simeq$ o,3 $\cdot \varepsilon_m$ (Meßstelle 18)
$\varepsilon_b \simeq$ o,15 $\cdot \varepsilon_m$ (Meßstelle 19)

Tabelle 1 Ergebnisse der Dehnungsmessungen am Auslegerkran während des Betriebs bei 2o m Ausladung und 145o kp Last

Belastungs-art	Dehnungs-art	Dehungsänderung in $1o^{-5}$ an den Meßstellen (siehe Abb. 6)																		
		1	2	3	4	5	6	7	8	9	1o	11	12	13	14	15	16	17+)	18+)	19+)
Last-anneben	ε_{ges}	-1,5	o,5	-1	0	-1,5	o,5	-o,5	-1	-1	o,5	-3	-2	-1,5	2	-1	-2	5	-3	-42
	ε_m	-o,5		-o,5		-o,5		-o,75		-o,25		-2,5		o,25		-1,5		3,5	-1,5	-38
	ε_b	± 1		±o,5		± 1		o,25		±o,75		±o,5		±1,75		±o,5		1,5	-1,5	-4
Last-schwenken	ε_{ges}	-19	-34	-25	-27	33	19	25	28	-8	-5o	-22	-3o	47	12	17	27	-135	21o	-23o
	ε_m	-26,5		-26		26		26,5		-29		-26		29,5		22		-8o	16o	-2o2
	ε_b	± 7,5		± 1		± 7		± 1,5		±21		± 4		±17,5		± 5		-55	5o	- 28

ε_{ges}...Gesamtdehnungsausschlag ($\varepsilon_{ges} = \varepsilon_m + \varepsilon_b$)

ε_b ...Biegeanteil aus ε_{ges}

ε_m ...Membrananteil aus ε_{ges}

+) ε_m und ε_b über äquivalente Biegebelastung eines Rohrknoten-Versuchskörpers gleicher Abmessung im Laborversuch bestimmt.

angegeben werden. Es zeigt sich, daß bei der für die Schwingfestigkeit maßgebenden Betriebsbelastung "Lastschwenken" der Anteil der Biegemomente in den Diagonalrohren an der gesamten Beanspruchung örtlich bis zu rd. 4o% betragen kann (Meßstelle 17: $\varepsilon_b/\varepsilon_{ges} \simeq$ o,4). Damit wird deutlich, daß bei der vorliegenden Fachwerkkonstruktion die Biegemomente in den Diagonalrohren von entscheidender Bedeutung sind und somit bei der Beurteilung der Schwingfestigkeit nicht vernachlässigt werden dürfen.

Für die Meßstellen 17/18/19 waren die Biegeanteile nicht direkt aus der Dehnungsmessung am Fachwerk bestimmbar, sondern mußten an einem Rohrknoten-Versuchskörper gleicher Abmessung im Laborversuch, wie in 2.1 beschrieben, für eine äquivalente Biegemomentbelastung in den Diagonalrohren bestimmt werden.

Es zeigt sich, daß

a) im Falle "Lastanheben" die Diagonalrohre praktisch als Nullstäbe fungieren, also kaum beansprucht sind und daher auch keine nennenswerten Biegemomente aufweisen,

b) im Falle "Lastschwenken" in den Diagonalstäben (Meßstellen 13/14, 1/2, 9/1o) Biegeanteile auftreten, die vom Knotenpunkt weg zur Diagonalrohrmitte hin abklingen.

Diese Biegebeanspruchungen in den Diagonalrohren entstehen als Reaktion auf die durch die Belastung des Fachwerks hervorgerufene Deformation des Rohrknotens selbst und die Verschiebungen der Knotenpunkte zueinander.

Da die auftretenden Biegemomente in den Diagonalrohren von Fachwerken nicht nur von der Geometrie der Knotenpunkte, sondern auch von der des ganzen Fachwerks sowie der Art der Belastung (Biegung, Torsion) abhängen, sollte im Hinblick auf eine zuverlässige Dimensionierung eines solchen Tragwerks bekannt sein, welche Biegemomente auf den Knotenpunkt wirken und in welchem Maße diese zur Gesamtbeanspruchung an den kritischen Stellen beitragen.

Literatur

(1) DIN 15o 18 Blatt 1: Krane, Stahltragwerke; Berechnungsgrundsätze. Februar 1967.

(2) Wellinger, K. u. R. Zirn: Erfassung des Schweißnahteinflusses in der Festigkeitsberechnung bei schwingender Beanspruchung. Techn. Mitteilungen des Hauses der Technik, Essen 66 (1973), H. 9.

(3) Wellinger, K., G. Mall und R. Zirn: Schwingfestigkeitsverhalten geschweißter Rohrknotenpunkte. Schweißen und Schneiden 23 (1971), H. 6.

Dynamic Response by Large Step Integration

J. H. ARGYRIS, P. C. DUNNE and T. ANGELOPOULOS, Stuttgart und London

Summary

A family of unconditionally stable algorithms for the economical computation of large linear dynamic systems is described and applied. Possible application to divergent systems is considered and some of the difficulties of extending the use of the algorithms to non-linear systems are discussed. In an Appendix a previously developed conditionally stable algorithm is applied to the non-linear gust response of a prestressed cable roof structure over the Munich Olympic Stadium. The idealisation involves 1164 degrees of freedom.

1. Introduction

In a previous paper (Ref. 1) the authors developed i.a. conditionally stable algorithms for the stepwise solution of dynamical systems with a large number of degrees of freedom. These algorithms are particularly useful when the system to be integrated is non-linear or in linear systems when the nature of the loading demands the use of a small integration step. Such is the case when the loading contains important high frequency harmonics or is impulsive in character.

For problems in which the high frequency response is unimportant the time step required by the above method appears to be unnecessarily small. However, it is not possible to increase the time step of the basic algorithm for two reasons. Firstly, because the rapid convergence of the iterative solution of each step requires that the time interval be less than o,3 of the minimum period, and secondly because the algorithm becomes unstable when the time step exceeds o,5 of the latter period.

In an appendix to the above mentioned paper an unconditionally stable modification of the basic cubic algorithm was introduced. This permits the use of a

---

Beitrag in "Theorie und Berechnung von Tragwerken", Springer-Verlag 1974, von Prof. Dr. Drs.h.c. J.H. Argyris, Direktor des Instituts für Statik und Dynamik der Luft- und Raumfahrtkonstruktionen, Universität Stuttgart und des Imperial College of Science and Technology, University of London, P.C. Dunne und T. Angelopoulos sind wissenschaftliche Mitarbeiter an diesen Instituten
This work is being supported within the SFB-64 by the DFG.

large time step but since it is necessary to solve each step by a direct method (triangularisation, elimination, matrix inversion) the advantage is most evident in linear systems. The modified algorithm was applied to a simple oscillator and its performance was compared with existing unconditionally stable algorithms. However the method was not tested on multi-degree of freedom systems. In the present paper the derivation and implementation of the modified algorithm and of higher order algorithms are given. Some applications are made to reasonable complex problems and the results are compared with those of other methods. Finally, some tentative observations are made concerning the application of the algorithms to divergent linear and stable non-linear systems. In an Appendix the method of Ref. 1 is applied to a non-linear system with over 1ooo degrees of freedom.

2. Unconditionally Stable Algorithms

In Ref. 1 an unconditionally stable algorithm is derived by modifying the basic algorithm obtained from a Hermitian cubic interpolation of the inertia forces (Ref. 2). By application of the basic algorithm to a simple oscillator a matrix is obtained which transforms an initial state at time t_o to a new state at time $t_1 = t_o + \tau$. The resulting matrix possesses eigenvalues with modulus equal to unity for $\tau/T_o <$ o,5o3 but greater than unity for $\tau/T_o >$ o,5o3 where T_o is the period of the oscillator. It is found possible to modify the matrix in order to have the modulus of the eigenvalues always equal to unity and in turn to alter the coefficients fo the basic algorithm to reproduce this matrix.

2.1 Derivation of Algorithm

The method previously used (Ref. 1) may be applied to higher order algorithms but a much simpler procedure is possible if it is assumed that the higher algorithms follow the pattern observed in the first two members of the family, which are the Newmark algorithm (Ref. 3) and the algorithm derived in the Appendix II of Ref. 1. Thus, remembering that the equation to be integrated is,

$$M\ddot{r} = R = -R_S - C\dot{r} + f(t) \tag{1}$$

where R_S is the spring force, C the damping constant and f the applied force, the nth algorithm of the family is,

$$\dot{r}_1=\dot{r}_o+\frac{\tau}{M}\left[a_o(R_o+R_1)+a_1\tau(\dot{R}_o-\dot{R}_1)+........+a_{n-1}\tau^{n-1}(R_o^{(n-1)}+(-)^{n-1}R_1^{(n-1)})\right] \tag{2}$$

$$r_1=r_o+\tau\dot{r}_o+\frac{\tau^2}{M}\left[b_oR_o+c_oR_1+\tau(b_1\dot{R}_o+c_1\dot{R}_1)+....+\tau^{n-1}(b_{n-1}R_o^{(n-1)}+c_{n-1}R^{(n-1)})\right] \tag{3}$$

where $R^{(n)}$ is the nth time derivative of R.

The coefficients a_o etc. in equation (2) are exactly as in the basic algorithm obtained by interpolating the inertia force R as an Hermitian polynomial[+] of order 2 n. Also one notes that

$$\left.\begin{aligned} b_o + c_o &= a_o \\ b_1 - c_1 &= a_1 \\ \text{or generally} \quad & \\ b_r + (-)^r c_r &= a_r \end{aligned}\right\} \qquad (4)$$

and that

$$b_{n-1} = (-)^{n-1} c_{n-1} = \frac{1}{2} a_{n-1} \qquad (5)$$

The necessity of equations (4) may be seen by considering negative increments of τ in equations (2) and (3) and interchanging r_1 and r_o. Equation (5) may be justified by considering increments of $\tau \to \infty$. An unconditionally stable algorithm applied to a dynamic system which is not divergent (for example, a simple oscillator) must not allow r or $\dot{r}$ to become infinite for any τ. From equation (2) this implies $R_o^{(n-1)} + (-1)^{n-1} R_1^{(n-1)} \to 0$ as $\tau \to \infty$ and then from equation (3)

$$b_{n-1} = (-)^{n-1} c_{n-1}$$

from which, with the last equation of (4), (5) follows.

The coefficients a_o etc. may be obtained by direct integration of the Hermitian interpolation polynomial. However, a more direct procedure will be followed here which is applicable also to the determination of the coefficients of the displacement algorithm. Thus, as observed in Ref. 1 the velocity algorithm integrates exactly the equation of motion of a free mass acted upon by forces up to the $(2n-1)^{th}$ power of the time. The displacement algorithm is exact up to the $(2n-1)^{th}$ power. The small error in the integration of the $(2n-1)^{th}$ power ist the price paid for unconditional stability.

Now calculating $\dot{r}_1$ form equation (2) with $\dot{r}_o = 0$, $\tau = 1$ and $R = t^n, t^{n+1}, \ldots\ldots t^{2n-1}$,

$$\begin{aligned} & a_o - na_1 + n(n+1)a_2 + \ldots\ldots + (-)^{n-1} n!\, a_{n-1} = \frac{1}{n+1} \\ & a_o - (n+1)a_1 + (n+1)n\, a_2 + \ldots\ldots + (-)^{n-1} \frac{(n+1)!}{2} a_{n-1} = \frac{1}{n+2} \\ & \vdots \\ & a_o - (2n-1)a_1 + (2n-1)(2n-2)a_2 + \ldots\ldots + (-)^{n-1} \frac{(2n-1)!}{n!} = \frac{1}{2n} \end{aligned} \qquad (6)$$

+) Note that the designation order 2n refers to the nth member of the family of degree 2n-1

For example, the case n = 4 gives

$$\begin{bmatrix} 1 & -4 & 12 & -24 \\ 1 & -5 & 20 & -60 \\ 1 & -6 & 30 & -120 \\ 1 & -7 & 42 & -210 \end{bmatrix} \begin{bmatrix} a_0 \\ a_1 \\ a_2 \\ a_3 \end{bmatrix} = \begin{bmatrix} 1/5 \\ 1/6 \\ 1/7 \\ 1/8 \end{bmatrix}$$

and

$$a_0 = \frac{1}{2}, \quad a_1 = \frac{3}{28}, \quad a_2 = \frac{1}{84}, \quad a_3 = \frac{1}{1680} \tag{7}$$

Again from equation (3) with $r_0 = \dot{r}_0 = 0$, $\tau = 1$ and $R = f = t^n, t^{n+1}, \ldots . t^{2n-2}$ one obtains,

$$\begin{aligned} c_0 + nc_1 \quad + n(n-1)\, c_2 \, \ldots\ldots + n!\, c_{n-1} &= \frac{1}{(n+1)(n+2)} \\ c_0 + (n+1)c_1 + (n+1)n\, c_2 \, \ldots\ldots + \frac{(n+1)!}{2}\, c_{n-1} &= \frac{1}{(n+2)(n+3)} \\ &\vdots \\ c_0 + (2n-2)c_1 + (2n-2)(2n-3)\, c_2 \ldots + \frac{(2n-2)!}{(n-1)!}\, c_{n-1} &= \frac{1}{(2n-1)2n} \end{aligned} \tag{8}$$

The case n = 4 yields with (4), (5) and (8) together with (7),

$$\begin{aligned} b_0 + c_0 &= \frac{1}{2} \\ b_1 - c_1 &= \frac{3}{28} \\ b_2 + c_2 &= \frac{1}{84} \\ b_3 = - c_3 &= \frac{1}{3360} \\ c_0 + 4c_1 + 12c_2 + 24c_3 &= \frac{1}{30} \\ c_0 + 5c_1 + 20c_2 + 60c_3 &= \frac{1}{42} \\ c_0 + 6c_1 + 30c_2 + 120c_3 &= \frac{1}{56} \end{aligned}$$

From which,

$$\begin{aligned} b_0 &= \frac{5}{14}, \quad c_0 = \frac{1}{7}, \quad b_1 = \frac{11}{168}, \quad c_1 = -\frac{1}{24} \\ b_2 &= \frac{11}{1680}, \quad c_2 = \frac{3}{560}, \quad b_3 = -c_3 = \frac{1}{3360} \end{aligned} \tag{9}$$

It is most unlikely that higher members of the family than the fourth will be applied in practical work. Indeed the second member derived form the Hermitian polynomial of order four (cubic) will be sufficient for most applications. Table 1 summarises the algorithm for n = 1 to 4.

Table I Unconditionally Stable Algorithm n = 1 to 4.

		Coefficients of $\frac{1}{M}$x							
n		R_0	R_1	$\dot{R}_0$	$\dot{R}_1$	$\ddot{R}_0$	$\ddot{R}_1$	$\dddot{R}_0$	$\dddot{R}_1$
1	$\dot{r}_1 = \dot{r}_0 +$	$\frac{1}{2}\tau$	$\frac{1}{2}\tau$						
	$r_1 = r_0 + \tau\dot{r}_0 +$	$\frac{1}{4}\tau^2$	$\frac{1}{4}\tau^2$						
2	$\dot{r}_1 = \dot{r}_0 +$	$\frac{1}{2}\tau$	$\frac{1}{2}\tau$	$\frac{1}{12}\tau^2$	$-\frac{1}{12}\tau^2$				
	$r_1 = r_0 + \tau\dot{r}_0 +$	$\frac{1}{3}\tau^2$	$\frac{1}{6}\tau^2$	$\frac{1}{24}\tau^3$	$-\frac{1}{24}\tau^3$				
3	$\dot{r}_1 = \dot{r}_0 +$	$\frac{1}{2}\tau$	$\frac{1}{2}\tau$	$\frac{1}{10}\tau^2$	$-\frac{1}{10}\tau^2$	$\frac{1}{120}\tau^3$	$\frac{1}{120}\tau^3$		
	$r_1 = r_0 + \tau\dot{r}_0 +$	$\frac{7}{20}\tau^2$	$\frac{3}{20}\tau^2$	$\frac{7}{120}\tau^3$	$-\frac{1}{24}\tau^3$	$\frac{1}{240}\tau^4$	$\frac{1}{240}\tau^4$		
4	$\dot{r}_1 = \dot{r}_0 +$	$\frac{1}{2}\tau$	$\frac{1}{2}\tau$	$\frac{3}{28}\tau^2$	$-\frac{3}{28}\tau^2$	$\frac{1}{84}\tau^3$	$\frac{1}{84}\tau^3$	$\frac{1}{1680}\tau^4$	$-\frac{1}{1680}\tau^4$
	$r_1 = r_0 + \tau\dot{r}_0 +$	$\frac{5}{14}\tau^2$	$\frac{1}{7}\tau^2$	$\frac{11}{168}\tau^3$	$-\frac{1}{24}\tau^3$	$\frac{11}{1680}\tau^4$	$\frac{3}{560}\tau^4$	$\frac{1}{3360}\tau^5$	$-\frac{1}{3360}\tau^5$

2.2 Verification of the Algorithm

The method used to derive the algorithms is very simple but it is necessary to check that it does indeed lead to an unconditionally stable and accurate matrix, transforming an initial state r_o, $\dot{r}_o$ of an oscillator to a final state r_1, $\dot{r}_1$.

The algorithm for n = 2 derived in Ref. 1 when applied to the equation

$$\ddot{r} + \omega^2 r = 0 \tag{10}$$

leads to

$$\begin{bmatrix} r_1 \\ \dot{r}_1 \end{bmatrix} = \mathbf{A} \begin{bmatrix} r_o \\ \dot{r}_o \end{bmatrix} \tag{11}$$

where **A** may be written

$$\mathbf{A} = \begin{bmatrix} \cos\phi & \frac{\sin\phi}{\omega} \\ -\omega\sin\phi & \cos\phi \end{bmatrix} \tag{12}$$

and

$$\phi = 2\tan^{-1}\frac{\frac{1}{2}\omega\tau}{1-\frac{1}{12}\omega^2\tau^2} \tag{13}$$

This way of writing the algorithm brings out clearly its behaviour with increasing τ.

Now substituting $R = -\omega^2 r$, $\dot{R} = -\omega^2\dot{r}$, $R^{(2)} = -\omega^2\ddot{r} = \omega^4 r$, $R^{(3)} = \omega^4\dot{r}$ in the equations[+)] for r_1, of Table I and writing form (11),

$$r_1 = r_o\cos\phi + \dot{r}_o\frac{\sin\phi}{\omega}$$

$$\dot{r}_1 = -r_o\,\omega\sin\phi + \dot{r}_o\cos\phi$$

one obtains for the case n = 4,

$$\cos\phi\left[1+\frac{\omega^2\tau^2}{7}-\frac{3}{560}\omega^4\tau^4\right]+\sin\phi\left[\frac{\omega^3\tau^3}{24}-\frac{\omega^5\tau^5}{3360}\right] = 1-\frac{5\omega^2\tau^2}{14}+\frac{11}{1680}\omega^4\tau^4 \tag{14}$$

$$-\cos\phi\left[\frac{\omega^3\tau^3}{24}-\frac{\omega^5\tau^5}{3360}\right]+\sin\phi\left[1+\frac{\omega^2\tau^2}{7}-\frac{3}{560}\omega^4\tau^7\right] = \omega\tau-\frac{11}{168}\omega^3\tau^3+\frac{\omega^5\tau^5}{3360} \tag{15}$$

Equations (14) and (15) may be written

$$\left.\begin{aligned} \alpha\cos\phi + \beta\sin\phi &= \gamma_1 \\ -\beta\cos\phi + \alpha\sin\phi &= \gamma_2 \end{aligned}\right\} \tag{16}$$

Now squaring both sides of equations (16) and adding, one obtains

$$\alpha^2+\beta^2 = \gamma_1^2+\gamma_2^2 \tag{17}$$

which must be true for all τ. By substituting α, β, γ_1, γ_2 from equations (14) and (15) it may be verified that (17) is satisfied.

Also from (16)

$$\tan\phi = \frac{\alpha\gamma_2+\beta\gamma_1}{\alpha\gamma_1-\beta\gamma_2} \tag{18}$$

$$\tan\frac{\phi}{2} = \frac{\alpha(\alpha-\gamma_1)+\beta(\beta+\gamma_2)}{\alpha\gamma_2+\beta\gamma_1} \tag{19}$$

Equation (19) gives a rather simpler form than (18). Thus, substituting the values of α, β, γ_1, γ_2 from (14) and (15) one obtains finally,

$$\tan\frac{\phi}{2} = \frac{\omega\tau}{2}\,\frac{1-\frac{\omega^2\tau^2}{42}}{1-\frac{3\omega^2\tau^2}{28}+\frac{\omega^4\tau^4}{1680}} \tag{20}$$

+) Identical conclusions are obtained by substitution in the equations for $\dot{r}_1$.

From this equation one may calculate $\cos\phi$ and $\sin\phi$. Alternatively $\cos\phi$ and $\sin\phi$ may be derived in terms of $\omega\tau$. In either case one may obtain the matrix **A** in equation (12).

Exactly similar calculations may be made for the other members of the family and in Table II the results are summarised.

Table II Summary of Properties of Matrix **A**

Order n	$\tan \Phi/2$	Period elongation	Period elongation for small $\omega\tau$	Φ for $\tau \to \infty$
1 (Newmark)	$\frac{1}{2}\omega\tau$	$\omega\tau/\Phi$	$1 + \frac{\omega^2\tau^2}{12}$	π
2 (Ref. 1)	$\frac{1}{2}\omega\tau \Big/ \left(1 - \frac{1}{12}\omega^2\tau^2\right)$	"	$1 + \frac{\omega^4\tau^4}{720}$	2π
3	$\frac{1}{2}\omega\tau\left(1 - \frac{\omega^2\tau^2}{60}\right) \Big/ \left(1 - \frac{\omega^2\tau^2}{10}\right)$	"	$1 + \frac{\omega^6\tau^6}{100800}$	3π
4	$\frac{1}{2}\omega\tau\left(1 - \frac{\omega^2\tau^2}{42}\right) \Big/ \left(1 - \frac{3\omega^2\tau^2}{28} + \frac{\omega^4\tau^4}{1680}\right)$	"	$1 + 0(\omega^8\tau^8)$	4π

In Fig. 1 the period elongations are plotted for τ/τ_0 up to one. From the last column of Table 1 one sees that for large τ the odd members of the family give alternating values of r and $\dot{r}$ whereas the even members maintain them constant. See also Appendix II, Ref. 1.

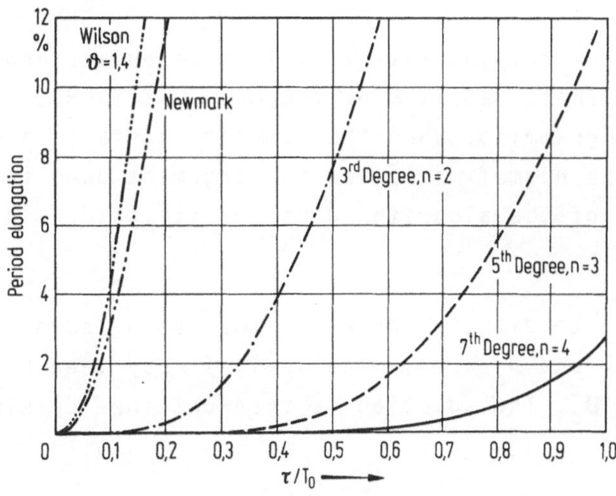

Fig. 1 Percentage Period Elongation

3. The Matrix Equations for Multi-Degree of Freedom Linear Systems

The implementation of the unconditionally stable algorithms is more conveniently carried out in terms of the vectors $\mathbf{r}$ and $\dot{\mathbf{r}}$ rather than $\mathbf{R}$ and $\dot{\mathbf{R}}$.

Considering equation (1) for a multi-degree of freedom system one has

$$\mathbf{M}\ddot{\mathbf{r}} = -\mathbf{K}\mathbf{r} - \mathbf{C}\dot{\mathbf{r}} + \mathbf{f} = \mathbf{R} \tag{21}$$

where $\mathbf{K}$ is the stiffness matrix, $\mathbf{C}$ the damping matrix and $\mathbf{f}$ the applied force vector.

One notes that

$$\dot{\mathbf{R}} = -\mathbf{K}\dot{\mathbf{r}}-\mathbf{C}\ddot{\mathbf{r}}+\dot{\mathbf{f}} = -\mathbf{K}\dot{\mathbf{r}}-\mathbf{C}(-\mathbf{M}^{-1}\mathbf{K}\mathbf{r}-\mathbf{M}^{-1}\mathbf{C}\dot{\mathbf{r}}+\mathbf{M}^{-1}\mathbf{f}) + \dot{\mathbf{f}} \tag{22}$$

Continuing in this way the higher derivatives of $\mathbf{R}$ may be written always in terms of $\mathbf{r}$, $\dot{\mathbf{r}}$ and $\mathbf{f}$ and its derivatives with respect to time. Now substituting for $\mathbf{R}$ and its time derivatives in the algorithms of Table I, one may obtain a matrix equation of the form

$$\mathbf{D}_1\mathbf{r}_1 = \mathbf{D}_0\mathbf{r}_0 + \mathbf{F} \tag{23}$$

where $\mathbf{D}_1$ and $\mathbf{D}_0$ are square matrices, $\mathbf{r}_1$ is the vector $\{r_1, \dot{r}_1\}$, $\mathbf{r}_0$ is the vector $\{r_0, \dot{r}_0\}$ and $\mathbf{F}$ is the vector of the load terms. The forms of $\mathbf{D}_1$, $\mathbf{D}_0$ and $\mathbf{F}$ for the first, second and third algorithms are given in detail in Figures 2 and 3. The reader may derive the corresponding matrices for the fourth or higher algorithms.

In most applications the damping matrix will be taken as zero or as proportional to either the stiffness matrix $\mathbf{K}$ or the mass matrix $\mathbf{M}$. This will considerably simplify the programming. When the damping matrix is arbitrary there will be coupling between the normal modes and the argument used to establish the unconditional stability of the algorithm does not strictly hold.

When $\mathbf{C}$ is proportional to either $\mathbf{M}$ or $\mathbf{K}$ (or the sum of such proportions) all the sub-matrices of $\mathbf{D}_1$ and $\mathbf{D}_0$ are symmetrical. It may then be economical to invert $\mathbf{D}_1$ and form $\mathbf{D}_1^{-1}\mathbf{D}_0$. The solution is then obtained by simple matrix multiplication according to

$$\mathbf{r}_1 = \mathbf{D}_1^{-1}\mathbf{D}_0\mathbf{r}_0 + \mathbf{D}_1^{-1}\mathbf{F} \tag{24}$$

$$D_1 = \begin{bmatrix} \left[M + \frac{\tau^2}{4}K\right] & \frac{\tau^2}{4}C \\ \frac{\tau}{2}K & \left[M + \frac{\tau}{2}C\right] \end{bmatrix}$$

$$D_0 = \begin{bmatrix} \left[M - \frac{\tau^2}{4}K\right] & \left[\tau M - \frac{\tau^2}{4}C\right] \\ -\frac{\tau}{2}K & \left[M - \frac{\tau}{2}C\right] \end{bmatrix}$$

$$F = \begin{bmatrix} \frac{\tau^2}{4}\left[f_0 + f_1\right] \\ \frac{\tau}{2}\left[f_0 + f_1\right] \end{bmatrix}$$

n = 1, 2nd Order Hermitian Polynomial of 1st Degree (Newmark Algorithm)

$$D_1 = \begin{bmatrix} \left[M + \frac{\tau^2}{6}K + \frac{\tau^3}{24}CM^{-1}K\right] & \left[\frac{\tau^2}{6}C - \frac{\tau^3}{24}\left(K - CM^{-1}C\right)\right] \\ \left[\frac{\tau}{2}K + \frac{\tau^2}{12}CM^{-1}K\right] & \left[M + \frac{\tau}{2}C - \frac{\tau^2}{12}\left(K - CM^{-1}C\right)\right] \end{bmatrix}$$

$$D_0 = \begin{bmatrix} \left[M - \frac{\tau^2}{3}K + \frac{\tau^3}{24}CM^{-1}K\right] & \left[\tau M - \frac{\tau^2}{3}C - \frac{\tau^3}{24}\left(K - CM^{-1}C\right)\right] \\ \left[-\frac{\tau}{2}K + \frac{\tau^2}{12}CM^{-1}K\right] & \left[M - \frac{\tau}{2}C - \frac{\tau^2}{12}\left(K - CM^{-1}C\right)\right] \end{bmatrix}$$

$$F = \begin{bmatrix} \left[\frac{\tau^2}{3}I - \frac{\tau^3}{24}CM^{-1}\right] & \left[\frac{\tau^2}{6}I + \frac{\tau^3}{24}CM^{-1}\right] \\ \left[\frac{\tau}{2}I - \frac{\tau^2}{12}CM^{-1}\right] & \left[\frac{\tau}{2}I + \frac{\tau^2}{12}CM^{-1}\right] \end{bmatrix} \begin{bmatrix} f_0 \\ f_1 \end{bmatrix} + \begin{bmatrix} \frac{\tau^3}{24}\left(\dot{f}_0 - \dot{f}_1\right) \\ \frac{\tau^2}{12}\left(\dot{f}_0 - \dot{f}_1\right) \end{bmatrix}$$

n = 2, 4th Order Hermitian Polynomial of 3rd Degree

Fig. 2 Matrices for first and second Algorithm

$$D_1 = \begin{bmatrix} \left[M + \frac{3}{20}\tau^2K + \frac{\tau^3}{24}CM^{-1}K - \frac{\tau^4}{240}\left(KM^{-1} - (CM^{-1})^2\right)K\right] & \left[\frac{3}{20}\tau^2C - \frac{\tau^3}{24}\left(K - CM^{-1}C\right) - \frac{\tau^4}{240}KM^{-1}C\right] \\ \left[\frac{\tau}{2}K + \frac{\tau^2}{10}CM^{-1}K - \frac{\tau^3}{120}\left(KM^{-1} - (CM^{-1})^2\right)K\right] & \left[M + \frac{\tau}{2}C - \frac{\tau^2}{10}\left(K - CM^{-1}C\right) - \frac{\tau^3}{120}\left(CM^{-1}K + (KM^{-1} - (CM^{-1})^2)C\right)\right] \end{bmatrix}$$

$$D_0 = \begin{bmatrix} \left[M - \frac{7}{20}\tau^4K + \frac{7}{120}\tau^3CM^{-1}K + \frac{\tau^4}{240}\left(KM^{-1} - (CM^{-1})^2\right)K\right] & \left[\tau M - \frac{7}{20}\tau^2C - \frac{7}{120}\tau^3\left(K - CM^{-1}C\right) + \frac{\tau^4}{240}KM^{-1}C\right] \\ \left[-\frac{\tau}{2}K + \frac{\tau^2}{10}CM^{-1}K + \frac{\tau^3}{120}\left(KM^{-1} - (CM^{-1})^2\right)K\right] & \left[M - \frac{\tau}{2}C - \frac{\tau^2}{10}\left(K - CM^{-1}C\right) + \frac{\tau^3}{120}\left(CM^{-1}K + (KM^{-1} - (CM^{-1})^2)C\right)\right] \end{bmatrix}$$

$$F = \begin{bmatrix} \left[\frac{7}{20}\tau^2I - \frac{7}{120}\tau^3CM^{-1} - \frac{\tau^4}{240}\left(KM^{-1} - (CM^{-1})^2\right)\right] & \left[\frac{3}{20}\tau^2I + \frac{\tau^3}{24}CM^{-1} - \frac{\tau^4}{240}\left(KM^{-1} - (CM^{-1})^2\right)\right] \\ \left[\frac{\tau}{2}I - \frac{\tau^2}{10}CM^{-} - \frac{\tau^3}{120}KM^{-1} + \frac{\tau^3}{120}(CM^{-1})^2\right] & \left[\frac{\tau}{2}I + \frac{\tau^2}{10}CM^{-1} - \frac{\tau^3}{120}\left(KM^{-1} - (CM^{-1})^2\right)\right] \end{bmatrix} \begin{bmatrix} f_0 \\ f_1 \end{bmatrix} + \begin{bmatrix} \left[\frac{7}{120}\tau^3I - \frac{\tau^4}{240}CM^{-1}\right] & \left[-\frac{\tau^3}{24}I - \frac{\tau^4}{240}CM^{-1}\right] \\ \left[\frac{\tau^2}{10}I - \frac{\tau^3}{120}CM^{-1}\right] & \left[-\frac{\tau^2}{10}I - \frac{\tau^3}{120}CM^{-1}\right] \end{bmatrix} \begin{bmatrix} \dot{f}_0 \\ \dot{f}_1 \end{bmatrix} + \begin{bmatrix} \frac{\tau^4}{240}\left(\ddot{f}_0 + \ddot{f}_1\right) \\ \frac{\tau^3}{120}\left(\ddot{f}_0 + \ddot{f}_1\right) \end{bmatrix}$$

Fig. 3 Matrices for Third Algorithm (n = 3, 6th order Hermitian Polynomial of 5th degree)

4. Effect of Damping

A free oscillator with damping is governed by the equation

$$\ddot{r} + 2\mu\dot{r} + \omega^2 r = 0 \qquad (25)$$

With initial conditions r_0, $\dot{r}_0$ one finds for r_1, $\dot{r}_1$ after time τ,

$$\begin{bmatrix} r_1 \\ \\ \dot r_1 \end{bmatrix} = \begin{bmatrix} \frac{e^{-\mu\tau}}{\bar\omega}(\bar\omega\cos\bar\omega\tau + \mu\sin\bar\omega\tau) & e^{-\mu\tau}\frac{\sin\bar\omega\tau}{\bar\omega} \\ \\ -e^{-\mu\tau}\frac{\omega^2}{\bar\omega^2}\sin\bar\omega\tau & \frac{e^{-\mu\tau}}{\bar\omega}(\bar\omega\cos\bar\omega\tau + \mu\sin\bar\omega\tau) \end{bmatrix} \begin{bmatrix} r_o \\ \\ \dot r_o \end{bmatrix} \tag{26}$$

where

$$\bar\omega^2 = \omega^2 - \mu^2$$

By comparison with the matrix **A** of equation (12) one may expect the unconditionally stable algorithms applied to equation (25) to give a new matrix **A** of the form

$$\mathbf{A} = \begin{bmatrix} \frac{e^{-\nu}}{\bar\omega}(\bar\omega\cos\phi + \mu\sin\phi) & \frac{e^{-\nu}}{\bar\omega}\sin\phi \\ \\ -e^{-\nu}\frac{\omega^2}{\bar\omega}\sin\phi & \frac{e^{-\nu}}{\bar\omega}(\bar\omega\cos\phi - \mu\sin\phi) \end{bmatrix} \tag{27}$$

Now substituting $R = -\omega^2 r - 2\mu\dot r$, $\dot R = -\omega^2\dot r - 2\mu\ddot r = -\omega^2\dot r + 2\mu\omega^2 r + 4\mu^2\dot r$ etc. in the algorithms for r_1 or $\dot r_1$ and using equation (11) with **A** from (27) to write r_1 and $\dot r_1$ in terms of r_o and $\dot r_o$ one may obtain two equations analogous to (14) and (15) in which $e^{-\nu}\cos\phi$ and $e^{-\nu}\sin\phi$ are the unknowns. The results are given here only for the case n = 1 (Newmark algorithm).

Thus, one finds

$$\tan\phi = \frac{\bar\omega\tau}{1-\frac{\omega^2\tau^2}{4}} \tag{28}$$

and

$$e^{-2\nu} = \frac{1+\frac{\omega^2\tau^2}{4}-\mu\tau}{1+\frac{\omega^2\tau^2}{4}+\mu\tau} \tag{29}$$

With ϕ and ν substituted in equation (27) the matrix **A** may be written,

$$\mathbf{A} = \frac{1}{1+\frac{\omega^2\tau^2}{4}+\mu\tau} \begin{bmatrix} (1-\frac{\omega^2\tau^2}{4}+\mu\tau) & \tau \\ \\ -\omega^2\tau & (1-\frac{\omega^2\tau^2}{4}-\mu\tau) \end{bmatrix} \tag{3o}$$

Generally $\mu << \mu_{critical} = \omega$ and in the case ν is always real and positive. When τ becomes large $\nu \rightarrow 0$ and there is apparently no damping. This means that the limiting form of the matrix $\mathbf{A}$ is exactly as in the undamped case. In the present case, or for any odd n,

$$\mathbf{A} \rightarrow \begin{bmatrix} -1 & 0 \\ 0 & -1 \end{bmatrix} \tag{31}$$

and for n even,

$$\mathbf{A} \rightarrow \begin{bmatrix} 1 & 0 \\ 0 & 1 \end{bmatrix}$$

and the remarks made after Table II are applicable as in the damped case. If one includes the load vector on the R.H.S. of equation (11) it becomes,

$$\begin{bmatrix} r_1 \\ \dot{r}_1 \end{bmatrix} = \mathbf{A} \begin{bmatrix} r_o \\ \dot{r}_o \end{bmatrix} + \frac{\tau}{4M(1+\frac{\omega^2\tau^2}{4}+\mu\tau)} \begin{bmatrix} \tau(f_o + f_1) \\ 2(f_o + f_1) \end{bmatrix} \tag{32}$$

Thus, for τ/τ_o large the static deflection will be followed as in the undamped case considered in Ref. 1. This is entirely consistent with the physical behaviour.

The percentage period elongation is

$$100\ (\frac{\bar{\omega}\tau}{\phi} - 1) \tag{33}$$

and the damping error may be assessed from the ratio

$$e^{-\nu}/e^{-\mu\tau} \tag{34}$$

For small τ this may be written approximately as

$$1 + \mu\tau$$

so that increasing τ reduces the effective damping.

Similar analysis may be made for the higher order algorithms which of course exhibit the same order of increase in accuracy that they have for the undamped case.

5. Application of Unconditionally Stable Algorithms to Divergent Systems

A dynamical system may become divergent through the introduction of negative damping or by a stiffness matrix becoming negative.

The case of negative damping is obtained by simply changing the sign of μ and ν in the analysis of section 4. A large integration step will delay but not suppress numerical evidence of possible divergence in higher modes. Since divergent oscillations generally involve lower modes this will not represent a practical disadvantage.

The case of a negative spring is of special interest and can be ontained by changing the sign of ω^2 in the matrix **A**. From equation (3o) one sees that for small τ the matrix approximates to the exact operator. As τ increases the eigenvalues of the matrix **A** increase rapidly until they become infinite when,

$$1 - \frac{\omega^2\tau^2}{4} + \mu\tau = 0$$

or

$$\tau = \frac{2}{\omega}\left[(1 + \frac{\mu^2}{\omega^2})^{1/2} + \frac{\mu}{\omega}\right] \tag{35}$$

This "blowing up" of the eigenvalues is characteristic of the odd members of the family of unconditionally stable algorithms; the even members do not "blow up". Thus, one may expect the use of large time steps to accelerate the detection of a positive real eigenvalue. When the time step increases still further the matrix **A** again tends to the same limiting forms as in the case of the positive spring. The possibility of using the unconditionally stable algorithms for rapidly detecting certain forms of dynamic instability may appear paradoxical but is an interesting area for further work.

The unconditionally stable algorithms are especially useful in linear problems because full advantage may be taken of the fact that the stiffness matrix remains constant. In non-linear problems one may apply piece-wise linearization by the tangent stiffness or the $\mathbf{K}^+$ method (Ref. 1) but each step of the iteration has to be solved by a direct method.

6. Non-linear Problems

Another question requiring elucidation is the behaviour of the algorithms when very large steps are used in a non-linear equation. Some insight may be obtained by applying the Newmark algorithm (n = 1) to the equation

$$\ddot{r} = -\psi(r) \tag{36}$$

Thus,

$$r_1 = r_o + \tau \dot{r}_o - \frac{\tau^2}{4} \left[\psi(r_o) + \psi(r_1) \right] \tag{37}$$

$$\dot{r}_1 = \dot{r}_o - \frac{\tau}{2} \left[\psi(r_o) + \psi(r_1) \right] \tag{38}$$

Now eliminating τ from equations (37) and (38) one obtains

$$\dot{r}_1^2 + r_1 \left[\psi(r_o) + \psi(r_1) \right] = \dot{r}_o^2 + r_o \left[\psi(r_o) + \psi(r_1) \right]$$

which may also be written

$$\frac{1}{2}(\dot{r}_1^2 - \dot{r}_o^2) = -\frac{1}{2}(r_1 - r_o) \left[\psi(r_o) + \psi(r_1) \right] \tag{39}$$

For a linear system $\psi(r) = Kr$ and equation (39) is the condition that the total energy of the system remains constant. In the non-linear system (39) may be interpreted as the condition that the area under the secant is equal to the change in the kinetic energy; see Figure 4. It is clear from equation (39) that if $\psi(r)$ always increases with r both r and $\dot{r}$ will remain bounded. Thus, for this sort of non-linearity there is no possibility of the algorithm "blowing up" for large integration steps.

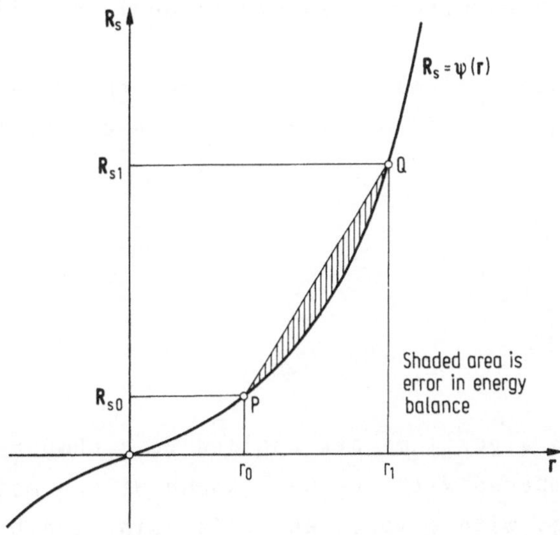

Fig. 4 Newmark Algorithm Applied to Non-linear Oscillator

No such simple result as (3o) exists for the higher algorithms. For example, in the case n = 2 (cubic interpolation) one obtains, with $\frac{d\psi}{dr} = \psi' =$ tangent modulus

$$\frac{1}{2}(\dot{r}_1^2 - \dot{r}_o^2) = \frac{\left[(r_1-r_o)+\frac{\tau^2}{12}(\psi_o-\psi_1)\right]}{\left[(1-\frac{\tau^2}{24}(\psi_o'+\psi_1')\right]} \left\{\frac{1}{12}(\psi_1'-\psi_o')\left[(r_1-r_o)+\frac{\tau^2}{12}(\psi_o-\psi_1)\right]-\frac{1}{2}(\psi_o+\psi_1)\right\} \tag{4o}$$

This yields exact energy balance when ψ is linear. Now $(\psi_1-\psi_o)/(r_1-r_o) = K_S$ the secant modulus, and $\frac{1}{2}(\psi_o'+\psi_1')$ is the modified stiffness K^+. Thus unless

$$K_S = K^+ \tag{41}$$

the equation (4o) becomes unstable when $\tau \to (12/K^+)^{\frac{1}{2}}$. Equation (41) would be true for a parabolic load deflection curve but not otherwise. In the latter case equation (4o) becomes

$$\frac{1}{2}(\dot{r}_1^2-\dot{r}_o^2) = -\frac{1}{2}(r_1-r_o)(\psi_o+\psi_1) - \frac{1}{12}(r_1-r_o)^2(1-\frac{\tau^2}{12}K_S)(\psi_o'-\psi_1') \tag{42}$$

Thus, the presence of the term $\tau^2K_S/12$ spoils what would otherwise be an exact energy balance equation.

It appears, therefore, that the unconditionally stable algorithms may be applied only tentatively to non-linear problems. Although it may be possible to tailor the algorithms to be stable for special forms of non-linearity this is not a practical proposition in applications to a complex system whose components may exhibit a range of behaviour from linear to strongly non-linear.

An area in which the unconditionally stable algorithms may be successful is that of structures for which the main modes are non-linear but the high frequency modes are essentially linear.

7. Numerical Examples

In this section the new algorithms are applied to a number of linear problems and the results are compared with the well known Wilson method (Ref. 4) with $\Theta = 1.4$ and in one case, with a modal analysis using the DYNAN package (Ref. 5). The "exact" solution in all problems is obtained by the 3rd degree conditionally stable algorithm with a small time step.

7.1 Free Vibration and Dynamic Loading of a Beam

The dimensions of the beam which is divided into twenty consistent mass cubic finite elements are given in Figure 5. In the first example the beam is released

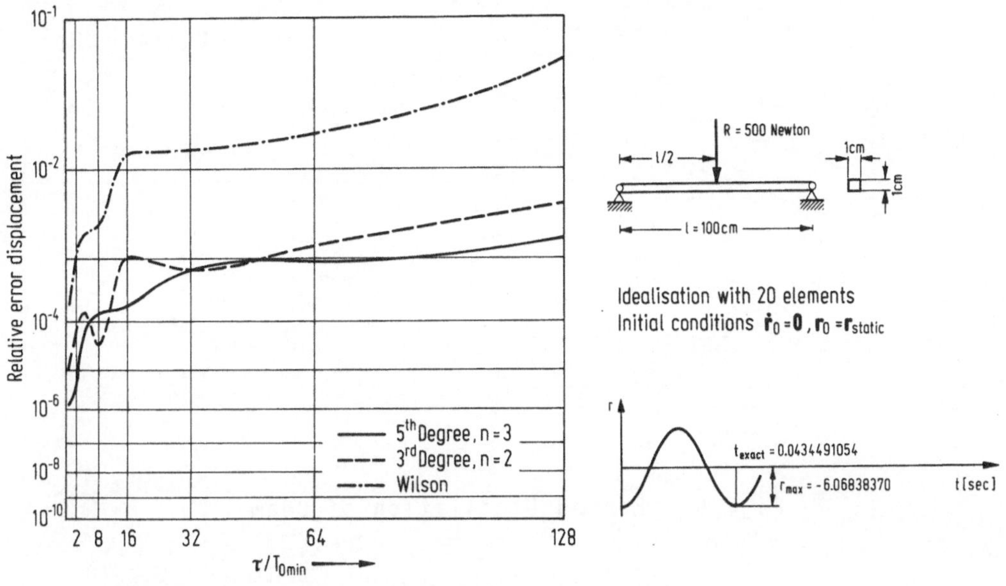

Fig. 5 Free Oscillation of Beam

from the static deflection due to a central load of 5oo newtons. The solution is found with the stable algorithms (n = 2 and 3) and by the method of Wilson, using a time step ranging over τ/T_{omin} = 1, 2, 4....64, 128. Note that the maximum time interval corresponds to almost exactly $\frac{1}{16}$th of the fundamental period. In the curves of Figure 5 are shown the relative errors in the displacements at time corresponding to the maximum deflection of the "exact" solution after one complete oscillation. The spectrum of the beam is very widely spaced and the contribution of the first mode to the initial static deflection is over 98% of the total. Thus engineering accuracy is obtained by all methods. The small improvement of the 5th degree algorithm over the 3rd degree is due to the better representation of the 2nd and 3rd modes. One sees that to achieve o.1% accuracy the integration step is respectively 2, 17, 75 T_{omin} for the Wilson, 3rd degree and 5th degree algorithms.

In Figure 6 are presented the relative errors in the response of the beam to a 5oo newton central load applied over a time of 256 T_{omin} as a fifth degree polynomial. The deflections and bending moments at the centre are compared at the time corresponding to the first maximum of the "exact" solution. The maximum integration step is one half of the time of application of the load.

The form of the load function is such that all methods integrate correctly the total impulse.

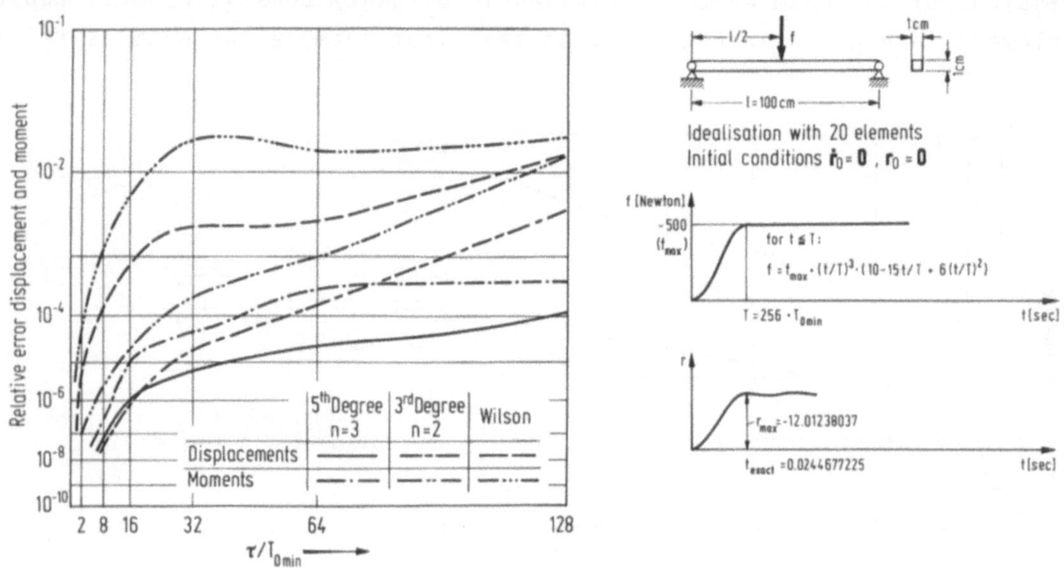

Fig. 6 Forced Oscillation of Beam

7.2 Bar with Resonant Loading

The bar which is divided into 4o lumped mass elements is supported at one end and loaded with a sinusoidal force of amplitude 5oo newtons and of period equal to the fundamental T_{omax}. In Figure 7 the force along the bar is shown after time of one period. The 3rd and 5th degree algorithms are applied with an integration step of $\frac{1}{2}$ T_{omax} and the Wilson algorithm with $\tau = \frac{1}{4}$ T_{omax}. Figure 8 shows the same example with the integration step of $\frac{1}{8}$ T_{omax} in all three methods.

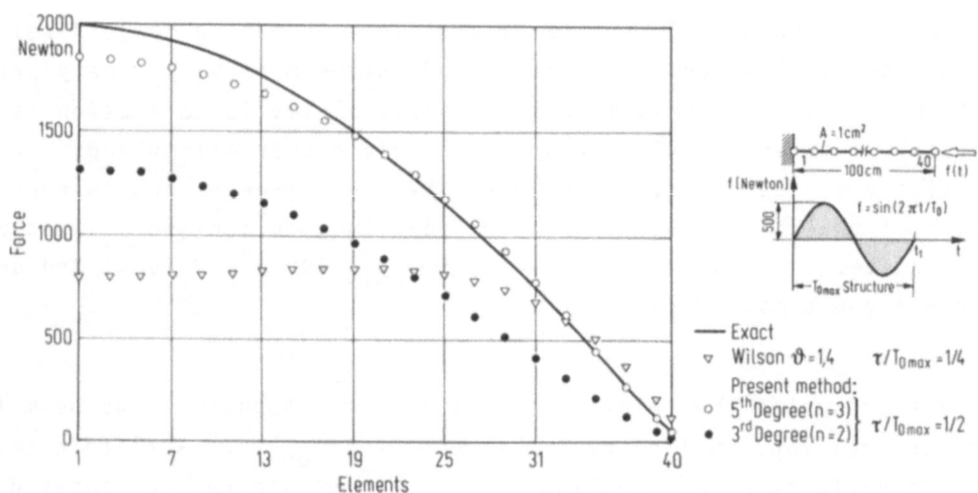

Fig. 7 Force Along Length of Bar at $t_1 = T_{omax}$

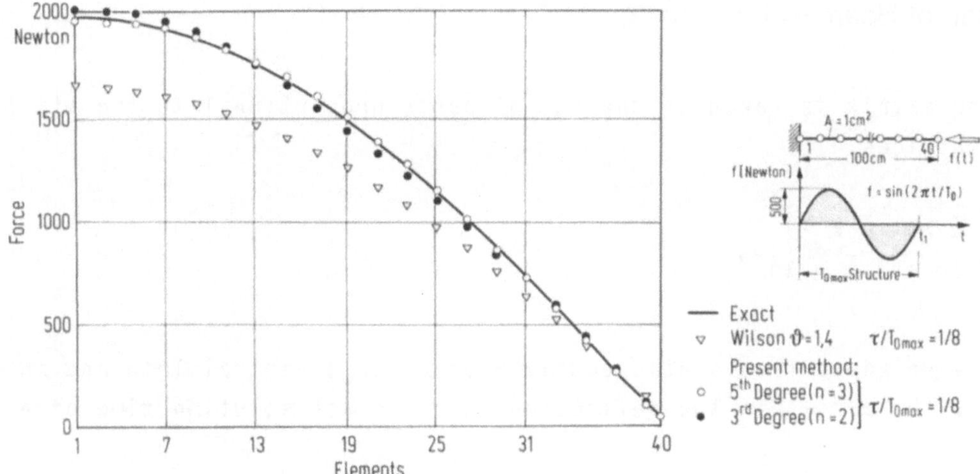

Fig. 8 Force Along Length of Bar at $t_1 = T_{omax}$

The increase in accuracy with the use of the higher order algorithms is much more evident than in the previous example because the modal frequencies are more closely spaced. The results of a further rather drastic test are shown in Table III. The bar is subjected to ten cycles of the same sinusoidal loading with the integration steps shown in the first column. In the Table the force at the support (which is also the force in the first element) after exactly ten load cycles is given, the exact value being 2oooo newtons or 4o times the amplitude of the forcing function. The third degree method (n = 2) gives order of magnitude error for $\tau/T_{omax} = \frac{1}{2}$ as does the Wilson method for $\tau/T_{omax} \geq \frac{1}{8}$.

Table III Force at Support after 1o Cycles

τ/T_{omax}	5th Degree	3rd Degree	Wilson
$\frac{1}{2}$	18753	-	-
$\frac{1}{4}$	2o1oo	18673	-
$\frac{1}{8}$	2oo44	19894	-
$\frac{1}{16}$	19986	2oo38	14393
$\frac{1}{32}$	2ooo2	19987	19375
$\frac{1}{64}$	19995	2ooo7	19932

7.3 Vibration of Beam with Damping

The damping matrix is taken as the sum of parts proportional to the stiffness and mass matrices.

Thus $\mathbf{C} = \bar{\alpha}\,\mathbf{M} + \bar{\beta}\,\mathbf{K}$
where $\bar{\alpha}$ = 1o and $\bar{\beta} = 1o^{-5}$.

The beam is released from static equilibrium under a central load and in Figure 9 are plotted the errors in the deflection at the exact solution time of a complete oscillation.

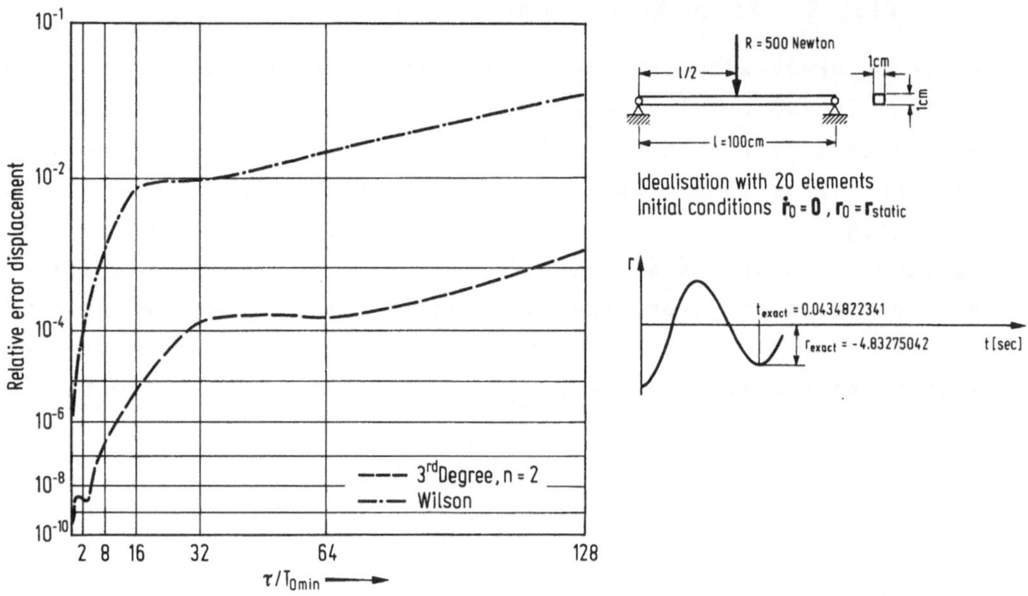

Fig. 9 Damped Oscillation of Beam

7.4 Clamped Plate with Central Transient Load

The plate whose dimensions are given in Figure 1o is idealised as 32 TUBA 6 finite elements (Ref. 6). A central load is represented by two fifth degree polynomials applied over a total time of $T_{omax}/5$. The deflections at the centre are compared at the time of the first maximum defined in Figure 1o. It will be noticed that the Wilson method gives 1% error even when $\tau = T_{omin}$. The same time step gives only o.oo2% error in the 3rd degree algorithm (n = 2) and to reach 1% error a time step of 7 T_{omin} is required. Also in the Figure are the errors of a modal analysis by the DYNAN method (Ref. 5) using 1o, 15, 2o, 4o, 6o and 8o modes of a total of 1o6 modes.

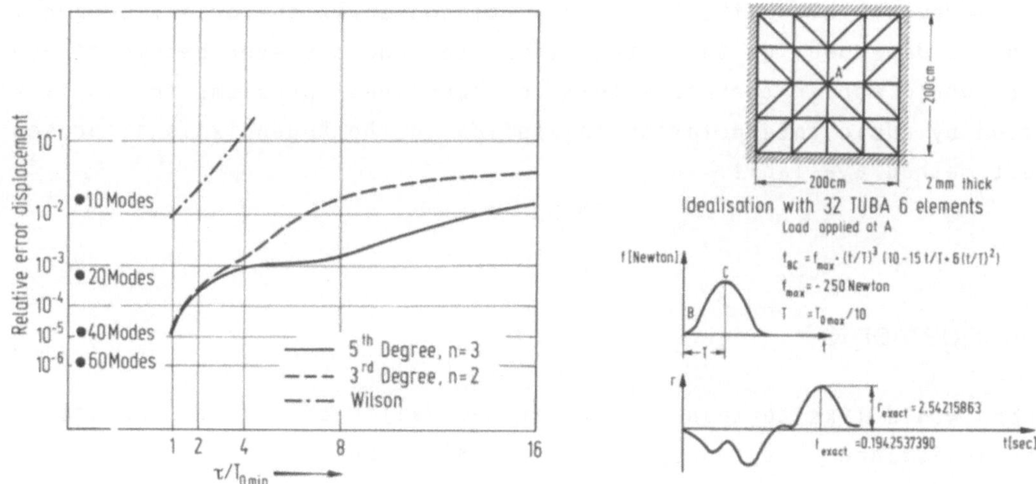

Fig. 1o Forced Oscillation of Square Clamped Plate

8. Conclusions

The family of unconditionally stable algorithms introduced in Ref. 1 has been found capable of extremely high accuracy and is free of numerical difficulties arising from round of error. From the form of the loading function and spectrum of the structure it is possible with the aid of the period elongation curves in Figure 1 to estimate the time step required for a given precision. In general, more impulsive in character loads and closely spaced eigenvalues require smaller time steps.

The improvement in performance between successive members of the family is greatest between the first (Newmark) and the second (n = 2). This is not so much due to the better representation of the loading function but to the fact that the beam functioninterpolation is able to represent the sinusoidal variation of the spring force much more adequately than a straight line interpolation.

A very favourable property of the family is that they all lead to the same order of the matrices $\mathbf{D}_0$ and $\mathbf{D}_1$. Thus the higher order algorithms give increased computing time only in the sense that the initial preparation of these matrices and the loading function matrices takes longer. In cases in which a large number of loading cases have to be analysed this initial work will be more than compensated by the greater precision or larger time step permitted by the higher order algorithms.

The application of unconditionally stable algorithms to the dynamic response of non-linear conservative systems is at present only tentative. Except in the case of the Newmark algorithm the energy balance equation for a free non-linear oscillator is dependent on the integration step and may even become non-conservative. It would appear therefore that for non-linear problems the small step integration by cubic interpolation as applied in the Appendix is at present the safest method available.

Acknowledgements

The authors would like to thank B. Bichat, G. Vallianos, K. Strauss and H. Ries for their assistance in the preparation of this paper.

Appendix

Linear and Non-linear Dynamics with Small Step Algorithms

The unconditionally stable algorithms seem likely to supersede the conditionally stable algorithms in most problems of linear structural dynamics. However, in non-linear problems and in linear impulse problems the conditionally stable algorithms will continue to be applied.

In Ref. 1 some examples with up to more than 5oo degrees of freedom were calculated using the conditionally stable cubic interpolation algorithm. The principal method used was piece-wise linearization with a modified stiffness matrix $\mathbf{K}^+$ which is the mean of the stiffness at the beginning and end of the step, but it was found that greater accuracy could be obtained, for a given integration step, by a direct total step iterative solution of the non-linear equations. It was also suggested that this procedure might prove to be the most economical in computer time especially in structures with a very large number of degrees of freedom. In this Appendix both the $\mathbf{K}^+$ and the direct iterative method are applied to a non-linear structure with 1164 degrees of freedom. The main advantage of the total step iterative method is that it does not require the core memory to be loaded with the complete stiffness matrix. Only the element topology and elastic constants require storing.

The structure analysed is a 6 meter mesh idealization of the cable net roof of the Eastern Stand over the Munich Olympic Stadium. The loading is an unsymmetrical transient wind load (see Figures 11 to 16). Using the total step iterative method a total of 29ooo core storage locations are required, whereas by the $\mathbf{K}^+$ method 87ooo locations are needed of which 58ooo are spent on the banded

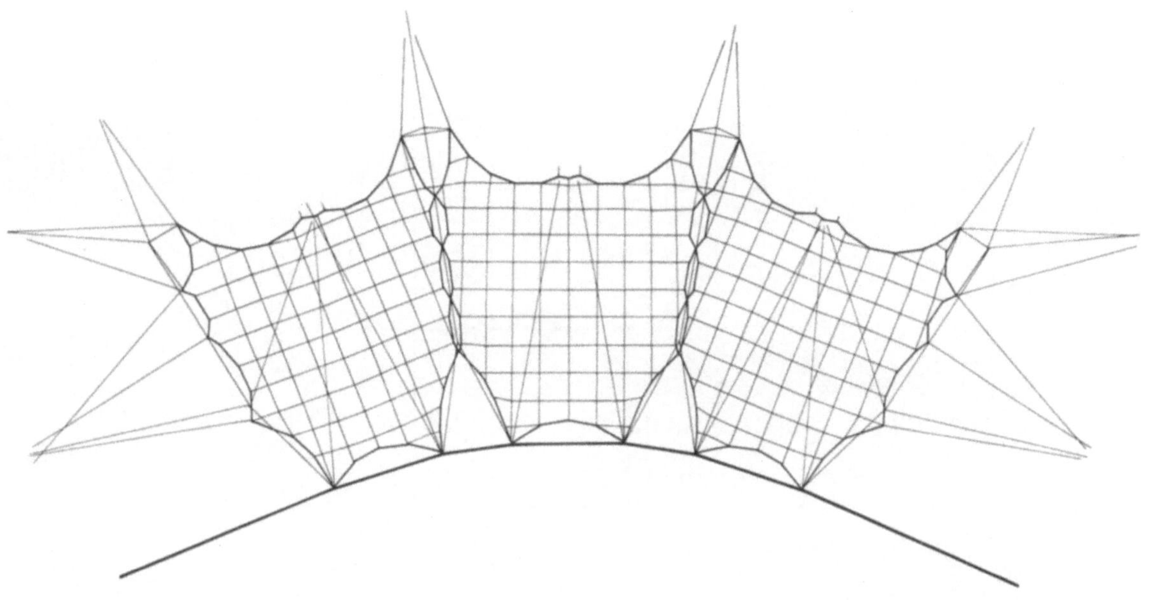

Fig. 11 Osttribüne, Olympic Stadium Munich 6 m Net 1164 Unknowns

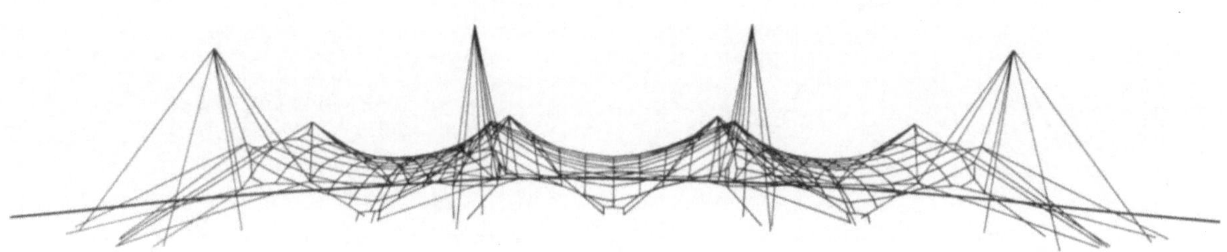

Fig. 12 Osttribüne, Olympic Stadium Munich 6 m Net 1164 Unknowns

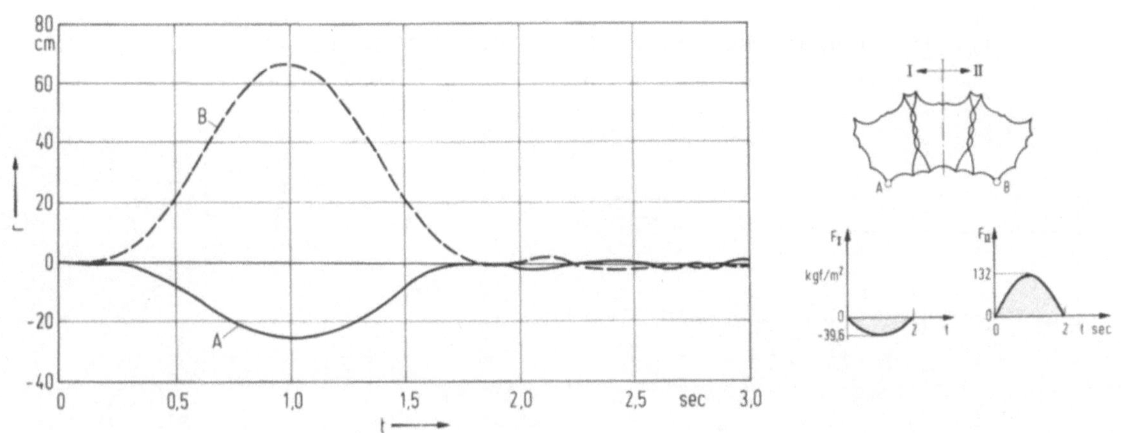

Fig. 13 Dynamic Response of Various Points of Net

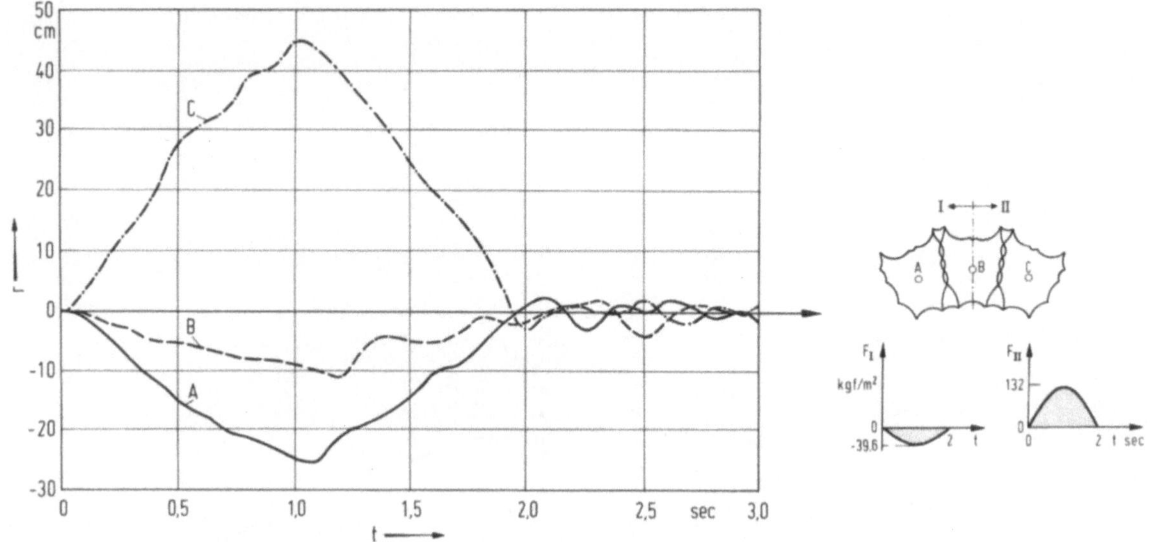

Fig. 14 Dynamic Response of Various Points of Net

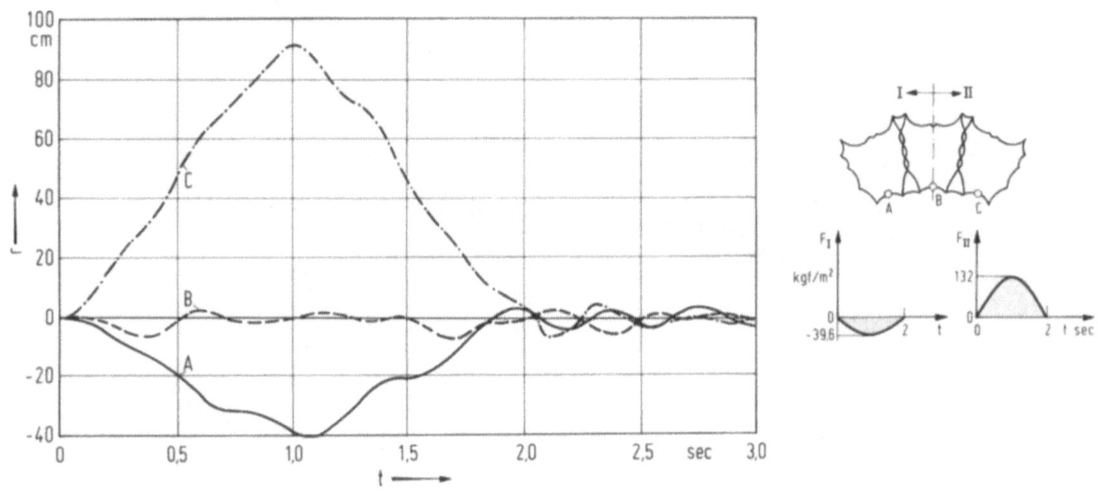

Fig. 15 Dynamic Response of Various Points of Net

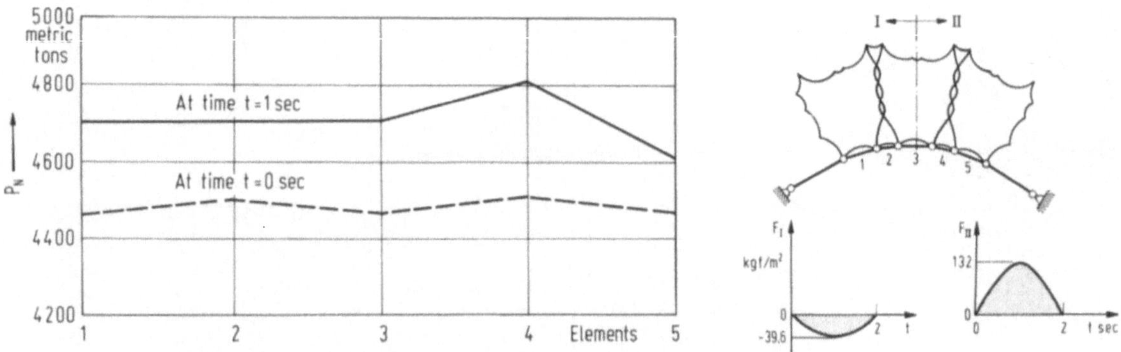

Fig. 16 Element Forces at the Main Ground Cable

stiffness matrix. (The machine used is the ISD CDC 66oo with 2 x 64 K core). The problem is not strongly non-linear and there is little difference in the results by the two methods. However, the total step iterative method required 25% less computer time. With even more degrees of freedom this tendency would be further accentuated. Indeed the core memory would become saturated by the $\mathbf{K}^+$ method with very little increase in the degrees of freedom. The total step iterative method would continue to be feasible on the CDC up to about 3ooo degrees of freedom. The essentials of the total step method, which were given in the Ref. 1, are repeated here for convenience of the reader. Thus the elastic forces $\mathbf{R}_S$ are calculated from the total displacements with

$$\mathbf{R}_S = \mathbf{a}^t \mathbf{P}$$

where

$\mathbf{a}$ = Boolean assembly operator
$\mathbf{P}$ = element force

The element forces in the global co-ordinates are best obtained from the natural element forces by a transformation matrix which depends on the (large) displacements. The natural element forces depend only on the natural displacements and in small strain large displacement problems this dependence stays constant. In this case it becomes computationally efficient to form and store in core the natural stiffness matrices. Table IV shows the storage locations required for 5oo typical elements.

Table IV

Bar in space	1o5oo
Beam in plane	1o5oo
Beam in space	39ooo
Triangle in space (membrane)	225oo
Triangular plate bending element	225oo

Although the total step iterative method will find its main application in non-linear problems the same methodology may prove useful in the linear analysis of large structures. The choice between this and the unconditionally stable large step methods will depend on the relative capacity and speed of the peripheral processor and the central core memory of the computer. Where small integration steps are essential, as in impulsive load problems, the total step iterative method although computer intensive may be the only feasible one to use.

References

(1) Argyris J.H., P.C. Dunne and T. Angelopoulos: Non-linear oscillations using finite element technique. Computer Methods in Applied Mechanics and Engineering 2 (1973), p. 2o3-25o.

(2) Argyris J.H. and A.S.L. Chan: Application of finite elements in space and time. Ingenieur Archiv 41 (1972), p. 235-257.

(3) Newmark N.M.: A method of computation for structural dynamics. Proc. Am. Soc.Civ.Engs. 85 (1959), EM3, p. 67-94.

(4) Wilson E.L., I. Farhoomand and K.J. Bathe: Non-linear dynamic analysis of complex structures. Earthquake Engineering and Structural Dynamics 1 (1973), p. 241-252.

(5) Braun K.A., O.E. Brönlund, J. Bühlmeier, G. Dietrich, G. Frick, T.L. Johnsen, H.T. Kiesbaur, G.A. Malejannakis, K. Straub and G. Vallianos: DYNAN Lecture notes with computation examples. ISD Report No. 1o9, University of Stuttgart (1971).

(6) Argyris J.H., I. Fried and D.W. Scharpf: The TUBA family of plate elements for the matrix displacement method. The Aeronautical Journal of the Roy. Aer.Soc. 72 (1968), p. 7o1-7o9 and
Argyris J.H. and K.E. Buck: A sequel to Technical Note 14, on the TUBA family of plate elements. The Aeronautical Journal of the Roy.Aer.Soc. 72 (1968), p. 977-983.

Zur Durchführung und Auswertung von Ermüdungsversuchen

F. STÜSSI, Bäch/Schweiz

In ihrem Bericht verwenden O. Steinhardt und D. Kosteas (Lit. 1) auch eine von mir angegebene Langzeitfunktion und vergleichen sie eingehend mit einer entsprechenden Funktion von W. Weibull. Da in diesem Bericht meine Formel in einem gegenüber den von mir vorausgesetzten Gültigkeitsgrenzen (σ_m = konst.) erweiterten Sinn, nämlich zur Ausdeutung von Versuchsreihen mit $\sigma_{min} = o.1o \cdot \sigma_{max}$, verwendet wird, sei mir gestattet, meine herzlichen Glückwünsche zum 65. Geburtstag meines lieben Kollegen Otto Steinhardt mit einigen grundsätzlichen Feststellungen zur Bedeutung meiner Langzeitformel zu verbinden; ich möchte damit einen kleinen Beitrag zu unserer freundschaftlichen Zusammenarbeit leisten.

Es ist heute noch nicht möglich, eine Theorie der Ermüdungsfestigkeit aus einigen physikalischen Grundtatsachen abzuleiten; da diese fehlen, sind wir auf den phänomenologischen Weg angewiesen. Dies kommt auch wieder im Bericht über die Karlsruher Versuche sehr deutlich zum Ausdruck. Dieser phänomenologische Weg ist lang, und er wird nur zum Ziel führen, wenn wir Schritt für Schritt vorgehen. Dies ist deshalb der Fall, weil bei der Deutung und Auswertung von Ermüdungsversuchen zwei Schwierigkeiten vorliegen, die die gesuchten Zusammenhänge verschleiern können; es sind dies die unvermeidlichen Streuungen der Versuchsergebnisse und eine gelegentliche Erhöhung der Festigkeitswerte bei großen Spannungen, die ich einer Kaltverformung während der ersten Lastwechsel zuschreibe. Ohne diese beiden Schwierigkeiten hätte es sicher schon lange möglich sein müssen, quantitative Gesetze der Ermüdungsfestigkeit aufzustellen, nachdem August Wöhler schon 187o sein qualitatives Gesetz aufgestellt hat (Lit. 2). Ich bin seit längerer Zeit und je länger je mehr überzeugt, daß die Festigkeitsverhältnisse von Metallen unter oft wiederholter Beanspruchung eindeutigen Gesetzen gehorchen müssen und somit für ein bestimmtes Material aufgrund einer beschränkten Zahl von Kennwerten vorausgesagt werden können. Diese Gesetze oder Zusammenhänge aus den vorhandenen Versuchsergebnissen herauszuführen, ist das Ziel einer Theorie der Ermüdungsfestigkeit.

Beitrag in "Theorie und Berechnung von Tragwerken", Springer-Verlag 1974, von Prof.Dr.sc.techn. F. Stüssi, LL.D.h.c. Dr.ing.h.c. Dr.-Ing. E.h., a. Professor an der Eidg. Technischen Hochschule, Zürich

Diese phänomenologische Theorie der Ermüdungsfestigkeit, wie ich sie in zwanzigjährigen Bemühungen schrittweise (und auch mit einigen voreiligen Fehltritten) zu formulieren versuche, besteht für den Fall von Beanspruchungen zwischen zwei festen Spannungsgrenzen σ_{max} und σ_{min} (Abb. 1) mit

$$\sigma_m = \frac{\sigma_{max} + \sigma_{min}}{2}, \quad \Delta\sigma = \frac{\sigma_{max} - \sigma_{min}}{2}$$

aus zwei Aussagen, die zusammen das ganze Ermüdungsverhalten eines Versuchsstabes oder eines Bauteiles zu kennzeichnen haben.

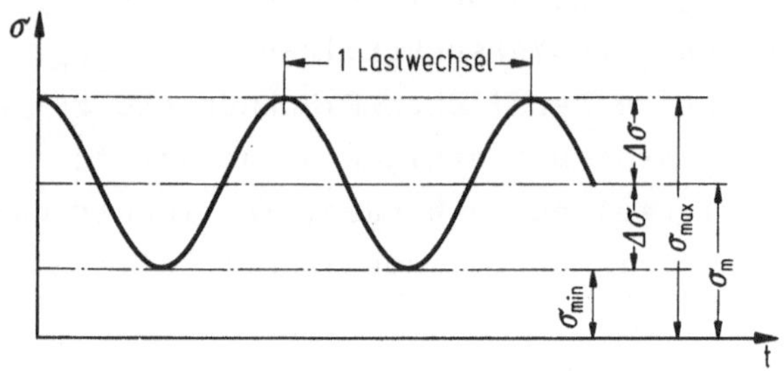

Abb. 1 Spannungs-Zeit-Diagramm mit festen Spannungsgrenzen

Die erste dieser Aussagen ist die erwähnte Langzeitformel, die ich zunächst nur für den Fall der Wechselfestigkeit σ_W ($\sigma_m = 0$, $\sigma_{min} = -\sigma_{max}$) aufgestellt habe (Lit. 3). Sie lautet für diesen Fall

$$\sigma_W = \frac{\sigma_{oZ} + f_W \cdot \sigma_{aW}}{1 + f_W} . \tag{1}$$

Die Wechselfestigkeit σ_W bewegt sich zwischen den Grenzen der statischen Zugfestigkeit σ_{oZ} (konventioneller Kurzzeitversuch) und dem asymptotischen Endwert σ_{aW}. Unsere Gl. (1) formuliert die Wechselfestigkeit σ_W als gewogenes Mittel der beiden Grenzwerte σ_{oZ} und σ_{aW}, wobei der statischen Zugfestigkeit σ_{oZ} das Gewicht 1, dem asymptotischen Grenzwert σ_{aW} dagegen das von der Lastwechselzahl abhängige Gewicht f_W zugeschrieben wird. Es ist zweckmäßig, in der Darstellung dieser Kurve σ_W nicht die Lastwechselzahl n selber, sondern ihren Logarithmus i = log n als Abszisse einzuführen, weil die Kurve dadurch entzerrt und übersichtlicher wird (Abb. 2). Dabei zeigt sich nun bei allen bisher untersuchten Versuchsreihen, daß bei dieser Darstellung sich ein sehr einfacher Verlauf der Gewichtsfunktion f_W ergibt; der Logarithmus λ_W von f_W verläuft linear mit dem Logarithmus i der Lastwechselzahl n

$$\lambda_W = \log f_W = \log\frac{\sigma_{oZ} - \sigma_W}{\sigma_W - \sigma_{aW}} = p \cdot i + \lambda_o , \tag{1a}$$

oder es ist

$$f_w = a^{\lambda_w} = f_{ow} \cdot n^p. \tag{1b}$$

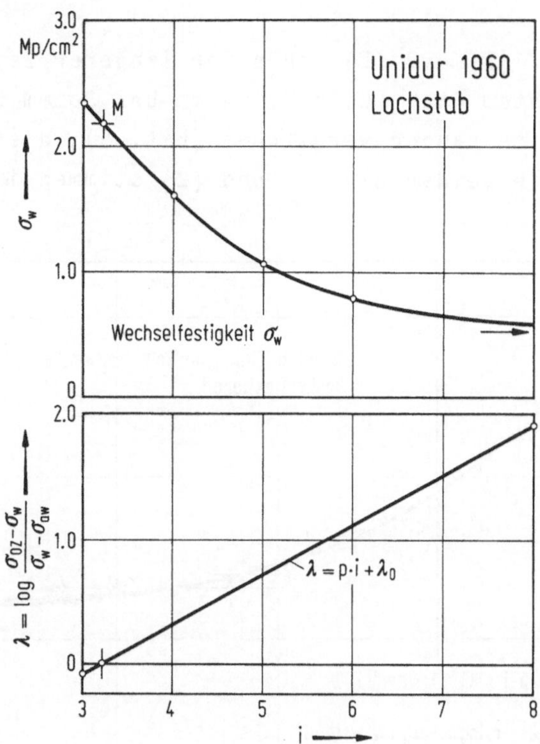

Abb. 2 Wechselfestigkeits-Diagramme
σ_w = Wechselfestigkeit
σ_{oZ} = statische Zugfestigkeit
σ_{aw} = asymptotischer Grenzwert der Wechselfestigkeit
i = log n
n = Lastwechselzahl

Die Kurve σ_w besitzt einen Wendepunkt M für $f_w = 1.o$, $\lambda_w = o$ mit

$$i_M = - \frac{\lambda_o}{p}, \qquad \sigma_M = \frac{\sigma_{oZ} + \sigma_{aw}}{2}.$$

Der einfache Verlauf der Gewichtsfunktion f_w, die wir als die eigentliche "Ermüdungsfunktion" bezeichnen können, erlaubt eine verhältnismäßig einfache Versuchsauswertung.

Die Langzeitformel, die W. Weibull (Lit. 4) aufgrund eines Vorschlages von E. Epremian und ausgehend von der Gauß'schen Fehlerfunktion vorgeschlagen hat, läßt sich (mit unseren Bezeichnungen) in der Form

$$\sigma_w = \sigma_{aw} + (\sigma_{oZ} - \sigma_{aw}) \cdot e^{-m_o \cdot i^p} \tag{2}$$

anschreiben; dieser Ansatz wird durch doppeltes Logarithmieren linearisiert

$$\log \log \frac{\sigma_{oZ} - \sigma_{aw}}{\sigma_w - \sigma_{aw}} = r \cdot \log i + \mu_o . \tag{2a}$$

Ich habe die beiden Gln. (1) und (2) schon vor längerer Zeit am Beispiel einer Versuchsreihe mit gelochtem Stab (Loch Ø = 4 mm bei 3o mm Stabbreite) aus einem Stahl der Güte St. 44 miteinander verglichen (Lit. 5); dieser Vergleich ist in Abb. 3 wiedergegeben. Die beiden Gln.(1) und (2) stimmen im Versuchsbereich von

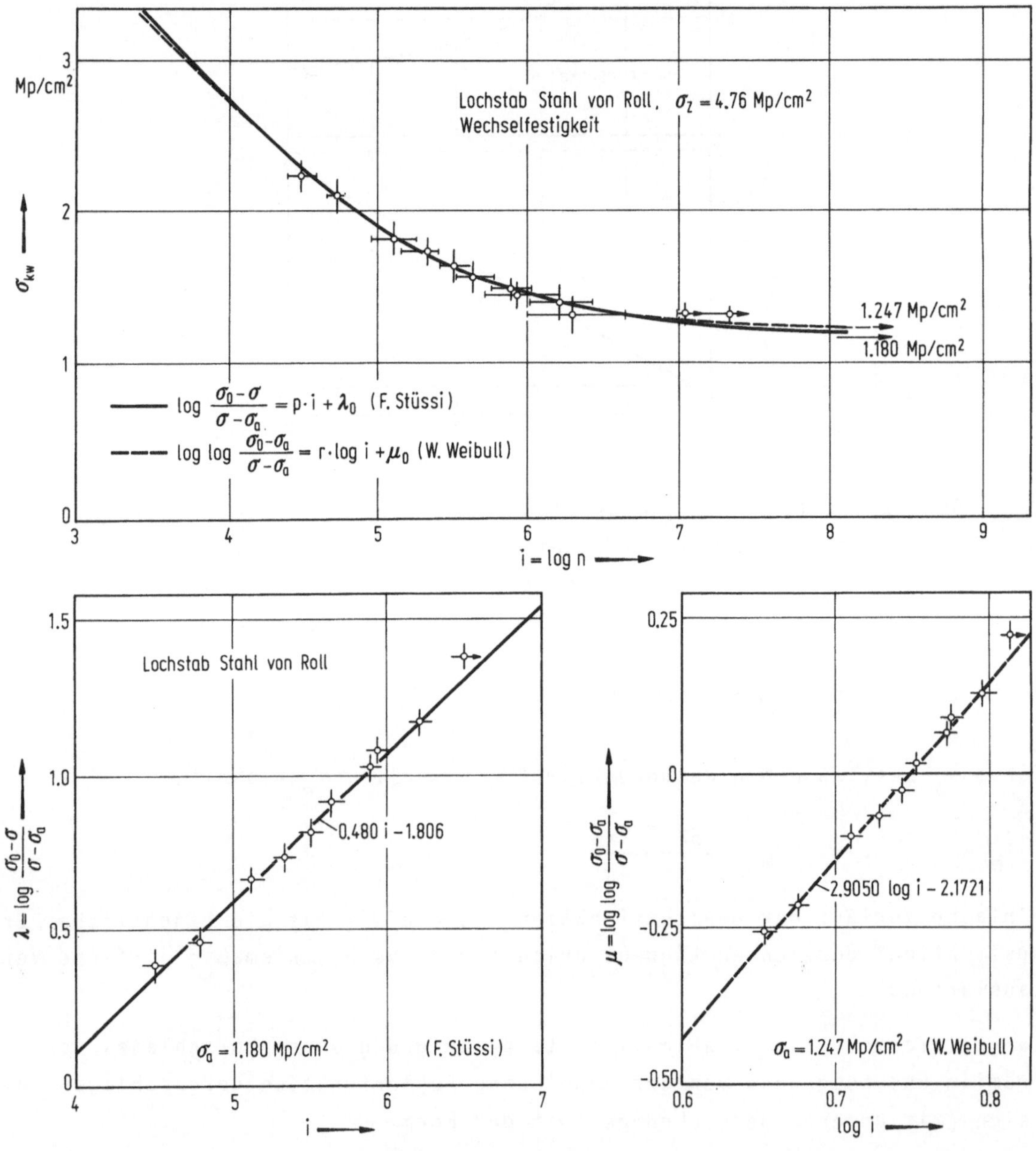

Abb. 3 Vergleich der Gln.(1) und (2) mit Versuchsergebnissen an Stahlprüfkörpern

etwa n = 3o·1o^3 bis über n = 1o·1o^6 gut mit den Versuchswerten der untersuchten Wechselfestigkeit σ_w überein; die unvermeidlichen Streuungen, die besonders bei kleinen Spannungswerten, also bei großen Lastwechselzahlen, groß werden, erlauben keinen Entscheid darüber, welche der beiden Gleichungen den Verlauf der Wöhlerkurve der Wechselfestigkeit σ_w besser wiedergibt. Wohl ist Gl.(1) einfacher aufgebaut und bei der Versuchsauswertung leichter zu handhaben als Gl.(2); dies ist wohl ein deutlicher Vorteil aber kein abschließendes Kriterium für den Entscheid zu Gunsten der einen oder anderen Gleichung.

Um diesen Entscheid objektiv treffen zu können, ist wohl noch die zweite Aussage der Ermüdungstheorie beizuziehen. Diese hat für jede beliebige Lastwechselzahl n den Zusammenhang zwischen der Größtspannung $\sigma_{max} = \sigma_n + \Delta\sigma$ oder der halben Schwingungsweite $\Delta\sigma$ und der Mittelspannung σ_m festzulegen. Für diesen Zusammenhang habe ich, nach längeren Bemühungen und durch einen glücklichen Zufall die Gleichung

$$\kappa^2 + \psi^2 = \frac{\sigma_{oZ}\cdot(\sigma_{oZ}-\sigma_m)\cdot(\sigma_w-\Delta\sigma)-\sigma_m\cdot\sigma_w\cdot\Delta\sigma}{\sigma_m-\sigma_w+\Delta\sigma} \qquad (3)$$

gefunden (Lit. 6). Dabei bedeutet κ^2 eine "Kriechkonstante", die eine bei den meisten Aluminiumlegierungen auftretende Besonderheit erfaßt, daß nämlich die halbe Schwingungsweite $\Delta\sigma$ nicht erst bei einer Mittelspannung $\sigma_m = \sigma_{oZ}$ verschwindet, wie dies für warm gewalzten Stahl der Fall ist, sondern schon vorher bei $\sigma_m = \sigma_Z < \sigma_{oZ}$. Es handelt sich somit um eine Erscheinung, die vergleichbar ist mit der Abnahme der statischen Zugfestigkeit unter langdauernder Belastung, wie wir das auch für Stähle bei hohen Temperaturen kennen. Für warm gewalzten Stahl ist $\kappa^2 = 0$. Die Kerbfunktion ψ^2 hat die besondere Form der $\Delta\sigma$-σ_m-Kurven bei gekerbten Stäben zu erfassen (Abb. 4); sie ist von der Mittelspannung σ_m abhängig, aber wie auch die Kriechkonstante κ^2 unabhängig von der Lastwechselzahl n. Gl.(3) gilt somit bei gleichen Werten von κ^2 und ψ^2, für jede Lastwechselzahl n und damit auch für die asymptotischen Endwerte σ_{aw} und $\Delta\sigma_a$ bzw. $\sigma_{amax} = \sigma_m + \Delta\sigma_a$. Für kerbfreie Stäbe ist $\psi^2 = 0$.

Ordnen wir nun die Gl.(3) nach der gesuchten Unbekannten $\Delta\sigma$, so finden wir

$$\Delta\sigma = \frac{\sigma_w\cdot(\sigma_{oZ}^2+\kappa^2+\psi^2)-\sigma_m\cdot(\sigma_{oZ}\cdot\sigma_w+\kappa^2+\psi^2)}{\sigma_{oZ}^2+\kappa^2+\psi^2-\sigma_m\cdot(\sigma_{oZ}-\sigma_w)},$$

und durch Einführung der Abkürzungen

$$C_1 = \frac{\sigma_{oZ} \cdot \sigma_w + \kappa^2 + \psi^2}{\sigma_{oZ}^2 + \kappa^2 + \psi^2}$$

$$C_2 = \frac{\sigma_{oZ} - \sigma_w}{\sigma_{oZ}^2 + \kappa^2 + \psi^2} = \frac{1 - C_1}{\sigma_{oZ}}$$

erhalten wir

$$\Delta\sigma = \frac{\sigma_w - C_1 \cdot \sigma_m}{1 - C_2 \cdot \sigma_m} \; . \qquad (3a)$$

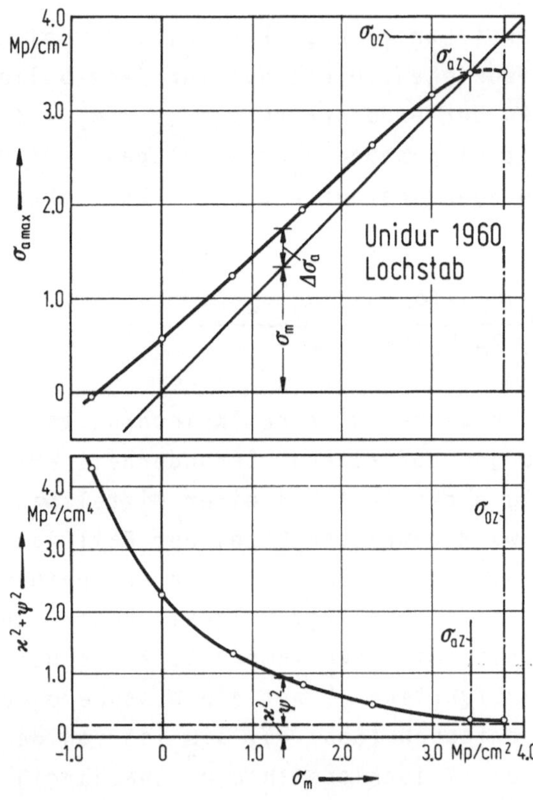

Abb. 4 Verlauf der Kriechkonstanten κ^2 und Kerbfunktion ψ^2

Damit ist die Aufgabe gelöst. Setzen wir den Wert der Wechselfestigkeit σ_w aus Gl.(1) in die Abkürzungen C_1 und C_2 sowie in Gl.(3a) ein, so ergibt sich der ganze Bereich von $\Delta\sigma$ und damit auch von $\sigma_{max} = \sigma_m + \Delta\sigma$ für alle Lastwechselzahlen n und für alle positiven Werte der Mittelspannung σ_m; die beiden Gleichungen gelten sogar auch noch für kleinere Werte von negativen Mittelspannungen σ_m (Druck).

Führen wir diese Berechnung formelmäßig durch, so ergibt sich nach einiger Zwischenrechnung (die wir hier allerdings aus Raumgründen nicht wiedergeben können) ein bemerkenswerter Zusammenhang, der wohl kaum ein Zufall sein kann, sondern deutlich für die Richtigkeit der gefundenen Lösung spricht; es wird nämlich für konstante Mittelspannung σ_m

$$\Delta\sigma = \frac{\Delta\sigma_o+f_m\cdot\Delta\sigma_a}{1+f_m} = \frac{\sigma_{oZ}-\sigma_m+f_m\cdot\Delta\sigma_a}{1+f_m} \tag{4}$$

und damit auch

$$\sigma_{max} = \frac{\sigma_{oZ}+f_m\cdot\sigma_{amax}}{1+f_m} \tag{4a}$$

mit

$$f_m = f_w\cdot(1-C_{2a}\cdot\sigma_m) = f_{om}\cdot n^p.$$

Alle Wöhlerkurven für σ_{max} bei konstanter Mittelspannung σ_m gehorchen somit der zu Gl.(1) für die Wechselspannung σ_w analogen Gl.(4a) mit dem gleichen Exponenten p; es sind somit die zugehörigen Geraden λ

$$\lambda = \log f = \log \frac{\sigma_o-\sigma}{\sigma-\sigma_a} = p\cdot i + \lambda_o,$$

zueinander parallel. Nun zeigt sich weiter aus der Auswertung aller mir bekannten Versuche, daß dieser Exponent p für alle Formen von Probestäben aus gleichem Material gleich groß ist; der Exponent p ist damit eine Materialkonstante. Sein Wert beträgt für Stahl etwas weniger als o.5; ich habe bei allen Versuchen mit Stahlstäben gefunden, daß man mit p = o.48 rechnen darf. Bei Aluminiumlegierungen variiert p von etwa p = o.3o bis p = o.42; einen höheren Wert als p = o.42 habe ich für Aluminium noch nie gefunden.

Die Existenz einer Dualität zwischen den Gln.(1) und (3), wie sie in der Gl.(4) so deutlich zum Ausdruck kommt, ist wohl ein objektives Kriterium für den Entscheid zugunsten unserer Gl.(1) gegenüber der Weibull'schen Gl.(2). Selbstverständlich können auch aus Gl.(2) die Wechselspannungen σ_w berechnet und daraus aus Gl.(3) die Spannungen $\Delta\sigma$ bzw. $\sigma_{max} = \sigma_m + \Delta\sigma$ bestimmt werden, aber die duale Verbindung zwischen den beiden Aussagen, wie Gl.(4) sie für die Gln.(1) und (3) darstellt, geht dabei verloren; die μ-Geraden, die wir aus der Gl.(2) von W. Weibull durch doppeltes Logarithmieren erhalten, sind für verschiedene Werte von σ_m nicht mehr parallel zueinander.

Die innere Geschlossenheit der phänomenologischen Lösung des Ermüdungsproblems durch die beiden Gln.(1) und (3) berechtigt wohl zur Hoffnung, daß diese Lösung in der Zukunft einmal einem mathematisch begabten Physiker helfen könnte, die dem Ermüdungsvorgang zugrunde liegenden physikalischen Ursachen zu erkennen.

In Abb. 5 sind die Ergebnisse einer eigenen Versuchsreihe (196o) mit Lochstäben (Loch d = 4 mm bei 3o mm Stabbreite) aus der aushärtbaren Aluminiumlegierung

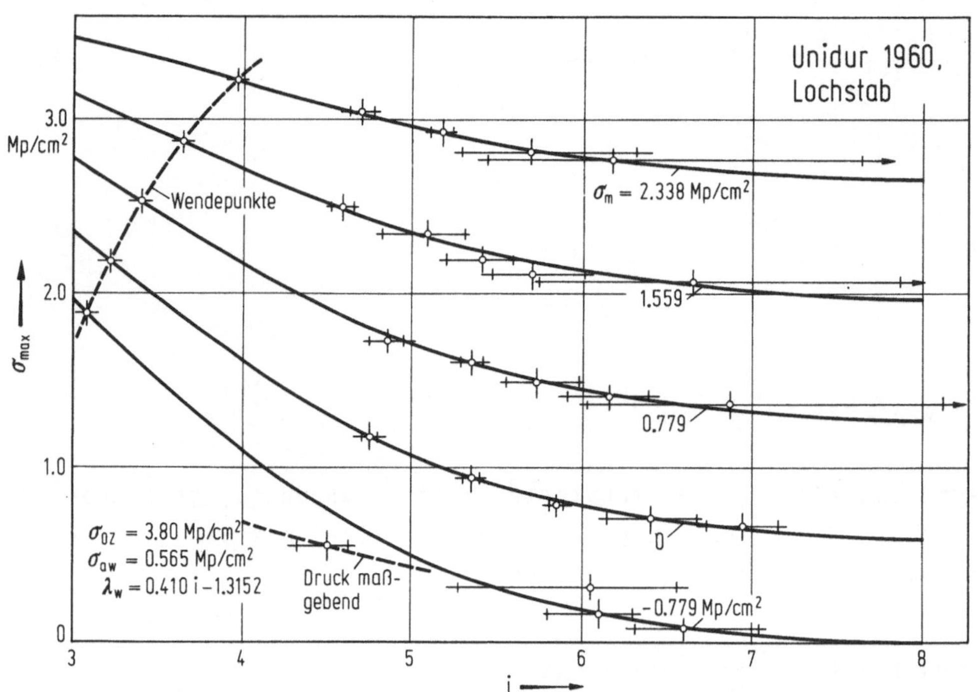

Abb. 5 Ergebnisse aus Schwingfestigkeitsuntersuchungen an Alu-Lochstäben (σ_{max} - log n - Verlauf)

Unidur (Gattung AlZnMg) der Alusuisse, geprüft mit Hochfrequenzpulsator Bauart Amsler, zusammengestellt. Gesucht waren die ertragenen Lastwechselzahlen für die Höchstspannungen σ_{max} bei gegebenen Mittelspannungen σ_m. Eingetragen sind die Mindest-, Höchst- und Mittelwerte von i = log n für je 5 Einzelversuche. Die Übereinstimmung der nach den Gln.(1) und (3) bzw. (4a) berechneten Kurven mit den Versuchsergebnissen darf wohl als gut bezeichnet werden. Für die negative Mittelspannung σ_m = -o.779 t/cm^2 zeigt sich, daß bei kleineren Lastwechselzahlen offenbar nicht mehr die Zugspannung σ_{max}, sondern die Druckspannung σ_{min} für den Bruch maßgebend ist.

Die Abb. 6 zeigt die gleichen Werte σ_{max} in Funktion der Mittelspannung σ_m; wir hätten als Abszissen ebenso gut die Mindestspannung σ_{min} oder das Spannungsverhältnis $\sigma_{min}/\sigma_{max}$ wählen können. Die für das Spannungsverhältnis σ_{min} = o.1o$\cdot\sigma_{max}$ eingetragene Gerade zeigt, daß die zugehörigen Höchstspannungen mit

$$\sigma_m = o.55\cdot\sigma_{max}$$

nur einen recht beschränkten Bereich des Ermüdungsvorganges erfassen und daß somit eine entsprechende Versuchsreihe nur eine begrenzte Aussagekraft besitzt.

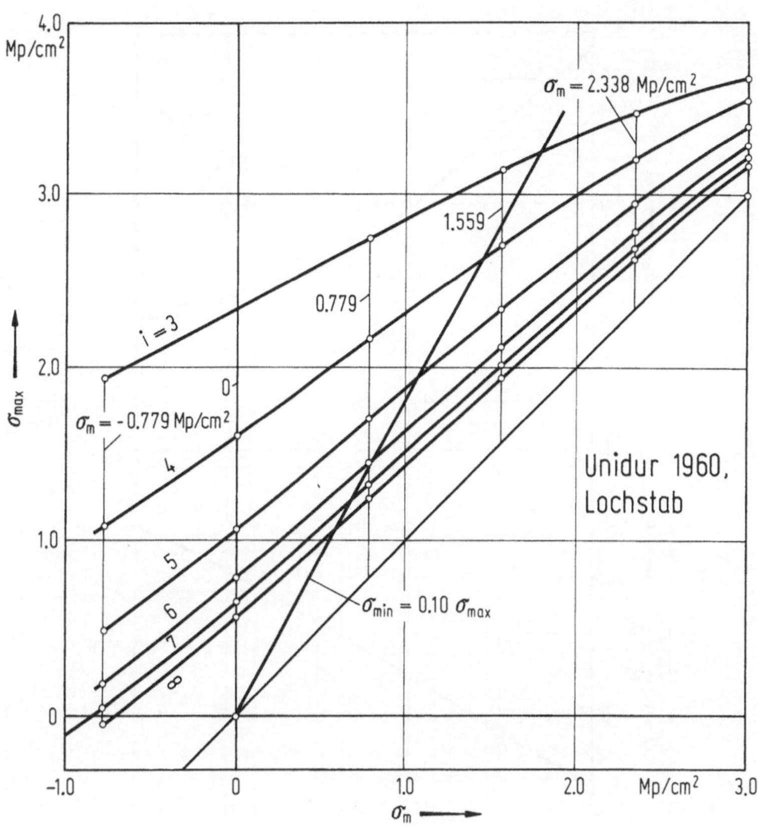

Abb. 6 Ergebnisse aus Schwingfestigkeitsuntersuchungen an Alu-Lochstäben (σ_{max} - σ_m - Verlauf)

Diese Höchstspannungen σ_{max} für σ_{min} = o.1o·σ_{max} sind in Abb. 7 aufgetragen, und es wurden auch die Werte

$$\lambda = \log \frac{\sigma_{oZ}-\sigma_{max}}{\sigma_{max}-\sigma_{amax}}$$

berechnet. Es zeigt sich deutlich, daß hier die λ-Werte nicht mehr auf einer Geraden liegen; wird Gl.(1) auf einen solchen Fall mit veränderlicher Mittelspannung angewendet, so ist sie nur noch eine Näherungsformel. Das gleiche gilt übrigens auch für Gl.(2). Die Fehler der Annäherung sind allerdings klein, wenn der untersuchte Bereich der Lastwechselzahlen nicht allzu groß ist; hier werden diese Fehler normalerweise von den unvermeidlichen Streuungen der Versuchsergebnisse überdeckt. Bei Versuchen mit σ_m = konst. steigt dagegen die Zuverlässigkeit der Auswertung mit zunehmender Größe des untersuchten Bereichs der Lastwechselzahlen.

Die Aussagekraft von Ermüdungsversuchen wird dann optimal sein, wenn ihr Programm auf eine "Ermüdungstheorie" orientiert ist, die eine möglichst umfassende Auswertung erlaubt.

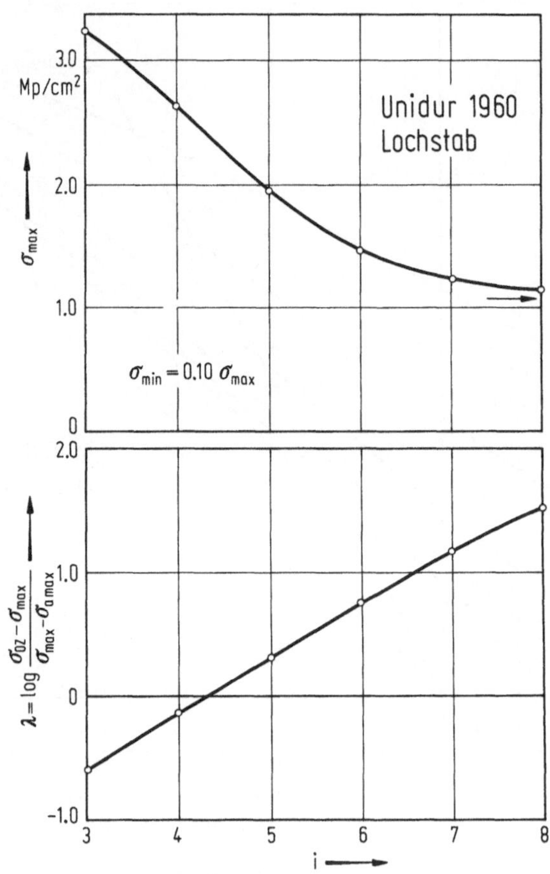

Abb. 7 Anwendung der modifizierten Gl.(1a) auf Versuchsergebnisse nach Abb. 5 und 6

Literaturverzeichnis

(1) Steinhardt, O. und D. Kosteas: Die Schwingfestigkeit geschweißter Aluminiumverbindungen. Berichte der Versuchsanstalt für Stahl, Holz und Steine der Universität Fridericiana, 3. Folge - Heft 5, Karlsruhe 1971.

(2) Wöhler, A.: Über die Festigkeitsversuche mit Eisen und Stahl. Zeitschrift für Bauwesen, Jahrg. XX, Berlin 187o.

(3) Stüssi, F.: Die Theorie der Dauerfestigkeit und die Versuche von August Wöhler. Mitteilungen der T.K.V.S.B. (Technische Kommission des Verbandes Schweiz. Brückenbau- und Stahlhochbauunternehmungen). Nr. 13, Zürich 1955.

(4) Weibull, W.: The Statistical Aspect of Fatigue Failures and its Consequences. Fatigue and Fracture of Metals, edited by W. M. Murray, Mass. Inst. Techn., 1952.

(5) Stüssi, F.: Generalbericht zu Thema I des 6. Kongresses der I.V.B.H., Schlußbericht S. 3., Stockholm 196o.

(6) Stüssi, F.: Die Ermüdung von Eisen und Stahl und anderen Metallen. Nachrichten aus der Eisen-Bibliothek der Georg Fischer Aktiengesellschaft, Nr. 31, Schaffhausen 1965.

Spannungsrißkorrosion bei Aluminiumlegierungen

D. KOSTEAS, Karlsruhe

1. Grundlagen

Aluminium kommt in der Natur, wie viele andere Gebrauchsmetalle, an Sauerstoff gebunden vor. Durch Energiezufuhr wird vom Metalloxid das reine Metall gewonnen; die Metallatome liegen nun auf einem höheren Energieniveau im Gitterverband des metallischen Zustandes und werden, solange keine Schutzschicht vorhanden ist, sofort in den energieärmeren Zustand des Oxides übergehen. Die natürliche Oxidhaut des Aluminiums (ca. o,1 µm dick) bildet einen dichtschließenden, widerstandsfähigen Film an der Oberfläche, der, wenn intakt, vor weiterem Korrosionsangriff schützt.

Es wird oft von Aluminium erwartet, daß es völlig immun gegen Korrosion sein soll. In der Praxis kann es jedoch beim Zusammenwirken bestimmter Ursachen zu Korrosionserscheinungen kommen. Von den verschiedenen möglichen Korrosionsangriffsformen bei Aluminium wird hier die Spannungsrißkorrosion (SRK) näher betrachtet, da diese auch bei relativ niedrig beanspruchten Konstruktionsteilen beim Vorliegen eines Korrosionsmediums völlig unbemerkt zum totalen Schaden führen kann, besonders bei dynamisch belasteten Bauteilen, bei denen ein erster Anriß sehr rasch fortschreiten wird.

Nach der Definition von E.H. Dix bzw. F.A. Champion (Lit. 1) versteht man unter Spannungsrißkorrosion bei metallischen Werkstoffen ein mehr oder weniger plötzliches Aufreißen unter gleichzeitiger Einwirkung eines Korrosionsmittels und einer statischen Spannung, wobei die Anfälligkeit des Metalls gegen Spannungsrißkorrosion als Folge einer größeren Herabsetzung der mechanischen Eigenschaften zu verstehen ist als diese bei der getrennten, jedoch additiven Einwirkung beider Komponenten sich bemerkbar macht.

Vier Parameter beeinflussen das Werkstoffverhalten bei Spannungsrißkorrosion

a) die Legierungszusammensetzung,
b) der Gefügezustand,

Beitrag in "Theorie und Berechnung von Tragwerken", Springer-Verlag 1974, von Privatdozent Dr.-Ing. D. Kosteas, Wissenschaftlicher Mitarbeiter an der Versuchsanstalt für Stahl, Holz und Steine der Universität (TH) Karlsruhe

c) die bereits erwähnten äußeren oder inneren Zugspannungen in der Nähe der Oberfläche, die Werte über $o{,}5\sigma_{o,2}$ annehmen,

d) das Korrosionsmedium (bereits feuchte Luft oder in der Oxidschicht adsorbierte Feuchtigkeit genügt)

Einige Aluminiumlegierungen besitzen aufgrund ihrer Zusammensetzung eine erhöhte Anfälligkeit gegenüber Spannungsrißkorrosion. Zu dieser Gruppe gehören hoch magnesiumhaltige Knetlegierungen (mit über 3,5% Mg-Gehalt) sowie die bei hochbeanspruchten Konstruktionen bevorzugt eingesetzten AlZnMg- und AlZnMgCu-Legierungen. Dabei werden Konstruktionen des Ingenieursbaus und des Fahrzeugbaus, bei statischer und dynamischer Beanspruchung, immer häufiger aus der Legierung AlZnMg1 - besonders wegen der Selbstaushärtung nach dem Schweißen - hergestellt.

Die Spannungsrißkorrosion verläuft bei Aluminium immer interkristallin, also zwischen den Korngrenzen. Es handelt sich um eine verformungslose Trennung, wobei kein merklicher Gewichtsverlust oder Korrosionsprodukte erkennbar sind. Zahlreiche Forschungsarbeiten befaßten sich in den letzten Jahren mit dem Problem, trotzdem sind Ursachen und Mechanismus der SRK noch nicht restlos geklärt. Es ist bekannt, daß es sich um einen zweistufigen Prozeß handelt. Unabhängig von der einwirkenden Zugspannung läuft die "Vorbereitungsperiode" ab, die von chemischen und elektrochemischen Reaktionen kontrolliert wird. Während der zweiten Stufe, dem eigentlichen SRK-Vorgang, bei gleichzeitiger Wirkung des Angriffsmittels und der Zugspannung bilden sich an den Korngrenzen spröde Zonen; diese führen zu einer Abnahme der Bruchdehnung. Der ursprüngliche Zustand kann jedoch vor Auftreten der SRK-Anrisse durch Wärmebehandlung wiederhergestellt werden. Es wird angenommen, daß der während der ersten Phase durch chemische und elektrochemische Vorgänge entstehende atomare Wasserstoff in der zweiten Phase in die unter Zugspannung stehenden Korngrenzen eindiffundiert und diese versprödet (Lit. 3). So kann ein Riß bei Spannungen im elastischen Bereich eingeleitet werden.

Es wurde schon erwähnt, daß Legierungszusammensetzung und Gefügezustand entscheidend Einfluß auf SRK haben. Dabei wird das Phänomen immer nach einem komplexen Vorgang ablaufen unter Bevorzugung gewisser Teilmechanismen. Hiervon können manche durch Legierungszusammensetzung beeinflußt werden, andere wieder sind durch Wärmebehandlungen steuerbar. Werden z.B. Legierungen mit höherem Fremdmetall-Gehalt Temperaturen zwischen 2oo und 4oo^{o}C ausgesetzt, so bilden sich an den Korngrenzen Ausscheidungen, während die Körnerrandzonen selbst an Fremdmetall verarmt sind. Ähnliches passiert z.B. nach dem Lösungsglühen, wenn man nicht schnell genug abschreckt - örtlich kann dieser Zustand auch durch Schweißen vorkommen, oder, wenn man Vorwärmtemperaturen für das Schweißen innerhalb des kritischen Temperaturbereiches wählt. Außerdem ist das durch die Schweißwärme rekristallisierte Gefüge gegenüber SRK empfindlicher als Fasergefüge, da beim ersteren die Korngrenzen häufiger senkrecht zur Oberfläche zu verlaufen vermögen, was den Rißfortschritt begünstigt. Legierungszusätze an Chrom, Zirkon und

Mangan erhöhen die Rekristallisierungstemperatur, und so kann bei Warmverformung von Profilen und Blechen das Fasergefüge noch erhalten bleiben. Diese Zusätze wirken schließlich keimbildend auf die Ausscheidungen bei Abkühlung der Schmelze, was ein günstigeres Verhalten gegen SRK zur Folge hat. Durch rekristallisationshemmende Zusätze erhält man ein Subkorngefüge und somit wird der Rißfortschritt an den sich so ausbildenden Kleinwinkelkorngrenzen verzögert bzw. werden auch kritische Ausscheidungen an den Kleinwinkelkorngrenzen feiner.

2. Prüfung zur Beurteilung des Verhaltens gegen SRK

Die Vielseitigkeit der Korrosionsversuche, die u.a. durch verschiedenartige Werkstoffe, durch verschiedenartige angreifende Mittel und durch ihren verschiedenartigen Zweck bedingt ist, erfordert Richtlinien für ihre Durchführung. Näheres hierzu kann z.B. den entsprechenden Normen oder der Literatur entnommen werden (Lit. 1, 4 sowie umfassendes Schrifttum in Lit. 5 bzw. 6). Im Rahmen dieser Abhandlung kann auf nur einige besonders in der Praxis zu beachtende Punkte eingegangen werden.

SRK-Versuche sind in der Regel als Vergleichsversuche durchzuführen, d.h. unter den jeweiligen Versuchsbedingungen ist ein parallel laufender Versuchskörper o h n e Zugbeanspruchung zu prüfen. Nur somit kann zwischen solchen Bruchfällen unterschieden werden, die aus einer Abminderung des tragenden Querschnitts infolge Korrosion herrühren, und solchen, die der SRK-Anfälligkeit des Materials zuzuschreiben sind. Auf den Vergleichsversuch wird man jedoch verzichten können, wenn man nur spezielle Zustandsformen (z.B. nach dem Schweißen) oder sog. Güteprüfungen eines bestimmten, in seinem SRK-Verhalten sonst einigermaßen bekannten Werkstoffs überprüfen möchte.

Maßgebende Urteile über die SRK kann man eigentlich nur aus Langzeitversuchen gewinnen. In der Praxis versucht man durch Kurzzeitversuche schneller und wirtschaftlicher die nötige Information zu gewinnen. Dabei kann allerdings die Verstärkung der Angriffsbedingungen (Erhöhung der Temperatur oder der Konzentration des Angriffsmittels) zu Ergebnissen führen, die dem praktischen Verhalten widersprechen. Bei der Übertragung der Ergebnisse auf die Praxis ist deshalb Vorsicht geboten. Oft wird besonders große Streuung der Versuchsergebnisse beobachtet, so daß der Mittelwert von mindestens 3 Versuchen erforderlich ist. Proben sind in der Regel so zu entnehmen, daß die Prüfstrecke an der Oberfläche des geprüften Halbzeuges oder Stückes, und zwar in der gegen SRK empfindlichsten Lage liegt. Proben aus Blech sind somit stets quer zur Walzrichtung zu entnehmen. Keine Nachbearbeitung der Oberflächen, auch nicht durch Polieren, ist erlaubt.

Für die Darstellung der Prüfergebnisse wird die Spannung über der Probenlebensdauer aufgetragen, letztere zweckmäßig im logarithmischen Maßstab.

In der Literatur findet man eine Vielzahl von Prüfkörperformen und Belastungsweisen während der vorgeschriebenen Versuchsdauer, jedoch ist oft zuwenig über die Grenzen in der Anwendbarkeit solcher Proben gesagt. Das Problem ist seit den letzten Jahren allgemein bekannt, und u.a. bemüht sich beispielsweise in den Vereinigten Staaten ein Arbeitsausschuß der ASTM um eine Zusammenfassung der häufiger vorkommenden Prüfkörperformen, der dabei verwendeten Beanspruchungsart und deren Einsatzmöglichkeiten (Lit. 9). Die in Deutschland geltende Norm DIN 5o9o8 "Prüfung von Leichtmetallen - Spannungskorrosionsversuche" sieht zwei verschiedene Versuchsarten vor: 1. Versuchsanordnungen bei s c h w a c h e r Verformung der Prüfstücke, hierzu gehören der Hebel- und der Spannhebelversuch, und 2. Versuchsanordnungen bei s t a r k e r Verformung der Prüfstücke, hier gehören die Schlaufenproben sowie die häufig verwendeten Gabelproben und U-Proben. Die Proben werden während der Versuchsdauer entweder einer konstanten Spannung - beispielsweise mit Hilfe eines konstanten Gegengewichtes - oder einer konstanten Verformung - wie z.B. bei der U-Probe, deren Schenkel mit Hilfe einer Schraube verspannt werden - ausgesetzt.

Obwohl gerade die erwähnten U-Proben für die SRK-Prüfung von Leichtmetallen seit langer Zeit verwendet werden, erlauben sie keine Aussagen darüber, bei welcher reinen Z u g spannung die Empfindlichkeit eines Werkstoffes beginnt. Im Versuch werden diese Proben zunächst nur einer B i e g e spannung ausgesetzt, und ferner sind sie an den Biegekanten bereits plastisch verformt. Neuzeitliche Prüfmethoden versuchen, mit Hilfe axial auf Zug beanspruchter Proben genügend betriebsnahe Erkenntnisse über das SRK-Verhalten verschiedener Legierungen zu gewinnen. An dieser Stelle soll die Notwendigkeit einer Normierung auch der im Kurzzeitversuch eingesetzten verschiedenen Agenzien betont werden, denn nur so kann man zu untereinander vergleichbaren Versuchsergebnissen gelangen.

Zur Darstellung des Einflusses der Beanspruchungsweise auf das SRK-Verhalten seien nach Abb. 1 Versuchsergebnisse nach Brenner und Gruhl bei Axial-Zug-Beanspru-

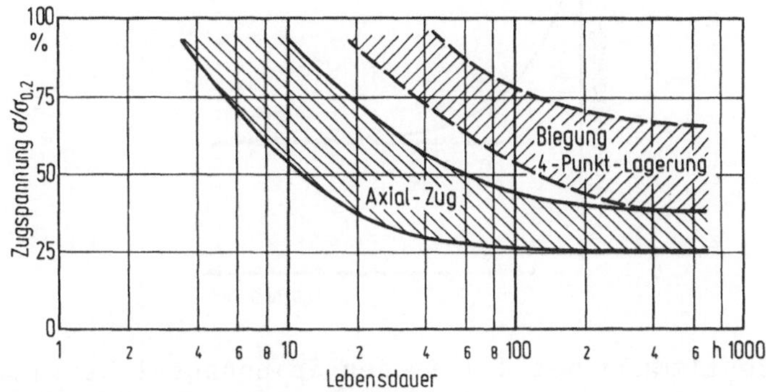

Abb. 1 Vergleich der SRK-Anfälligkeit bei Belastung durch Zug bzw. Biegezug mit konstanter Last (nach Brenner und Gruhl).
Material: AlZn 5,3 Mg 3,7 Mn o,3 Cr o,1
Lösung : 3% NaCl + o,1% H_2O_2

chung bzw. Biegebeanspruchung mit konstantem G e w i c h t und nach Abb. 2 Versuchsergebnise nach Vruggink bei Axial-Zug-Beanspruchung bzw. Biegebeanspruchung bei konstanter V e r f o r m u n g gegenübergestellt. In beiden Fällen wird gezeigt, daß der Werkstoff bei axialer Zugbeanspruchung anfälliger gegen SRK ist.

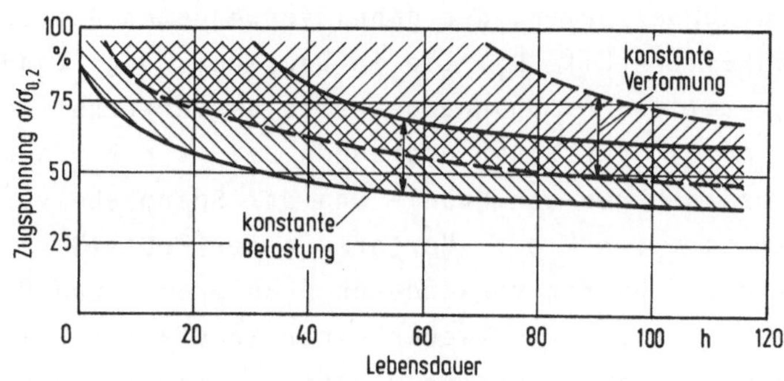

Abb. 2 Vergleich der SRK-Anfälligkeit beim Wechseltauchversuch mit konstanter Verformung bzw. konstanter Belastung (nach Vruggink/Alcoa).
Material: AlZn 6,2 Mg 3,5 Cu 1,7 Cr o,2
Lösung : 3,5% NaCl

Eine andere Prüfmethode besteht darin, vorher angerissene Biegeproben auf Vier-Punkt-Lagerung nachträglich im SRK-Versuch zu beobachten. Dabei mißt man in Abhängigkeit von der Zeit den Rißfortschritt (da/dt) bis zum Stillstand bei einem eingestellten Anfangswert K_{IC} des Spannungsintensitätsfaktors. Man wiederholt diese Prozedur für weitere Werte $K_{ICi} < K_{IC}$, bis man einen Wert K_{ISCC} erreicht, bei dem die Proben nach einer gewählten Zeitdauer noch keine SRK zeigen (Abb. 3).

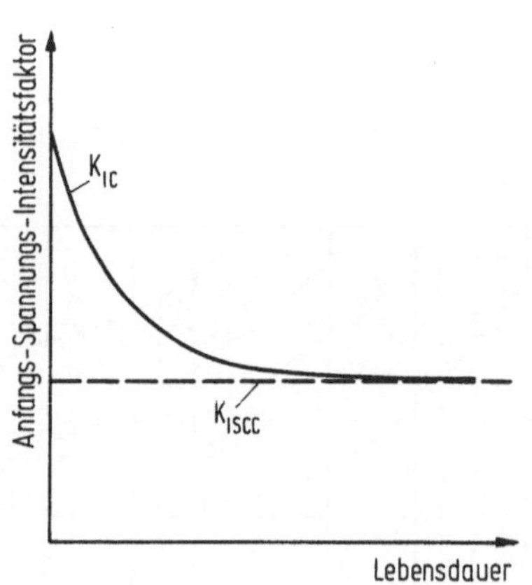

Abb. 3 Zur Bestimmung des kritischen Spannungs-Intensitätsfaktors

Die Rißfortpflanzungsgeschwindigkeit da/dt gegen den Spannungsintensitätsfaktor K_{IC} aufgetragen, ergibt eine Beurteilungsmöglichkeit für das Verhalten verschiedener Legierungen bzw. Lieferzustände dieser Legierungen. Die gegen SRK widerstandsfähigeren Legierungen weisen bei hohen K_{IC}-Werten niedrigere Rißausbreitungsgeschwindigkeiten (Abb. 4) auf.

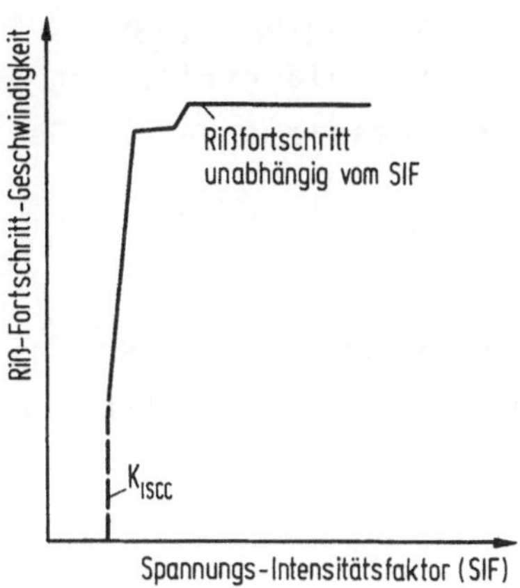

Abb. 4 Abhängigkeit der Rißfortschrittgeschwindigkeit von der Beanspruchungshöhe

In vielen Fällen wird eine Prüfung mit durch konstante Deformation b i e g e - beanspruchten Probekörpern ausreichende Information über das SRK-Verhalten des betreffenden Materials liefern können. Solche Probekörper haben vor allem den Vorteil, daß für sie kleinere, billigere Vorspannungs-Apparaturen als beispielsweise für zugebeanspruchte Proben mit Belastung durch Gewichte erforderlich sind. Auch für a x i a l auf Zug beanspruchte Proben sind jedoch Prüfeinrichtungen entwickelt worden, die eine exakte quantitative Prüfung bei relativ kleinen Abmessungen der Apparatur und niedrigen Kosten erlauben. In den meisten Fällen bestehen solche Einrichtungen aus einem Ring oder Rahmen, gegen den der Prüfling mit Hilfe von Federn oder Schrauben verspannt wird. - Eine etwas abgewandelte Form der Vorspannvorrichtungen, wie sie an anderer Stelle (Lit. 6) beschrieben und auch in letzter Zeit vom Centre International de Developpement de l'Aluminium (CIDA) für entsprechende Untersuchungen bei Aluminium-Legierungen vorgeschlagen worden sind, wurde in der Versuchsanstalt für Stahl, Holz und Steine in Karlsruhe für die im folgenden näher zu beschreibenden SRK-Prüfung an AlZnMg1 eingesetzt.

3. SRK-Prüfung an AlZnMg 1

3.1 Prüfvorrichtung

Es war das SRK-Verhalten von Vollstäben und stumpfgeschweißten Probestäben aus AlZnMg1 F36 verschiedener Blechdicke zu untersuchen. Hier werden nur Ergebnisse von je 3 Vollstäben und Stumpfnähten in 2o mm wiedergegeben. Die Schweißproben wurden mit dem Zusatzdraht S-AlMg4,5Mn nach dem MIG-Verfahren bei einer Vorwärmung auf 15o° als X-Naht geschweißt. Nach dem Schweißen folgte 24 Stunden eine Wärmebehandlung im Glühofen bei einer Temperatur von 12o°C. Bei den Stumpfnähten stimmte die Probenlängsrichtung mit der Walzrichtung überein. Diese ist gleichzeitig auch die normale Belastungsrichtung (quer zur Naht) in der Praxis. Bei den Vollstäben dagegen lag die Probenlängsrichtung quer zur Walzrichtung; die Querrichtung ist durch den texturbestimmenden Preßeffekt des Walzvorgangs anfälliger gegen SRK.

Die Form der benutzten Versuchskörper ist aus Abb. 5 ersichtlich; ebenfalls die Vorspannvorrichtung bestehend aus einem stählernen Rahmen, gegen den mit

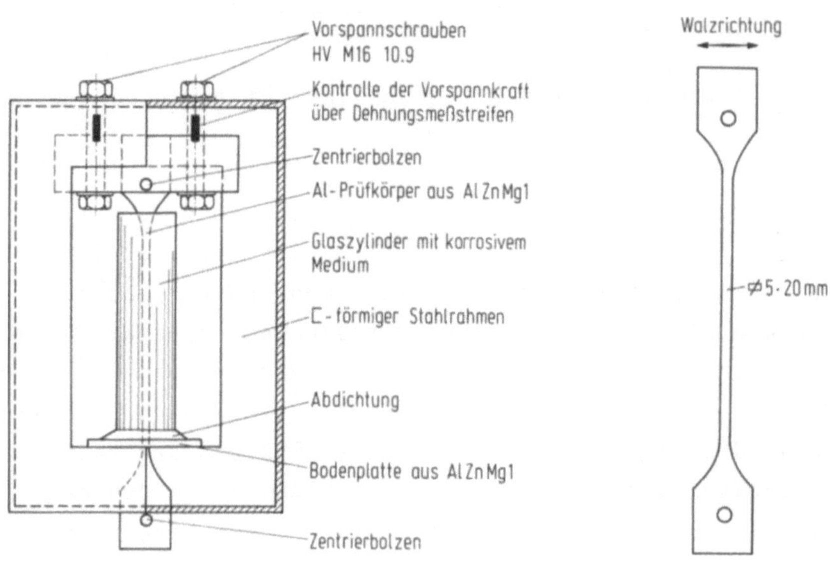

Abb. 5 Vorspannvorrichtung und Versuchskörper für die SRK-Prüfung

Hilfe von zwei HV-Schrauben der Prüfstab torsions- und biegungsfrei vorgespannt wird. Die Schrauben waren geeicht. Über Dehnungsmeßstreifen wurde ihre Verformung beim Vorspannen abgelesen und somit konnte die erforderliche Vorspannkraft des Prüflings eingestellt werden. Ein durchsichtiger Kunststoffzylinder mit dem Angriffsmittel auf einer Bodenplatte ebenfalls aus AlZnMg1 umgab den Prüfstab auf der vorgesehenen Prüflänge. Die Einzelteile der SRK-Versuchsvorrichtung sind auf Abb. 6 zu erkennen.

Die besonderen Vorteile dieser Prüfvorrichtung liegen in der Möglichkeit, jede erwünschte Verformung, aber vor allem eine definierte Spannung, auch während der Versuchsdauer durch leichtes, erneutes Vorspannen der HV-Schrauben konstant zu halten. Die Krafteinbringung durch hochfeste Schrauben sowie der stabile Rahmen der Vorrichtung erlauben die Prüfung von Probestäben verschiedener Form und auch größerer Abmessungen mit höheren erforderlichen Vorspannkräften - letztere können z.B. bei Proben aus dickeren Blechen Werte von mehreren Mp erreichen und wären versuchstechnisch über Hebel als Gegengewichtsbelastung kaum aufzubringen.

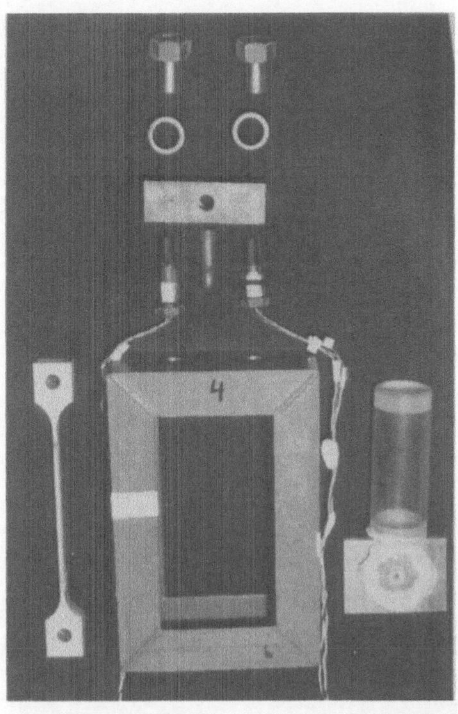

Abb. 6 Einzelteile der SRK-Vorrichtung

3.2 Prüfbedingungen

Vor der eigentlichen Prüfung unter Spannung in der vorgeschriebenen Prüflösung wurden die Probestäbe folgender Vorbehandlung zur Beseitigung von Oberflächenverunreinigungen unterworfen:

3o min tauchen in HNO_3 (1:1) bei 2o-25°C
Spülen mit dest. Wasser
3o sec beizen mit 15-2o%iger NaOH-Lösung bei 5o°C
Spülen in dest. Wasser
2o sec neutralisieren in HNO_3 (1:2) bei 2o-25°C
Spülen in dest. Wasser.

Die für die Versuche verwendete Prüflösung bestand aus:

Natriumchlorid, NaCl p.a. 2%ig
Natriumchromat, Na_2CrO_4 p.a. o,5%ig

Die Prüflösung war mit HCl elektrometrisch auf einen pH-Wert von 3,o eingestellt. Während der Versuchszeit von 1ooo Stunden wurden die Lösungen wöchentlich erneuert. Die Prüftemperatur betrug 2o-25°C. Wesentliche Abweichungen von diesem Temperaturbereich waren nicht aufgetreten. Nach Beendigung der Versuche wurden die Proben mit destilliertem Wasser abgespült, getrocknet und entspannt.

Die Proben sollten während der ganzen Prüfdauer in der Prüflösung mit $o{,}75 \cdot \sigma_{o,2}$ beansprucht werden. Damit war für die Vollstäbe 2o mm eine Vorspannung von 28 kp/mm^2 erforderlich. Die Stumpfnähte 2o mm wurden auf 18 kp/mm^2 vorgespannt. Vor dem eigentlichen SRK-Versuch wurden die Prüflinge für kurze Zeit bis auf die Soll-Spannung vorgespannt, um die Meßanlage und das Kriechverhalten der Stäbe zu überprüfen. Nach Entlastung wurden sie dann endgültig auf die Versuchsspannung gebracht.

3.3 Versuchsergebnisse

An den Vollstäben mit der Blechdicke t = 2o mm waren nach Versuchsende bei Sichtkontrolle keine wesentlichen Veränderungen der Probenoberfläche festzustellen. Bei den Schweißstäben blieb ein leichter Korrosionsangriff auf die wärmebeeinflußte Zone begrenzt (Abb. 7). Die angreifenden Prüflösungen waren

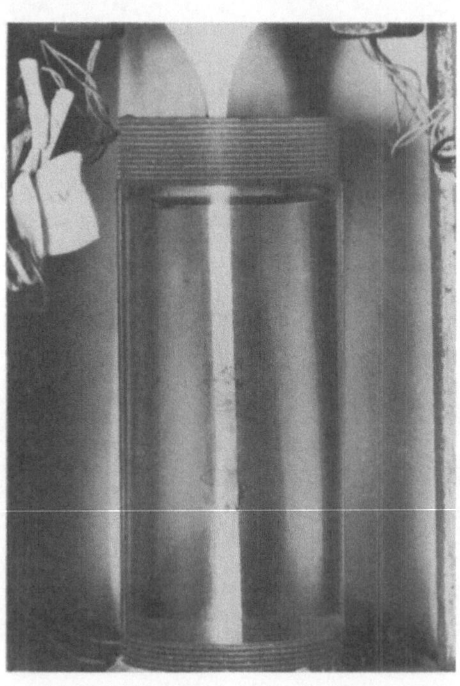

Abb. 7 Korrosionsangriff in der Wärmeeinflußzone

nach optischem Befund unverändert. Ein Spannungsabfall infolge Kriechens, intensiver in den ersten Tagen, wurde durch Vorspannen der HV-Schrauben korrigiert. Nach vierwöchiger Versuchsdauer trat ein erneuter Abfall von ca. 7% der Soll-Vorspannung auf, der durch erneutes Vorspannen ausgeglichen wurde (Abb. 8).

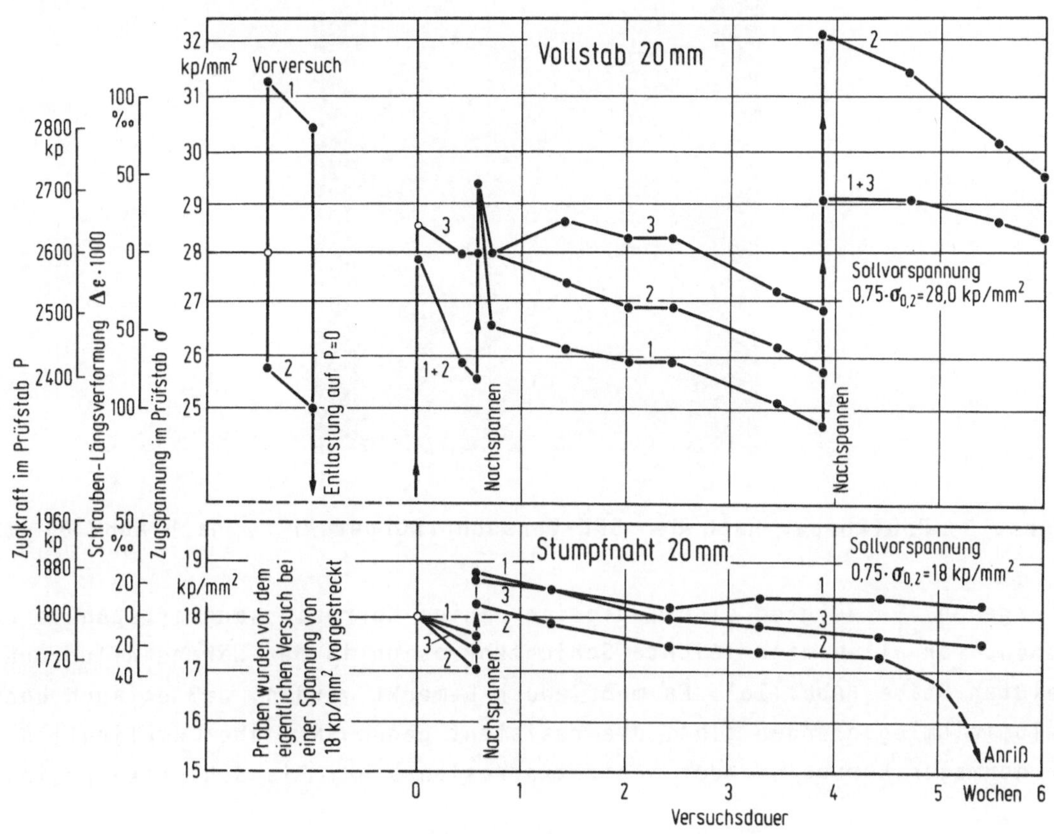

Abb. 8 Spannungs-Zeit-Verlauf während des SRK-Versuchs

Im Falle der Stumpfstöße in 2o mm Blechdicke stellte sich bei allen Prüfstäben in den ersten vier Tagen ein Kriechverlust von i.M. 6% ein, so daß auf etwa 1 kp/mm^2 über die Sollspannung nachgespannt werden mußte. Danach wurden keine nennenswerten Kriechverluste mehr registriert (Abb. 8). Probe 2 zeigt während der ersten Woche den größten Spannungsverlust. Nach Beendigung der Versuche war hier ein starker Anriß am Übergang Schweißnaht-Grundmaterial vorhanden (Abb. 9). Probe 3 zeigt einen schwachen Anriß an der gleichen Stelle, wobei die Ursache der Risse bei beiden Stäben auf eine fehlerhafte Ausführung der Schweißnaht (Bindefehler) zurückzuführen ist. Bei Probe 1 war bei makroskopischer Untersuchung kein Anriß festzustellen. Die Anrisse an den Proben 2 und 3 waren beim letzten Lösungswechsel ca. 17o Stunden vor Versuchsende makroskopisch noch nicht zu erkennen.

Bei einer Untersuchung aller Proben - Vollstäbe und Stumpfnähte - mit einer Lupe bei 15facher Vergrößerung haben sich keine Risse im Sinne einer Spannungsrißkor-

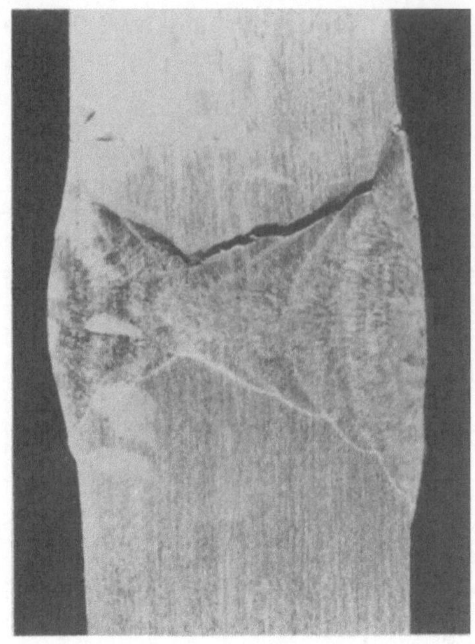

Abb. 9 Prüfkörper nach dem SRK-Versuch (Körper Nr. 2 nach Abb. 8)

rosion ergeben. Es zeigten sich lediglich einige Korrosionsangriffspunkte auf den Stäben, vor allem eine leichte Schichtkorrosion in der Wärmeeinflußzone der geschweißten Stäbe (Abb. 1o). Es muß jedoch bemerkt werden, daß es auch hochfeste Aluminiumlegierungen gibt, die resistent gegen SRK, aber empfindlich gegenüber normaler Korrosion oder Schichtkorrosion sind. Die Schichtkorrosion ist

Abb. 1o Stumpfstoß nach dem SRK-Versuch. Schichtkorrosion in der Wärmeeinflußzone

i.a. nicht gefährlich, weil sie nach einer gewissen Inkubationszeit abklingt. Es gibt außerdem heute einige wirksame Maßnahmen, um SRK oder Schichtkorrosion zu verhindern. SRK-empfindliches Material entsteht als Folge falscher Wärmebehandlungen und zu schroffer Abkühlung nach dem Erwärmen; eine Abstimmung aller thermischen Behandlungen aufeinander ist hier unbedingt erforderlich. Zur Vorbeugung gegen Schichtkorrosion wird für geschweißte Konstruktionsteile eine Wärmenachbehandlung von 12o^{o}C für eine Dauer von 24 Stunden empfohlen.

4. Zusammenfassung

Der Einsatz einer großen Anzahl neuer Aluminiumlegierungen bzw. Lieferzustände dieser Legierungen für immer kompliziertere Aufgaben der Praxis erfordert auch eine vertiefte Kenntnis des Korrosionsverhaltens der Werkstoffe. Eines der Probleme im Zusammenhang mit der Prüfung auf Spannungsrißkorrosion ist auch das der richtigen Interpretation der Versuchsdaten, da die Vielseitigkeit der Prüfverfahren und die verschiedenen angreifenden Mittel oft keine sinnvollen Vergleiche gestatten. Noch fehlen allgemeingültige Richtlinien für die Durchführung der Versuche bzw. diese werden oft nach Methoden durchgeführt, die keine genaue Ermittlung des herrschenden Belastungszustandes und somit keine Übertragung auf Probleme der Praxis erlauben. Die Methodik der SRK-Prüfung wird hier am Beispiel von Material- und stumpfgeschweißten Prüfstäben aus AlZnMg1 demonstriert. Die Versuche wurden an der Versuchsanstalt für Stahl, Holz und Steine der Universität Karlsruhe mit einer eigens hierfür entwickelten Versuchsvorrichtung durchgeführt.

Literaturverzeichnis

(1) Craig, Jr.H.L., D.O. Sprowls and D.E. Piper: Stress-Corrosion Cracking. in: Handbook on Corrosion Testing and Evaluation by W.H. Ailor. John Wiley and Sons, New York.

(2) Dix, E.H. and R.H. Brown: The Stress Corrosion of Metals. in: Metals Handbook. American Society for Metals, 1948.

(3) Brungs, D.: Untersuchungen zum Mechanismus der Spannungsrißkorrosion bei AlZnMg3. Dissertation, T.H. Aachen, 1969.

(4) Normen: DIN 5o 9oo, Bl. 1: Korrosion der Metalle, Begriffe.- DIN 5o 9o5; Prüfung metallischer Werkstoffe, Korrosionsversuche, Richtlinien für die Durchführung und Auswertung. - DIN 5o 9o8; Prüfung von Leichtmetallen - Spannungskorrosionsversuche.

(5) Markworth, M.: Kupferhaltige AlZnMg-Knetlegierungen - Eigenschaften und Entwicklungstendenzen. ALUMINIUM 48 (1972), 11, S. 724-733.

(6) Steinhauser, W. und G. Urban: Neuzeitliche Prüfmethode für metallische Werkstoffe zur Beurteilung des Verhaltens gegen Spannungsrißkorrosion mit Schadensfallbeispielen. ALUMINIUM 45 (1969), 3, S. 156-161.

(7) Altenpohl, D.: Aluminium von innen betrachtet. Aluminium-Verlag, Düsseldorf, 197o.

(8) Fontana, M.G. und R.W. Staehle, Hrsg.: Advances in Corrosion Science and Technology. Plenum Press, New York, N.Y., 1972.

(9) Stress Corrosion Cracking of Metals - A State of the Art. ASTM, Phila., Pa., 1972.

(1o) Statische, dynamische und SRK-Versuche mit Prüfstäben aus AlZnMg1 F36 Grundmaterial und Stumpfstöße. Bericht Nr. 5886/2 der Versuchsanstalt für Stahl, Holz und Steine der Universität Karlsruhe, 1973.

Aufgaben, Ausbildung und Schwingungsverhalten von Fußgängerbrücken aus Stahl

P. BOUÉ, Dortmund

1. Aufgabe und Ausbildung von Fußgängerbrücken

In neuerer Zeit werden in steigender Zahl Fußgängerbrücken gebaut (Lit. 1). Sie haben vorwiegend die Aufgabe

den Fußgängerverkehr vom Fahrverkehr zu separieren,

den Fußgängerverkehr über künstliche oder natürliche Hindernisse hinwegzuführen,

gesicherte, geschützte und kurze Verbindungen herzustellen,

von anderem Verkehr durchschnittene Wege zu ersetzen,

den Fußgängerverkehr zu beschleunigen.

Da bei bestimmten Einsätzen häufig gleiche Stützweiten (Straßenbreite) und fast immer ähnliche Breiten vorkommen, liegt die Typisierung nahe. Sie kann allerdings nur bei großer Stückzahl wirtschaftlich sein. Bisher fehlt hierzu die Bereitschaft der Bauträger und Planer. Es werden individuelle Lösungen vorgezogen, obwohl - wie etwa das Beispiel der Schnellstraßenüberbrückungen in Japan zeigt - die formale Gleichförmigkeit nicht stört. Auch andere Verkehrseinrichtungen wie Ampelanlagen, Parkzeichen, Leitplanken, Maste aller Art, Hinweisschilder sind in großer Zahl gleich und gewinnen hierdurch an Erkennbarkeit, Symbolcharakter und Signalwirkung. Die besondere Gestaltung der bestimmenden Elemente - Hauptträger, Stützen, Pylone, Auf- und Abgänge, Geländer - und die Führung im Grund- und Aufriß sowie spezielle Farbgebung sichern ästhetische Vielfalt und architektonische Eingliederung - bis hin zum charakteristischen Einzelbauwerk (Abb. 1 bis 6).

Prof. Dr.-Ing. P. Boué, Vorstand Rheinstahl AG Stahlbau und Fördertechnik, Dortmund/Hamburg

a

b

c

Abb. 1 Fußgängerbrückennetz (Länge insgesamt: 1.000 m) der Neuen Messe Düsseldorf (Bild a). Zur wettersicheren Verbindung der Hallen in angehobener Ebene (Trennung vom Fahrzeugverkehr).- Zu- und Abgänge über Fahrtreppen (Bild b).- In den Brückenröhren mit Acrylglas-Abdeckung teilweise Fahrsteige mit Gummiband, richtungsschaltbar (Bild c).- Ganzstahlausführung, Gehbahnen mit Kunststoffbelag.

Abb. 2 Seilabgespannte Fußgängerbrücke auf der Weltausstellung Brüssel 1958; jetzt über die BAB bei Duisburg-Kaiserberg. In Einträgerbauart, Torsionskasten 1,3 x o,7 m. Ganzstahlausführung mit Holzbohlenbelag, 5 cm dick.

Abb. 3 Fußgängerbrücke über die Autobahn aus wetterfestem Stahl. Asphaltbelag auf Stahlblechfahrbahn mit querorientierten Kastensteifen.

Abb. 4 Gedeckte Fußgängerbrücke zwischen Parkhaus und Einkaufszentrum in Hamburg-Bergedorf. Ganzstahlausführung aus wetterfestem Stahl, mit Alu-Fenstern. Stahlzellendecke mit Betonestrich und Gumminoppenbelag.

Abb. 5 Seilabgespannte Fußgängerbrücke in Berlin. Ganzstahlausführung, Deckblech mit beheizter Kunststoffbeschichtung.

Abb. 6 Fußgängersteig an den St. Pauli Landungsbrücken in Hamburg. Deckblech mit Kunststoffbeschichtung. Extrem niedrige Bauhöhe.

In der Ausbildung finden sich neben offenen Trog- und Deckbrücken auch gedeckte oder geschlossene Bauformen (Röhren), oft mit Beleuchtung (z.B. im Handlauf des Geländers), bei den geschlossenen Bauformen mit Lüftung (Heizung) oder bei offenen mit Beheizung der Gehbahn (gegen Glatteis und Schneeglätte). Meist wird auf "freie Sicht" des Benutzers Wert gelegt.

Für das Tragwerk kommen alle bekannten Systeme in Frage, wenn auch eine Bevorzugung des Vollwandbalkens zu erkennen ist.

Ähnlich wie bei Straßenbrücken werden die "Gehbahnen" in Beton ausgeführt (Ortbeton, Fertigplatten, Stahlverbund) oder als Stahlplatten ("Orthotrope Platten", häufig mit querorientierter Aussteifung) mit Asphalt-, Gummi- oder Teppichbodenbelag. Auch Holzbohlenbelag (Mombassaholz) wurde schon ausgeführt. Gitterroste (evtl. mit Gummierung) werden trotz gewisser Vorteile (Gewicht, Schmutz) vermieden (Durchblick, Beeinträchtigung und Gefährdung der untenliegenden Verkehrswege und deren Benutzer); für Treppenstufen werden Warzenbleche bevorzugt.

Sofern nicht Anfang und/oder Ende der Fußgängerbrücke in Geländehöhe liegt - etwa wegen entsprechend tiefer Lage des zu überbrückenden Hindernisses im Einschnitt oder passende Gradientenführung (z.B. Bogen) - ordnet man Treppen oder Rampen an. Insbesondere sind hierbei die Bedürfnisse der späteren Benutzer zu beachten (ältere Passanten, Kinderwagen, Fahrräder).

Bei hoher Frequenz können Fahrtreppenaufgänge gewählt werden. Bei langen Brükkenzügen baut man verschiedentlich horizontallaufende Fahrsteige, evtl. richtungsschaltbar oder in Zweiwegebauart ein. Durch eine solche Mechanisierung können sich Kapazität und Nutzgeschwindigkeit erhöhen.- Auf diese Weise sind Fußgänger-Transportsysteme als innerstädtische Verbindungen von Verkehrsknotenpunkten, Einkaufszentren und dergleichen mit Fußgängerbrückennetzen denkbar (Lit. 2).

Die normalen Laufgeschwindigkeiten betragen für

Fahrtreppen..........................	o,5 ober o,65 m/sec
Fahrsteige mit Gummiband oder Paletten Zweiwegefahrsteige mit Paletten	o,5 bis o,75 m/sec.

Hierdurch wird eine "Schüttung" von jeweils 4.5oo - 8.ooo Personen in der Stunde sichergestellt. (Eine 2 m breite Brücke hat eine "Schüttung" von 5.ooo bis 6.ooo Personen in der Stunde).

Wenn nicht aus verkehrlichen Bedürfnissen Dauerbetrieb vorgesehen ist, verwendet man selbsttätige Ein- und Ausschaltung durch Lichtschranken oder Trittplatten (Kontaktmatten).

Das Mitführen von Fahrrädern, Kinderwagen und dergleichen ist bei Fahrtreppen nicht möglich. Hierfür werden andere Zu- und Abgänge, z.B. Rampen oder Treppen mit Fahrrillen vorgesehen.

Während Zweiwegefahrsteige, die mit einem - nach Art von Paternoster - in Horizontal-Ebene umlaufenden Palettenband arbeiten, stets in beiden Richtungen fördern, sind Fahrtreppen und Fahrsteige nach Bedarf richtungsschaltbar, z.B. im Stoßverkehr. Zweiwegefahrsteige zeichnen sich durch niedrige Bauhöhe von nur 18 cm aus und können deshalb oft nachträglich eingebaut werden (Lit. 3).

Die Wahl der Ausführung des Brückenbauwerkes in Stahl hat die Vorzüge

geringes Gewicht,

rasche, den Verkehr nicht behindernde Aufstellung,

mögliche Demontage und Versetzung an eine andere Bedarfsstelle.

2. Schwingungsverhalten von Fußgängerbrücken

Für Fußgängerbrücken ist die Frage des Schwingungsverhaltens unter periodischer Erregung durch die Passanten von Bedeutung. Insbesondere deshalb, weil bezüglich der Beurteilungsgrundlagen Unsicherheit besteht und für Stahlbrücken fälschlicherweise manchmal angenommen wird, sie seien in dieser Hinsicht ungünstiger einzustufen. Alle Brücken (aus jeglichem Baustoff) sind Federsysteme, die unter bestimmten Voraussetzungen von periodischen Erregungskräften aus Wind oder Fußgängerverkehr zu Schwingungen veranlaßt werden können.

Es stellen sich die Fragen,

1. ob die hierdurch hervorgerufenen Verformungen und Beanspruchungen der Konstruktion innerhalb solcher Grenzen bleiben, daß für den Bestand des Bauwerkes keine Gefahr besteht, und

2. ob hierbei für den Brückenbenutzer psychologisch unbehagliche Verhältnisse auftreten können.

Frage 1 und 2 in bezug auf W i n d e r r e g u n g e n bringen für Fußgängerbrücken im Vergleich zum Straßenbrückenbau keine anders gelagerten Probleme. Allerdings muß damit gerechnet werden, daß - insbesondere bei weiter gespannten Bauwerken - zur Vermeidung einer Gefährdung besondere Maßnahmen getroffen werden müssen (Lit. 4).

Aus dem Fußgängerverkehr ist eine Gefährdung des Bauwerkes bei ausreichender Bemessung nach den üblichen Erfordernissen nicht gegeben. Die psychologische Auswirkung wird mangels exakter Untersuchungsergebnisse meist überschätzt.

Die relevanten Schwingungsdauern (Erregerfrequenzen) liegen zwischen folgenden Werten:

Fußgänger	Schwingungsdauer T_E sec
langsam gehend	1,2
laufend	o,4

Im allgemeinen stellt man die Forderung, daß die Schwingungsdauer der Brücke (Eigenfrequenz) jener des periodischen Erregers weder entspricht noch ihr nahe benachbart ist. Damit soll Resonanz verhindert werden, bei der Frequenzen und Amplituden vermutet werden, die nicht nur deutlich wahrnehmbar, sondern sogar unerträglich sind. Über die Größe der dann tatsächlich auftretenden Amplituden, die besonders im Resonanzfall stark dämpfungsabhängig sind, sagt diese Forderung alleine nichts aus.

Das objektive Kriterium für die Beurteilung des Schwingungsverhaltens einer Fußgängerbrücke kann also nicht allein der Nachweis einer genügenden Verstimmung sein, sondern muß zusätzlich die Größe der Amplitude unter Zugrundelegung einer realistischen Belastung bei Berücksichtigung des dynamischen Verstärkungsfaktors im Vergleich zu den zulässigen Amplituden enthalten.

Aufgrund von Versuchen mit Personen, die auf einem Rütteltisch vertikalen, in etwa harmonischen Schwingungen ausgesetzt waren, lassen sich Grenzkurven für zulässige Amplituden in Abhängigkeit der Eigenschwingungsdauer angegeben (Lit. 4). Sie sagen aus, daß Beschleunigungen bis zul b = o,1 g (g = Erdbeschleunigung) nicht unbehaglich sind und daher als zulässig angesehen werden können.

Für harmonische Schwingungen gilt $b_{max} = \omega^2 \cdot A = 4\pi^2\, A/T_B^2$. Umgeformt und den Wert der erwähnten zulässigen Beschleunigung eingesetzt, erhält man die (psychologisch) zulässige Doppelamplitude zul $\bar{A} = 5o \cdot T_B^2$. T_B ist die Eigenschwingungsdauer der Brücke in sec.

Zur Feststellung, ob die möglichen maximalen Doppelamplituden (max $\bar{A}$) unterhalb des nach Maßgabe der Beschleunigung zulässigen Grenzwertes liegen, sind diese auf bekanntem Wege in Abhängigkeit von der maßgebenden Belastung, der Steifigkeit sowie dem dynamischen Verstärkungsfaktor - abhängig von Dämpfung und Frequenzverschiebung (T_E/T_B) - zu ermitteln.

Da es unrealistisch ist, daß fünf Fußgänger mit einem Gewicht von je 1oo kg auf einem Quadratmeter im Gleichschritt gehen können, setzt man höchstens die o,2fache, gleichmäßig verteilte Verkehrslast ein.

Das Kriterium max $\bar{A} \leq$ zul $\bar{A}$ stellt sicher, daß für den Brückenbenutzer psychologisch unbehagliche Schwingungserscheinungen unter realistischen Verkehrsverhältnissen nicht auftreten.

In Tabelle 1 sind die interessierenden Daten einiger ausgeführter Fußgängerbrücken zusammengestellt. Es zeigt sich, daß die Schwingungsdauern teilweise im Bereich der Erregerfrequenz durch Fußgänger liegen. Insbesondere gilt dies für weiche Systeme mit mittleren Spannweiten wie Einfeld- und Durchlaufträger sowie Schrägseilbrücken aus Stahl. Bei Fußgängerbrücken großer Spannweiten nimmt die Eigenschwingungsdauer stark zu, und sie hat meist zur Erregungsschwingungsdauer einen größeren Abstand.

Tabelle 1 Zusammenstellung von Abmessungen, Gewichten und Schwingungskenngrößen von Fußgängerbrücken

System	max l [m]	Breite [m]	Stahlgewicht [t]	T_B [sec]	max $\bar{A}$ [mm]	zul $\bar{A}$ [mm]
Gerberträger - Stahl -	21,75	4,5	9o	o,2	2,o	2,o
Durchlaufträger - Verbund -	24,9o	3,5	38,5	o,3	3,o	5,o
Durchlaufträger - Stahl -	3o,2o	9,67	15o,o	o,37	6,o	7,o
Vierendeel - Stahl -	41,oo	5,o	91,o	o,4	5,o	8,o
Stabbogen - Stahl -	62,oo	2x1,6	72,o	o,5	7,o	14,o
Schrägseilbrücke - Stahl -	48,oo	2,3	33,o	o,6	1o,o	18,o
Schrägseilbrücke - Stahl -	44,oo	4,o	1oo,o	o,7	11,o	26,o
Schrägseilbrücke - Stahl -	36,oo	2,8	88,o	1,o	3o,o	5o,o
Schrägseilbrücke - Verbund -	139,oo	4,8	16o,o	1,9	8o,o	18o,o
Schrägseilbrücke - Beton -	139,oo	4,8	-	2,7	4o,o	36o,o

Dennoch treten in der Praxis auch bei den Brücken, deren Schwingverhalten rechnerisch im kritischen Bereich liegt, unter normalem Verkehr keine Aufschaukelungen ein. Dies ist auf die im System vorhandene Dämpfung (ϑ) zurückzuführen. Rechnerisch läßt sich nachweisen, daß schon eine Dämpfung von ϑ = 1o% ausreicht, um die Amplituden auf einen Wert unter die psychologisch zulässige Schwelle zu drücken.

Wie die Praxis zeigt, genügt die vorhandene Systemdämpfung, um die Amplitude auf ein zulässiges Maß zu begrenzen. Die Verstimmung der Frequenzen durch Erhöhung der Masse oder durch Veränderung der Steifigkeit (durch Wahl eines steiferen, aber aufwendigeren Systems, z.B. Schrägseilbrücke statt Durchlaufträger) ist daher sicherlich unwirtschaftlicher, als das planmäßige Ausnutzen der in jedem System vorhandenen Dämpfungswerte.

Darüberhinaus ist es in speziellen Fällen möglich, wenn die Systemdämpfung nicht ausreicht, durch Schwingungstilger, visco-elastische Dämpfer (Lit. 5) oder Erhöhung der Reibungsdämpfung (Elastomer-Lager anstelle von Rollenlagern) - eventuell sogar nachträglich - die Amplituden entsprechend zu reduzieren.

Literatur

(1) Fußgängerbrücken: Merkblatt 251 der Beratungsstelle für Stahlverwendung, Düsseldorf (1968); dort viele Beispiele und zahlreiche Bilder.

(2) Schmieder, W. und P. Tamm: Überdachte Fußgängerbrücken zur Entzerrung von Fußgängerströmen in Ballungsräumen. Rheinstahl-Technik 3/71.

(3) Schmieder, W.: Fahrtreppen und Fahrsteige. Rheinstahl-Technik 2/73.

(4) Klöppel, K. und F. Thiele: Modellversuche im Windkanal zur Bemessung von Brücken gegen die Gefahr winderregter Schwingungen. Stahlbau 36 (1967), Heft 12.

(5) Steinhardt, O.: Hochhäuser, Abriß der Probleme von Tall Buildings. Karlsruhe 1972.

(6) Nußbaumer, H.: Der Entwurf turmartiger Bauwerke im Hinblick auf deren Schwingungsverhalten. Der Bauingenieur 48 (1973), H. 3.

Entwerfen und Konstruieren im Konstruktiven Ingenieurbau

O. JUNGBLUTH, Darmstadt

Wenn heute von Bildung gesprochen wird, so ist damit in erster Linie die geisteswissenschaftliche, die verbale Bildung gemeint. Allerdings wird unter dem Eindruck der naturwissenschaftlichen Entdeckungen und Erkenntnisse inzwischen - wenn auch noch oft mit niedrigerer Randordnung - die mathematisch-naturwissenschaftliche Begabung auch als ein Bereich der Bildung anerkannt. Die besondere ingenieurmäßige Intelligenz des technischen Gestaltens zählt dagegen trotz der technischen Welt, in der wir leben, nicht zu den Bildungsprivilegien, die die Geistes- und Naturwissenschaften ausschließlich für sich in Anspruch nehmen. Vielleicht liegt dies teilweise mit daran, daß die Denkvorgänge des Entwerfens und Konstruierens in der Öffentlichkeit weitgehend unbekannt, ja dem Ingenieur selbst kaum bewußt sind.

Der entwerfende und konstruierende Ingenieur muß sich bei seiner Arbeit nicht nur der Sprache, wie der Geisteswissenschaftler, oder der Sprache und der mathematischen Formel, wie der Naturwissenschaftler, sondern zusätzlich noch als drittes Denk- und Kommunikationsmedium der Zeichnung bedienen, um alle notwendigen visuellen Eindrücke und Vorstellungen sowie die spezifisch bildlich-anschaulichen Denkformen des Entwerfens und Konstruierens festhalten zu können. Denn die hervorstechendste Eigenschaft der Zeichnung ist ihre sehr hohe Informationsdichte. Während die verbale Wortmitteilung und die mathematische Formelschreibweise nur im zeitlichen Nacheinander aufgenommen werden können, besteht der große Vorteil der technischen Konstruktionszeichnung aus einer auf einmal wahrnehmbaren räumlichen Information, wenn diese auch im allgemeinen zweidimensional reduziert ist. Dies hat umso mehr Bedeutung, als nach psychologischer Erkenntnis alle unsere Darstellungsbilder allgemein dreidimensionalen Charakter haben.

Während der "forschende Naturwissenschaftler" neue Erkenntnisse aus dem Bereich der Natur sucht, will der "konstruierende Ingenieur" verwendbare Produkte und Prozesse entwickeln. Konstruktiver Ingenieur sein, natürlich auch "konstruktiver Bauingenieur" sein, heißt also nicht nur, ein den Naturgesetzen unterliegendes Produkt sicher berechnen zu können, sondern auch, es für den vorgesehenen Zweck entwerfen, gebrauchsgeeignet konstruieren und - last not least - ökonomisch herstellen zu können.

Beitrag in "Theorie und Berechnung von Tragwerken", Springer-Verlag 1974, von Prof. Dr.-Ing. O. Jungbluth, Lehrstuhl für Stahlbau, Technische Hochschule Darmstadt

Ingenieurmäßiges Denken ist also weniger eine reproduzierende Tätigkeit als vielmehr ein schöpferisch/produktiver Arbeitsvorgang. Wenn man sich aber vor die Aufgabe des Entwerfens und Konstruierens gestellt sieht und dabei nicht nur der Notwendigkeit, alle drei Denk- und Kommunikationsmedien: Sprache - Formel - Zeichnung verwenden zu müssen, bewußt wird, sondern sich auch die fast unübersehbare Stoff-Fülle unserer naturwissenschaftlich/technischen Welt vor Augen hält, dann ist die Vorliebe vieler Ingenieure und Ingenieurstudenten zum Rezeptdenken und zur Schemaarbeit durchaus verständlich. So gesehen ist der Computer nicht nur ein hervorragendes Mittel, umfangreiche mathematische Rechenvorgänge für Ingenieuraufgaben bewältigen zu können, sondern auch eine attraktive Verlockung, sich zugunsten des schematisierten Rezeptdenkens dem schöpferischen Vernunftdenken zu entziehen.

Was ist denn nun das artspezifische Denkmodell des entwerfenden, konstruierenden Ingenieurs? Der Naturwissenschaftler (Abb. 1) gelangt aus der Stufe der Wirklichkeit der natürlichen und künstlichen Umwelt, aus der er ein Konzept der realen Erscheinung erkennt, zunächst zu einer Untersuchung der verschiedenen Einflußgrößen. In dieser zweiten Stufe untersucht er durch logische Zerlegung des Sachverhalts in eine Anzahl von genau abgrenzbaren und überschaubaren Einflußfaktoren die gesetzmäßigen Zusammenhänge. Dieses Zerlegen des gesamtheitlichen Konzepts in Einzelteile und deren Systematisierung erfordert eine analytisch-diskursive Arbeitsweise mit hohen Anforderungen an Logik und Schlußfolgerungen. Aus dieser Stufe der Untersuchung zerlegter Einflußgrößen gelangt der Naturwissenschaftler schließlich über die kausal entwickelte widerspruchsfreie Zusammensetzung zur Endstufe der Erkenntnis des gesetzlichen Zusammenhangs.

Diese analytisch-diskursive Arbeitsweise des Naturwissenschaftlers, der nur "erkennen" will, kann aber nicht das Denkmodell des Ingenieurs sein, der "gestalten" will. Der entwerfende und konstruierende Ingenieur muß vielmehr als erstes, ausgehend von der abstrakten Aufgabenstellung, ein Gesamtkonzept der Lösung suchen, auch wenn das Ergebnis des Gesamtkonzeptes zunächst nicht mehr ist als ein vager oder diffuser Gesamteindruck der Endlösung. Dieses Gesamtkonzept der Endlösung enthält aber bereits alle Faktoren der zweiten Stufe, in der durch fortschreitendes Klären der zu erfüllenden Teilfunktionen eine Präzisierung der technisch-konstruktiven Elemente erfolgt. Über diese Zwischenstufe des Konstruierens der zueinander passenden und sich in das Gesamtkonzept einfügenden Teilfunktionen und Elemente führt der Weg dann zur Ausarbeitung der realisierbaren technischen Endlösung.

Die Arbeitsschemata des Naturwissenschaftlers und des Ingenieurs sind also gerade entgegengesetzt: Während der Naturwissenschaftler von der Wirklichkeit über die Faktoren zur Abstraktion gelangt, kommt der Ingenieur von der Abstraktion über die Faktoren zur Wirklichkeit (Abb. 1). Man kann daher das Denkmodell des entwerfenden und konstruktiven Ingenieurs als ein "ganzheitlich-analytisches" bezeichnen (Lit. 1).

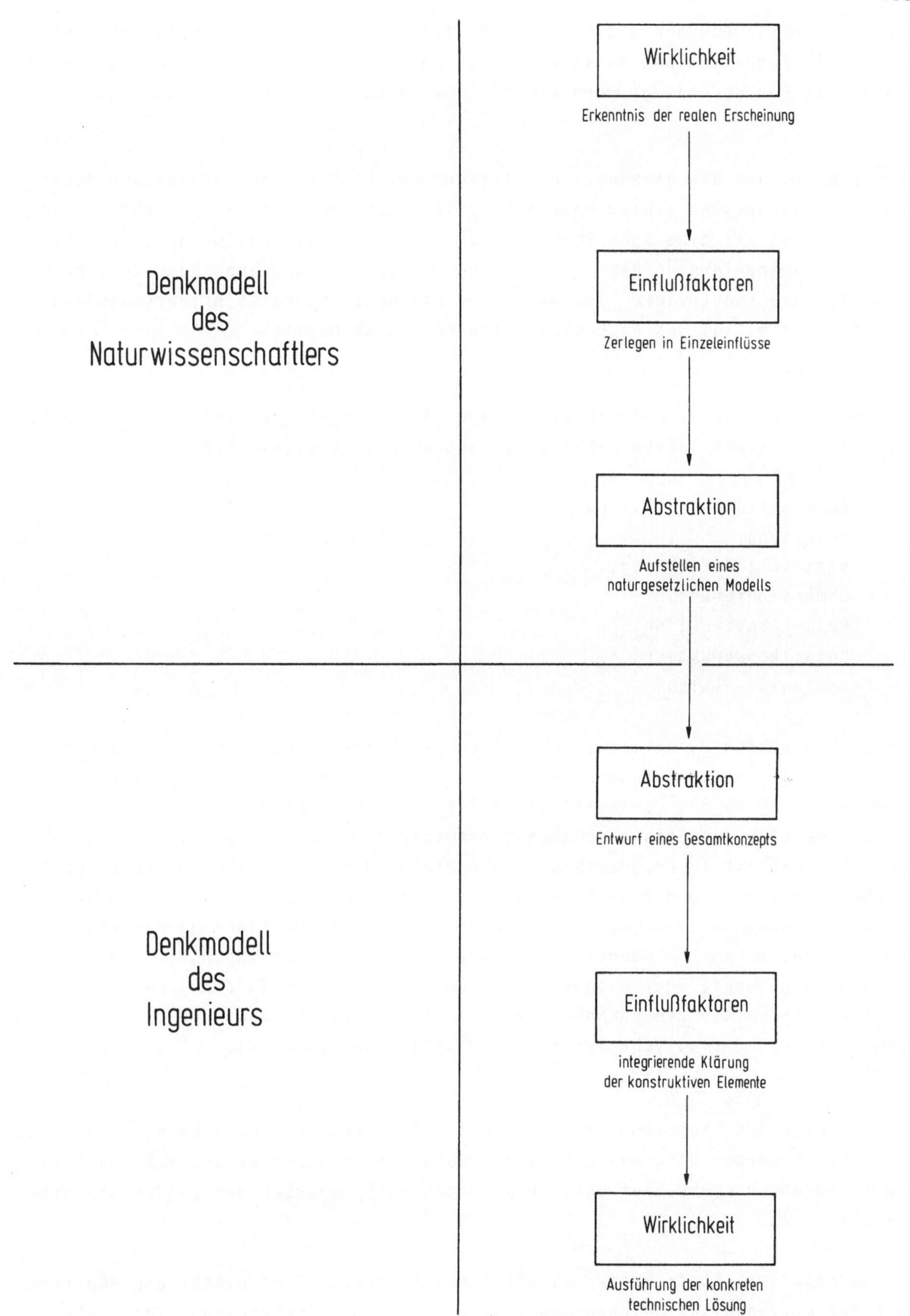

Abb. 1 Arbeitsschemata des Naturwissenschaftlers und des Ingenieurs (nach Lit. 1)

Die konsequente Anwendung dieses ganzheitlich-analytischen Ingenieur-Denkmodells führt beim Entwerfen und Konstruieren in der Bautechnik zu Lösungen von Bauaufgaben, die man neuerdings gern als "INTEGRIERTES BAUEN" bezeichnet (Lit. 2).

Es ist klar, daß die ganzheitliche integrierte Lösung einer Bauaufgabe durch die Berücksichtigung vieler relevanter Einflußgrößen weit vielschichtiger und komplexer ist als eine ohne Rücksicht auf optimale Integration gelöste Teilaufgabe. Die integrierende Berücksichtigung vieler Einflußgrößen besonders beim Entwerfen und Konstruieren ist aber ohne das heute schon selbstverständlich gewordene Hilfsmittel des Rechenautomaten kaum noch möglich.

Während es auch heute noch in aller Regel im konstruktiven Ingenieurbau üblich ist, die einzelnen Teilbereiche einer Entwurfsaufgabe, wie z.B.

geometrische Beschreibung,
Belastung,
statische Berechnung,
Dimensionierung,
Gesamtkonstruktion,
Detailkonstruktion,
Kostenkalkulation

für sich getrennt zu untersuchen, ist es mit Hilfe eines Ingenieur-Automat-Dialogs über ein vertikal integriertes Programmsystem möglich, die genannten Teilaufgaben im Sinne des ganzheitlich-analytischen Denkmodells zu lösen. In einem für den Bereich des Stahlgeschoßbaus entwickelten Programmsystem (Lit. 3) werden z.B. zunächst im Programmblock "Geometrie" die Rastermaße und Verbände eingegeben (Abb. 2), so daß nach wenigen Sekunden Rechenzeit auf dem Bildschirm der erste angenäherte Entwurf des geometrischen Systems (Abb. 3) dargestellt werden kann. Im anschließenden Unterprogrammteil "Randbedingungen" können dann die Knoten gelenkig oder biegesteif gewählt und nicht erforderliche Stäbe weggelassen werden, so daß nunmehr die automatische Zeichenmaschine das endgültige geometrische und statische System aufzeichnen kann (Abb. 4).

In den folgenden Programmblöcken "Belastung", "statische Berechnung" und "Dimensionierung" werden dann das statische System in üblicher Weise, z.B. nach Theorie II. Ordnung, berechnet und die vorhandenen Spannungen den zulässigen gegenüber gestellt.

Der nächste verkettete Programmblock "Gesamtkonstruktion" bietet die Möglichkeit der stufenweisen Zeichnungsdarstellung mit millimetergenau eingepaßten

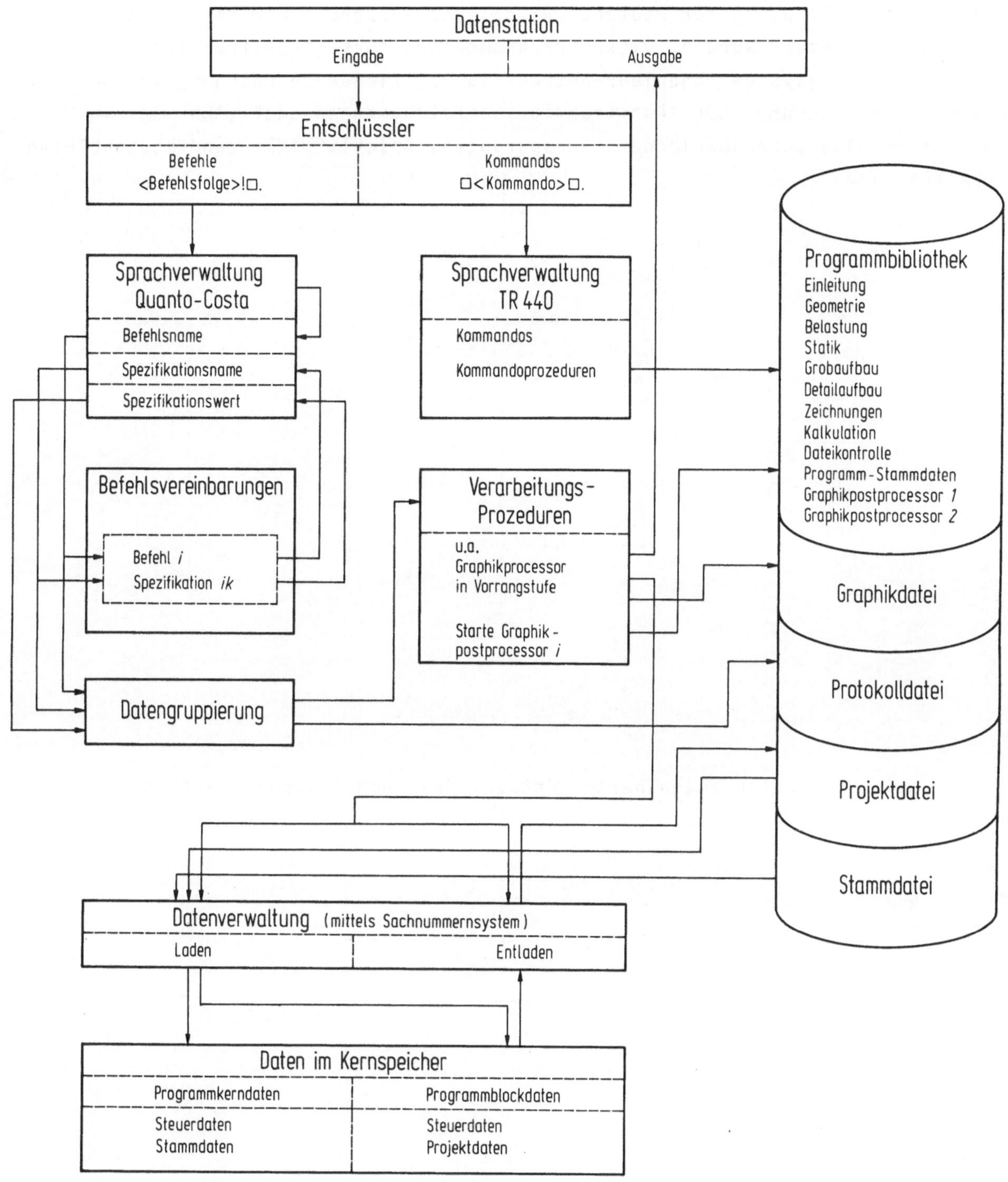

Abb. 2 Programmsystem QUANTO COSTA für rechnergestütztes Konstruieren

Profilen (Abb. 5, 6, 7) für Stützen, Riegel und Verbände, die im Programmblock vorher dimensioniert wurden. Dieser Programmblock "Gesamtkonstruktion" endet mit dem im Dialogsystem Ingenieur-Automat zu vollziehenden Übergang von der "Gesamtumrißzeichnung" zur "Konstruktionsübersichtszeichnung" (Abb. 8), in der bereits alle Schraubenlöcher, Aussparungen, Anschlußwinkel und Knotenbleche enthalten sind.

Abb. 3 Erster angenäherter Entwurf des geometrischen Systems

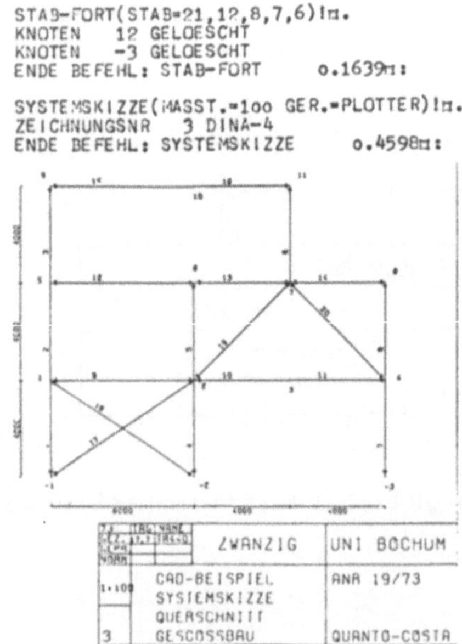

Abb. 4 Endgültiges geometrisches und statisches System

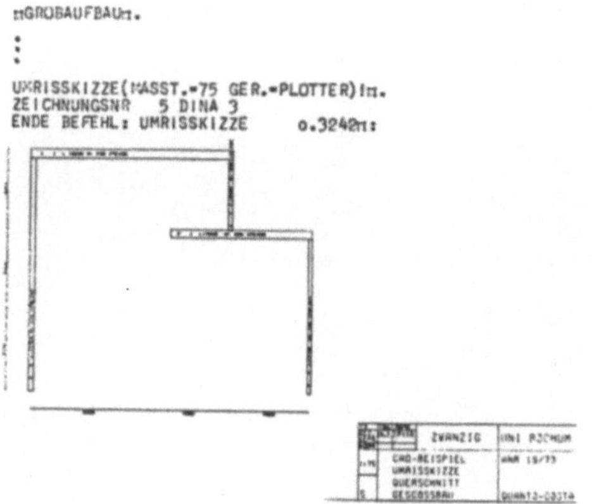

Abb. 5 Teilumrißzeichnung

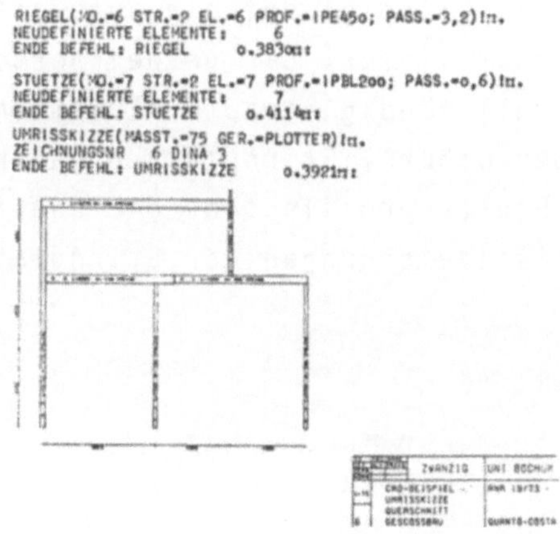

Abb. 6 Teilumrißzeichnung

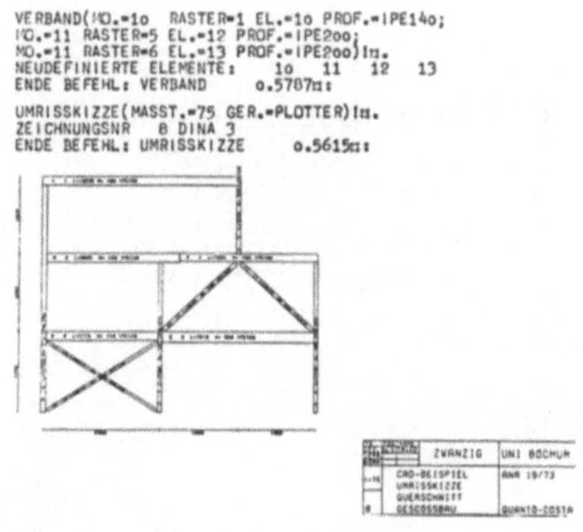

Abb. 7 Gesamtumrißzeichnung

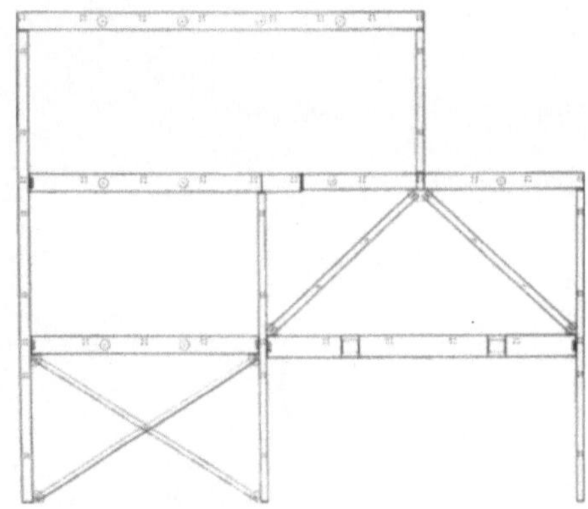

Abb. 8 Konstruktionsübersichtszeichnung

Im nächsten verketteten Programmblock "Detailkonstruktion" erfolgt wieder im Mensch-Maschine-Dialog der Übergang von der "Konstruktionsübersichtszeichnung" zur "Detailkonstruktion". Als Beispiel sei die automatische Detaillierung der Mittelstütze gezeigt. Zunächst liefert das gespeicherte Rechenprogramm die in allen vier Ansichtsebenen vollständig bemaßte "Zusammenbauzeichnung" der Stütze (Abb. 9) mit allen Schraubenlöchern, Stirnplatten und Knotenblechen, dann die "Einzelteilzeichnung" des Stützenprofils ohne die angefügten Kleinteile (Abb.1o) und schließlich die Einzelteilzeichnungen der Stirnplatten (Abb. 11) und der Knotenbleche (Abb. 12).

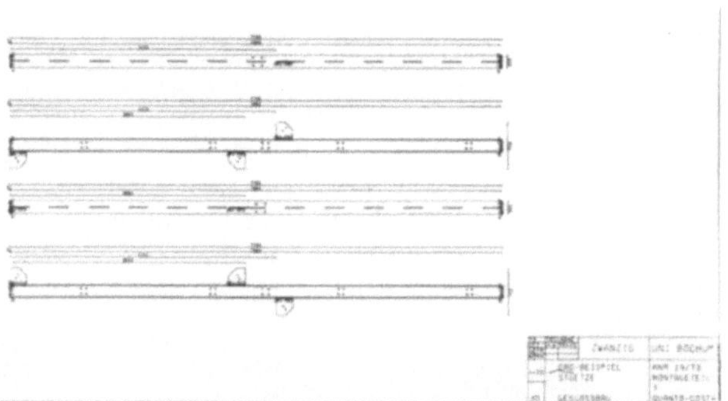

Abb. 9 Zusammenbau-Zeichnung Mittelstütze

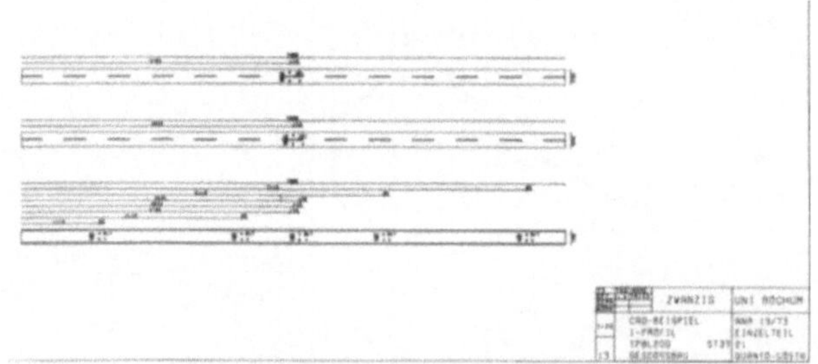

Abb. 1o Einzelteilzeichnung Mittelstützenprofil

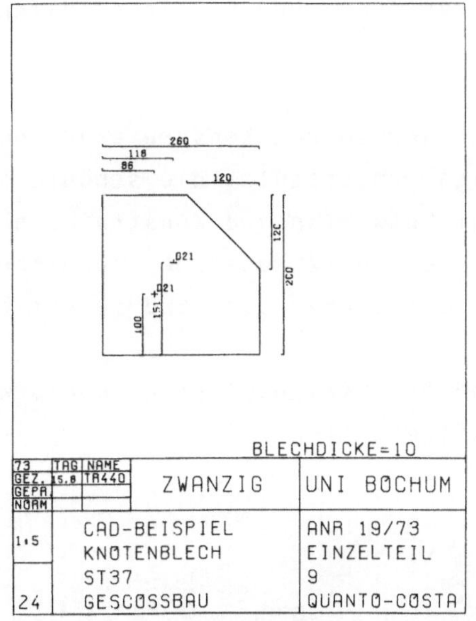

Abb. 11 Einzelteilzeichnung Knotenblech

200
60 120
D21
55 55
190
BLECHDICKE=20

73	TAG	NAME	ZWANZIG	UNI BOCHUM
GEZ.	14.8	TR440		
GEPR				
NORM				
1:10			CAD-BEISPIEL	ANR 19/73
			KOPFPLATTE	EINZELTEIL
			ST52	19
14			GESCOSSBAU	QUANTO-COSTA

Abb. 12 Einzelteilzeichnung Kopfplatte

In gleicher Weise liefert das Rechenprogramm die automatische Detaillierung der anderen Konstruktionsglieder. Die automatische Konstruktionsdetaillierung wird natürlich durch eine standardisierte Anschlußtechnik mit Hilfe auf engstem Raum unterzubringender hochfester Verbindungsmittel - ein Spezialgebiet, auf dem der mit diesem Beitrag zu Ehrende, Herr Professor Dr.-Ing. Dr.sc.techn.h.c. Otto Steinhardt, bahnbrechende Forschungsarbeit geleistet hat (Lit. 4) - wesentlich erleichtert.

Wenn nun im letzten Programmblock "Kalkulation", in dem vor allem fertigungstechnische Daten gespeichert sind, die Kosten der Geschoßbaukonstruktion ermittelt werden, ist das Einsatzziel des Rechenautomaten nicht wie bisher in einem vor allem auf Gewichtsminimierung abgestellten und nur statische Größen erfassenden Rechenprogramm, sondern in einem echt auf Kostenminimierung eingestellten, alle Entwurfs-, Konstruktions- und Fertigungsdaten integrierenden Programm zu sehen.

Dieses "rechnergestützte Entwerfen und Konstruieren" oder, wie es im Fachjargon heißt, "Computer aided design" unterstützt die schöpferische Phantasie und die Ingenieurerfahrung, die zum Entwerfen und Konstruieren nach wie vor gehören, durch eine algorithmisch orientierte Konstruktionsmethodik, die es besser als bisher gestattet, zu optimieren, abzuwägen und zu entscheiden.

"Entwerfen im Konstruktiven Ingenieurbau" steht und bewegt sich auf zwei Beinen: "Berechnung" und "Konstruktion".

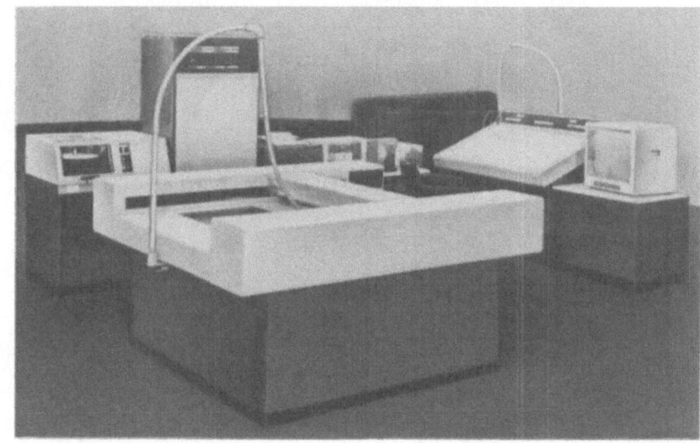

Abb. 13 Computer-Ein- und -Ausgabe mit Plotter

Das durch elektronische Statik tragfähiger und schneller gewordene eine Bein "Berechnung" kann seine Leistungsfähigkeit nur dann voll entfalten, wenn das zweite Bein "Konstruktion" durch "Computer aided design" die gleiche Kraft und Schnelligkeit entfalten kann (Abb. 13).

Literatur

(1) Bach, K.: Denkvorgänge beim Konstruieren. Z.Konstruktion (1973), H.1.

(2) Jungbluth, O.: Integriertes Bauen durch Systeme und Prozesse. VDI-Tagung 1973, Düsseldorf.

(3) Zwanzig, Z.: Rechnerunterstützes Konstruieren von Geschoßbauten. Diss. Ruhr-Universität Bochum 1974.

(4) Steinhardt, O.: Stand der Verbindungstechnik im Metallbau. Abhandlungen der IVBH, Bd. 26, Zürich 1966.

Das räumliche Problem der reinen Biegung eines Stabes aus nichtlinear-elastischem, rhombisch-anisotropem Werkstoff

B. HEIMESHOFF, München

1. Einleitung

Werkstoffe, deren physikalische Eigenschaften richtungsabhängig sind, werden "anisotrop" genannt. "Rhombische" Anisotropie liegt vor, wenn die physikalischen Eigenschaften in drei aufeinander senkrecht stehenden charakteristischen Richtungen unterschiedlich sind. Holz kann aufgrund seiner gewachsenen Faserstruktur als rhombisch - anisotroper Werkstoff aufgefaßt werden, vgl. etwa H. Hörig, R. Keylwerth, F. Kollmann (Lit. 1 bis 3).

In der linearen - klassischen - räumlichen Elastizitätstheorie anisotroper Kontinua, welche W. Voigt (Lit. 4 u. 5) in ihren Grundzügen im Ausgang des 19. Jahrhunderts zum Abschluß gebracht hat, wird ein linearer Zusammenhang zwischen den im Kontinuum infolge einer Belastung auftretenden Spannungen und Verzerrungen postuliert (lineares Elastizitätsgesetz, Hooke sches Gesetz).

Im folgenden wird aufgezeigt, welchen Einfluß ein nichtlinear - elastisches Werkstoffverhalten auf die Spannungen und Verformungen eines Stabes bei reiner Biegebeanspruchung ausübt. Die Verschiebungen für den Stab sollen jedoch - wie in der linearen Elastizitätstheorie - so klein sein, daß es erlaubt ist, die Gleichgewichtsbedingungen für das unverformte Volumenelement zu erfüllen. Ferner sollen die vorkommenden Verzerrungen und Verschiebungsableitungen sehr klein im Vergleich zur Einheit sein, so daß in den Verträglichkeitsbedingungen und den "geometrischen Gleichungen" nur lineare Glieder in den Verzerrungen bzw. Verschiebungsableitungen mitgeführt zu werden brauchen.

Das Elastizitätsgesetz wird aus dem "elastischen Potential" entwickelt (vgl. z.B. die klassische Abhandlung von J. Finger (Lit. 6) ferner W. Voigt (Lit. 5)). Hierbei wird das elastische Potential als Potenzreihe mit so vielen Reihengliedern dargestellt, daß der physikalisch nichtlineare Zusammenhang zwischen den Spannungen und Verzerrungen in diesen von dritter Ordnung ist.

Beitrag in "Theorie und Berechnung von Tragwerken", Springer-Verlag 1974, von
Prof. Dr.-Ing. B. Heimeshoff, Lehrstuhl für Baukonstruktion und Holzbau, Technische Universität München

Die für ein anisotropes Material charakteristischen Symmetriebeziehungen spiegeln sich in den im Elastizitätsgesetz vorkommenden Elastizitätskoeffizienten wider. Es wird angegeben, welche Elastizitätskoeffizienten für einen rhombisch - anisotropen Werkstoff kennzeichnend sind+).

Für die Lösung des räumlichen Problems der reinen Biegung wird ein zum unbelasteten Zustand antimetrisches Elastizitätsgesetz zugrundegelegt, bei dem nur die Elastizitätskoeffizienten erster und dritter Ordnung von Null verschieden sind. Neben den aus der linearen Theorie bekannten Biegespannungen treten infolge des nichtlinearen Elastizitätsgesetzes zusätzliche sekundäre Spannungen auf. Auch die Querschnittsverformungen enthalten gegenüber denjenigen der linearen Theorie sekundäre Anteile.

Der Spannungs- und Verformungszustand des auf reine Biegung beanspruchten Stabes werden anhand von Diagrammen kurz erläutert.

Die Bezeichnungen wurden im wesentlichen nach A.E. Green und W. Zerna (Lit. 9) gewählt.

2. Elastizitätsgesetz nichtlinear-elastischer, rhombisch-anisotroper Kontinua

Bei der Darstellung des Zusammenhanges zwischen den Spannungen und Verzerrungen, die infolge einer äußeren Belastung in einem Kontinuum auftreten, wird von einer Potenzreihenentwicklung des elastischen Potentials W nach den Verzerrungen ε_{ij} ausgegangen (z.B. Lit. 7, 9 bis 11, es gilt die Einsteinsche Summationskonvention.)

$$W = \frac{1}{2}\, c^{ij}_{kl}\, \varepsilon_{ij}\, \varepsilon_{kl} + \frac{1}{3}\, c^{ijkl}_{mn}\, \varepsilon_{ij}\, \varepsilon_{kl}\, \varepsilon_{mn} + \frac{1}{4}\, c^{ijkl}_{mnop}\, \varepsilon_{ij}\, \varepsilon_{kl}\, \varepsilon_{mn}\, \varepsilon_{op} + \ldots \quad (1)$$

Hierbei wurde vorausgesetzt, daß das Kontinuum vor Aufbringen der Belastung spannungslos und unverzerrt war. Mit den Elastizitätstensoren **c** werden die spezifischen elastomechanischen Eigenschaften des Kontinuums charakterisiert. Die Komponenten c^{ij}_{kl} des vierstufigen Tensors werden zur Beschreibung des Stoffgesetzes in der linearen Elastizitätstheorie verwendet, die weiteren Glieder drücken einen physikalisch - nichtlinearen Zusammenhang zwischen den Spannungen und Verzerrungen aus.

+) Ausführlichere Darstellung der Elastizitätstheorie nichtlinear - elastischer anisotroper Kontinua siehe A.E. Green und J.E. Adkins (Lit. 7) sowie B. Heimeshoff (Lit. 8).

Die Elastizitätstensoren $\mathbf{c}$ und die Verzerrungstensoren $\boldsymbol{\varepsilon}$ beziehen sich auf ein rechtwinkliges - kartesisches - Koordinatensystem x_i (i = 1, 2, 3). Ohne Beschränkung der Allgemeinheit gelten folgende Symmetrie - Beziehungen

$$c_{kl}^{ij} = c_{kl}^{ji} = c_{lk}^{ij} = c_{ij}^{kl} ; \tag{2}$$

$$c_{mn}^{ijkl} = c_{mn}^{jikl} = c_{mn}^{ijlk} = c_{nm}^{ijkl} = c_{mn}^{klij} = c_{kl}^{ijmn} ; \tag{3}$$

$$c_{mnop}^{ijkl} = c_{mnop}^{jikl} = c_{mnop}^{ijlk} = c_{nmop}^{ijkl} = c_{mnpo}^{ijkl} = c_{mnop}^{klij} = c_{opmn}^{ijkl} = c_{ijop}^{mnkl} = c_{mnkl}^{ijop} . \tag{4}$$

Für einen allgemein anisotropen Werkstoff sind sämtliche Elastizitätskoeffizienten c_{kl}^{ij}, c_{mn}^{ijkl}... von Null verschieden. Besitzt der Werkstoff dagegen gewisse Symmetrieeigenschaften, so verschwinden einige der Elastizitätskoeffizienten, manche können voneinander linear abhängig sein. Man gewinnt die zwischen den Elastizitätskoeffizienten bestehenden Beziehungen aus den Bedingungsgleichungen (Lit. 8)

$$c_{kl}^{ij} - c_{st}^{qr} b_{iq} b_{jr} b_{ks} b_{lt} = 0 , \tag{5}$$

$$c_{mn}^{ijkl} - c_{uv}^{qrst} b_{iq} b_{jr} b_{ks} b_{lt} b_{mu} b_{nv} = 0 , \tag{6}$$

$$c_{mnop}^{ijkl} - c_{uvwz}^{qrst} b_{iq} b_{jr} b_{ks} b_{lt} b_{mu} b_{nv} b_{ow} b_{pz} = 0 , \tag{7}$$

Dabei bedeutet die Transformation $\mathbf{B}$ ($= \| b_{ij} \|$) die Verknüpfung von zwei entsprechend den Symmetrieeigenschaften des Werkstoffes g l e i c h w e r t i g e n Koordinatensystemen.

Hiermit läßt sich zeigen, daß für Werkstoffe mit r h o m b i s c h e r Anisotropie folgende Elastizitätskoeffizienten charakteristisch und sämtlich voneinander linear unabhängig sind ($i \neq j \neq k$) (Lit. 8).

$$c_{ii}^{ii} , c_{jj}^{ii} , c_{ij}^{ij} ; \tag{8}$$

$$c_{ii}^{iiii}, c_{jj}^{iiii}, c_{ij}^{iiij}, c_{kk}^{iijj}, c_{jk}^{iijk}, c_{jk}^{ijik} ; \tag{9}$$

$$c_{iiii}^{iiii}, c_{iijj}^{iiii}, c_{ijij}^{iiii}, c_{jjjj}^{iiii}, c_{ijij}^{iijj}, c_{ijij}^{ijij} ,$$

$$c_{jjkk}^{iiii}, c_{jkjk}^{iiii}, c_{jjik}^{iiik}, c_{ikjk}^{iiij}, c_{ikik}^{ijij} . \tag{1o}$$

Das sind 9 Elastizitätskoeffizienten c_{kl}^{ij}, 2o Koeffizienten c_{mn}^{ijkl}, 42 Koeffizienten c_{mnop}^{ijkl}.

Bei isotropen Werkstoffen sind dieselben Elastizitätskoeffizienten von Null verschieden, jedoch sind nur 2 Koeffizienten c^{ij}_{kl}, 3 Koeffizienten c^{ijkl}_{mn} und 4 Koeffizienten c^{ijkl}_{mnop} voneinander linear unabhängig.

Das Elastizitätsgesetz ergibt sich aus dem elastischen Potential durch partielle Differentiation nach den Verzerrungen (Lit. 5, 9, 12)

$$\tau^{ij} = c^{ij}_{kl}\,\varepsilon_{kl} + c^{ijkl}_{mn}\,\varepsilon_{kl}\varepsilon_{mn} + c^{ijkl}_{mnop}\,\varepsilon_{kl}\varepsilon_{mn}\varepsilon_{op} + \ldots \tag{11}$$

Für die Lösung spezieller Probleme der nichtlinearen Elastizitätstheorie ist auch die Umkehrung der Gl.(11) von Interesse

$$\varepsilon_{ij} = s^{ij}_{kl}\,\tau^{kl} + s^{ijkl}_{mn}\,\tau^{kl}\tau^{mn} + s^{ijkl}_{mnop}\,\tau^{kl}\tau^{mn}\tau^{op} + \ldots \tag{12}$$

Die Elastizitätstensoren **s** gewinnt man vermöge der Gleichungssysteme

$$s^{ij}_{kl}\,c^{kl}_{mn} = \delta^{i}_{m}\delta^{j}_{n} \,, \tag{13}$$

$$s^{ij}_{kl}\,c^{klqr}_{op} - s^{ijkl}_{mn}\,c^{kl}_{op}\,c^{mn}_{qr} = 0 \,, \tag{14}$$

$$s^{ij}_{kl}\,c^{klqr}_{stuv} - 2s^{ijkl}_{mn}\,c^{kl}_{qr}\,c^{mnuv}_{st} - s^{ijkl}_{mnop}\,c^{kl}_{qr}\,c^{mn}_{st}\,c^{op}_{uv} = 0 \,. \tag{15}$$

Für die Elastizitätskoeffizienten s^{ij}_{kl}, s^{ijkl}_{mn}, s^{ijkl}_{mnop} gelten sinngemäß die mit den Gln.(2) bis (4) und (8) bis (1o) angegebenen Symmetriebeziehungen.

3. Das räumliche Problem der reinen Biegung des nichtlinear-elastischen, rhombisch-anisotropen Stabes

3.1 Grundgleichungen des Biegeproblems

Es wird gemäß Abb. 1 ein prismatischer Stab mit einfach - symmetrischem Querschnitt betrachtet, der auf reine Biegung beansprucht wird.

Die kristallographischen Hauptachsen des rhombisch - anisotropen Stabes sollen mit den rechtwinkligen Koordinatenachsen x_i zusammenfallen.

Die Verschiebungen v_i und Verzerrungen ε_{ij} des Stabes sollen so klein sein, daß von den Gleichgewichtsbedingungen, den geometrischen Gleichungen und den Verträglichkeitsbedingungen der l i n e a r e n Elastizitätstheorie ausgegangen werden kann (geometrische Linearität).

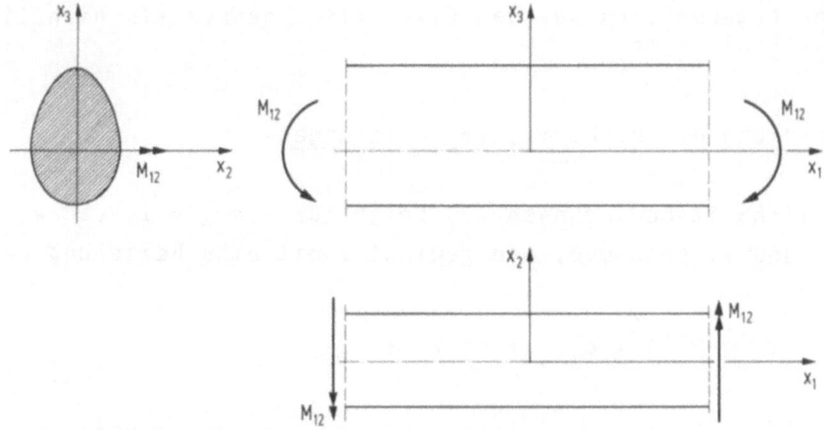

Abb. 1 Prismatischer Stab mit reiner Biegebeanspruchung

$$\tau^{ij}{}_{,i} = 0 \ , \quad \varepsilon_{ij} = \frac{1}{2}(v_{i,j} + v_{j,i}) \ , \tag{1)(2}$$

$$\varepsilon_{ij,kl} + \varepsilon_{kl,ij} - \varepsilon_{il,kj} - \varepsilon_{kj,il} = 0 \ . \tag{3}$$

In dem nichtlinearen Elastizitätsgesetz werden die Glieder erster und dritter Ordnung berücksichtigt+) (physikalische Nichtlinearität)

$$\varepsilon_{ij} = s^{ij}_{kl}\,\tau^{kl} + s^{ijkl}_{mnop}\,\tau^{kl}\tau^{mn}\tau^{op} \ . \tag{4}$$

Spannungen, Verzerrungen

Für die Spannungen wird folgender Ansatz gewählt++), der die Gleichgewichtsbedingungen (1) sämtlich erfüllt

$$\tau^{11} = F(x_2,x_3) \ , \quad \tau^{22} = \Psi^{++} \ , \quad \tau^{33} = \Psi^{\cdot\cdot} \ , \tag{5)(6)(7}$$

$$\tau^{12} = 0 \ , \quad \tau^{23} = -\Psi^{+\cdot} \ , \quad \tau^{31} = 0 \ , \tag{8)(9)(1o}$$

$$\text{mit} \quad \frac{\partial(\ldots)}{\partial x_2} \equiv (\ldots)^{\cdot} \ , \quad \frac{\partial(\ldots)}{\partial x_3} \equiv (\ldots)^{+} \ . \tag{11)(12}$$

+) Der Charakter des Elastizitätsgesetzes ist damit zum unbelasteten Zustand antimetrisch.

++) Diesen Ansatz verwendet auch H. Kauderer (Lit. 13) bei der Behandlung des räumlichen Biegeproblems unter Berücksichtigung eines nicht-linear-isotropen Elastizitätsgesetzes. Ausführlichere Darstellung des hier beschriebenen Gedankenganges siehe B. Heimeshoff (Lit. 8).

Darin ist $\Psi = \Psi(x_2,x_3)$ eine Spannungsfunktion, die auf der Mantelfläche des Stabes verschwinden soll, so daß diese Mantelfläche spannungsfrei bleibt.

Die Verzerrungen ergeben sich aus dem Elastizitätsgesetz als nichtlineare Funktionen von F, $\Psi^{\cdot\cdot}$, $\Psi^{+\cdot}$, Ψ^{++}.

Differentialgleichung des Problems, Verschiebungen

Aus den Verträglichkeitsbedingungen (3) folgt für $i = j = 1$, daß ε_{11} eine lineare Funktion von x_2 und x_3 sein muß, man gewinnt somit eine Beziehung der Form

$$f_1(F,\ \Psi^{++},\ \Psi^{\cdot\cdot},\ \Psi^{+\cdot}) = c_1 x_2 + c_2\, x_3 + c_3\ . \tag{13}$$

Eine zweite Differentialgleichung ergibt sich aus den Verträglichkeitsbedingungen (3) mit $i = j = 2$, $k = l = 3$, sie hat die Form

$$f_2(F,\ F^{+}, F^{\cdot}, F^{++}, F^{+\cdot}, F^{\cdot\cdot}, \Psi^{++}, \Psi^{+\cdot}, \Psi^{\cdot\cdot}, \Psi^{+++}, \Psi^{++\cdot}, \Psi^{+\cdot\cdot}, \Psi^{\cdot\cdot\cdot}, \\ \Psi^{++++}, \Psi^{+++\cdot}, \Psi^{++\cdot\cdot}, \Psi^{+\cdot\cdot\cdot}, \Psi^{\cdot\cdot\cdot\cdot}) = 0\ . \tag{14}$$

Grundsätzlich lassen sich nunmehr die Funktion F und deren Ableitungen aus den Gln.(13) und (14) eliminieren, und man bekommt damit eine partielle Differentialgleichung vierter Ordnung für die Spannungsfunktion $\Psi(x_2,x_3)$, die das vorliegende Problem beschreibt.

Die Verschiebungen v_i erhält man bei bekannten Verzerrungen aus den geometrischen Gln.(2) durch Integration. Die Rechnung wird einfacher, wenn man den Ansatz[+)]

$$v_1 = \frac{1}{\rho} x_1 x_3 + c x_1\ , \qquad v_2 = V_2(x_2,x_3) \tag{15)(16}$$

$$v_3 = -\frac{1}{\rho} x_1^2 + V_3(x_2,x_3) \tag{17}$$

verwendet, von dem sich zeigen läßt, daß er mit der Differentialgleichung des Problems verträglich ist. Aus Gl.(15) folgt, daß die Konstante c_1 in Gl.(13) verschwindet, $c_2 = 1/\rho$ entspricht der Krümmung des Stabes, $c_3 = c$ bedeutet die Dehnung der Schicht $x_3 = 0$.

+) ρ ist der bei reiner Biegung konstante Krümmungsradius, auf die Indizes 12 wird zur Vereinfachung verzichtet.

Biegemoment

Das an den Stabenden durch die Längsspannungen τ^{11} eingetragene Biegemoment M_{12} läßt sich aus der Definitionsgleichung

$$M_{12} = \iint_Q \tau^{11} x_3 dx_2 dx_3 = \iint_Q F(x_2,x_3) x_3 dx_2 dx_3 \tag{18}$$

durch Integration ermitteln.

3.2 Anwendung des Verfahrens der Störungsrechnung

Das Biegeproblem besteht nun im wesentlichen darin, Lösungen $\Psi(x_2,x_3)$ der obengenannten Differentialgleichung vierter Ordnung zu finden. Durch die komplizierte Form der Differentialgleichung ist diese Aufgabe jedoch sehr erschwert, deshalb soll eine Näherungslösung erster Ordnung mit Hilfe der Störungsrechnung++) aufgestellt werden.

Hierzu wird das Elastizitätsgesetz in folgender Form geschrieben

$$\varepsilon_{ij} = s^{ij}_{kl}\,\tau^{kl} + s^{ijkl}_{mnop}\,\tau^{kl}\tau^{mn}\tau^{op} \equiv s^{ij}_{kl}\,\tau^{kl} + \lambda\,\overset{*}{s}{}^{ijkl}_{mnop}\,\tau^{kl}\tau^{mn}\tau^{op}\ . \tag{1}$$

Der Störparameter λ soll als eine im Vergleich zur Einheit kleine Größe vorausgesetzt werden, so daß bei einer Reihenentwicklung in λ die Glieder höherer Ordnung gegenüber den linearen Gliedern vernachlässigt werden können.

Die modifizierten Elastizitätskoeffizienten sind definiert durch

$$\overset{*}{s}{}^{ijkl}_{mnop} \equiv s^{ijkl}_{mnop}\,\frac{\rho^2}{a_3^2}\,\frac{(s^{11}_{11})^3}{s^{1111}_{1111}}\ , \tag{2}$$

man bekommt so für $\lambda = 0$ das lineare, für $\lambda = \dfrac{a_3^2}{\rho^2}\dfrac{s^{1111}_{1111}}{(s^{11}_{11})^3}$, das nichtlineare Elastizitätsgesetz. Die Bezugsgröße a_3 ist eine beliebige Querschnittsabmessung.

Es wird nun angenommen, das Biegeproblem sei für das lineare Elastizitätsgesetz bereits gelöst und habe die Längsspannung $\overset{*}{F}$ und die Spannungsfunktion $\overset{*}{\Psi}$ ergeben, welche die Gleichungen

$$s^{11}_{11}\,\overset{*}{F} = \frac{1}{\rho}x_3\ , \qquad \overset{*}{\Psi} = 0 \tag{3)(4}$$

++) Vgl. etwa R. Bellmann (Lit. 14), H. Kauderer (Lit. 13), S. 85.

befriedigen. Die Lösungen des nichtlinearen Problems werden nun in Form

$$F = \overset{*}{F} + \lambda f(x_2, x_3) \;, \quad \Psi = \overset{*}{\Psi} + \lambda \psi(x_2, x_3) \tag{5)(6}$$

angesetzt. Die Funktionen f und ψ sind noch zu bestimmen, wobei ψ auf dem Rand des Querschnitts verschwinden soll.

Man erhält nunmehr auf dem in Abschnitt 3.1 beschriebenen Weg die Spannungen und Verzerrungen und schließlich die inhomogene lineare partielle Differentialgleichung vierter Ordnung für die Spannungsfunktion ψ, die das vorliegende Problem beschreibt

$$\left(s_{22}^{22} - \frac{s_{22}^{11} s_{22}^{11}}{s_{11}^{11}}\right) \psi^{++++} + 2\left(s_{33}^{22} + 2 s_{23}^{23} - \frac{s_{22}^{11} s_{33}^{11}}{s_{11}^{11}}\right) \psi^{++\cdot\cdot} +$$

$$+ \left(s_{33}^{33} - \frac{s_{33}^{11} s_{33}^{11}}{s_{11}^{11}}\right) \psi^{\cdot\cdot\cdot\cdot} = 6 \frac{1}{(\rho s_{11}^{11})^3} \left(\frac{s_{22}^{11}}{s_{11}^{11}} \overset{\times}{s}{}_{1111}^{1111} - \overset{\times}{s}{}_{1111}^{2211}\right) x_3 \;. \tag{7}$$

3.3 Lösung für den Stab mit elliptischem Querschnitt

Als Anwendungsbeispiel wird ein Stab mit elliptischem Querschnitt betrachtet (Abb. 2).

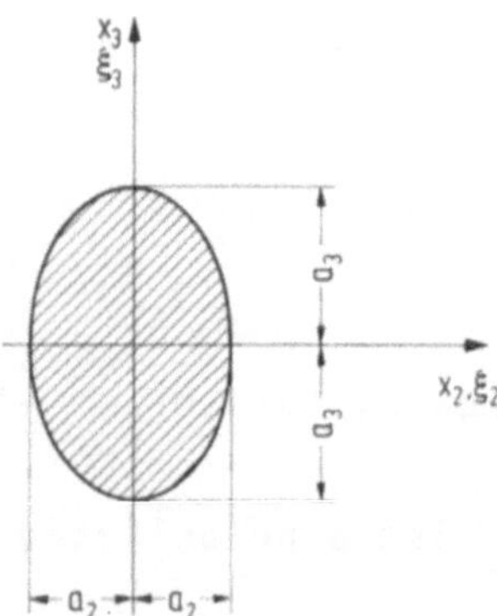

Abb. 2 Elliptischer Querschnitt

Es werden folgende dimensionslosen Koordinaten bzw. Abkürzungen verwendet

$$\xi_1 = \frac{x_1}{a_3} \;, \quad \xi_2 = \frac{x_2}{a_3} \;, \quad \xi_3 = \frac{x_3}{a_3} \;, \quad \vartheta = \frac{a_3}{a_2} \;, \tag{1)(2)(3)(4}$$

$$\zeta = \frac{s^{11}_{11}(s^{11}_{22}s^{1111}_{1111}-s^{11}_{11}s^{2211}_{1111})}{s^{1111}_{1111}[5(s^{11}_{11}s^{22}_{22}-s^{11}_{22}s^{11}_{22})+2\vartheta^2(s^{11}_{11}s^{22}_{33}+2s^{11}_{11}s^{23}_{23}-s^{11}_{22}s^{11}_{33})+\vartheta^4(s^{11}_{11}s^{33}_{33}-s^{11}_{33}s^{11}_{33})]}, \quad (5)$$

$$\overset{\times}{\zeta} = \frac{s^{11}_{11}(s^{11}_{22}\overset{\times}{s}{}^{1111}_{1111}-s^{11}_{11}\overset{\times}{s}{}^{2211}_{1111})}{s^{1111}_{1111}[5(s^{11}_{11}s^{22}_{22}-s^{11}_{22}s^{11}_{22})+2\vartheta^2(s^{11}_{11}s^{22}_{33}+2s^{11}_{11}s^{23}_{23}-s^{11}_{22}s^{11}_{33})+\vartheta^4(s^{11}_{11}s^{33}_{33}-s^{11}_{33}s^{11}_{33})]}. \quad (6)$$

Die Gleichung der Randkurve des Querschnitts lautet damit

$$\vartheta^2 \xi_2{}^2 + \xi_3{}^2 = 1 \; . \quad (7)$$

Die Lösung $\psi(x_2,x_3) \equiv \psi(\xi_2,\xi_3)$ der Dgl. 3.2 (7), die auf dem Rand verschwindet, wird, wie man durch Einsetzen leicht bestätigt,

$$\psi = \frac{1}{4}\left(\frac{a_3}{\rho}\right)^3 \frac{s^{1111}_{1111}}{(s^{11}_{11})^4} a_3^2 \, \overset{\times}{\zeta}\xi_3 \; (\vartheta^2\xi_2{}^2 + \xi_3{}^2-1)^2 . \quad (8)$$

Die Funktion f und die Spannungen gewinnt man vermöge der Beziehungen 3.1 (13) bzw. (5) bis (1o)

$$\tau^{11} = \frac{a_3}{\rho s^{11}_{11}}\xi_3 \left[1-\frac{a_3{}^2}{\rho^2}\frac{s^{1111}_{1111}}{(s^{11}_{11})^3}\left[\left[1+\zeta\left(5\frac{s^{11}_{22}}{s^{11}_{11}}+\vartheta^2\frac{s^{11}_{33}}{s^{11}_{11}}\right)\right]\xi_3{}^2 + \right.\right.$$

$$\left.\left. + 3\zeta\vartheta^2\left(\frac{s^{11}_{22}}{s^{11}_{11}} + \vartheta^2\frac{s^{11}_{33}}{s^{11}_{11}}\right)\xi_2{}^2 - \zeta\left(3\frac{s^{11}_{22}}{s^{11}_{11}} + \vartheta^2\frac{s^{11}_{33}}{s^{11}_{11}}\right)\right]\right] , \quad (9)$$

$$\tau^{22} = \left(\frac{a_3}{\rho}\right)^3 \frac{s^{1111}_{1111}}{(s^{11}_{11})^4}\zeta(3\vartheta^2\xi_2{}^2 + 5\xi_3{}^2-3)\;\xi_3 \quad , \quad (1o)$$

$$\tau^{33} = \left(\frac{a_3}{\rho}\right)^3 \frac{s^{1111}_{1111}}{(s^{11}_{11})^4}\zeta\vartheta^2\;(3\vartheta^2\xi_2{}^2 + \xi_3{}^2-1)\;\xi_3 \; , \quad (11)$$

$$\tau^{23} = -\left(\frac{a_3}{\rho}\right)^3 \frac{s^{1111}_{1111}}{(s^{11}_{11})^4}\zeta\vartheta^2\;(\vartheta^2\xi_2{}^2 + 3\xi_3{}^2-1)\;\xi_2 . \quad (12)$$

Für das Biegemoment M_{12} ergibt sich durch Integration über die Ellipsenfläche Q aus Gl. 3.1 (18) nach einiger Zwischenrechnung

$$M_{12} = \frac{I}{\rho s_{11}^{11}} \left[1-\frac{1}{2}\left(\frac{a_3}{\rho}\right)^2 \cdot \frac{s_{1111}^{1111}}{(s_{11}^{11})^3}\right] . \qquad (13)$$

Darin ist das Flächenträgheitsmoment

$$I = \iint\limits_Q x_3{}^2 dx_2 dx_3 = \frac{\pi a_3{}^4}{4\vartheta} . \qquad (14)$$

Um die Verschiebungen v_i aus den Gln. 3.1 (15) bis (17) berechnen zu können, müssen noch die Funktionen $V_2(x_2,x_3)$ und $V_3(x_2,x_3)$ ermittelt werden. Man erhält sie aus den Verzerrungen gemäß den geometrischen Gln. 3.1 (2) durch elementare Integration. Nach längerer Zwischenrechnung ergibt sich somit

$$v_1 = \frac{a_3{}^2}{\rho} \xi_1 \xi_3 , \qquad (15)$$

$$\begin{aligned} v_2 = \frac{a_3{}^2}{\rho} \frac{s_{22}^{11}}{s_{11}^{11}} \xi_2 \xi_3 \Bigg[1+\left(\frac{a_3}{\rho}\right)^2 \frac{s_{1111}^{1111}}{(s_{11}^{11})^3} \Bigg[\Bigg[\zeta\left(5\left(\frac{s_{22}^{22}}{s_{22}^{11}}-\frac{s_{22}^{11}}{s_{11}^{11}}\right)+\vartheta^2\left(\frac{s_{33}^{22}}{s_{22}^{11}}-\frac{s_{33}^{11}}{s_{11}^{11}}\right)\right) + \frac{s_{11}^{11} s_{1111}^{2211}}{s_{22}^{11} s_{1111}^{1111}} - 1\Bigg]\xi_3^2 + \\ + \zeta\vartheta^2\left[\frac{s_{22}^{22}}{s_{22}^{11}}-\frac{s_{22}^{11}}{s_{11}^{11}} + \vartheta^2\left(\frac{s_{33}^{22}}{s_{22}^{11}}-\frac{s_{33}^{11}}{s_{11}^{11}}\right)\right]\xi_2^2 - \\ - \zeta\left[3\left(\frac{s_{22}^{22}}{s_{22}^{11}}-\frac{s_{22}^{11}}{s_{11}^{11}}\right) + \vartheta^2\left(\frac{s_{33}^{22}}{s_{22}^{11}}-\frac{s_{33}^{11}}{s_{11}^{11}}\right)\right]\Bigg]\Bigg] . \end{aligned} \qquad (16)$$

$$\begin{aligned} v_3 = -\frac{a_3^2}{2\rho} \xi_1{}^2 - \\ - \frac{a_3^2}{2\rho} \frac{s_{33}^{11}}{s_{11}^{11}} \xi_3^2 \Bigg[1+\left(\frac{a_3}{\rho}\right)^2 \frac{s_{1111}^{1111}}{(s_{11}^{11})^3}\Bigg[\frac{1}{2}\Bigg[\zeta\left(5\left(\frac{s_{33}^{22}}{s_{33}^{11}}-\frac{s_{22}^{11}}{s_{11}^{11}}\right)+\vartheta^2\left(\frac{s_{33}^{33}}{s_{33}^{11}}-\frac{s_{33}^{11}}{s_{11}^{11}}\right)\right) - \frac{s_{11}^{11}}{s_{33}^{11}} \frac{s_{1111}^{3311}}{s_{1111}^{1111}} - 1\Bigg]\xi_3{}^2 + \\ + 3\zeta\vartheta^2\left[\frac{s_{33}^{22}}{s_{33}^{11}}-\frac{s_{22}^{11}}{s_{11}^{11}} + \vartheta^2\left(\frac{s_{33}^{33}}{s_{33}^{11}}-\frac{s_{33}^{11}}{s_{11}^{11}}\right)\right]\xi_2^2 - \\ - \zeta\left[3\left(\frac{s_{33}^{22}}{s_{33}^{11}}-\frac{s_{22}^{11}}{s_{11}^{11}}\right)+ \vartheta^2\left(\frac{s_{33}^{33}}{s_{33}^{11}}-\frac{s_{33}^{11}}{s_{11}^{11}}\right)\right]\Bigg]\Bigg] - \end{aligned}$$

$$- \frac{a_3^2}{2\rho} \frac{s_{22}^{11}}{s_{11}^{11}} \xi_2^2 \Big[1 + \left(\frac{a_3}{\rho}\right)^2 \frac{s_{1111}^{1111}}{(s_{11}^{11})^3} \zeta \Big[\frac{1}{2}\vartheta^2 \Big[\frac{s_{22}^{22}}{s_{22}^{11}} - \frac{s_{22}^{11}}{s_{11}^{11}} + \vartheta^2 \left(\frac{s_{33}^{22}}{s_{22}^{11}} + 4 \frac{s_{23}^{23}}{s_{22}^{11}} - \frac{s_{33}^{11}}{s_{11}^{11}} \right) \Big] \xi_2^2 -$$

$$- \Big[3 \left(\frac{s_{22}^{22}}{s_{22}^{11}} - \frac{s_{22}^{11}}{s_{11}^{11}} \right) + \vartheta^2 \left(\frac{s_{33}^{22}}{s_{22}^{11}} + 4 \frac{s_{23}^{23}}{s_{22}^{11}} - \frac{s_{33}^{11}}{s_{11}^{11}} \right) \Big] \Big] \Big] \quad . \qquad (17)$$

Es sei abschließend bemerkt, daß der Spannungszustand im Stab bei gegebenem Biegemoment nicht mehr wie bei linear - elastischem, rhombisch - anisotropem Werkstoff unabhängig von den Materialeigenschaften ist. Vielmehr beeinflußt die Größe der Elastizitätskoeffizienten auch die Größe der Spannungen.

Gegenüber der linearen Elastizitätstheorie sind in den vorstehenden Ausdrücken für die Spannungen, das Biegemoment und die Verschiebungen drei Elastizitätskoeffizienten neu aufgetreten:

$$s_{1111}^{1111}, \quad s_{1111}^{2211}, \quad s_{1111}^{3311} \ .$$

In der verhältnismäßig einfachen Beziehung der Gl.(13) zwischen dem Biegemoment und der Krümmung kommt die Auswirkung der Nichtlinearität des Elastizitätsgesetzes besonders anschaulich zum Ausdruck.

3.4 Spannungs- und Verformungsdiagramme

Anhand einiger Diagramme soll der oben ermittelte Spannungs- und Verformungszustand kurz diskutiert werden. Hierbei werden die linearen Elastizitätskoeffizienten s_{kl}^{ij} für Fichte nach R. Keylwerth (Lit. 2) zugrundegelegt. Der nichtlineare Charakter des Elastizitätsgesetzes wird in Anlehnung an die Untersuchungen von F. Kollmann (Lit. 3) berücksichtigt. Hiernach ergibt sich z.B. der Zusammenhang zwischen τ^{11} und ε_{11} nach Abb. 3.

Der Verlauf der Längsspannung τ^{11} gemäß Gl. 3.3 (9) ist deutlich von der Nichtlinearität des Elastizitätsgesetzes geprägt, Abb. 4a und b.

Die Querspannungen τ^{22} und τ^{33} sowie die Schubspannung τ^{23}, die bei linearem Elastizitätsgesetz verschwinden, sind um mehrere Größenordnungen kleiner als die Längsspannungen τ^{11}, Abb. 4c bis 4e.

Alle Spannungen wurden auf den Maximalwert τ^{11} an der Stelle $\xi_2 = 0$, $\xi_3 = 1$ bezogen, der bei dem gewählten Beispiel - $a_3 = 5$ cm, $\vartheta = 2$, $\rho = 2000$ cm - dem Punkt a nach Abb. 3 entspricht.

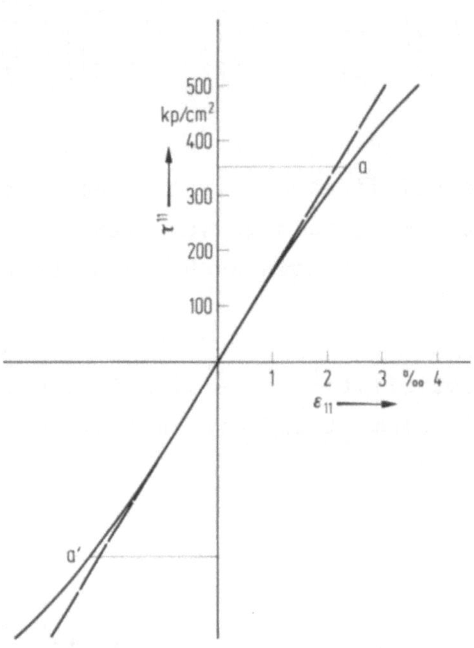

Abb. 3 Zum Elastizitätsgesetz

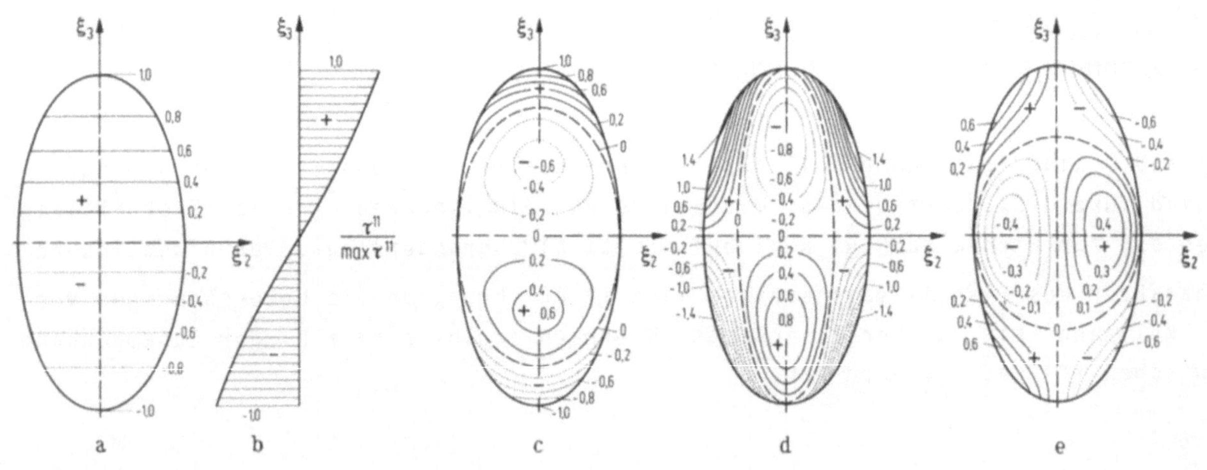

Abb. 4 Zum Spannungszustand

a) Längsspannung τ^{11}, Verteilung im Querschnitt

b) Längsspannung τ^{11}, Spannungsverteilung im Schnitt $\xi_2 = 0$

c) Querspannung τ^{22}, Verteilung im Querschnitt, 10^{15}-fach

d) Querspannung τ^{33}, Verteilung im Querschnitt, 10^{15}-fach

e) Schubspannung τ^{23}, Verteilung im Querschnitt, 10^{15}-fach

Die Verzerrung ε_{11} ist entsprechend dem Ansatz 3.1 (15) und in Übereinstimmung mit der Symmetrie des Verformungszustandes bei reiner Biegung in ξ_3 linear, Abb. 5a.

In Abb. 5b sind die Querschnittsverformungen v_2 und v_3 bei l i n e a r e m Elastizitätsgesetz dargestellt, entsprechend den zugehörigen Anteilen erster Ordnung in den Gln. 3.3 (16) und (17).

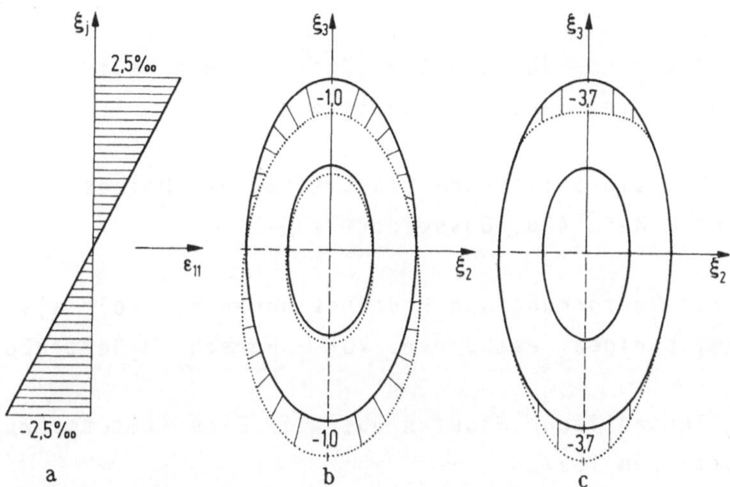

Abb. 5 Zum Verformungszustand
a) Längsdehnung ε_{11}
b) Querschnittsverformungen v_2 und v_3 bei linearem Elastizitätsgesetz
c) Zusätzliche Querschnittsverformungen bei nichtlinearem Elastizitätsgesetz, $1o^{12}$-fach

Die Querschnittsverformungen, welche infolge der Nichtlinearität des Elastizitätsgesetzes h i n z u t r e t e n , sind demgegenüber wieder um mehrere Grössenordnungen kleiner, Abb. 5c.

Alle Querschnittsverformungen wurden auf den Maximalwert v_3 an der Stelle $\xi_2 = 0$, $\xi_3 = 1$ bezogen, der im vorliegenden Beispiel etwa 1/15oo der Querschnittsabmessung a_3 beträgt.

4. Zusammenfassung

Für einen Stab aus nichtlinear - elastischem, rhombisch - anisotropem Werkstoff wurde der Spannungs- und Verformungszustand bei reiner Biegebeanspruchung ermittelt und in Diagrammen dargestellt.

Die Nichtlinearität des Elastizitätsgesetzes kommt in dem Verlauf der Längsspannungen deutlich zum Ausdruck. Es zeigt sich ferner, daß gegenüber einem linear - elastischen Stab sekundäre Spannungen und Verformungen auftreten. Diese sind aber um mehrere Größenordnungen kleiner als die entsprechenden Anteile erster Ordnung. Sie können daher in aller Regel vernachlässigt werden.

Literatur

(1) Hörig, H.: Anwendung der Elastizitätstheorie anisotroper Körper auf Messungen an Holz. Ing.-Arch. 6 (1935) S.8.

(2) Keylwerth, R.: Die anisotrope Elastizität des Holzes und der Lagenhölzer. VDI - Forsch.- Heft 43o, Düsseldorf 1951.

(3) Kollmann, F.: Verformung und Bruchgeschehen bei Holz als einem anisotropen, inhomogenen, porigen Festkörper. VDI - Forsch. - Heft 52o, Düsseldorf 1967.

(4) Voigt, W.: Theoretische Studien über die Elastizitätsverhältnisse der Kristalle, Göttingen 1887.

(5) Voigt, W.: Lehrbuch der Kristallphysik, Leipzig 1928.

(6) Finger, J.: Über die allgemeinsten Beziehungen zwischen den Deformationen und den zugehörigen Spannungen in aelotropen und isotropen Substanzen. Sitzungsber. Akad. Wiss. Wien, (IIa) 1o3 (1894) S. 1o73.

(7) Green, A.E. und J.E. Adkins: Large Elastic Deformations and Nonlinear Continuum Mechanics, Oxford 196o.

(8) Heimeshoff, B.: Elastizitätstheorie nichtlinear - elastischer anisotroper Kontinua. Habil. Technische Universität Hannover 1969.

(9) Green, A.E. und W. Zerna: Theoretical Elasticity, Oxford 196o.

(1o) Smith, G.F. und R.S. Rivlin: The Strain - energy Function for Anisotropic Elastic Materials, Trans. Amer. Math. Soc. 88 (1958) S. 175.

(11) Truesdell, C.: Elasticity and Fluid Dynamics. J. Rat. Mech. Anal. 1 (1952) S.125.

(12) Kappus, R.: Zur Elastizitätstheorie endlicher Deformationen. Z. angew. Math. Mech. 19 (1939) S. 271 und 344.

(13) Kauderer, H.: Nichtlineare Mechanik, Berlin/Göttingen/Heidelberg 1958.

(14) Bellmann, R.: Methoden der Störungsrechnung in Mathematik, Physik und Technik. München, Wien 1967.

Zur Plastizitätstheorie

U. WEGNER, Stuttgart

Unser Jubilar hat uns durch seine Forschung u.a. wesentliche Einsichten in die Stabilität von Schalen und Platten gegeben. Diese Resultate können bekanntlich nur aus einer nicht-linearen Kontinuumstheorie gewonnen werden. Wie man z.B. zu konstitutiven Gleichungen einer solchen nicht-linearen Kontinuumstheorie gelangen kann, die sowohl die Beziehungen zwischen den Spannungen und den Verzerrungen im elastischen als auch im plastischen Zustand des Kontinuums liefert, wurde in zwei Arbeiten (Lit. 1, 2) gezeigt. Die dort abgeleiteten Gleichungen sind sehr allgemein (besonders, wenn man noch die Voraussetzung der Isotropie fallen läßt, wie wir in einer dritten Arbeit zeigen werden). Sie können auch angewendet werden, wenn man das Fließen betrachtet (also die Spannungen und Verzerrungen in Abhängigkeit der Zeit) und nicht nur den stationären Gleichgewichtszustand von Spannungen und Verzerrungen berücksichtigt. Hier erhält man Verallgemeinerungen der Prandtl-Reuss'schen und der v. Mises'schen Spannungs-Verzerrungs-Beziehungen, die im Spezialfall einer konstanten Verfestigungsfunktion in die Prandtl-Reuss'schen bzw. v. Mises'schen Beziehungen für ein ideal-plastisches Kontinuum übergehen. Dies soll hier gezeigt werden als kleine Festgabe an unseren Jubilar.

Wir betrachten ein homogenes, isotropes Kontinuum im Fließzustand, wobei die Isotropie stets erhalten sein möge. Dann folgt aus der Invarianz der Formänderungsenergie gegenüber Drehungen - der sogenannten Objektivität - und der Kovarianz von Spannungen und Verzerrungen genau wie in Lit. 1 und 2, daß

$$
\begin{aligned}
s_x &= \sigma_x - \frac{\sigma_x+\sigma_y+\sigma_z}{3} = - \frac{dF}{du} \cdot \left(\varepsilon_x - \frac{\varepsilon_x+\varepsilon_y+\varepsilon_z}{3}\right) \\
s_y &= \sigma_y - \frac{\sigma_x+\sigma_y+\sigma_z}{3} = - \frac{dF}{du} \cdot \left(\varepsilon_y - \frac{\varepsilon_x+\varepsilon_y+\varepsilon_z}{3}\right) \qquad (1) \\
s_z &= \sigma_z - \frac{\sigma_x+\sigma_y+\sigma_z}{3} = - \frac{dF}{du} \cdot \left(\varepsilon_z - \frac{\varepsilon_x+\varepsilon_y+\varepsilon_z}{3}\right)
\end{aligned}
$$

Beitrag in "Theorie und Berechnung von Tragwerken", Springer-Verlag 1974, von Prof. Dr.phil. Dr.-Ing. E.h. U. Wegner, Lehrstuhl und Institut für Mechanik, Universität Stuttgart

$$\tau_{xy} = -\frac{1}{2}\gamma_{xy}\cdot\frac{dF}{du}$$

$$\tau_{xz} = -\frac{1}{2}\gamma_{xz}\cdot\frac{dF}{du} \qquad \text{(1 Forts.)}$$

$$\tau_{yz} = -\frac{1}{2}\gamma_{yz}\cdot\frac{dF}{du}$$

ist. Hierbei ist F eine zweimal stetig differenzierbare Funktion, die nur von $u = i_2 - 1/3 i_1^2$ abhängig ist (s. Lit. 2), wobei i_1 und i_2 die beiden Invarianten des Verzerrungstensors darstellen

$$i_1 = \varepsilon_x + \varepsilon_y + \varepsilon_z = \varepsilon$$

$$i_2 = \begin{vmatrix} \varepsilon_x & \frac{1}{2}\gamma_{xy} \\ \frac{1}{2}\gamma_{xy} & \varepsilon_y \end{vmatrix} + \begin{vmatrix} \varepsilon_x & \frac{1}{2}\gamma_{xz} \\ \frac{1}{2}\gamma_{xz} & \varepsilon_z \end{vmatrix} + \begin{vmatrix} \varepsilon_y & \frac{1}{2}\gamma_{yz} \\ \frac{1}{2}\gamma_{yz} & \varepsilon_z \end{vmatrix},$$

wobei die ε die Summe der elastischen Verzerrungen ε' und der plastischen Verzerrungen ε'' sind mit $\varepsilon_x'' + \varepsilon_y'' + \varepsilon_z'' = 0$. F nennen wir die Komponente der Verfestigungsfunktion, da zwischen der Vergleichsspannung $\hat{\sigma}$ und der Vergleichsverzerrung $\hat{\varepsilon}$ die Beziehung

$$\hat{\sigma} = \hat{\varepsilon}\cdot\left(-\frac{dF}{du}\right)$$

besteht, hier ist $\hat{\sigma} = \sqrt{Sp(\hat{\gamma}^2)}$ und $\hat{\varepsilon} = \sqrt{Sp(\hat{\vartheta}^2)}$ mit Sp = Spur des Quadrates des Spannungs- $\hat{\gamma}$ bzw. des Verzerrungsdeviators $\hat{\vartheta}$. Es ist

$$\hat{\gamma} = \gamma - \frac{\sigma_x + \sigma_y + \sigma_z}{3}\,\mathfrak{E}$$

$$\hat{\vartheta} = \vartheta - \frac{\varepsilon_x + \varepsilon_y + \varepsilon_z}{3}\,\mathfrak{E}$$

wobei γ der symmetrische Spannungs- bzw. ϑ der symmetrische Verzerrungstensor ist und $\mathfrak{E}$ den Einheitstensor darstellt.

Weiter ist

$$u = -\frac{1}{2}\,Sp\,(\hat{\vartheta}^2) = -\frac{1}{2}\hat{\varepsilon}^2,$$

und die Gln. (1) können geschrieben werden in der Form

$$\hat{\gamma} = -\frac{dF}{du}\cdot\hat{\vartheta}\,. \qquad (1a)$$

Nun ist aber

$$u = -\frac{1}{2}\cdot\Big[(\varepsilon_x-\frac{\varepsilon_x+\varepsilon_y+\varepsilon_z}{3})^2 + (\varepsilon_y-\frac{\varepsilon_x+\varepsilon_y+\varepsilon_z}{3})^2 + (\varepsilon_z-\frac{\varepsilon_x+\varepsilon_y+\varepsilon_z}{3})^2 + \frac{1}{2}\gamma_{xy}^2$$

$$+ \frac{1}{2}\gamma_{xz}^2 + \frac{1}{2}\gamma_{yz}^2\Big]$$

$$= -\frac{1}{2}\Big[\frac{1}{9}(2\varepsilon_x-\varepsilon_y-\varepsilon_z)^2 + \frac{1}{9}(2\varepsilon_y-\varepsilon_z-\varepsilon_x)^2 + \frac{1}{9}(2\varepsilon_z-\varepsilon_x-\varepsilon_y)^2 + \frac{1}{2}\gamma_{xy}^2$$

$$+ \frac{1}{2}\gamma_{xz}^2 + \frac{1}{2}\gamma_{yz}^2\Big]$$

$$= -\frac{1}{2}\Big[\frac{2}{3}(\varepsilon_x{}^2+\varepsilon_y{}^2+\varepsilon_z{}^2) - \frac{2}{3}(\varepsilon_x\varepsilon_y+\varepsilon_x\varepsilon_z+\varepsilon_y\varepsilon_z) + \frac{1}{2}\gamma_{xy}^2 + \frac{1}{2}\gamma_{xz}^2 + \frac{1}{2}\gamma_{yz}^2\Big]$$

Damit wird mit $\dot\varepsilon_x = d\varepsilon_x/dt$ usw.

$$\dot u = \frac{du}{dt} = \dot\varepsilon_x\Big[\frac{\varepsilon_x+\varepsilon_y+\varepsilon_z}{3}-\varepsilon_x\Big] + \dot\varepsilon_y\Big[\frac{\varepsilon_x+\varepsilon_y+\varepsilon_z}{3}-\varepsilon_y\Big] + \dot\varepsilon_z\Big[\frac{\varepsilon_x+\varepsilon_y+\varepsilon_z}{3}-\varepsilon_z\Big]$$

$$- \frac{1}{2}\gamma_{xy}\dot\gamma_{xy} - \frac{1}{2}\gamma_{xz}\dot\gamma_{xz} - \frac{1}{2}\gamma_{yz}\dot\gamma_{yz}.$$

Nach den Gln. (1) können wir die Werte in den eckigen Klammern durch die Spannungen ausdrücken und finden damit

$$\frac{du}{dt} = \dot u = \frac{s_x\cdot\dot\varepsilon_x}{F'(u)} + \frac{s_y\cdot\dot\varepsilon_y}{F'(u)} + \frac{s_z\cdot\dot\varepsilon_z}{F'(u)} + \frac{\tau_{xy}\dot\gamma_{xy}}{F'(u)} + \frac{\tau_{xz}\dot\gamma_{xz}}{F'(u)} + \frac{\tau_{yz}\cdot\dot\gamma_{yz}}{F'(u)}$$

$$= \frac{\dot W}{F'(u)}$$

mit $\dot W = s_x\cdot\dot\varepsilon_x + s_y\cdot\dot\varepsilon_y + s_z\cdot\dot\varepsilon_z + \tau_{xy}\cdot\dot\gamma_{xy} + \tau_{xz}\dot\gamma_{xz} + \tau_{yz}\cdot\dot\gamma_{yz}$.

Hierfür kann auch geschrieben werden

$$F'(u)\cdot\dot u = s_x\cdot\dot e_x + s_y\cdot\dot e_y + s_z\cdot\dot e_z + \tau_{xy}\cdot\dot\gamma_{xy} + \tau_{xz}\cdot\dot\gamma_{xz} + \tau_{yz}\cdot\dot\gamma_{yz} = \dot W$$

mit $\dot e_x = \dot\varepsilon_x - \frac{\dot\varepsilon_x+\dot\varepsilon_y+\dot\varepsilon_z}{3}$, $\dot e_y = \dot\varepsilon_y - \frac{\dot\varepsilon_x+\dot\varepsilon_y+\dot\varepsilon_z}{3}$, $\dot e_z = \dot\varepsilon_z - \frac{\dot\varepsilon_x+\dot\varepsilon_y+\dot\varepsilon_z}{3}$,

da $s_x+s_y+s_z = 0$ ist.

Differenzieren wir die Gln.(1) nach t, so ergibt sich

$$\dot{s}_x = \dot{\sigma}_x - \frac{\dot{\sigma}_x+\dot{\sigma}_y+\dot{\sigma}_z}{3} = -\frac{dF}{du}\cdot(\dot{\varepsilon}_x-\frac{\dot{\varepsilon}_x+\dot{\varepsilon}_y+\dot{\varepsilon}_z}{3}) - \frac{d^2F}{du^2}\cdot\frac{du}{dt}\cdot(\varepsilon_x-\frac{\varepsilon_x+\varepsilon_y+\varepsilon_z}{3})$$

$$\dot{s}_y = \dot{\sigma}_y - \frac{\dot{\sigma}_x+\dot{\sigma}_y+\dot{\sigma}_z}{3} = -\frac{dF}{du}\cdot(\dot{\varepsilon}_y-\frac{\dot{\varepsilon}_x+\dot{\varepsilon}_y+\dot{\varepsilon}_z}{3}) - \frac{d^2F}{du^2}\cdot\frac{du}{dt}\cdot(\varepsilon_y-\frac{\varepsilon_x+\varepsilon_y+\varepsilon_z}{3})$$

$$\dot{s}_z = \dot{\sigma}_z - \frac{\dot{\sigma}_x+\dot{\sigma}_y+\dot{\sigma}_z}{3} = -\frac{dF}{du}\cdot(\dot{\varepsilon}_z-\frac{\dot{\varepsilon}_x+\dot{\varepsilon}_y+\dot{\varepsilon}_z}{3}) - \frac{d^2F}{du^2}\cdot\frac{du}{dt}\cdot(\varepsilon_z-\frac{\varepsilon_x+\varepsilon_y+\varepsilon_z}{3})$$

$$\dot{t}_{xy} = -\frac{1}{2}\dot{\gamma}_{xy}\cdot\frac{dF}{du} + \frac{d^2F}{du^2}\cdot\frac{\tau_{xy}}{\frac{dF}{du}}\cdot\frac{du}{dt}$$

$$\dot{t}_{xz} = -\frac{1}{2}\dot{\gamma}_{xz}\cdot\frac{dF}{du} + \frac{d^2F}{du^2}\cdot\frac{\tau_{xz}}{\frac{dF}{du}}\cdot\frac{du}{dt}$$

$$\dot{t}_{yz} = -\frac{1}{2}\dot{\gamma}_{yz}\cdot\frac{dF}{du} + \frac{d^2F}{du^2}\cdot\frac{\tau_{yz}}{\frac{dF}{du}}\cdot\frac{du}{dt} ,$$

Setzen wir für

$$\varepsilon_x-\frac{\varepsilon_x+\varepsilon_y+\varepsilon_z}{3} = -\frac{1}{\frac{dF}{du}}\cdot(\sigma_x-\frac{\sigma_x+\sigma_y+\sigma_z}{3}) \qquad \gamma_{xy} = -\frac{2\tau_{xz}}{\frac{dF}{du}}$$

$$\varepsilon_y-\frac{\varepsilon_x+\varepsilon_y+\varepsilon_z}{3} = -\frac{1}{\frac{dF}{du}}\cdot(\sigma_y-\frac{\sigma_x+\sigma_y+\sigma_z}{3}) \qquad \gamma_{xz} = -\frac{2\tau_{xz}}{\frac{dF}{du}} \qquad \text{nach Gl.(1),}$$

$$\varepsilon_z-\frac{\varepsilon_x+\varepsilon_y+\varepsilon_z}{3} = -\frac{1}{\frac{dF}{du}}\cdot(\sigma_z-\frac{\sigma_x+\sigma_y+\sigma_z}{3}) \qquad \gamma_{yz} = -\frac{2\tau_{yz}}{\frac{dF}{du}}$$

und führen wir zur Abkürzung $\varepsilon_x-\frac{\varepsilon_x+\varepsilon_y+\varepsilon_z}{3} = e_x$ usw. ein, so erhalten wir

$$\dot{s}_x = -\frac{dF}{du}\cdot\dot{e}_x + \frac{\frac{d^2F}{du^2}}{\frac{dF}{du}}\cdot\frac{du}{dt}\cdot s_x$$

$$\dot{s}_y = -\frac{dF}{du}\cdot\dot{e}_y + \frac{\frac{d^2F}{du^2}}{\frac{dF}{du}}\cdot\frac{du}{dt}\cdot s_y$$

$$\dot{s}_z = -\frac{dF}{du}\cdot\dot{e}_z + \frac{\frac{d^2F}{du^2}}{\frac{dF}{du}}\cdot\frac{du}{dt}\cdot s_z$$

$$\dot{\tau}_{xy} = -\frac{1}{2}\,\frac{dF}{du}\cdot\left[\,\dot{\gamma}_{xy}-2\frac{\frac{d^2F}{du^2}}{\left(\frac{dF}{du}\right)^2}\cdot\frac{du}{dt}\cdot\tau_{xy}\,\right]$$

$$\dot{\tau}_{xz} = -\frac{1}{2}\,\frac{dF}{du}\cdot\left[\,\dot{\gamma}_{xz}-2\frac{\frac{d^2F}{du^2}}{\left(\frac{dF}{du}\right)^2}\cdot\frac{du}{dt}\cdot\tau_{xz}\,\right]$$

$$\dot{\tau}_{yz} = -\frac{1}{2}\,\frac{dF}{du}\cdot\left[\,\dot{\gamma}_{yz}-2\frac{\frac{d^2F}{du^2}}{\left(\frac{dF}{du}\right)^2}\cdot\frac{du}{dt}\cdot\tau_{yz}\,\right]\,.$$

oder zusammengefaßt

$$\dot{s}_x = -\frac{dF}{du}\cdot\left[\,\dot{e}_x-\frac{\frac{d^2F}{du^2}}{\left(\frac{dF}{du}\right)^2}\cdot\frac{du}{dt}\cdot s_x\right]$$

$$\dot{s}_y = -\frac{dF}{du}\cdot\left[\,\dot{e}_y-\frac{\frac{d^2F}{du^2}}{\left(\frac{dF}{du}\right)^2}\cdot\frac{du}{dt}\cdot s_y\right]$$

$$\dot{s}_z = -\frac{dF}{du}\cdot\left[\,\dot{e}_z-\frac{\frac{d^2F}{du^2}}{\left(\frac{dF}{du}\right)^2}\cdot\frac{du}{dt}\cdot s_z\right]$$

$$\dot{\tau}_{xy} = -\frac{1}{2}\,\frac{dF}{du}\cdot\left[\,\dot{\gamma}_{xy}-2\frac{\frac{d^2F}{du^2}}{\left(\frac{dF}{du}\right)^2}\cdot\frac{du}{dt}\cdot\tau_{xy}\right]$$

$$\dot{\tau}_{xz} = -\frac{1}{2}\,\frac{dF}{du}\cdot\left[\dot{\gamma}_{xz}-2\frac{\frac{d^2F}{du^2}}{\left(\frac{dF}{du}\right)^2}\cdot\frac{du}{dt}\cdot\tau_{xz}\right]$$

$$\dot{\tau}_{yz} = -\frac{1}{2}\,\frac{dF}{du}\cdot\left[\dot{\gamma}_{yz}-2\frac{\frac{d^2F}{du^2}}{\left(\frac{dF}{du}\right)^2}\cdot\frac{du}{dt}\cdot\tau_{yz}\right]\,.$$

Nun können wir noch setzen

$$-\frac{\frac{d^2F}{du^2}}{\left(\frac{dF}{du}\right)^2} = \frac{d}{du}\left(\frac{1}{\frac{dF}{du}}\right)$$

und

$$\frac{du}{dt} = \frac{\dot{W}}{\frac{dF}{du}}$$

und erhalten

$$\dot{s}_x = -\frac{dF}{du}\cdot\left[\dot{e}_x + \frac{d}{du}\left(\frac{1}{F'(u)}\right)\cdot\frac{\dot{W}}{F'(u)}\cdot s_x\right]$$

$$\dot{s}_y = -\frac{dF}{du}\cdot\left[\dot{e}_y + \frac{d}{du}\left(\frac{1}{F'(u)}\right)\cdot\frac{\dot{W}}{F'(u)}\cdot s_y\right]$$

$$\dot{s}_z = -\frac{dF}{du}\cdot\left[\dot{e}_z + \frac{d}{du}\left(\frac{1}{F'(u)}\right)\cdot\frac{\dot{W}}{F'(u)}\cdot s_z\right]$$

$$\dot{t}_{xy} = -\frac{1}{2}\frac{dF}{du}\cdot\left[\dot{\gamma}_{xy} + 2\frac{d}{du}\left(\frac{1}{F'(u)}\right)\cdot\frac{\dot{W}}{F'(u)}\cdot\tau_{xy}\right] \qquad (2)$$

$$\dot{t}_{xz} = -\frac{1}{2}\frac{dF}{du}\cdot\left[\dot{\gamma}_{xz} + 2\frac{d}{du}\left(\frac{1}{F'(u)}\right)\cdot\frac{\dot{W}}{F'(u)}\cdot\tau_{xz}\right]$$

$$\dot{t}_{yz} = -\frac{1}{2}\frac{dF}{du}\cdot\left[\dot{\gamma}_{yz} + 2\frac{d}{du}\left(\frac{1}{F'(u)}\right)\cdot\frac{\dot{W}}{F'(u)}\cdot\tau_{yz}\right].$$

Dies sind die verallgemeinerten Prandtl-Reuss'schen Relationen bei Hinzunahme der Verfestigung. Setzen wir eine lineare Verfestigungsfunktion ein, die man, wie Siebel zeigt, für Flußstahlsorten stets wählen kann (vergl. Lit. 2, Seite 327)

$$\hat{\sigma} = \alpha\cdot\hat{\varepsilon} + \sqrt{\frac{2}{3}}\,\sigma_{Fl}^{Zug},$$

so wird

$$\alpha\,\hat{\varepsilon} + \sqrt{\frac{2}{3}}\,\sigma_{Fl}^{Zug} = -\hat{\varepsilon}\frac{dF}{du}$$

oder mit

$$\beta = \sqrt{\frac{2}{3}}\,\sigma_{Fl}^{Zug}$$

$$-F'(u) = \alpha + \frac{\beta}{\hat{\varepsilon}}.$$

Da nun $\hat{\varepsilon} = \sqrt{-2u}$, weil $u = -\frac{1}{2}\,Sp\,(\hat{\vartheta}^2)$ ist, wird

$$F'(u) = -\alpha - \frac{\beta}{\sqrt{-2u}} = -\frac{\alpha\sqrt{-2u} + \beta}{\sqrt{-2u}}$$

Ist speziell $\alpha = 0$, also konstante Verfestigung, d.h. ein ideal-plastisches Kontinuum, so ist

$$\frac{d}{du}\left(\frac{1}{F'(u)}\right) = \frac{1}{\beta}\cdot\frac{1}{\sqrt{-2u}}$$

und damit

$$\frac{d}{du}\left(\frac{1}{F'(u)}\right)\cdot\frac{1}{F'(u)} = -\frac{1}{\beta^2} = -\frac{1}{\frac{2}{3}(\sigma_{Fl}^{Zug})^2} .$$

Nun ist $\sigma_{Fl}^{Zug} = \sqrt{3}\cdot\sigma_{Fl}^{Schub} = \sqrt{3}\cdot k$, somit ist nach Einsetzen in die Gln.(2)

$$\dot{s}_x = \frac{\beta}{\sqrt{-2u}}\cdot\left[\dot{e}_x-\frac{\dot{W}}{2k^2}\cdot s_x\right]$$

$$\dot{s}_y = \frac{\beta}{\sqrt{-2u}}\cdot\left[\dot{e}_y-\frac{\dot{W}}{2k^2}\cdot s_y\right]$$

$$\dot{s}_z = \frac{\beta}{\sqrt{-2u}}\cdot\left[\dot{e}_z-\frac{\dot{W}}{2k^2}\cdot s_z\right]$$

$$\dot{\tau}_{xy} = \frac{1}{2}\,\frac{\beta}{\sqrt{-2u}}\cdot\left[\dot{\gamma}_{xy}-\frac{\dot{W}}{k^2}\,\tau_{xy}\right]$$

$$\dot{\tau}_{xz} = \frac{1}{2}\,\frac{\beta}{\sqrt{-2u}}\cdot\left[\dot{\gamma}_{xz}-\frac{\dot{W}}{k^2}\,\tau_{xz}\right]$$

$$\dot{\tau}_{yz} = \frac{1}{2}\,\frac{\beta}{\sqrt{-2u}}\cdot\left[\dot{\gamma}_{yz}-\frac{\dot{W}}{k^2}\,\tau_{yz}\right].$$

In Lit. 1 wird gezeigt, daß in erster Approximation $-\frac{dF}{du} = 2G$ ist. Somit erhalten wir in erster Approximation für ein ideal-plastisches Kontinuum

$$\dot{s}_x = 2G\cdot\left[\dot{e}_x-\frac{\dot{W}}{2k^2}\,s_x\right]$$

$$\dot{s}_y = 2G\cdot\left[\dot{e}_y-\frac{\dot{W}}{2k^2}\,s_y\right]$$

$$\dot{s}_z = 2G\cdot\left[\dot{e}_z-\frac{\dot{W}}{2k^2}\,s_z\right]$$

$$\dot{\tau}_{xy} = G\cdot\left[\dot{\gamma}_{xy}-\frac{\dot{W}}{k^2}\,\tau_{xy}\right]$$

$$\dot{\tau}_{xz} = G\cdot\left[\dot{\gamma}_{xz}-\frac{\dot{W}}{k^2}\,\tau_{xz}\right]$$

$$\dot{\tau}_{yz} = G\cdot\left[\dot{\gamma}_{yz}-\frac{\dot{W}}{k^2}\,\tau_{yz}\right]$$

Da wir die Bezeichnungen genauso gewählt haben, wie sie im Buche von Prager-Hodge Verwendung finden, erhalten wir hier genau die gleichen Formeln für das Prandtl-Reuss'sche Gesetz (vergl. Lit. 3, S. 33, Gl. (5.1o)).

Damit erkennt man, daß die Formeln (2) die Verallgemeinerung auf beliebig plastische, isotrope Kontinua von den Prandtl-Reuss'schen Gleichungen sind und ebenfalls von den v.Mises'schen Formeln, wenn man das Kontinuum als starr-plastisch voraussetzt.

Literatur

(1) Wegner, U.: Allgemeine Elastizitätsgesetze, I. Teil. Stahlbau 29 (196o), H.9.

(2) Wegner, U.: Allgemeine Elastizitätsgesetze. II. Teil. Stahlbau 3o (1961), H.11.

(3) Prager, W. u. P.G. Hodge: Theorie des ideal-plastischen Körpers. Wien 1954.

Anwendung der Arbeitsgleichungen bei der Lösung von Aufgaben II. Ordnung und Eigenschwingungsaufgaben

G. SCHREIER, Anhausen*

Es werden die "Arbeitsgleichungen" für Aufgaben II. Ordnung formuliert und so eine wesentliche Verbindung zwischen Theorie I. und II. Ordnung geschaffen (wobei unter "Theorie II. Ordnung" wie üblich die "vereinfachte oder quasilineare Theorie II. Ordnung" verstanden wird). Die Gleichungen erlauben, eine Reihe gegräuchlicher Sätze der Statik I. Ordnung für Aufgaben II. Ordnung zu erweitern. Als besonders nützlich erweist sich ihre Anwendung bei der Lösung von Stabilitätsaufgaben mit Verzweigungspunkt und Eigenschwingungsaufgaben; sie werden hier zu einem der Energiemethode gleichwertigen, ja ihr oft überlegenen Instrument. Auch Beziehungen zur allgemeinen Überlagerung verschiedener Belastungszustände oder Massenbelegungen lassen sich mit ihrer Hilfe finden.

Der Beitrag geht zurück auf zwei umfangreiche unveröffentlichte Arbeiten des Verfassers. In der vorliegenden Kurzfassung muß selbstverständlich auf ausführliche Begründungen und Ableitungen und leider auch auf Beispiele verzichtet werden.

1. Prinzip der virtuellen Verrückungen und Arbeitsgleichungen für Aufgaben II. Ordnung

Das "Prinzip der virtuellen Verrückungen"

$$\Sigma \mathfrak{K} \; \delta\bar{\mathfrak{d}} = 0$$

ist als allgemein gültiges Gleichgewichtskriterium auf jedes mechanische System anwendbar. Für den elastischen Körper insbesondere lautet es

$$\Sigma K \, \delta\bar{\delta} - \int_{(V)} (\sigma_x \, \delta\bar{\varepsilon}_x + \ldots + \tau_x \delta\bar{\gamma}_x) \, dV = 0$$

Beitrag in "Theorie und Berechnung von Tragwerken", Springer-Verlag 1974, von Dr.-Ing. G. Schreier, Hilgers AG., Rheinbrohl

Bei elastischen Stabwerken ist es zweckmäßig, die Gleichung in folgender Weise aufzuschlüsseln:

$$\Sigma\, K\, \delta\bar{\delta} + \Sigma\, R\, \delta\bar{\delta} + \Sigma\, H\, \delta\bar{\delta} - \Sigma \int S\, \delta\overline{d\sigma} - \sum F\, \delta\bar{\delta}_F = 0 \tag{1}$$

Darin bedeuten K die äußeren Kraftgrößen - Querkraftgrößen und Längskraftgrößen, sofern sie virtuelle Längenänderungen vorfinden -, H die äußeren Längskraftgrößen, deren Angriffspunkte infolge der virtuellen Q u e r verformung verschoben werden (die H stehen stellvertretend auch für Längsstreckenlasten), S und F die inneren Beanspruchungen in Stäben und Federn des wirklichen Systems; $\delta\bar{\delta}$ die virtuellen äußeren Wege in Richtung der wirklichen äußeren Kraftgrößen und Reaktionen, $\delta\overline{d\sigma}$ und $\delta\bar{\delta}_F$ die virtuellen inneren Wege (Verzerrungen) in Stäben und Federn in Richtung der wirklichen Beanspruchungen.- Praktisch ermittelt man die willkürlichen, aber verträglichen virtuellen Wege als totale Differentiale der Formänderungen (nach einer ausgezeichneten Verformung δ_n: $\delta\bar{\delta} = (\partial\bar{\delta} / \partial\bar{\delta}_n)\, \delta\bar{\delta}_n$ s. z.B. Lit. 1) eines virtuellen Systems $\bar{\mathcal{T}}$ infolge einer (einfachen) äußeren Belastung; dabei braucht $\bar{\mathcal{T}}$ mit dem wirklichen System $\mathcal{T}$ nur so nahe verwandt zu sein, daß es alle wirklichen Kraftgrößen aufnehmen könnte. Die Verrückungen $\delta\bar{\delta}$ der Längskraftgrößen dürfen allerdings nicht derart formal berechnet werden. Bei (richtungstreuen) Längskräften H z.B. ist

$$\delta\delta \neq \delta\,\overline{\Delta\lambda} = \delta\, \frac{1}{2}\int_{(\lambda)} \bar{v}'^{\,2}\, ds = \int_{(\lambda)} \bar{v}'\, \delta\, \bar{v}'\, ds.$$

Die $\delta\delta$ entstehen nämlich, wenn die Gleichgewichtsform (v) des wirklichen Systems beliebig (um $\delta\bar{v}$) variiert wird

$$\delta\bar{\delta} = \frac{1}{2}\int_{(\lambda)} (v + \delta\bar{v})'^{\,2}\, ds - \frac{1}{2}\int_{(\lambda)} v'^{\,2}\, ds = \int_{(\lambda)} v'\, \delta\bar{v}'\, ds + \frac{1}{2}\int_{(\lambda)} (\delta\bar{v}')^2\, ds \simeq \int_{(\lambda)} v'\, \delta\bar{v}'\, ds.$$

Bei Aufgaben II. Ordnung müssen die virtuellen Verrückungen also nicht nur u n t e r e i n a n d e r verträglich sein, sondern, da sie zusätzlich zu den wirklichen Formänderungen "auftreten", auch in bezug auf die Gleichgewichtslage in $\mathcal{T}$.

Für die praktische Rechnung besser geeignet als das Prinzip der unendlich kleinen virtuellen Verrückungen (1) wäre die "Arbeitsgleichung" mit endlich großen virtuellen Wegen. Sie darf stellvertretend aber nur verwendet werden, wenn im wirklichen System - s. z.B. Lit. 2 -

a) die Formänderungen verschwindend klein gegenüber den Körperabmessungen sind,

b) die inneren Formänderungen den Beanspruchungen direkt proportional sind, also ein lineares "Stoffgesetz" (Hookesches Elastizitätsgesetz) gilt und

c) die äußeren Formänderungen den äußeren Kraftgrößen direkt proportional sind.

Auch bei Aufgaben II. Ordnung sind die Voraussetzungen a) und b) in der Regel erfüllt. Sogar die äußeren Formänderungen sind bei konstanter Längsbelastung der äußeren Querbelastung direkt proportional - ausgenommen die Verkürzungen $\Delta\lambda$ der Stabsehnen; d.h. aber: die Voraussetzung c) wird verletzt. Daher ist für Aufgaben II. Ordnung

$$\Sigma K\overline{\delta} + \Sigma R\overline{\delta} + \Sigma H\overline{\delta} - \Sigma\int S\,\overline{d\sigma} - \Sigma F\overline{\delta}_F \neq 0$$ [1])

Ein Ausweg bietet sich an: Läßt man anstelle der Kraftgrößen II. Ordnung die entsprechenden Größen I. Ordnung virtuell arbeiten, wird keine Voraussetzung I. Ordnung verletzt - auch nicht, wenn man als Wege Formänderungen II. Ordnung verwendet.[2]) Wie bei Aufgaben I. Ordnung gilt daher, gebrauchsstatisch formuliert $\overline{d\sigma} = |\overline{S}\,ds/\overline{U}|$, $\overline{U}$ ist die entsprechende Steifigkeit; $\overline{\delta}_F = \overline{F}\,1/\overline{f}$, $\overline{f}$ ist die entsprechende Federkonstante -, als "Arbeitsgleichung mit virtuellen Wegen"

$$\Sigma K\overline{\delta} + \Sigma_I R\overline{\delta} - \Sigma\int_I S\overline{S}\,\frac{ds}{\overline{U}} - \Sigma_I F\,\overline{F}\,\frac{1}{\overline{f}} = 0 \qquad (2a)$$

Vertauscht man virtuelles und wirkliches System, muß ohne weitere Einschränkung auch gelten als "Arbeitsgleichung mit virtuellen Kräften"

$$\Sigma\bar{K}\delta + \Sigma_I\bar{R}\delta - \Sigma\int_I\bar{S}\,S\,\frac{ds}{U} - \Sigma_I\bar{F}\,F\,\frac{1}{f} = 0. \qquad (2b)$$

Man läßt die Längsbelastung formal in dem System weg, dessen Kraftgrößen genommen werden. Das entspricht übrigens der Vorstellung "Die Längsbelastung ist eine Systemeigenschaft" (Lit. 3) - als Eigenschaft spielt sie in der Kraftgrößengruppe nicht mit, während sie die Formänderungen selbstverständlich beeinflußt.- Die Formänderungen, die hier nur untereinander (und mit den Stützbedingungen

---

1) Die linke Seite verschwindet auch nicht, wenn man für die $\overline{\delta}$ von Längskräften H entsprechend den $\delta\overline{\delta}$

$$\int_{(\lambda)} v'\,\overline{v}'\,ds + \frac{1}{2}\int_{(\lambda)} \overline{v}'^2\,ds$$

setzt oder den Summanden $\Sigma H\overline{\delta}$ überhaupt fortläßt - virtuelle Formänderungen I. und II. Ordnung werden üblicherweise mit der linearisierten Annahme "Bogen = Sehne" (oder $1/2\int v'^2\,ds = 0$) berechnet und daraus könnte man folgern, daß die wirklichen Längskraftgrößen keine virtuellen Wege vorfinden.

2) Jede Verformung II. Ordnung kann man sich auch durch eine Querbelastung allein (also ohne Längsbelastung) hervorgerufen denken. Das widerspricht nicht der Umkehrung des Kirchhoffschen Eindeutigkeitssatzes: Der Satz beruht auf dem Superpositionsgesetz, das hier für die Längsbelastung nicht gilt.

ihres Systems), nicht aber in bezug auf die Gleichgewichtslage im anderen System verträglich zu sein brauchen, werden von sämtlichen zu berücksichtigenden Beanspruchungen $\bar{S}$ oder S hervorgerufen. Bei Biegestabwerken berücksichtigt man meistens nur den Einfluß des Biegemoments, gelegentlich auch den der Querkraft. Gl. (2a, b) gelten unabhängig für S ($\bar{S}$) = M ($\bar{M}$) oder Q ($\bar{Q}$) oder M+Q ($\bar{M}+\bar{Q}$).[3] - Federnarbeit entsteht nur, wenn in beiden Systemen gleichartige Federn an gleichen Stellen vorhanden sind.

Die Arbeitsgleichungen in der Form (2a, b) lassen sich in bemerkenswerter Weise umformen. Indem man die Kraftgrößen I. Ordnung gemäß ${}_IY = Y - \Delta Y$ oder ${}_I\bar{Y} = \bar{Y} - \Delta\bar{Y}$ ersetzt, erhält man die Gleichungen ohne Index "I", erweitert um $-\Sigma\Delta R\bar{\delta} + \Sigma\int\Delta S\ \bar{S}\ ds/\bar{U} + \Sigma\Delta F\ \bar{F}\ 1/\bar{f}$ z.B.. Es läßt sich zeigen, daß die 3 Summanden stets gleich $+\Sigma H_i \int_{(\lambda_i)} v'\ \bar{v}'\ ds$ sind ((λ_i) kennzeichnet den Längenabschnitt, an dessen Enden das Längskräftepaar H_i wirkt; $+H_i$ sind Druckkräfte). Die Arbeitsgleichungen in der neuen Form (vereinfachend ohne "i" und (λ) geschrieben)

$$\Sigma K\bar{\delta} + \Sigma R\bar{\delta} + \Sigma H\int v'\ \bar{v}'\,ds - \Sigma\int S\bar{S}\ \frac{ds}{\bar{U}} - \Sigma F\bar{F}\ \frac{1}{\bar{f}} = 0, \qquad (3a)$$

$$\Sigma\bar{K}\delta + \Sigma\bar{R}\delta + \Sigma\bar{H}\int\bar{v}'\ v'\,ds - \Sigma\int\bar{S}S\ \frac{ds}{U} - \Sigma\bar{F}F\ \frac{1}{f} = 0 \qquad (3b)$$

$+H$, $+\bar{H}$ sind Druckkräfte

enthalten ausschließlich Größen II. Ordnung, verstoßen ihrer Herkunft nach aber gegen keine Voraussetzung I. Ordnung. Die Längskraftgrößen leisten nicht längs eines entsprechenden virtuellen oder wirklichen Weges Arbeit, sondern längs eines doppelten g e m i s c h t e n Weges. Als Wege dürfen selbstverauch die Formänderungen I. Ordnung genommen werden, die ja untereinander und mit den Stützbedingungen ihres Systems verträglich sind; so entsteht ein Pendant zu Gl.(2): man läßt die Längsbelastung formal in d e m System weg, dessen Formänderungsgrößen genommen werden. Für die praktische Anwendung von Gl.(3) gilt das gleiche wie für die von Gl.(2)[4]. - Die H stehen stellvertre-

---

[3] In allen drei Fällen dürfen die Kraftgrößen I. Ordnung, die ja nur im Gleichgewicht sein müssen, in statisch unbestimmten Systemen auch unter Berücksichtigung der Querkraftverformung berechnet werden - in statisch bestimmten Systemen hat diese keinen Einfluß auf die Kraftgrößen. Bei den Formänderungsgrößen II. Ordnung, die hier entweder allein von der Momentenverformung (Biegung) oder von der Querkraftverformung oder von beiden herrühren, ist es gleichgültig, ob die "verformenden" Beanspruchungen M ($\bar{M}$) und Q = M' ($\bar{Q}$ = $\bar{M}$') unter Ausschluß oder Einbeziehung der Querkraftverformung berechnet werden und ob, bei Einbeziehung der Querkraftverformung, die elastischen Hebel v^Q ($\bar{v}^Q$) mit berücksichtigt werden oder nicht; in statisch bestimmten Systemen kann die Querkraftverformung ausschließlich über ihre Hebel (v^Q, $\bar{v}^Q$) die Beanspruchungen und damit die Verformungen beeinflußen.

[4] Bei Biegestabwerken dürfen die Kraftgrößen II. Ordnung unter Ausschluß oder Einbeziehung der Querkraftverformung - und bei Einbeziehung wieder mit oder ohne Berücksichtigung der Hebel v^Q ($\bar{v}^Q$) - berechnet werden.
v' ($\bar{v}$') in $\Sigma H\int v'\bar{v}'ds$ ($\Sigma\bar{H}\int\bar{v}'v'ds$) ist gleich $v^{M'}$ ($\overline{v^{M'}}$) ohne bzw. $v^{M+Q'}$ ($\overline{v^{M+Q'}}$) mit Berücksichtigung der Hebel v^Q ($\bar{v}^Q$). Für die Formänderungen II. Ordnung gilt Fußnote 3).

tend auch für Längsstreckenlasten, z.B.

$$\Sigma H \int v'\bar{v}'ds = \int_{s_j}^{s_k} h(\xi) \int_0^{\xi} v'\bar{v}'ds\,d\xi = h\int_0^{s_k} (s_k - s)v'\bar{v}'ds \qquad s_j \leqq s \leqq s_k$$

$$= \int_{s_j}^{s_k} h(\xi) \int_{l-\xi}^{\xi} v'\bar{v}'ds\,d\xi \qquad h = \text{const über } s_k$$

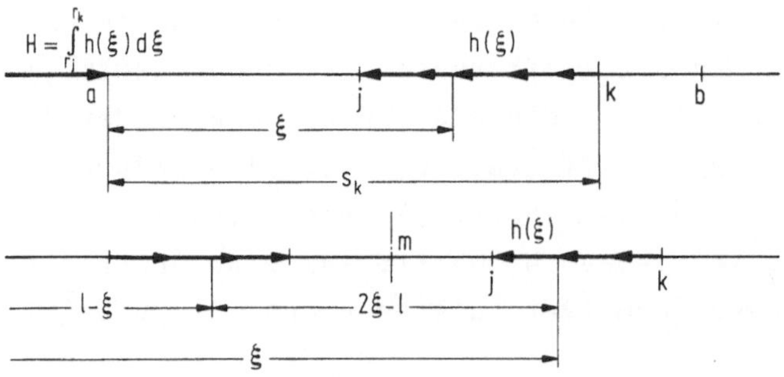

Abb. 1

2. Gleichung der wechselseitigen Arbeit – Sätze von Betti und Maxwell

Setzt man die linken Seiten der Gln.(2a), (2b) und (3a), (3b) je einander gleich, erhält man die "Gleichung der wechselseitigen Arbeit" in ihren beiden allgemeinsten Formen. Im Hinblick auf die zweckmäßige Angleichung des virtuellen Systems an das wirkliche sollen die S und $\bar{S}$ in beiden Seiten - die ja auch die zugehörigen Formänderungen hervorrufen - gleiche Beanspruchungen umfassen (was nicht notwendig ist) und die Hebel v^Q ($\overline{v^Q}$) durchwegs mitberücksichtigt werden oder nicht. Jeder mögliche Schritt der Angleichung - $\bar{U} = U$; $\bar{f} = f$; $\bar{\gamma} = \gamma$; $\bar{\gamma}_H = \gamma_H$ - führt auf interessante Beziehungen. Für $\bar{\gamma}_H = \gamma_H$ - die Systeme sind einschließlich der Eigenschaft "Längsbelastung" einander gleich - insbesondere erhält man, wenn nur die Formänderungen unter Berücksichtigung aller ihrer Längskrafthebel mit den gleichen Beanspruchungen berechnet werden, aus den Gln. (2a, b) und (3a, b)

$$\Sigma \int_I S\,\bar{S}\,\frac{ds}{U} + \Sigma_I F\,\bar{F}\,\frac{1}{f} = \Sigma \int_I \bar{S}\,S\,\frac{ds}{U} + \Sigma_I \bar{F}\,F\,\frac{1}{f} \qquad \bar{\gamma}_H = \gamma_H \tag{4'}$$

und $\Sigma K\bar{\delta} = \Sigma\bar{K}\delta$. (4)

Gl.(4) ist der Satz von Betti in der üblichen Form. Er gilt also unverändert auch für längsbelastete Systeme, wenn mit den Kraftgrößen K und $\bar{K}$ die gleiche Längsbelastung mitwirkt. Man könnte ihn auch als Wechselseitigkeitssatz der *äußeren* Arbeit bezeichnen, zum Unterschied vom Wechselseitigkeitssatz der *inneren* Arbeit (4'), der nur bei Aufgaben II. Ordnung besteht.

Aus (4) folgt mit $K = 1$, $\bar{K} = \bar{1}$ als Sonderfall

$$\delta_{ik} = \delta_{ki}\,, \qquad \bar{\mathfrak{T}}_H = \mathfrak{T}_H \qquad (5)$$

der Vertauschungssatz von Maxwell. Ausnahmsweise gilt bei gleichartigen Kraftgrößen 1, $\bar{1}$ im Zweigelenkstab auch $\delta^Q_{ik} = \delta^Q_{ki}$; $v^Q_{ik} = v^Q_{ki}$ infolge Einzellast führt wegen der Affinität zwischen $v^Q = M/GF'$ und M auf das Reziprozitätsgesetz der Momente des Zweigelenkstabs infolge Einzellast: $M_{ik} = M_{ki}$, $\varphi^Q_{ik} = \varphi^Q_{ki}$ infolge Einzelmoment wegen der Affinität zwischen $\varphi^Q = v^{Q'} - \gamma = 0 - \gamma = -Q/GF'$ und Q auf das Reziprozitätsgesetz der Querkräfte des Zweigelenkstabs infolge Einzelmoments: $Q_{ik} = Q_{ki}$ (γ = Gleitung).

3. Reduktionssatz – Berechnung ausgezeichneter Formänderungen

Die Formänderung δ^r_n an der Stelle n in einem r-fach statisch unbestimmten System läßt sich praktisch mit Hilfe einer der Formänderung entsprechenden virtuellen Einheitskraftgröße $\bar{K} = \bar{1}_n$ auf drei Arten ermitteln:

$$\delta^r_n = \Sigma \int_I \overline{S^o_{1_n}}\, S^r \,\frac{ds}{U} = \Sigma\, K\, \overline{\delta^r_{1_n}} = \Sigma \int_I S^o\, \overline{S^r_{1_n}}\, \frac{ds}{U}; \qquad (6)$$

in Worten: entweder indem man die Einheitsbelastung in einem bestimmten System $\mathfrak{T}^o$ (ohne Federn), dessen Reaktionen keine wirklichen Wege vorfinden, wirken läßt (folgt aus (2b)); oder indem man die Einheitsbelastung im unbestimmten System $\bar{\mathfrak{T}}_H = \mathfrak{T}_H$ wirken läßt (folgt aus (4)); oder indem man die wirkliche Belastung K in einem bestimmten System $\mathfrak{T}^o$ (ohne Federn), dessen Reaktionen keine virtuellen Wege vorfinden, und die Einheitsbelastung im unbestimmten System $\bar{\mathfrak{T}}_H = \mathfrak{T}_H$ wirken läßt (folgt aus (2a), wenn man $\Sigma K \overline{\delta^r_{1_n}}$ durch die Beanspruchungen ausdrückt). Gl.(6) ist der "Reduktionssatz" in seinen drei zweckmäßigen Schreibungen.[5)]

4. Gleichung der Formänderungsarbeit

Nimmt man $\bar{\mathfrak{T}}_H = \mathfrak{T}_H$ und $\bar{K} = K$ an und läßt die Kraftgrößen die von ihnen (oder, in Gl.(2), den entsprechenden Größen II. Ordnung) erzeugten Wege zurücklegen, gehen die Gln.(2) und (3) über in

---

5) Statt eines bestimmten Systems $\bar{\mathfrak{T}}^o$ oder $\mathfrak{T}^o$ kann theoretisch auch ein unbestimmtes System $\bar{\mathfrak{T}}^n$ oder $\mathfrak{T}^k$ verwendet werden.

$$\Sigma K\delta - \Sigma\int {}_I S\; S \,\frac{ds}{U} - \Sigma\, {}_I F\; F\, \frac{1}{f} = 0 \qquad (7')$$

und $$\Sigma K\delta + \Sigma H\int v'^2\, ds - \Sigma\int S^2 \frac{ds}{U} - \Sigma F^2 \frac{1}{f} = 0.^{6)} \qquad (7)$$

Geht man von Gl.(3) mit Formänderungsgrößen I. Ordnung aus, erhält man mit Gl.(7')

$$\Sigma K\Delta\delta = \Sigma H\int v'\,{}_I v'\,ds \quad \text{mit } \Delta\delta = \delta - {}_I\delta. \qquad (7'')$$

Gl.(7) ist die eigentliche "Gleichung der Formänderungsarbeit" - alle ihre Glieder, auch das zweite, sind doppelte Formänderungsarbeiten. Bei Längskräften H z.B. ist $\Sigma H\int v'^2 ds = \Sigma H\cdot 2\Delta\lambda$ und man kann (7) auch schreiben

$$\Sigma\frac{1}{2}\, K\delta + \Sigma H\Delta\lambda = \Sigma\frac{1}{2}\int S^2 \frac{ds}{U} + \Sigma\frac{1}{2}\, F^2 \frac{1}{f}.$$

Und das ist genau $A_a = A_i$ (die Gleichheit muß bestehen, da sie nur an die Bedingung vollkommener Elastizität geknüpft ist).

Gl.(7) eignet sich übrigens vorzüglich zur Näherungsberechnung einer Formänderungs- oder Kraftgröße Y_n: man spaltet sie aus der Verformungslinie ab - $v(s) = Y_n v^+(s)$, $\delta = Y_n \delta^+$ - und erhält fast unmittelbar ($\nu/(\nu-1) = 1$ für $H = 0$)

$$Y_n = \frac{\nu}{\nu-1}\,{}_I Y_n \quad \text{mit } \nu = \left(\Sigma\int S^{+2}\frac{ds}{U} + \Sigma F^{+2}\frac{1}{f}\right)\Big/\Sigma H\int v^{+'2} ds. \qquad (8)$$

Wenn die Verformungslinie halbwegs der Knickverformungslinie für die Längsbelastung entspricht, ist nach der "Energiemethode" (vgl. 5.2.2) $\nu = \tilde{H}_k/H$ (+H ist die Bezugslängsdruckkraft, $\tilde{H}_k$ ihr genäherter kritischer Wert) und man hat

$$Y_n \approx \frac{H_k}{H_k \mp H}\,{}_I Y_n \text{ für } {}^{\text{Druck}}_{\text{Zug}}\text{kraft } H \text{ oder } H_k \approx \frac{Y_n}{Y_n - {}_I Y_n}\, H. \qquad (8^+)$$

5. Lösung von Stabilitätsaufgaben mit Verzweigungspunkt

Die praktische Anwendung der Arbeitsgleichungen auf "Spannungsprobleme" ist beschränkt, weil immer nur einzelne Formänderungs- oder ausnahmsweise Kraftgrös-

---

6) Die Schreibung des zweiten Summanden von (7) setzt voraus, daß die Formänderungen unter Berücksichtigung aller ihrer Längskrafthebel mit den Beanspruchungen S berechnet werden. In jedem Fall gehört der erste Faktor v' seiner Herkunft nach gewissermaßen zu den Kraftgrößen, die unter Ausschluß oder Einbeziehung der Querkraftverformung (ohne oder mit Berücksichtigung der Hebel v^Q) ermittelt werden dürfen.

sen als Unbekannte berechnet werden können. Sehr nützlich erweisen sie sich aber bei der Lösung von Stabilitätsaufgaben mit Verzweigungspunkt.

5.1 Begründung und Art der Anwendung

Ist die indifferente Lage des wirklichen Systems unter den Kraftgrößen K von seiner Ausgangslage verschieden, gilt für die zugehörigen Verformungen selbstverständlich die Arbeitsgleichung mit virtuellen Kräften, z.B. in der Schreibweise der Gl.(2b). Ohne Änderung der "kritischen" Kraftgrößen K kann das System, plötzlich instabil werdend, sich weiter formändern, wobei die äußeren und inneren Wege sich nach Art einer Variation ändern ($\delta \to \delta + \delta\delta, \ldots$). Subtrahiert man die beiden Gln.(2b), einmal mit $\delta + \delta\delta$ und zum anderen δ, erhält man die Arbeitsgleichung für den Übergang des Systems aus der indifferenten Lage in eine der möglichen instabilen, also für sein unbestimmtes "Ausweichen" ($\delta(S \frac{ds}{U}) = \delta S \cdot \frac{ds}{U}$):

$$\Sigma \bar{K} \delta\delta + \Sigma_I \bar{R} \delta\delta - \Sigma \int_I \bar{S} \delta S \frac{ds}{U} - \Sigma_I \bar{F} \delta F \frac{1}{f} = 0.$$

Beide Gleichungen und ihre Differenz bestehen je unabhängig voneinander: es ist daher gleichgültig, ob man die stabile Verformung bis zur indifferenten Lage mitberücksichtigt oder die instabile Verformung in bezug auf sie getrennt betrachtet. Praktisch darf man sich darauf beschränken. allein die (ihrer Größe nach) unbestimmte instabile Verformung zu untersuchen.- Die unbekannten kritischen Kraftgrößen, die das System instabil machen, gehen über die Beanspruchungen in die wirklichen inneren Wege und ihre Variationen ein, die kritische Bezugsgröße K_k läßt sich aus ihnen abspalten: $\delta S = \delta(K_k\ \chi_S) = K_k \delta\chi_S$, $\delta F = K_k \delta\chi_F$. Die Variationszeichen dürfen formal wegbleiben, wie sich leicht zeigen läßt. Für die "endliche" Verformung aus der indifferenten Lage gilt daher wieder Gl.(2b) in der Form

$$K_k\ (\Sigma \int_I \bar{S}\ \chi_S \frac{ds}{U} + \Sigma_I \bar{F}\ \chi_F \frac{1}{f}) = \Sigma \bar{K} \delta + \Sigma_I \bar{R} \delta. \qquad (9)$$

Da die inneren Wege von Federn $\delta_F = F/f$ zugleich äußere Formänderungen sind, brauchen die F nicht notwendig durch $K_k \chi_F$ ausgedrückt zu werden. Im allgemeinen Fall $\bar{\mathcal{T}} \neq \mathcal{T}$ läßt sich durch geeignete Wahl des virtuellen Systems $\bar{\mathcal{T}}$ - ohne Federn oder mit Federn an anderen Stellen als in $\mathcal{T}$ - Federnarbeit stets vermeiden. Unvermeidlich ist sie nur im Sonderfall $\bar{\mathcal{T}} = \mathcal{T}$; bei der "Methode der inneren Energie" (5.2.2.) zumal ist die Abspaltung mit Rücksicht auf die Bestimmung von Parametern geboten.- Der richtige kritische Wert von K_k, sein Eigenwert, muß von $\bar{\mathcal{T}}$ und $\bar{K}$ unabhängig sein. Er ergibt sich aus Gl.(9) nur, wenn als Verformungslinie die zugehörige Eigenfunktion gewählt wird. Mit einer genäherten Verformungslinie kann man daher auch nur eine Näherung $\tilde{K}_k$ erhalten, die außerdem von $\bar{\mathfrak{T}}$, $\bar{K}$ abhängt.- Statt von Gl.(2b) darf man selbstverständlich auch gleichwertig von Gl.(3b) oder, bei Ermittlung einer kritischen Längsbelastung, direkt von Gl.(3a) (mit K = 0) ausgehen; von beiden Möglichkeiten wird unten Gebrauch gemacht.

Die folgende Darstellung beschränkt sich auf das Knicken von Stabwerken und berücksichtigt von den Beanspruchungen allein das Biegemoment (S = M).[7)]

5.2 Beschränkung auf S = M – Knicken von Stabwerken

5.2.1. Allgemeiner Fall $\bar{\mathfrak{T}} \neq \mathfrak{T}$

Nach Gl.(9) erhält man die kritische Bezugslängskraft H_k aus

$$H_k \left(\int_I \bar{M}\, \chi_M \frac{ds}{EI} + \Sigma_I \bar{F}\, \chi_F \frac{1}{f}\right) = \Sigma\bar{K}\delta + \Sigma_I \bar{R}\delta. \qquad (10)$$

Bei gleicher Stützung der Systeme ist die Reaktionenarbeit null. Die rechte Seite kann nach Gl.(2b) ersetzt werden:

$$\Sigma\bar{K}\delta + \Sigma_I \bar{R}\delta = -\int_I \bar{M}\, v''ds + \Sigma_I \bar{F}\delta_F = \int_I \bar{v}''v''\overline{EI}\, ds + \Sigma_I \bar{\delta}_F \delta_F \bar{f}. \qquad (11)$$

Kürzt man nach der Ersetzung die Glieder der Federnarbeit, ergibt sich die für die praktische Rechnung (bei gleichartigen Federn an gleichen Stellen in beiden Systemen) bequemere Form

$$H_k \int_I \bar{M}\, \chi_M \frac{ds}{EI} = -\int_I \bar{M}\, v''ds. \qquad (10^+)$$

$\chi_M(s)$, χ_F sind jedesmal zu berechnen.

Mit den Einschränkungen $\overline{EI} = EI$ ($\overline{\overline{\neq}}$ const), $\bar{f} = f$, die immer praktikabel sind, läßt sich der Klammerausdruck in Gl.(10) nach Gl.(3a) (mit K = 0 und Index "I" an den virtuellen Größen) umformen:

[7)] Die allgemeinen Beziehungen lassen sich sinngemäß aus (9) herleiten. In der Originalarbeit werden - wie bisher - beliebige Systeme mit allen Beanspruchungen und Stabwerke konsequent mit M+Q und M behandelt. In Beispielen werden auch Instabilwerden durch Drillmomente, Kippen, Fachwerkknicken, Ringknicken, Bogenknicken, ja ausnahmsweise Beulen untersucht.- Alle Beziehungen gelten selbstverständlich nur für unbeschränkt elastischen Werkstoff. Im Fall $\sigma_K > \sigma_P$ muß E durch den "Engesser-Modul" T ersetzt werden; das praktische Vorgehen bei F = const bzw F $\neq$ const ist bekannt - s. z.B. Lit. 4.

$$\int_I \bar{M}\, \chi_M \frac{ds}{EI} + \Sigma_I \bar{F}\, \chi_F \frac{1}{\bar{f}} = \Sigma \chi_H \int v'\,_I\bar{v}'ds + \Sigma \chi_R\, _I\bar{\delta}\,, \qquad \begin{matrix} \overline{EI} = EI \\ \bar{f} = f \end{matrix} \tag{12}$$

und man erhält

$$H_k\, (\Sigma \chi_H \int v'\; _I\bar{v}'ds + \Sigma \chi_R\; _I\bar{\delta}) = \Sigma \bar{K}\delta + \Sigma\; _I\bar{R}\delta. \quad \overline{EI} = EI,\ \bar{f} = f \tag{13}$$

Die rechte Seite kann wieder nach Gl.(11) (mit $\overline{EI} = EI$, $\bar{f} = f$) ersetzt werden; Gl.(13) mit der zweiten Ersetzung ergibt sich übrigens auch unmittelbar aus Gl.(3a) o h n e die Einschränkungen, die daher auch hier nicht notwendig sind. Bei Längsstreckenlasten läßt sich $\Sigma \chi_H \int \ldots$ in bekannter Weise ausdrücken (s. Abschn. 1., mit $\bar{v}' = {}_I\bar{v}'$).- Im Sonderfall $\bar{\mathcal{T}} = \mathcal{T}$ verkürzt sich Gl.(13) auf

$$H_k\; \Sigma \chi_H \int v'\; _I\bar{v}'ds = \Sigma \bar{K}\delta. \qquad \bar{\mathcal{T}} = \mathcal{T} \tag{13$^+$}$$

Das ist gewissermaßen eine "Gemischte Energiemethode" (vgl. 5.2.2.). Denkt man sich v als ${}_Iv$ von einer Querbelastung K erzeugt, ist nach Gl.(13$^+$) $\bar{H}_k$ in

$$\bar{H}_k \cdot \Sigma \chi_H \int_I \bar{v}'\; _Iv'ds = \Sigma K\; _I\bar{\delta}$$

formal gleich der kritischen Bezugsgröße einer virtuellen Längsbelastung, die gleich der wirklichen ist. Dann aber ist $\bar{\mathcal{T}}_H = \mathcal{T}_H$, nach Gl.(4) wird auch die rechte Seite gleich der von Gl.(13$^+$) und $\bar{H}_k = H_k$. Man darf die Biegelinien (und die sie hervorrufenden Querbelastungen) in beiden Systemen vertauschen, ohne daß sich H_k ändert. Und d.h.: man kann aus Gl.(13$^+$) auch mit einer schlechten Näherung der Knickbiegelinie eine gute Näherung $\tilde{H}_k$ erhalten, wenn nur in $\bar{\mathcal{T}} = \mathcal{T}$ die virtuelle Biegelinie infolge $\bar{K}$ sich gut als Knickbiegelinie eignet.

Ein r-fach statisch unbestimmtes System $\mathcal{T}^r$ untersucht man zweckmäßig mit einem bestimmten System $\overline{\mathcal{T}^o}$ oder, einfacher, indem man ein bestimmtes System $\mathcal{T}^o$ verwendet und die wirkliche Unbestimmtheit in $\overline{\mathcal{T}^r}$ einbaut. Dazu ist $\mathcal{T}^o$ so zu wäh-

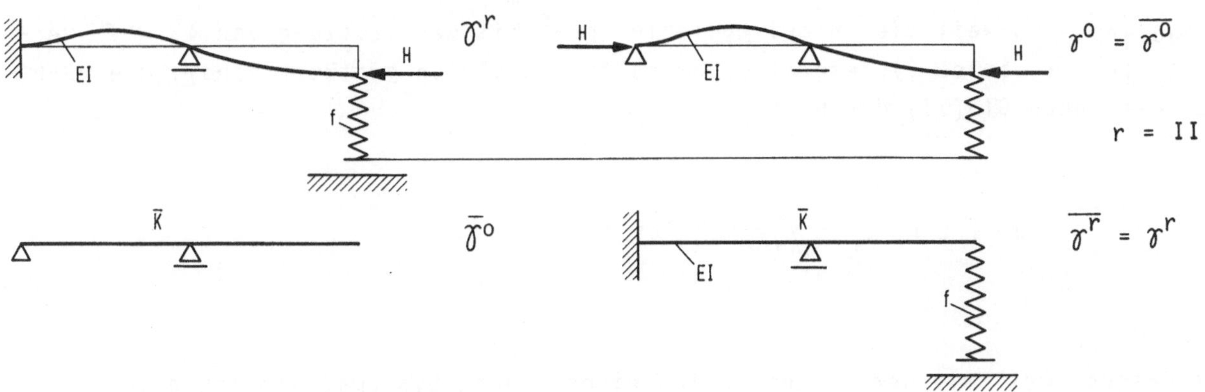

Abb. 2

len, daß es die gesamte wirkliche Längsbelastung aufnehmen kann und die Knickbiegelinie zuläßt, die mit den wirklichen Stützbedingungen - die dann in $\overline{\gamma^r}$ auftreten - verträglich sein muß.

Gl.(2b) formal auf die Systempaare γ^r, $\overline{\gamma^o}$ und γ^o $(=\overline{\gamma^o})$, $\overline{\gamma^r}$ $(=\gamma^r)$ angewandt, ergibt

$$H_k^r \left(\int_I \overline{M^o}\, \chi_{Mr} \frac{ds}{EI} + \Sigma_I \overline{F^o}\, \chi_{Fr} \frac{1}{f}\right) = \Sigma \bar{K}\delta + \Sigma_I \overline{R^o}\delta \qquad (\delta^r = \delta)$$

und
$$H_k^o \left(\int_I \overline{M^r}\, \chi_{Mo} \frac{ds}{EI} + \Sigma_I \overline{F^r}\, \chi_{Fo} \frac{1}{f}\right) = \Sigma \bar{K}\delta + \Sigma_I \overline{R^r}\delta \qquad (\delta^o = \delta^r = \delta).$$

Der (seiner statischen Bedeutung nach) falsche kritische Wert H_k^o [8] ist offenbar gleich dem richtigen $H_k^r = H_k$, wenn die rechten Seiten einander gleich sind. Man erkennt leicht, daß beide Reaktionenarbeiten s t e t s verschwinden, auch wenn nur in $\gamma^r = \overline{\gamma^r}$ Federn vorhanden sind: man muß sie sich als (verformte) Systemteile in γ^o hinzudenken (vgl. das Beispiel). In der Tat hat man also

$$H_k \left(\int_I \overline{M^r}\, \chi_{Mo} \frac{ds}{EI} + \Sigma_I \overline{F^r}\, \chi_{Fo} \frac{1}{f}\right) = \Sigma \bar{K}\delta. \quad \overline{EI} = EI,\ \bar{f} = f \tag{14}$$

Federnarbeit tritt nur auf, wenn ausnahmsweise in beiden Systemen w i r k s a m e gleichartige Federn an gleichen Stellen vorhanden sind (im skizzierten Fall z.B. tritt keine Federnarbeit auf). Biegesteifigkeit und Federkonstanten beider Systeme müssen selbstverständlich gleich sein, sie werden ja mit "vertauscht". Der Klammerausdruck der linken Seite kann nach Gl.(12) durch

$$\Sigma X_H \int v' \,{}_I\overline{v^r}'\, ds$$

$(\Sigma X_{Ro}\ {}_I\overline{\delta^r} = 0$, weil die Knickbiegelinie in γ^o mit der Stützung von $\overline{\gamma^r} = \gamma^r$ verträglich ist, beide Systeme also gewissermaßen gleich gestützt sind), die rechte Seite nach Gl.(11) durch

$$-\int_I \overline{M^r}\, v''ds + \Sigma_I \overline{F^r}\, \delta_F = \int_I \overline{v^r}''v''EIds + \Sigma_I \overline{\delta_F^r}\delta_F \cdot f$$

---

[8] Falsch, weil mit der Eigenfunktion eines andern Systems, nämlich des unbestimmten, gerechnet wird.

ersetzt werden. Wie auf Gl. (1o) und Gl.(13) läßt sich diese "Reduktion" selbstverständlich auch auf Gl.(1o$^+$) und alle folgenden (geeigneten) Beziehungen anwenden, was freilich nur ausnahmsweise praktischen Vorteil bringt.

Statt von Gl.(9) ≡ Gl.(2b) kann man auch von Gl.(3b) ausgehen und erhält als Entsprechung zu Gl.(1o) die weniger zweckmäßige Beziehung

$$H_k \left(\int \bar{M}\, \chi_M \frac{ds}{\overline{EI}} + \Sigma \bar{F}\, \chi_F \frac{1}{\bar{f}}\right) = \Sigma \bar{K}\delta + \Sigma \bar{R}\delta + \Sigma \bar{H} \int \bar{v}' v' ds. \qquad (15)$$

Die rechte Seite kann nach Gl.(3b) ersetzt werden:

$$\Sigma \bar{K}\delta + \Sigma \bar{R}\delta + \Sigma \bar{H} \int \bar{v}' v' ds = -\int \bar{M}\, v'' ds + \Sigma \bar{F}\delta_F = \int \bar{v}'' v'' \overline{EI}\, ds + \Sigma \bar{\delta}_F \delta_F\, \bar{f}. \qquad (16)$$

Kürzt man nach der Ersetzung die Glieder der Federnarbeit, ergibt sich als Entsprechung zu Gl.(1o$^+$) die bequemere Form

$$H_k \int \bar{M}\, \chi_M \frac{ds}{\overline{EI}} = -\int \bar{M}\, v'' ds. \qquad (15^+)$$

Die linke Seite kann wieder nach Gl.(12) (ohne Index "I") umgeformt werden:

$$H_k \left(\Sigma \chi_H \int v' \bar{v}' ds + \Sigma \chi_R \bar{\delta}\right) = \Sigma \bar{K}\delta + \Sigma \bar{R}\delta + \Sigma \bar{H} \int \bar{v}' v' ds, \quad \overline{EI} = EI,\ \bar{f} = f \qquad (17)$$

als Entsprechung zu Gl.(13). Gl.(17) mit der zweiten Ersetzung ergibt sich übrigens auch unmittelbar aus Gl.(3a) o h n e die Einschränkungen, die daher auch hier nicht notwendig sind.- Eine virtuelle Längs d r u c k belastung ($+\bar{H}$) darf selbstverständlich höchstens gleich ihrem kritischen Wert sein. Mit ihm ergeben sich freilich - eine gewisse Ähnlichkeit zwischen wirklicher und virtueller Knickbiegelinie vorausgesetzt - besonders gute Näherungen. Daher liegt es nahe, allein eine virtuelle Längsdruckbelastung zu verwenden ($\bar{K} = 0$). Aus den rechten Seiten der Gleichungen läßt sich dann die kritische Bezugslängskraft $\bar{H}_k$ abspalten, z.B. aus Gl.(17):

$$H_k \left(\Sigma \chi_H \int v' \bar{v}' ds + \Sigma \chi_R \bar{\delta}\right) = \bar{H}_k \left(\Sigma \chi_{\bar{H}} \int \bar{v}' v' ds + \Sigma \chi_{\bar{R}} \delta\right), \quad \overline{EI} = EI,\ \bar{f} = f. \qquad (17^+)$$

Unmittelbar aus Gl.(3a) erhält man o h n e die Einschränkungen die Gleichung mit der rechten Seite

$$\bar{H}_k \left(-\int \chi_{\bar{M}}\, v'' \frac{EI}{\overline{EI}} ds + \Sigma \chi_{\bar{F}} \delta_F \frac{f}{\bar{f}}\right).$$

Die praktische Anwendung dieser Gleichungen setzt voraus, daß Eigenwert $\bar{H}_k$ und Eigenfunktion $\bar{v}$ oder gute Näherungen von beiden bekannt sind.

Wenn von der Längsbelastung nur ein Teil (die H) zur kritischen Größe gesteigert werden kann, der Rest (die H^+) aber unverändert bleibt, sind die Beanspruchungen einfach aufzuspalten in $M = M_H + M_{H^+}$, $F = F_H + F_{H^+}$ und man hat unmittelbar nach Gl.(1o)

$$H_k \left(\int_I\bar{M}\,\chi_{M_H}\frac{ds}{\overline{EI}} + \Sigma_I\bar{F}\,\chi_{F_H}\frac{1}{\bar{f}}\right) = \Sigma\bar{K}\delta + \Sigma_I\bar{R}\delta - \int_I\bar{M}\,M_{H^+}\frac{ds}{\overline{EI}} - \Sigma_I\bar{F}\,F_{H^+}\frac{1}{\bar{f}} \quad (18)$$

oder gleichwertig nach Gl.(13)

$$H_k\,(\Sigma\chi_H\int v'\cdot{}_I\bar{v}'ds + \Sigma\chi_{R_H}\,{}_I\bar{\delta}) = \Sigma\bar{K}\delta + \Sigma_I\bar{R}\delta - \Sigma H^+\int v'\cdot{}_I\bar{v}'ds - \Sigma R_{H^+}\,{}_I\bar{\delta}. \quad (19)$$

$$\overline{EI} = EI,\ \bar{f} = f.$$

Die Klammerausdrücke der linken Seiten und die beiden letzten Summanden der rechten Seiten sind je untereinander austauschbar.

Denkt man sich die Knickbiegelinie v allein durch eine Querbelastung $\mathfrak{K}$ hervorgerufen, hat man nach Gl.(2a) (${}_IM \equiv M = -EIv''$, ${}_IF \equiv F$, die virtuellen Wege dürfen auch Formänderungen I. Ordnung sein)

$$\Sigma\mathfrak{K}\,{}_{(I)}\bar{\delta} + \Sigma\,{}_I\mathfrak{R}\,{}_{(I)}\bar{\delta} - \int M\,{}_{(I)}\bar{M}\frac{ds}{\overline{EI}} - \Sigma F\,{}_{(I)}\bar{F}\frac{1}{\bar{f}} = 0. \quad (2o)$$

Für $\overline{EI} = EI$, $\bar{f} = f$ folgen damit aus Gl.(2b) und Gl.(3b) die interessanten Ersetzungen

$$\Sigma\bar{K}\delta + \Sigma_I\bar{R}\delta = \Sigma\mathfrak{K}_I\bar{\delta} + \Sigma\,{}_I\mathfrak{R}_I\bar{\delta} \qquad \overline{EI} = EI,\ \bar{f} = f \quad (11')$$

und $$\Sigma\bar{K}\delta + \Sigma\bar{R}\delta + \Sigma\bar{H}\int\bar{v}'v'ds = \Sigma\mathfrak{K}\bar{\delta} + \Sigma_I\mathfrak{R}\bar{\delta}. \qquad \overline{EI} = EI,\ \bar{f} = f \quad (16')$$

Mit ihnen gelten alle Gleichungen ohne die Einschränkungen $\overline{EI} = EI$, $\bar{f} = f$, weil dann alle Summanden virtuelle Formänderungen enthalten. Ferner kann man auch direkt aus Gl.(2o) H_k abspalten:

$$H_k\left(\int_{(I)}\bar{M}\,\chi_M\frac{ds}{\overline{EI}} + \Sigma\,{}_{(I)}\bar{F}\,\chi_F\frac{1}{\bar{f}}\right) = \Sigma\mathfrak{K}\,{}_{(I)}\bar{\delta} + \Sigma\,{}_I\mathfrak{R}\,{}_{(I)}\bar{\delta}. \quad (21)$$

Der Eigenwert H_k ist von $\bar{\mathfrak{r}}$, $\bar{K}$ unabhängig, die Näherungen $\tilde{H}_k$ hingegen hängen außer von $\tilde{v}$ auch von $\bar{\mathfrak{r}}$, $\bar{K}$ ab. Daraus ergibt sich ein Rezept zur praktischen Berechnung. Man nimmt eine plausible, mit den Randbedingungen verträgliche Knickbiegelinie an, die aus n Teilbiegelinien zusammengesetzt ist: $v = \sum_{i=1}^{n} a_i\,v_i$,[9]) ermittelt mit n verschiedenen virtuellen Kraftgrößengruppen $\bar{K}_i$ und/oder Systemen $\bar{\mathfrak{r}}_i$ n verschiedene Näherungen $\tilde{H}_{ki}$ $(= \tilde{\alpha}_{ki}\,EI/s^2)$ und setzt diese Näherungen (oder

---

9) Da die Knickbiegelinie ihrer Größe nach unbestimmt ist, darf ein Parameter gleich 1 gewählt werden: $\tilde{v} = \tilde{v}_o + \Sigma a_i\,\tilde{v}_i$ (Summe über i = 1 bis n).

ihre Vorzahlen) entweder einander gleich oder, was dasselbe ist, gleich $\tilde{H}_k$ (oder $\tilde{\alpha}_k$). Der erste Weg führt auf n - 1 nichtlineare Bestimmungsgleichungen für die n - 1 unabhängigen Parameter, ist also nur bis n = 3 praktisch gangbar. Der zweite Weg führt auf n in den n Parametern lineare homogene Gleichungen, deren Koeffizienten von $\tilde{H}_k$ (oder $\tilde{\alpha}_k$) abhängen; für die nichttriviale Lösung $a_1, \dots a_n \neq 0$ muß die Koeffizientendeterminante verschwinden: $D(\tilde{H}_k$ oder $\tilde{\alpha}_k) = 0$ - das ist die Bestimmungsgleichung für das gesuchte $\tilde{H}_k$ (oder $\tilde{\alpha}_k$). Anstelle einer Ansatzbiegelinie mit unbekannten Parametern a_i kann man selbstverständlich auch unbekannte Biegeordinaten $\tilde{v}_i$ benutzen und sie mit virtuellen Zuständen $\bar{K}_i = \bar{P}$ in i berechnen - vgl. Lit. 4. Bei beiden Wegen werden die Parameter so festgelegt (tatsächlich oder implizit), daß sie wenigstens für die n "Lastfälle" den gleichen Näherungswert $\tilde{H}_k$ (oder $\tilde{\alpha}_k$) erzwingen. Immer ist seine kleinste Wurzel maßgebend. Über die Güte der Näherung ist keine Aussage möglich, sie kann größer oder kleiner als der Eigenwert sein; mit einem unabhängigen Parameter berechnet, unterscheidet sie sich in der Regel jedoch kaum von ihm.- Das Vorgehen kann auch analytisch begründet werden. Die Stellung der Kraftgrößengruppe $\bar{K}_i$ in $\bar{\mathfrak{r}}_i$ sei von nur 1 Veränderlichen x abhängig. Dann ist nach (1o) z.B. $H_k \mathfrak{N}_i(x) - \mathfrak{Z}_i(x) = 0$ (oder $\alpha_k \mathfrak{n}_i(x) - \mathfrak{z}_i(x) = 0$). Ändert sich x mit der Stellung von $\bar{K}_i$ um Δx (H_k bleibt unverändert), kann man $\mathfrak{N}_i\ (x + \Delta x)$, $\mathfrak{Z}_i(x + \Delta x)$ in Taylorsche Reihen entwickeln und gewinnt für beliebiges Δx die Aussage $H_k \mathfrak{N}_i^{(\nu_i)} - \mathfrak{Z}_i^{(\nu_i)} = 0$ mit $(\nu_i) = 0, I, II, \dots$; bei mehreren Veränderlichen kennzeichnen die (ν) auch die gemischten Ableitungen. Daraus folgt, wenn $\mathfrak{N}_i, \mathfrak{Z}_i$ als Näherungen von Parametern abhängen, für die Bestimmung von $\tilde{H}_k$ (oder analog $\tilde{\alpha}_k$) nicht nur mit $(\nu_1) = (\nu_2) = \dots = 0$

$$\tilde{H}_k = \tilde{\mathfrak{Z}}_1 / \tilde{\mathfrak{N}}_1 = \dots = \tilde{\mathfrak{Z}}_n / \tilde{\mathfrak{N}}_n \quad \text{oder} \quad \tilde{H}_k \tilde{\mathfrak{N}}_i - \tilde{\mathfrak{Z}}_i = 0,\ i = 1, \dots n \tag{22}$$

- das sind die beiden "Wege" -, sondern auch

$$\tilde{H}_k = \tilde{\mathfrak{Z}}_i / \tilde{\mathfrak{N}}_i = \dots = \tilde{\mathfrak{Z}}_i^{(n-1)} / \tilde{\mathfrak{N}}_i^{(n-1)} \text{oder}\ \tilde{H}_k \tilde{\mathfrak{N}}_i^{(\nu)} - \tilde{\mathfrak{Z}}_i^{(\nu)} = 0,\ (\nu) = (0), \dots (n-1) \tag{23}$$

Die letzten beiden Wege sind nur gangbar, wenn der einzige "Lastfall" $\bar{K}_i$ mit laufender Koordinate x berechnet wird und $\tilde{\mathfrak{N}}_i$, $\tilde{\mathfrak{Z}}_i$ im ganzen (n - 1)mal ableitbar sind. Näherungen nach Gl.(23) sind im allgemeinen schlechter als nach Gl.(22).

5.2.2. Sonderfall $\bar{\mathfrak{r}} = \mathfrak{r}$, ${}_I\bar{v} = v$ - Methoden der inneren Energie

Im wichtigen Sonderfall $\bar{\mathfrak{r}} = \mathfrak{r}$, ${}_I\bar{v} = v$ (und daher auch $\bar{K} = \mathfrak{K}$) gehen die Gln.(1o) und (13) mit Gl.(11) über in

$$\left.\begin{aligned} &H_k\left(\int {}_I\bar{M}\,\chi_M \frac{ds}{EI} + \Sigma\, {}_I\bar{F}\,\chi_F \frac{1}{f}\right) &&= H_k a \\ &= H_k\left(-\int v''\,\chi_M\, ds + \Sigma\chi_F\, \delta_F\right) &&= H_k a' \\ &= H_k^2\left(\int \chi_M^2 \frac{ds}{EI} + \Sigma\chi_F^2 \frac{1}{f}\right) &&= H_k^2 b \\ &= H_k\, \Sigma\chi_H \int v'^2\, ds &&= H_k\, c \end{aligned}\right\} = \begin{aligned} &\Sigma \mathfrak{q}\,\delta &&= d \\ &= -\int {}_I\bar{M}\, v''\, ds + \Sigma_I \bar{F}\delta_F &&= d' \\ &= \int v''^2\, EI\, ds + \Sigma\delta_F^2\, f &&= d''\,. \end{aligned}$$

Mit der Eigenfunktion v liefern alle möglichen Gleichheiten identisch denselben Eigenwert H_k. ($\mathfrak{q}$ ist die gedachte Querbelastung, die über die Eigenbeanspruchungen ${}_I\bar{M} = M$, ${}_I\bar{F} = F$ die Eigenfunktion v hervorruft.) Wegen der Herkunft von c aus a gemäß Gl.(12) müssen, mit der gleichen Näherung $\tilde{v}$ gerechnet, die Gleichheiten

$$\left.\begin{aligned} &\tilde{H}_k\,(a = a') \quad (24) \\ &\tilde{H}_k c \quad (25) \end{aligned}\right\} = d = d' = d'' \quad \text{und} \quad \left.\begin{aligned} &\tilde{H}_k\,(a = a') \quad (26) \\ &\tilde{H}_k c \quad (27) \end{aligned}\right\} = \tilde{H}_k^2\, b$$

je dieselbe Näherung $\tilde{H}_k$ liefern: $\tilde{H}_k(24) = \tilde{H}_k(25) \neq \tilde{H}_k(26) = \tilde{H}_k(27)$, obwohl mit Ausnahme von $H_k c$, das die doppelte äußere Formänderungsarbeit darstellt, alle Ausdrücke nur verschiedene Schreibungen der doppelten inneren Formänderungsarbeit d" sind ($\Sigma\mathfrak{q}\delta$ ist dabei eine gleichwertige "äußere" Ersatzarbeit). Gl.(25) insbesondere in der Form $H_k c = d''$ ist die übliche, Gl.(27) eine andere wenig gebräuchliche, aber sehr leistungsfähige Schreibung der "Energiemethode". Zur Unterscheidung von ihr könnte man Gl.(24), Gl.(26) und

$$\tilde{H}_k^2 b = d = d' = d'' \qquad (28)$$

als "Methode der inneren Energie" bezeichnen.[10] Es läßt sich beweisen, daß die Rangfolge der mit dem gleichen $\tilde{v}$ gerechneten Näherungen $\tilde{H}_k$

$$\begin{matrix} \tilde{H}_k(24) \\ = \tilde{H}_k(25) \end{matrix} > \tilde{H}_k(28) = \sqrt{\tilde{H}_k(24)\cdot\tilde{H}_k(26)} > \begin{matrix} \tilde{H}_k(26) \\ = \tilde{H}_k(27) \end{matrix} > H_k \qquad (29)$$

und H_k in bezug auf alle Näherungen ein Minimum ist - eine Eigenschaft, die wie bei der Energiemethode zur Berechnung von Parametern der Knickbiegelinie oder un-

---

[10] Näherungen nach den Gln.(24), (26), (28) verletzen die Kongruenzbedingung der Eigenlösung, da die äußere Arbeit der kritischen Kraftgrößen nicht mitberücksichtigt wird. Näherungen nach Gl.(25), also der üblichen Energiemethode, verletzen die Gleichgewichtsbedingung der Eigenlösung, da keine Beanspruchung durch $\tilde{H}_k$ ausgedrückt wird. Nur Näherungen nach Gl.(27) erfüllen beide Bedingungen.

mittelbar der Bezugsgröße $\widetilde{H}_k$ (oder $\widetilde{\alpha}_k$) benutzt werden kann:

$$\frac{\partial}{\partial a_i}\ \widetilde{H}_k(a) = 0,\ i = 1, \dots \begin{matrix} n-1 \ \text{(unabh.} \\ n \ \ \text{(abh.} \end{matrix}\ \text{Parameter)} \tag{3o}$$

ergibt die Bestimmungsgleichungen für die Parameter a_i - dieser Weg ist nur bis $n = 3$ praktisch gangbar. Mit $\widetilde{H}_k = \widetilde{f}(a)/\widetilde{\varphi}(a)$ erhält man die n in den n Parametern linearen homogenen Gleichungen

$$\frac{\partial}{\partial a_i}\ \widetilde{f}(a) - \widetilde{H}_k \frac{\partial}{\partial a_i} \widetilde{\varphi}(a) = 0,\ i = 1, \dots n; \tag{31}$$

$D(\widetilde{H}_k) = 0$ ist die Bestimmungsgleichung für das gesuchte $\widetilde{H}_k$. Bei beiden Wegen ist immer die kleinste Wurzel $\widetilde{H}_k$ maßgebend.- Für die praktische Rechnung genügt es, nur die charakteristische Form von v einzusetzen, also den Faktor C wegzulassen, der $\mathcal{R}$ und EI enthält. Dann sind a, d, d' mit C und a', b, c, d" mit C^2 zu multiplizieren.

5.2.3. Gebrauchsformeln

Für einfache virtuelle Systeme und Belastungen - insbesondere $\bar{P}_n = 1$, $\bar{M}_n = 1$, $\bar{p} = 1$ - läßt sich Gl.(1o) leicht zu Gebrauchsformeln "ausrechnen". So erhält man z.B.

$$H_k\left(x_n' \int_0^{x_n} x \chi_M \frac{dx}{EI} + x_n \int_{x_n}^{l} x' \ \chi_M \frac{dx}{EI}\right) = l v_n - x_n' v_a - x_n v_b, \tag{32}$$

$$H_k \int_0^{x_n} \chi_M \frac{dx}{EI} = v_a' - v_n'. \tag{33}$$

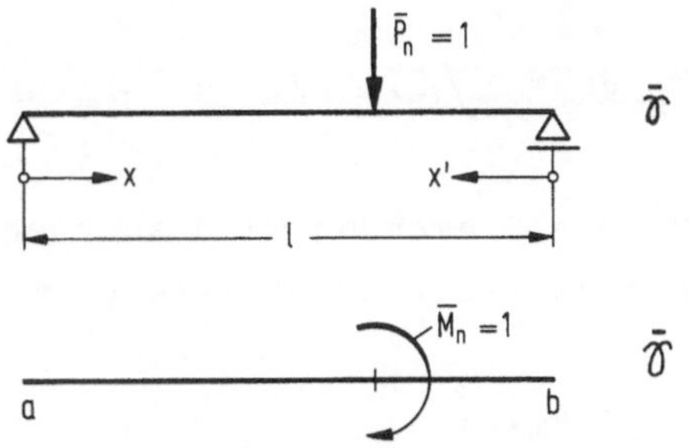

Abb. 3

Solche Beziehungen lassen sich auch unmittelbar als v_n oder v_n' in $\mathcal{T}$ (= Stab mit allgemeinster Endlagerung) durch Annahme eines "laufenden" elastischen Gelenks

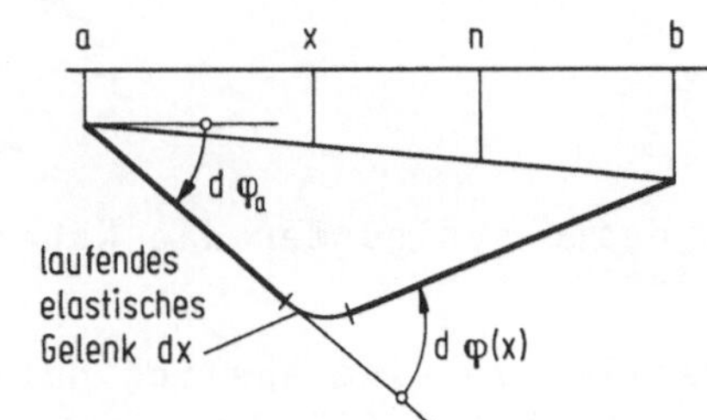

Abb. 4

im sonst starren System ableiten, z.B.

$$dv'_n = d\varphi_a - d\varphi(x) \; : \; v'_n = \int_0^{x_n} dv'_n = v'_a - \int_0^{x_n} d\varphi \qquad \text{mit } d\varphi = \frac{H_k \chi_M}{EI}\, dx,$$

und das ist in der Tat gleich Gl.(33).- Bei $\tilde{v}$ ohne Parameter erbringt ein $\bar{\tau}$, das τ verwandt ist, eher ein gutes Ergebnis als ein nicht verwandtes $\bar{\tau}$. Zur Ermittlung von Parametern rechnet man zunächst mit dem allgemeinen Lastpunkt n und setzt erst bei der Anwendung von Gl.(22) verschiedene x_n oder von Gl.(23)[11] ein bestimmtes x_n (oder in den einzelnen Ableitungen auch verschiedene) ein.

Auch mit Gl.($1o^+$) oder Gl.(15^+) lassen sich weitere nützliche Beziehungen finden. Für ${}_{(I)}\bar{M}(s)$ auf beiden Seiten darf eine beliebige Funktion in s gewählt werden. Z.B. ${}_I\bar{M} = EI\; {}_I\bar{M}$, χ_M oder $EI\chi_M$, $v^{IV}v/v''$ oder $(EIv'')''\, v/v''$, v'' oder EIv'', v oder EIv, 1 oder EI. Insbesondere hat man ausgeführt für[12]

$${}_I\bar{M} = (EIv'')''\cdot v/v'' \; : \; H_k \int \chi''_M\, v\, ds = -\int (EIv'')''\cdot v\, ds. \tag{34}$$

Das ist bei $\tilde{v}$ die "Methode von Galerkin" für einen eingliedrigen Ansatz - s. z.B. Lit. 5.

$${}_I\bar{M} = EIv'' \; : \quad H_k \int \chi_M\, v''\, ds = -\int EIv''^2\, ds. \tag{35}$$

Das ist bei $\tilde{v}$ der "Rayleighsche Sonderfall" des Ritzschen Verfahrens - s. z.B. Lit. 5.

$${}_I\bar{M} = EI \; : \qquad H_k \int \chi_M\, ds = -\int EIv''\, ds \tag{36}$$

oder $\int (H_k \chi_M + EIv'')ds = 0$. Die Gleichung wird auch erfüllt, wenn der Integrand an jeder Stelle s verschwindet ($-EIv'' \equiv {}_IM$ infolge $\mathfrak{A}$):

$$H_k = (-EIv''/\chi_M)_s \equiv ({}_IM/\chi_M)_s. \tag{37}$$

Das ist eine Erweiterung der Engesser-Vianelloschen Formel für den Eulerstab 2: $H_E^{(2)} = (M/v)_x$ - s. z.B. Lit. 6. Gl.(37) ist vielfach brauchbar, vor allem bei Stäben mit variabler Steifigkeit, ja, sinngemäß übertragen, sogar bei Platten.

---

11) Je höher die Ableitungen, desto schlechter die Näherungen, weil immer mehr Potenzen von x_n "ausscheiden".

12) Die übrigen und andere Ersetzungen sind ähnlich nützlich, nur sind die Formeln nicht mit bekannten Namen verknüpft.

Schließlich läßt sich Gl.(17^+) in der Schreibung ohne Einschränkungen:

$$H_k(\Sigma\chi_H \int v'\bar{v}'ds + \Sigma\chi_R\,\bar{\delta}) = \bar{H}_k(-\int \chi_{\bar{M}}\, v''\,\frac{EI}{\bar{E}\bar{I}}\,ds + \Sigma\chi_{\bar{F}}\delta_F\,\frac{f}{\bar{f}}) \qquad (17^{++})$$

zu interessanten Gebrauchsformeln verarbeiten. Wählt man z.B. für $\bar{\mathfrak{T}}$ den Eulerstab 2 mit $\bar{v} = \sin\frac{\pi x}{l}$ und $\bar{H}_k = \pi^2\,\bar{E}\bar{I}/l^2$, wird ($\bar{E} = E$)

$$H_k(\Sigma\chi_H \int v'\cos\frac{\pi x}{l}\,d\,\frac{\pi x}{l} + \Sigma\chi_R\,\bar{\delta}) = -\frac{\pi^2\bar{E}\bar{I}}{l^2}\int v''\sin\frac{\pi x}{l}\cdot\frac{I}{\bar{I}}\,dx. \qquad (38)$$

Setzt man $H_k = \alpha_c EI_c/l^2$, läßt sich leicht das konstante Ersatzträgheitsmoment I_c ausrechnen, das ein Knickstab, dessen Lagerung durch α_c gekennzeichnet ist, haben muß, damit er infolge der Bezugsgröße H_k als Enddruckkraft knickt. Insbesondere erhält man für den "Knickstab 2" mit veränderlichem I als $\mathfrak{T}$ mit $\tilde{v} = \sin\frac{\pi x}{l}$ und mit $\bar{I} = I_o$

$$I_c \approx \frac{2}{l}\int_0^l \sin^2\frac{\pi x}{l}\cdot\frac{I}{I_o}\,dx\cdot I_o. \qquad (39)$$

Gl.(39) findet man auch aus Gl.($1o^+$) mit ${}_I\bar{M} = EIv$. ${}_I\bar{M} = v$ hingegen führt auf - Lit. 7 -

$$I_c \approx (\frac{l}{2}/\int_0^l \sin^2\frac{\pi x}{l}\cdot\frac{I_o}{I}\,dx)\;I_o. \qquad (39')$$

Man wird Gl.(39) oder Gl.(39') verwenden, je nachdem ob I/I_o oder I_o/I leichter zu integrieren ist.- Statt des Eulerstabs 2 kann man als $\bar{\mathfrak{T}}$ selbstverständlich auch den Eulerstab 1, 3 oder 4 wählen und nach (17^{++}) verläßliche Formeln für die jeweils verwandten Systeme ableiten. Z.B. erhält man wie oben mit Hilfe des Eulerstabs 1 ($\bar{\mathfrak{T}}$, $\bar{v} = 1 - \cos\frac{\pi x}{2l}$) für den "Knickstab 1" mit veränderlichem I ($\mathfrak{T}$, $\tilde{v} = 1 - \cos\frac{\pi x}{2l}$) - x zählt von der Einspannstelle an -

$$I_c \approx -\frac{2}{l}\int_0^l \cos^2\frac{\pi x}{2l}\cdot\frac{I}{I_o}\,dx\cdot I_o. \qquad (4o)$$

Noch ein Hinweis auf die praktische Berechnung der wirklichen Kraftgrößen in allen Formeln von 5.2. Die plausibel gewählte Näherung $\tilde{v}(s)$ der Knickbiegelinie faßt man als Linie "II. Ordnung" auf: so lassen sich die wirklichen Kraftgrößen - $R = \tilde{H}_k\chi_R$, $M = \tilde{H}_k\chi_M$, $F = \tilde{H}_k\chi_F$ - in Abhängigkeit von der kritischen Bezugskraft $\tilde{H}_k$ berechnen. Überzählige Kraftgrößen (Reaktionen) werden dabei in der üblichen Weise als Größen I. Ordnung ermittelt, weil sich die Knickbiegelinie durch die kritische Belastung ja nicht mehr ändern soll.

6. Allgemeine Überlagerung von Belastungszuständen, Verknüpfung kritischer Längsbelastungen

Mit Hilfe der Arbeitsgleichungen lassen sich auch in einfacher Weise Beziehungen zur allgemeinen Überlagerung verschiedener Belastungszustände herstellen. Wendet man die Gleichung der wechselseitigen Arbeit in der Form linke Seite Gl.(3a) = linke Seite Gl.(3b) nacheinander auf $_i\mathfrak{T} = \bar{\mathfrak{T}}$, i = 1, ... n, an:

$$\Sigma_i K\bar{\delta} + \Sigma_i H \int_i v'\bar{v}'ds = \Sigma\bar{K}_i\delta + \Sigma\bar{H}\int \bar{v}'_i v'ds,$$

erhält man als Summe der n Gleichungen

$$\sum_{i=1}^{n} (\Sigma\bar{K}_i\delta - \Sigma_i K\bar{\delta}) + \sum_{i=1}^{n} (\Sigma\bar{H}\int\bar{v}'_i v'ds - \Sigma_i H\int_i v'\bar{v}'ds) = 0. \tag{41}$$

Die Gruppen der $\bar{K}$ und $\bar{H}$ seien nun die resultierende Quer- und Längsbelastung, symbolisch:

$$\Sigma\bar{K} \mathrel{\hat{=}} \sum_{i=1}^{n} \Sigma_i K, \quad \Sigma\bar{H} \mathrel{\hat{=}} \sum_{i=1}^{n} \Sigma_i H.$$

Damit wird Gl.(41) $\left(\sum_{i=1}^{n} {}_i\delta \equiv \sum_{k=1}^{n} {}_k\delta, \ \sum_{i=1}^{n} {}_i v' \equiv \sum_{k=1}^{n} {}_k v' \right)$

$$\sum_{i=1}^{n} \Sigma_i K \left(\sum_{k=1}^{n} {}_k\delta - \bar{\delta}\right) + \sum_{i=1}^{n} \Sigma_i H\int\left(\sum_{k=1}^{n} {}_k v' - {}_i v'\right)\bar{v}'ds = 0.$$

Sind die $\Sigma\bar{K}$ oder $\Sigma\bar{H}$ nicht die resultierende Quer- oder Längsbelastung, ist in Gl.(42) der entsprechende Summand aus Gl.(41) einzusetzen. Gl.(41) verkürzt sich auf den ersten Summanden, wenn entweder keine Längsbelastung vorhanden ist oder die Längsbelastung in allen Teilzuständen konstant, also eine Systemeigenschaft ist: $_iH = H = \bar{H}$. Ist $\Sigma\bar{K}$ dann die resultierende Querbelastung, ergibt sich in beiden Fällen aus (42)

$$\sum_{k=1}^{n} {}_k\delta = \bar{\delta} \tag{43}$$

und d.h.: lineare Überlagerung der Verformungen und folglich der Beanspruchungen, wie es sein soll.- Bei fehlender Querbelastung ist nur die Überlagerung kritischer Längsbelastungszustände sinnvoll. Aus Gl.(42) oder Gl.(41) folgt als Verknüpfung der kritischen Bezugsgrößen über die unbestimmten Knickbiegelinien

$$\bar{H}_k \ \Sigma \chi_{\bar{H}} \int \bar{v}' \sum_{k=1}^{n} {}_k v'ds = \sum_{i=1}^{n} {}_i H_k \ \Sigma \chi_{{}_iH} \int_i v'\bar{v}'ds. \tag{44}$$

So aufschlußreich die Gln.(42) und (44) auch sind, zur exakten Ermittlung des gesuchten resultierenden Zustands aus den bekannten Teilzuständen sind sie offenbar ungeeignet. Aus Gl.(42) könnte man gerade 1 Parameter der plausibel gewählten "bestimmten" resultierenden Biegelinie ermitteln. In Gl.(44) kennt man weder $\bar{v}(s)$ noch $\bar{H}_k$; trotzdem lassen sich bei n Teilzuständen n Parameter der unbestimmten resultierenden Knickbiegelinie berechnen. Die n Bedingungen folgen aus dem Umstand, daß der Eigenwert $\bar{H}_k$ unabhängig sein muß von den unbestimmten Amplituden ${}_i v_o$ der Knickbiegelinien ${}_i v = {}_i v_o\, {}_i v^+$:

$$\frac{\partial}{\partial_i v_o} \tilde{\tilde{H}}_k(v_o) = 0, \; i = 1, \dots n \qquad (45)$$

oder mit $\tilde{\tilde{H}}_k = \tilde{\tilde{f}}(v_o)/\tilde{\tilde{\varphi}}(v_o)$

$$\frac{\partial}{\partial_i v_o} \tilde{\tilde{f}}(v_o) - \tilde{\tilde{H}}_k \frac{\partial}{\partial_i v_o} \tilde{\tilde{\varphi}}(v_o) = 0, \; i = 1, \dots n; \qquad (46)$$

im zweiten Fall ist $D(\tilde{\tilde{H}}_k) = 0$ die Bestimmungsgleichung für das gesuchte $\tilde{\tilde{H}}_k$. Insbesondere wählt man bei zwei Teilzuständen 1 unabhängigen Parameter a: $\tilde{\tilde{v}} = \tilde{\tilde{v}}_1 + a\tilde{\tilde{v}}_2$ und statt ${}_1 v_o$, ${}_2 v_o$ ihr Verhältnis, z.B. ${}_2 v_o / {}_1 v_o = \mu$, nach dem man gemäß Gl.(45) ableitet.

7. Lösung von Eigenschwingungsaufgaben

Analog wie bei der Lösung von Stabilitätsaufgaben mit Verzweigungspunkt lassen sich die Arbeitsgleichungen zur Ermittlung der Frequenzen freier ungedämpfter Schwingungen - Eigenschwingungen - benutzen. Das ist nicht überraschend, da es sich um mathematisch eng verwandte Eigenwertaufgaben handelt: wie dort die kritische Kraftgröße, ist hier die Eigenfrequenz - eigentlich das Quadrat der Eigenkreisfrequenz - der Eigenwert des Problems. Daher müssen die Formeln in Abschnitt 5.2 auch für Eigenbiegeschwingungen von Stabwerken (bei Beschränkung auf S = M) gelten, wenn man statt der Bezugsgröße H_k aus den Beanspruchungen ω^2 abspaltet.[13)]

7.1 Allgemeiner Fall $\bar{\gamma} \neq \gamma$

Bei Abspaltung von ω^2 lautet die "Ausgangsformel" (1o)

$$\omega^2 \left(\int_I \bar{M}\, \chi_M \frac{ds}{EI} + \Sigma_I \bar{F}\, \chi_F \frac{1}{f}\right) = \Sigma \bar{K} \delta + \Sigma_I \bar{R} \delta, \qquad (47') \mathrel{\hat{=}} (1o)$$

mit $\chi_M = M/\omega^2$, $\chi_F = F/\omega^2$. Die Beanspruchungen M, F des schwingenden Systems in der (ihrer Größe nach) unbestimmten Schwingungsgrenzlage kann man sich entstanden denken durch die d'Alembertsche Scheinbelastung und die Längsbelastung oder, was dasselbe ist, durch die d'Alembertsche Scheinbelastung nach Theorie II. Ordnung.

---

13) Allgemeine Beziehungen für beliebige Systeme mit allen Beanspruchungen lassen sich sinngemäß aus Gl.(9) entwickeln.

Die d'Alembertsche Scheinbelastung $K_{d'A}$ ist bei Massenbelegung q(s)/g und Einzelmassen P_i/g (g ist die Erdbeschleunigung) im Zeitpunkt t - s. z.B. Lit. 8 -

$$p_{d'A}(s,t) = -\frac{q(s)}{g}\ddot{v}(s,t), \qquad P_{d'Ai}(t) = -\frac{P_i}{g}(\ddot{v}(s,t))_i ;$$

sie erreicht ihren Größtwert in der Schwingungsgrenzlage, bei einer harmonischen Schwingung $v(s,t) = v(s)\sin\omega t$ mit $\ddot{v}(s,t) = -\omega^2 v(s)$:

$$p_{d'A}(s) = +\omega^2\frac{q(s)}{g}v(s), \qquad P_{d'Ai} = +\omega^2\frac{P_i}{g}v_i. \tag{48}$$

Für eine Näherungsberechnung ist die (unbestimmte) Schwingungsgrenzlinie $\tilde{v}(s)$ plausibel anzunehmen und zwar (wie die Knickbiegelinie) als Linie II. Ordnung. Mit ihr liegt die d'Alembertsche Scheinbelastung fest, die zusammen mit der Längsbelastung die Beanspruchungen II. Ordnung M, F hervorruft. Einfacher, als sie direkt zu berechnen (z.B. nach Lit. 3), ist der folgende "Umweg", der auf eine grundlegende Umformung von (47') führt. Man zerlegt die Beanspruchungen in ihren Anteil I. Ordnung infolge der d'Alembertschen Scheinbelastung und ihren Anteil infolge der Längsbelastung, z.B. $M \equiv M_{d'A} = {}_IM_{d'A} + \Delta M_{d'A} = {}_IM_{d'A} + M_H$, und erhält zunächst

$$\omega^2\left(\int_I\bar{M}\,\chi_{{}_IM_{d'A}}\frac{ds}{\overline{EI}} + \Sigma_I\bar{F}\,\chi_{{}_IF_{d'A}}\frac{1}{\bar{f}}\right) = \Sigma\bar{K}\delta + \Sigma_I\bar{R}\delta - \int_I\bar{M}M_H\frac{ds}{\overline{EI}} - \Sigma_I\bar{F}\,F_H\frac{1}{\bar{f}}. \qquad (47) \mathrel{\hat=} (1o), (18)$$

Nun lassen sich umformen der Klammerausdruck der linken Seite mit den Einschränkungen $\overline{EI} = EI$, $\bar{f} = f$ nach Gl.(2a) (mit Index "I" an den virtuellen Größen) und Gl.(48):

$$\int_I\bar{M}\,\chi_{{}_IM_{d'A}}\frac{ds}{\overline{EI}} + \Sigma_I\bar{F}\,\chi_{{}_IF_{d'A}}\frac{1}{\bar{f}} = \Sigma\chi_{K_{d'A}}\;{}_I\bar{\delta} + \Sigma\chi_{{}_IR_{d'A}}\;{}_I\bar{\delta}$$
$$= \int\frac{q}{g}v\;{}_I\bar{v}\,ds + \Sigma\frac{P_i}{g}v_i\cdot\bar{v}_i + \Sigma\chi_{{}_IR_{d'A}}\;{}_I\bar{\delta}, \tag{49}$$

die beiden letzten Summanden der rechten Seite mit den gleichen Einschränkungen nach Gl.(3a) (mit K = 0 und Index "I" an den virtuellen Größen):

$$\int_I\bar{M}\,M_H\frac{ds}{\overline{EI}} + \Sigma_I\bar{F}\,F_H\frac{1}{\bar{f}} = \Sigma H\int v'\cdot{}_I\bar{v}'ds + \Sigma R_H\;{}_I\bar{\delta}. \qquad \overline{EI}=EI,\ \bar{f}=f \qquad (5o)$$

Damit wird Gl.(47)

$$\omega^2\left(\int\frac{q}{g}v\;{}_I\bar{v}\,ds + \Sigma\frac{P_i}{g}v_i\bar{v}_i + \Sigma\chi_{{}_IR_{d'A}}\;{}_I\bar{\delta}\right) = \Sigma\bar{K}\delta + \Sigma_I\bar{R}\delta - \Sigma H\int v'\,{}_I\bar{v}'ds - \Sigma R_H\;{}_I\bar{\delta}.$$

$\overline{EI}=EI$, $\bar{f}=f$ (51) ≙ (13), (19)

Das ist die gebrauchsstatische Schreibung. $\Sigma\bar{K}\delta + \Sigma_I R\delta$ in den Gln.(47), (47'), (51) kann selbstverständlich wieder nach Gl.(11) oder Gl.(11')[14] ersetzt werden. Gl.(51) läßt sich auch direkt aus Gl.(3a) herleiten, indem man $K = K_{d'A}$ setzt:

$$\omega^2\left(\int \frac{q}{g} v \;_{(I)}\bar{v}\, ds + \Sigma \frac{P_i}{g} v_i \;_{(I)}\bar{v}_i + \Sigma X_I R_{d'A} \;_{(I)}\bar{\delta}\right) = \tag{51'}$$
$$= \int M \;_{(I)}\bar{M} \frac{ds}{\overline{\overline{EI}}} + \Sigma F \;_{(I)}\bar{F} \frac{1}{\overline{\overline{f}}} - \Sigma H \int v' \;_{(I)}\bar{v}' ds - \Sigma R_H \;_{(I)}\bar{\delta}.$$

Die beiden ersten Summanden sind im Fall virtueller Wege I. Ordnung und $\overline{EI} = EI$, $\bar{f} = f$ nach Gl.(2b) gleich $\Sigma\bar{K}\delta + \Sigma_I \bar{R}\delta$ und Gl.(51') = Gl.(51); man kann sie aber auch gleich $\int v'' \;_{(I)}\bar{v}'' EI ds + \Sigma\delta_{F(I)}\bar{\delta}_F f$ setzen: dann gilt Gl.(51') ohne die Einschränkungen. Die Herleitung von Gl.(51) aus Gl.(1o) wurde gewählt, um zu zeigen, wie das Instrumentarium zur Lösung von Stabilitätsaufgaben bei Schwingungsaufgaben zu handhaben ist.- Die Entsprechung zu Gl.(1o$^+$) - hier wird ω^2 nicht aus der Federnarbeit abgespalten - ist praktisch brauchbar nur in der Form (sie folgt aus Gl.(47) mit der ersten Ersetzung Gl.(11))

$$\omega^2 \int_I \bar{M} X_{I} M_{d'A} \frac{ds}{\overline{EI}} = - \int_I \bar{M} \left(v'' + \frac{M_H}{\overline{EI}}\right) ds. \qquad (47^+) \mathrel{\widehat{=}} (1o^+)$$

Ein r-fach statisch unbestimmtes System $\mathcal{S}^r$ untersucht man wieder zweckmäßig, indem man ein bestimmtes System $\mathcal{S}^o$ verwendet und die wirkliche Unbestimmtheit in $\overline{\mathcal{S}^r} = \mathcal{S}^r$ einbaut. Aus Gl.(51) z.B. erhält man

$$\omega^2\left(\int \frac{q}{g} v \;_I\overline{v^r} ds + \Sigma \frac{P_i}{g} v_i \;_I\overline{v_i^r}\right) = \Sigma\bar{K}\delta - \Sigma H \int v' \;_I\overline{v^r}' ds. \qquad \begin{matrix}\overline{EI} = EI \\ \bar{f} = f\end{matrix} \qquad (52) \mathrel{\widehat{=}} (14)$$

$\Sigma\bar{K}\delta$ kann nach Gl.(11) oder Gl.(11') sinngemäß ersetzt werden. Wie auf Gl.(51) läßt sich die Reduktion selbstverständlich auch auf Gl.(47), Gl.(47$^+$) und alle folgenden (geeigneten) Beziehungen anwenden, was freilich nur ausnahmsweise praktischen Vorteil bringt.

Als Entsprechung zu Gl.(17) ergibt sich

$$\omega^2\left(\int \frac{q}{g} v \;\bar{v}\, ds + \Sigma \frac{P_i}{g} v_i \bar{v}_i + \Sigma X_{I} R_{d'A} \;\bar{\delta}\right) = \Sigma\bar{K}\delta + \Sigma\bar{R}\delta + \Sigma\bar{H}\int \bar{v}' v' ds$$
$$= - \Sigma H \int v' \bar{v}' ds - \Sigma R_H \;\bar{\delta} \qquad (53) \mathrel{\widehat{=}} (17)$$

---

14) Wie mit der zweiten Ersetzung $\binom{11}{16}$ ($\overline{EI} = EI$, $\bar{f} = f$) gilt $\binom{51}{53}$ auch in diesem Fall ohne die Einschränkungen, weil dann in jedem Summanden virtuelle Formänderungen vorkommen.

$\Sigma\bar{K}\delta + \Sigma\bar{R}\delta + \Sigma\bar{H}\int\bar{v}'v'ds$ kann nach Gl.(16) oder Gl.(16')[14] ersetzt werden. Gl.(53) verkürzt sich im Fall $\bar{\gamma}_H = \gamma_H$ auf die praktische Form

$$\omega^2\left(\int\frac{q}{g}v\;\bar{v}\;ds + \Sigma\frac{P_i}{g}v_i\bar{v}_i\right) = \Sigma\bar{K}\delta. \qquad \bar{\gamma}_H = \gamma_H \quad (53^+) \mathrel{\hat{=}} (13^+)$$

Zur Näherungsberechnung wird $\tilde{v}$ gewählt und die Längsbelastung ($H = \bar{H}$) geht allein über $\bar{v}$ ein. Ähnlich wie in Abschn. 5.2.1. läßt sich folgern: man kann aus Gl.(53^+) auch mit einer schlechten Näherung der Schwingungsgrenzlinie eine gute Näherung $\tilde{\omega}^2$ erhalten, wenn nur in $\bar{\gamma}_H = \gamma_H$ die virtuelle Biegelinie infolge $\bar{K}$ und H sich gut als Schwingungsgrenzlinie eignet.

Will man ω^2 mit Hilfe des bekannten Eigenschwingungsverhaltens von $\bar{\gamma}$ bestimmen, braucht man nur als virtuelle Belastung eine d'Alembertsche Scheinbelastung zu nehmen:

$$\Sigma\bar{K}\delta + \Sigma_I\bar{R}\delta \equiv \Sigma\bar{K}_{d'A}\delta + \Sigma_I\bar{R}_{d'A}\delta = \bar{\omega}^2\left(\int\frac{\bar{q}}{g_I}\bar{v}\;v\;ds + \Sigma\frac{\bar{P}_i}{g_I}\bar{v}_i v_i + \Sigma\chi_{I}\bar{R}_{d'A}\delta\right)$$

und erhält z.B. aus Gl.(51)

$$\omega^2\left(\int\frac{q}{g}v_I\bar{v}\;ds + \Sigma\frac{P_i}{g}v_{i\;I}\bar{v}_i + \Sigma\chi_{I}R_{d'A}\delta\right) \qquad \overline{EI} = EI,\; \bar{f} = f$$

$$= \bar{\omega}^2\left(\int\frac{\bar{q}}{g_I}\bar{v}\;v\;ds + \Sigma\frac{\bar{P}_i}{g_I}\bar{v}_i v_i + \Sigma\chi_{I}\bar{R}_{d'A}\delta\right) - \Sigma H\int v'_I\bar{v}'ds - R_{HI}\bar{\delta} \qquad (54) \mathrel{\hat{=}} (17^+)$$

Geht man von Gl.(53) aus, ist $\Sigma\bar{R}\delta = \Sigma_I\bar{R}_{d'A}\delta + \Sigma\bar{R}_H\delta$ zu setzen und in Gl.(54) ohne Index "I" erweitert sich die rechte Seite um $+\Sigma\bar{H}\int\bar{v}'v'ds + \Sigma\bar{R}_H\delta$. Für $\bar{\gamma}_H = \gamma_H$ insbesondere wird dann

$$\omega^2\left(\int\frac{q}{g}v\;\bar{v}\;ds + \Sigma\frac{P_i}{g}v_i\bar{v}_i\right) = \bar{\omega}^2\left(\int\frac{\bar{q}}{g}\bar{v}\;v\;ds + \Sigma\frac{\bar{P}_i}{g}\bar{v}_i v_i\right) \qquad \bar{\gamma}_H = \gamma_H \quad (55)$$

Denkt man sich die Schwingungsgrenzlinie v durch eine Querbelastung $\mathfrak{K}^+$ und die wirkliche Längsbelastung H hervorgerufen - das bisher benutzte $\mathfrak{K}$ erzeugt sie allein -, hat man nach Gl.(3a) (die $\mathfrak{R}^+$ hängen von den $\mathfrak{K}^+$ und H ab)

$$\Sigma\mathfrak{K}^+_{(I)}\bar{\delta} + \Sigma\mathfrak{R}^+_{(I)}\bar{\delta} + \Sigma H\int v'_{(I)}\bar{v}'ds - \int M_{(I)}\bar{M}\frac{ds}{\overline{EI}} - \Sigma F_{(I)}\bar{F}\frac{1}{\bar{f}} = 0 \qquad (20^+)$$

und für $\overline{EI} = EI$, $\bar{f} = f$ aus Gl.(2b) und Gl.(3b) die Ersetzungen

$$\Sigma\bar{K}\delta + \Sigma_I\bar{R}\delta = \Sigma\mathfrak{K}^+_I\bar{\delta} + \Sigma\mathfrak{R}^+_I\bar{\delta} + \Sigma H\int v'_I\bar{v}'ds, \qquad \overline{EI} = EI,\; \bar{f} = f \qquad (11'^+)$$

$$\Sigma\bar{K}\delta + \Sigma\bar{R}\delta + \Sigma\bar{H}\int\bar{v}'v'ds = \Sigma\mathfrak{K}^+\bar{\delta} + \Sigma\mathfrak{R}^+\bar{\delta} + \Sigma H\int v'\bar{v}'ds. \quad \overline{EI} = EI,\; \bar{f} = f \quad (16'^+)$$

Mit Gl.(11'⁺) wird die rechte Seite von Gl.(51) $\Sigma\mathfrak{K}^+_I\bar\delta + \Sigma\mathfrak{R}^+_I\bar\delta - \Sigma R_{H\,I}\bar\delta = \Sigma\mathfrak{K}^+_I\bar\delta + \Sigma_I\mathfrak{R}^+_I\bar\delta$, mit Gl.(16'⁺) die rechte Seite von Gl.(53) $\Sigma\mathfrak{K}^+\bar\delta + \Sigma_I\mathfrak{R}^+\bar\delta$. Insbesondere wird die rechte Seite von Gl.(53⁺) nach Gl.(16'⁺) für $\bar\gamma_H = \gamma_H$ einfach $\Sigma\mathfrak{K}^+\bar\delta$. Mit den Ersetzungen gelten alle drei Gleichungen wieder ohne die Einschränkungen, weil dann in jedem Summanden virtuelle Formänderungen vorkommen.

Parameter der Schwingungsgrenzlinie lassen sich genau wie in Abschn. 5.2.1. erläutert bestimmen.

7.2 Sonderfall $\bar\gamma_H = \gamma_H$, ${}_I\bar v = v$, Methode der inneren Energie

Im wichtigen Sonderfall $\bar\gamma_H = \gamma_H$, ${}_I\bar v = v$ (und daher auch $\bar K = \mathfrak{K}$) gehen die Gln.(47) und (51) mit (11), (11'), (11'⁺) über in (z.B. ${}_I\bar M \equiv M = {}_IM_{d'A} + M_H$)

$$\left.\begin{array}{lll}
\omega^2\left(\int {}_I\bar M X_{{}_IM_{d'A}}\frac{ds}{EI} + \Sigma\,{}_I\bar F X_{{}_IF_{d'A}}\frac{1}{f}\right) & = \omega^2 a \\
= \omega^2\left(-\int v'' X_{{}_IM_{d'A}}\,ds + \Sigma X_{{}_IF_{d'A}}\,\delta_F\right) & = \omega^2 a' \\
= \omega^4\left(\int X^2_{{}_IM_{d'A}}\frac{ds}{EI} + \Sigma X^2_{{}_IF_{d'A}}\frac{1}{f}\right) & \\
+\, \omega^2\left(\int M_H X_{{}_IM_{d'A}}\frac{ds}{EI} + \Sigma F_H X_{{}_IF_{d'A}}\frac{1}{f}\right)^{15)} & = \omega^4 b + \omega^2 b_1 \\
= \omega^2\left(\int\frac{q}{g}v^2 ds + \Sigma\frac{P_i}{g}v_i^2\right) & = \omega^2 c
\end{array}\right\}
\begin{array}{ll}
\Sigma\mathfrak{K}\delta - \Sigma H\int v'^2\,ds & = d \\
= \Sigma\mathfrak{K}^+\delta & = d^+ \\
= = -\int {}_I\bar M\, v''\,ds + \Sigma_I\bar F\delta_F & \\
\quad - \Sigma H\int v'^2 ds & = d' \\
= \int v''^2\, EI ds + \Sigma\delta_F^2 f & \\
\quad - \Sigma H\int v'^2 ds & = d''.
\end{array}$$

Mit der Eigenfunktion v liefern alle möglichen Gleichheiten identisch denselben Eigenwert ω^2. Ähnlich wie in Abschn. 5.2.2. müssen, mit der gleichen Näherung $\tilde v$ gerechnet, die $\tilde\omega^2$ aus den Gleichheiten

$$\left.\begin{array}{ll}\tilde\omega^2\ (a = a') & (56)\\ \tilde\omega^2\ c & (57)\end{array}\right\} = d = d^+ = d' = d'', \qquad \left.\begin{array}{ll}\tilde\omega^2\ (a = a') & (58)\\ \tilde\omega^2\ c & (59)\end{array}\right\} = \tilde\omega^4 b + \tilde\omega^2 b_1$$

$$\text{und}\quad \tilde\omega^4 b + \tilde\omega^2 b_1 = d = d^+ = d' = d'' \qquad (60)$$

- Gln.(56) bis (60) ≙ Gln.(24) bis (28) - der Rangfolge genügen

---

15) Für den zweiten Klammerausdruck kann nach Gl.(49) auch $\int\frac{q}{g}vv_H ds + \Sigma\frac{P_i}{g}v_i v_{Hi}$ gesetzt werden.

16) Die Ungleichheit erkennt man fast unmittelbar, wenn man $\tilde\omega^4(60) = d/(b + b_1/\tilde\omega^2(60))$ durch $\{\tilde\omega^2(56) = d/a\}\cdot\{\tilde\omega^2(58) = a/(b + b_1/\tilde\omega^2(58))\}$ ausdrückt.

$$\begin{matrix}\tilde\omega^2\ (56) \\ =\tilde\omega^2\ (57)\end{matrix} > \tilde\omega^2\ (6o) \underset{(H=0)}{\overset{>}{(=)}} \sqrt{\tilde\omega^2\ (56)\,.\ \tilde\omega^2\ (58)}^{\ 16)} > \begin{matrix}\tilde\omega^2\ (58) \\ =\tilde\omega^2\ (59\end{matrix} > \omega^2; \qquad (61) \hat{=} (29)$$

ω^2 ist in bezug auf alle Näherungen ein Minimum. Insbesondere ist Gl.(57) in der Form $\omega^2 c = d''$ der vollständige "Rayleighsche Ansatz", Gl.(59) eine andere ungebräuchliche, aber sehr leistungsfähige Schreibung der "Energiemethode". Alle übrigen Gleichungen kann man wieder als "Methode der inneren Energie" auffassen. Die Näherung nach Gl.(6o) ist bei Längsbelastung unzweckmäßig.- Zur Berechnung von Parametern der Schwingungsgrenzlinie oder unmittelbar von $\tilde\omega^2$ verfährt man genau wie in Abschn. 5.2.2. beschrieben, es genügt auch wieder, nur die charakteristische Form von v einzusetzen (vgl. dort).

7.3 Gebrauchsformeln

Für einfache virtuelle Systeme und Belastungen - $\bar{P}_n = 1$, $\bar{M}_n = 1$, $\bar{p} = 1$ - läßt sich Gl.(47) leicht zu Gebrauchsformeln "ausrechnen".

Auch aus Gl.(47^+) folgen nützliche Beziehungen, wenn man für ${}_I\bar{M}(s)$ geeignete Funktionen einsetzt, z.B. ${}_I\bar{M} = EI_I\bar{M}$, $\chi_{{}_IM_{d'A}}$ oder EI $\chi_{{}_IM_{d'A}}$, v^{IV} v/v" oder (EIv")" v/v" bei H = 0, v" oder EIv", v oder EIv, 1 oder EI. Insbesondere hat man für

$${}_I\bar{M} = (EIv'')''v/v'' : \omega^2\int \chi''_{{}_IM_{d'A}}\ v\,ds = -\int (EIv'')''v\,ds.\ H = 0 \qquad (62) \hat{=} (34)$$

Das ist bei $\tilde{v}$ die "Methode von Galerkin" für einen eingliedrigen Ansatz.

$${}_I\bar{M} = EIv'' : \omega^2\int \chi_{{}_IM_{d'A}}\ v''ds = -\int (EIv''^2 - M_H v'')\,ds \qquad (63) \hat{=} (35)$$

oder mit v" = -M/EI nach Gl.(49), Gl.(5o) (ohne Index "I" an den virtuellen Größen) und wegen $\bar{\gamma} = \gamma$

$$\omega^2\left(\int \frac{q}{g}v^2 ds + \Sigma\frac{P_i}{g}v_i^2\right) = \int v''^2\ EI\ ds + \Sigma\delta_F^2\ f - \Sigma H\int v'^2\ ds \qquad (57)$$

$$= \omega^2 c = d''.$$

Das ist wieder der "Rayleighsche Ansatz".

$${}_I\bar{M} = EI : \quad \omega^2\int \chi_{{}_IM_{d'A}}\ ds = -\int (EIv'' + M_H)\,ds \qquad (64) \hat{=} (36)$$

oder, da die Gleichung, als gemeinsames Integral geschrieben, auch erfüllt wird, wenn der Integrand an jeder Stelle s verschwindet,

$$\omega^2 = \left[-(EIv'' + M_H)/\chi_{{}_IM_{d'A}}\right]_s \qquad (65) \hat{=} (37)$$

- ein Pendant zur erweiterten Engesser-Vianelloschen Formel.

Ferner läßt sich Gl.(54) zu interessanten Gebrauchsformeln verarbeiten.

Wählt man z.B. als $\bar{\mathfrak{F}}$ den Zweistützbalken mit $\bar{q}$ = const, $\overline{EI}$ = EI, ${}_I\bar{v} = \sin\frac{\pi x}{l}$ und $\bar{\omega}^2 = \pi^4 EI/\bar{q}l^4$, wird

$$\omega^2\left(\int\frac{q}{g}v\,\sin\frac{\pi x}{l}\,dx + \Sigma\frac{P_i}{g}v_i\,\sin\frac{\pi x_i}{l} + \Sigma X\;{}_I R_{d'A}\;{}_I\bar{\delta}\right) = \qquad (66) \mathrel{\hat{=}} (38)$$

$$= \frac{\pi^3 EI}{l^3}\left(\int v\,\sin\frac{\pi x}{l}\,d\frac{\pi x}{l} - v_a - v_b\right) - \Sigma H\int v'\cos\frac{\pi x}{l}\,d\frac{\pi x}{l} - \Sigma R_H\;{}_I\bar{\delta}.$$

Setzt man $\omega^2 = \alpha_c EIg/q_c l^4$ oder $\alpha_{cn} EIg/P_{cn} l^3$, läßt sich leicht die konstante Ersatzmassenbelegung q_c/g oder die Ersatzeinzelmasse P_{cn}/g ausrechnen, die der schwingende Stab, dessen Lagerung durch α_c oder α_{cn} gekennzeichnet ist, haben muß, damit er ohne Längsbelastung mit gleicher Frequenz schwingt. Insbesondere erhält man für den Zweigelenkstab mit veränderlichem q als $\mathfrak{F}$ mit $\tilde{v} = \sin\frac{\pi x}{l}$

$$q_c \simeq 2\int q\,\sin^2\frac{\pi x}{l}\;\frac{\pi x}{l}\Big/\pi\left(1 - \frac{2l^2}{\pi^3 EI}\,\Sigma H\int\cos^2\frac{\pi x}{l}\;\frac{\pi x}{l}\right). \qquad (67) \mathrel{\hat{=}} (39)$$

Bei Enddruckkräften H wird der Klammerausdruck $1 - H/H_k$.

Im Sonderfall $\bar{\mathfrak{F}}_H = \mathfrak{F}_H$ läßt sich eine Ersatzmasse am besten aus Gl.(55) - $\bar{\omega}^2 = \omega^2$ - als virtuelle Masse gewinnen. Ein Einzelgewicht $\bar{P}_{cn}$ z.B. kann exakt als $\overline{\mathfrak{K}^+}$ aufgefaßt werden, weil die von ihm hervorgerufene Biegelinie der Schwingungsgrenzlinie mit dieser Masse affin ist. Dann ist $\bar{v} = \bar{P}_{cn}\eta^{vn} = \bar{P}_{cn}\eta^{vn}$ (wegen $\bar{H} = H$; η^{vn} ist die Ordinate der Einflußlinie für die Durchbiegung v_n nach Theorie II. Ordnung), und man erhält unmittelbar

$$\bar{P}_{cn} = \left(\int q\,v\,\eta^{vn}\,ds + \Sigma P_i v_i \eta_i^{vn}\right)\Big/ v_n \eta_n^{vn}, \qquad \bar{\mathfrak{F}}_H = \mathfrak{F}_H \qquad (68)$$

Da η^{vn} im Zähler und Nenner vorkommt, kann man eine Näherung $\bar{\bar{P}}_{cn}$ auch gut mit $\tilde{v}$ und ηI^{vn} berechnen.- Bei nur einer Einzelmasse P_n/g außer q/g wird

$$\bar{P}_{cn} = \int q\,v\,\eta^{vn}\,ds/v_n\eta_n^{vn} + P_n = P_n + \Delta P_n, \qquad \bar{\mathfrak{F}}_H = \mathfrak{F}_H$$

$P_n\,\eta^{vn} = v_{P_n}$ ist die Biegelinie II. Ordnung infolge P_n. Vernachlässigt man die "Störung" durch die tatsächliche Verteilung der Masse $\Delta P_n/g$, ist die unbestimmte Schwingungsgrenzlinie v mit der Einzelmasse $(P_n + \Delta P_n)/g$ der Biegelinie II. Ordnung v_{P_n} affin: $v = c v_{P_n}$. Daher ist in allen Fällen

$$\Delta P_n \simeq \int q\,v_{P_n}^2\,ds/v_{nP_n}^2 \qquad (69)$$

- Mit $\bar{P}_{cn}$ lautet Gl.(53⁺) $(\bar{v}_n = \bar{P}_{cn}\eta_n^{vn})$

$$\bar{\omega}^2\,\frac{\bar{P}_{cn}}{g}\,\overline{P}_{cn}\eta_n^{vn}\,v_n = \Sigma\overline{\mathfrak{K}^+}\delta = \bar{P}_{cn}\,v_n$$

oder

$$\bar{\omega}^2 \bar{P}_{cn} = g/\eta_n^{v_n}.$$

$\bar{P}_{cn}$ nach Gl.(68) macht $\bar{\omega}^2$ zu ω^2, und man hat

$$\omega^2 \left(\int \frac{q}{g} v \cdot \eta^{v_n} \, ds + \Sigma \frac{P_i}{g} v_i \eta_i^{v_n}\right) = v_n. \tag{7o}$$

Bei der Näherungsberechnung mit $\tilde{v}$ geht die Längsbelastung allein über die v_n-EL II. Ordnung ein. Das läßt sich vermeiden, wenn man $\Sigma \overline{\mathfrak{K}^+} \delta = \Sigma \bar{\mathfrak{K}} \delta - \Sigma H \int \bar{v}' v' ds$, $\bar{\mathfrak{K}} \simeq \bar{P}_{cn}$ und $\bar{v} \simeq \bar{P}_{cn} \eta^{I v_n}$ setzt:

$$\bar{\omega}^2 \frac{\bar{P}_{cn}}{g} \bar{P}_{cn} \eta_n^{I v_n} v_n \simeq \bar{P}_{cn} v_n - \Sigma H \int \bar{P}_{cn} \eta^{I v_n'} v' ds.$$

Die Näherung $\tilde{\bar{P}}_{cn}$ (mit $\eta^{I v_n}$) eingesetzt, ergibt ($\bar{\omega}^2 = \omega^2$)

$$\omega^2 \left(\int \frac{q}{g} v \, \eta^{I v_n} \, ds + \Sigma \frac{P_i}{g} v_i \, \eta_i^{I v_n}\right) \simeq v_n - \Sigma H \int v' \eta^{I v_n'} ds. \tag{7o$^+$}$$

v_n und $\eta^{(I) v_n}$ korrespondieren miteinander, sie lassen ihre Herkunft von $\bar{P}_{cn}$ nicht mehr erkennen. Daher darf statt v_n auch jede andere Formänderung δ_n genommen werden.- Ist γ_H gleich $\bar{\gamma}_H$ bis auf $I \neq \bar{I}$ = const, wird bei gleicher Massenbelegung $\bar{\omega}^2 = \omega^2$, wenn nach Gl.(53$^+$)

$$\Sigma \bar{K} \delta = \int \bar{M} M \frac{ds}{EI} + \Sigma \bar{F} F \frac{1}{f} - \Sigma H \int \bar{v}' v' ds = \Sigma K \bar{\delta} = \int M \bar{M} \frac{ds}{\bar{E}\bar{I}} + \Sigma F \bar{F} \frac{1}{\bar{f}} - \Sigma H \int v' \bar{v}' ds$$

oder ($\bar{I} = I_c$, $\bar{E} = E$)

$$I_c = \int v'' \bar{v}'' I \, ds \Big/ \int v'' \bar{v}'' ds. \tag{71}$$

v und $\bar{v}$ sind die Schwingungsgrenzlinien des Systems mit variablem und konstantem I.

Denkt man sich die (unbestimmte) Schwingungsgrenzlinie von den Gewichten der Massenbelegung als statische Biegelinie II. Ordnung hervorgerufen, erhält man aus $\omega^2 c = d^+$ Gl.(57) mit $\mathfrak{K}^+ = q$, P_i als Näherung

$$\omega^2 \left(\int \frac{q}{g} v^2 ds + \Sigma \frac{P_i}{g} v_i^2\right) \simeq \int q \, v \, ds + \Sigma P_i v_i \tag{72}$$

oder, wenn man die gesamte Massenbelegung vereinfachend zu Einzelmassen P_i/g zusammenfaßt:

$$\omega^2 \, \Sigma \frac{P_i}{g} v_i^2 \simeq \Sigma P_i v_i. \tag{72$^+$}$$

Geht man von $\omega^2 c = d$ Gl.(57) mit $\mathfrak{k} = q$, P_i aus, ist v die von den Gewichten hervorgerufene Biegelinie I. Ordnung; die rechte Seite der Gln.(72), (72^+) ist um $-\Sigma H \int v'^2\, ds$ zu ergänzen. Ohne Längsbelastung ($H = 0$), also mit der Biegelinie I. Ordnung, ist Gl.(72^+) die bequeme Morleysche Formel - s. z.B. Lit. 1o. Bei nur einer Masse P_n/g hat man[17)]

$$\omega^2\, v_n = g. \qquad (72^{++})$$

Ohne Längsbelastung, also mit v_n I. Ordnung, ist Gl.(72^{++}) die Baumann-Geigersche-Formel - s. z.B. Lit. 1o. Sie folgt auch aus Gl.(7o): $\omega^2 P_n \eta_n^{v_n} = g$ oder $\omega^2 v_{nP_n} = g$; das ist die präzise Schreibung.

Jede Beziehung mit Längsbelastung wird bei $\omega^2 = 0$ - das "angezupfte" System schwingt nicht mehr zurück - zu der ihr entsprechenden Bestimmungsgleichung für die kritische Bezugsgröße H_k mit v als Knickbiegelinie. Andererseits läßt sich aus jeder Formel ω^2 für $H = 0$, also ω^2 "I. Ordnung" herausheben: $\omega^2 = {}_I\omega^2 \cdot (1 - H/\ldots)$. Da die Schwingungsgrenzlinie (der Grundschwingung) in der Regel als brauchbare Näherung der Knickbiegelinie (der kleinsten Knicklast) genommen werden kann, hat man allgemein - vgl. z.B. Lit. 9 -

$$\omega^2 \approx {}_I\omega^2\, (1 \mp H/H_k) \text{ für eine Bezugslängs}{}^{\text{druck}}_{\text{zug}}\text{kraft } H. \qquad (73) \mathrel{\hat{=}} (8^+)$$

Bei Kenntnis von H_k genügt daher praktisch meist die Berechnung von ${}_I\omega^2$.

7.4 Allgemeine Überlagerung von Massenbelegungen, Verknüpfung der Eigenfrequenzen

Analog wie in Abschn. 6 läßt sich selbstverständlich auch die Überlagerung verschiedener Massenbelegungen untersuchen. Praktisch dürfte vor allem die Verknüpfung der Eigenfrequenzen bei gleicher Längsbelastung interessieren. Wendet man die erweiterte Gl.(54) nacheinander auf ${}_i\gamma = \bar{\gamma}$, $i = 1, \ldots n$, an und summiert die n Gleichungen, erhält man

$$\sum_{i=1}^{n} {}_i\omega^2 \Big(\int \frac{{}_iq}{g}\, {}_iv\; \bar{v}\, ds + \Sigma \frac{{}_iP_j}{g}\, {}_iv_j\; \bar{v}_j\Big) = \bar{\omega}^2 \Big(\int \frac{\bar{q}}{g} \bar{v} \sum_{k=1}^{n} {}_kv\, ds + \Sigma \frac{P_j}{g} v_j \sum_{k=1}^{n} {}_kv_j\Big)$$
$$+ \sum_{i=1}^{n} \Big(\Sigma \bar{H} \int \bar{v}'\, {}_iv'\, ds - \Sigma\, {}_iH \int {}_iv'\, \bar{v}'\, ds\Big). \qquad (74)$$

Der zweite Summand der rechten Seite verschwindet, wenn keine Längsbelastung vorhanden oder die Längsbelastung in allen Fällen konstant, also eine

---

17) Gl.(72^{++}) gilt genau, wenn die von einem Einzelgewicht P_n hervorgerufene Biegelinie II. Ordnung der Schwingungsgrenzlinie mit dieser Masse affin ist.

feste Systemeigenschaft ist. Für ${}_i\gamma_H = \bar{\gamma}_H$ und bei Beschränkung auf Einzelmassen z.B. wird im Fall der Überlagerung ($\Sigma\bar{P}_j = \sum_{i=1}^{n} \Sigma_i P_j$)

$$\bar{\omega}^2 \sum_{i=1}^{n} \Sigma_i P_j \; \bar{v}_j \sum_{k=1}^{n} {}_k v_j = \sum_{i=1}^{n} {}_i\omega^2 \; \Sigma_i P_j \; {}_i v_j \bar{v}_j ; \tag{75}$$

ist in jedem System ${}_i\gamma_H$ nur die Einzelmasse ${}_iP_{n_i}/g$ vorhanden, wird mit ${}_i\omega^2 = g/{}_iv_{n_i}$ nach Gl.(72^{++}) insbesondere

$$\bar{\omega}^2 \sum_{i=1}^{n} {}_iP_{n_i} \; \bar{v}_{n_i} \sum_{k=1}^{n} {}_k v_{n_i} = g \sum_{i=1}^{n} {}_iP_{n_i} \; \bar{v}_{n_i} . \tag{75$^+$}$$

Mit ${}_iv$, $\bar{v}$ als Biegelinien II. Ordnung infolge der jeweiligen Gewichte ist $\bar{v} = \sum_{i=1}^{n} {}_iv \equiv \sum_{k=1}^{n} {}_kv$ und Gl.(75^+) entspricht Gl.(72^+), wie es sein soll.- Führt man Gl.(75^+) in die Form $1/\bar{\omega}^2$ über

$$1/\bar{\omega}^2 = \sum_{i=1}^{n} (1/\alpha_i \; \frac{g}{{}_iv_{n_i}}) = \sum_{i=1}^{n} (1/\alpha_i \; {}_i\omega^2) \text{ mit } \alpha_i = \sum_{k=1}^{n} \frac{{}_kP_{n_k}}{{}_iP_{n_i}} \frac{\bar{v}_{n_k}}{\bar{v}_{n_i}} \Big/ \sum_{k=1}^{n} \frac{{}_kv_{n_i}}{{}_iv_{n_i}},$$

läßt sich zeigen, daß die α_i stets nur wenig > 1 sind. Daher hat man für die Überlagerung von Grundschwingungen desselben Systems mit je einer Masse ${}_iP_{ni}/g$ auch die Näherung

$$1/\bar{\omega}^2 \simeq \Sigma(1/{}_i\omega^2), \quad \bar{\bar{\omega}}^2 < \bar{\omega}^2 . \tag{76}$$

Das ist die Dunkerleysche Formel - s. z.B. Lit. 1o. Die rechte Seite kann ersetzt werden durch $\Sigma \; {}_iv_{n_i}/g$; so erhält man als Erweiterung von Gl.(72^{++})

$$\bar{\omega}^2 \; \Sigma_i v_{n_i} \simeq g . \tag{76'}$$

- Parameter der unbestimmten resultierenden Schwingungsgrenzlinie $\bar{v}$ lassen sich sinngemäß wie in Abschn. 6 beschrieben ermitteln.

Literatur

(1) Hawranek, A. u. O. Steinhardt: Theorie und Berechnung der Stahlbrücken. Berlin, Göttingen, Heidelberg 1958.

(2) Zweiling, K.: Gleichgewicht und Stabilität. Berlin 1953.

(3) Schreier, G.: Beiträge zur Anwendung von baustatischen Methoden auf Probleme der Verformungstheorie. Köln 1962.

(4) Sattler, K.: Das "Durchbiegungsverfahren" zur Lösung von Stabilitätsaufgaben. Die Bautechnik 1953, H. 1o, 11.

(5) Pflüger, A.: Stabilitätsprobleme der Elastostatik. Berlin, Göttingen, Heidelberg 1964.

(6) Kollbrunner, C.F. und M. Meister: Knicken, Biegedrillknicken, Kippen. Berlin, Göttingen, Heidelberg 1961.

(7) Dimitrov, N.: Ermittlung konstanter Ersatzträgheitsmomente für Druckstäbe mit veränderlichem Querschnitt. Der Bauingenieur 1953, H. 6.

(8) Doeinck, E.: Einführung in die technische Schwingungslehre für Bauingenieure. Stuttgart 195o.

(9) Stüssi, F.: Grundlagen des Stahlbaues. Berlin, Heidelberg, New York 1971.

(1o) Schreier, G.: Schwingungen in der Bautechnik. Schweißen und Schneiden 1969, H. 11.

Erweiterung des Prinzips der virtuellen Kräfte bei nichtlinearer Systembeziehung

H. RUBIN, Karlsruhe

1. Einführung

Als wichtigste Prinzipien der Baustatik stehen sich das Prinzip der virtuellen Verrückungen und das Prinzip der virtuellen Kräfte gegenüber. Im 1. Fall wird das Gleichgewicht indirekt über einen virtuellen V e r s c h i e b u n g s-zustand, im 2. Fall die geometrische Beziehung indirekt über einen virtuellen K r a f t zustand formuliert. Bei Linearität aller maßgebenden Beziehungen besteht vollständige Analogie zwischen den beiden Prinzipien: Durch Vertauschen von Kraft- und Weggrößen geht das eine Prinzip in das andere über.

Wenn jedoch diese Linearität nicht mehr gegeben ist, so wird ein grundsätzlicher Unterschied zwischen den Prinzipien deutlich: Das Prinzip der virtuellen Verrückungen ist unbeschränkt anwendbar, wenn man beachtet, daß im Fall der Theorie II. Ordnung die virtuellen Verschiebungen am verformten System vorzunehmen sind. Dagegen hat das Prinzip der virtuellen Kräfte einen begrenzten Gültigkeitsbereich: Es muß die Voraussetzung erfüllt sein, daß Linearität zwischen der gesuchten Systemverschiebung bzw. -verdrehung und den Deformationen des Stabelements besteht - oder kurz: Die Systembeziehung muß linear sein. Das entsprechende Vorgehen wie beim Prinzip der virtuellen Verrückungen, nämlich die Ermittlung des virtuellen Kraftzustandes am (wirklich) verformten System, würde zu grundsätzlich falschen Ergebnissen führen.

Die zwischen den beiden Prinzipien bestehenden Analogiebeziehungen, aber auch die wesentlichen Unterschiede lassen sich sehr anschaulich anhand der von Steinhardt eingeführten V i e r q u a d r a n t e n d a r s t e l l u n g zeigen (Lit. 1, 2 und 3). Dort kommt bei nichtlinearem Verhalten dieser Unterschied durch Kurven t a n g e n t e bei der Systembeziehung und Kurven s e h n e bei der Gleichgewichtsbeziehung zum Ausdruck, während bei geradlinigem Verlauf Sehne und Tangente natürlich identisch sind. Aus den dort dargelegten Zusammenhängen geht auch unmittelbar hervor, daß alle Prinzipien der Kraftvariationen an die Bedingung linearer Systemgeometrie gebunden sind.

Beitrag in "Theorie und Berechnung von Tragwerken", Springer-Verlag 1974, von Dr.-Ing. H. Rubin, Lehrstuhl für Stahl- und Leichtmetallbau, Universität Karlsruhe (TH)

In Weiterführung der genannten Arbeiten ist es das Ziel des vorliegenden Beitrages, eine allgemeinere Formulierung des Prinzips der virtuellen Kräfte anzugeben, die eine Anwendung auch für beliebige, nichtlineare Systembeziehungen ermöglicht. Aufgrund dieser Verallgemeinerung können dann beide virtuellen Arbeitsprinzipien ohne Einschränkung für alle in der Baustatik auftretenden Problemstellungen angewendet werden.

2. Gegenüberstellung des Prinzips der virtuellen Verrückungen und des Prinzips der virtuellen Kräfte

Zum besseren Verständnis der virtuellen Arbeitsprinzipien sollen in diesem Abschnitt zunächst einige grundsätzliche Überlegungen dem eigentlichen Thema vorangestellt werden.

Beide Prinzipien lassen sich aus einer gemeinsamen Quelle herleiten, die unmittelbar einleuchtend ist, nämlich aus der Betrachtung der Arbeitsbilanz an einem kinematischen System. Hierzu wird von dem in Abb. 1 dargestellten einfachen Beispiel ausgegangen. Das Starrkörpersystem soll eine (unendlich kleine) Bewegung ausführen, die bei P die Verschiebungskomponente v_P und bei M den Relativdrehwinkel φ_M hervorruft. Dabei soll die Frage nach Ursache und Wirkung der einzelnen Größen ebenso wie die Frage nach wirklichen und virtuellen Größen noch offen bleiben. In jedem Fall muß die Gesamtarbeit Null werden, so daß gilt

$$P\ v_P - M\ \varphi_M = 0\ , \tag{1}$$

was nun als Ausgangsbeziehung für beide Prinzipien dienen soll.

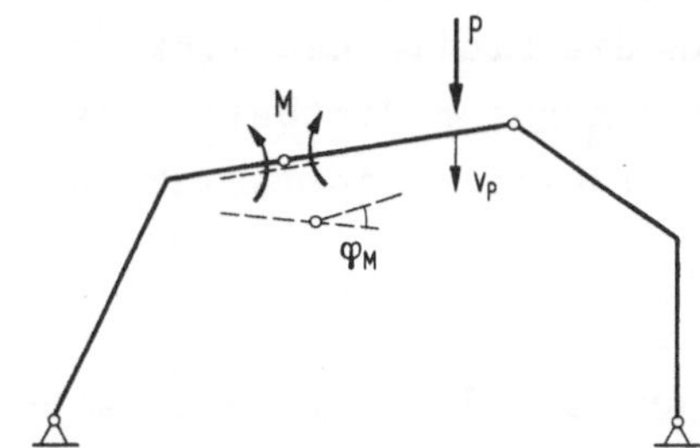

Abb. 1 Arbeitsbilanz am kinematischen System

Im weiteren werden virtuelle Größen stets durch einen Querstrich gekennzeichnet.

2.1 Das Prinzip der virtuellen Verrückungen

In diesem Fall sind die beiden Kraftgrößen P und M wirklich und die Verschiebungsgrößen virtuell. Wählt man (aus rechentechnischen Gründen) den virtuellen Drehwinkel $\bar{\varphi}_M = 1$, so ergibt sich aus Gl.(1)

$$M = \bar{v}_P \, P , \qquad (2)$$

wobei $\bar{v}_P$ die durch $\bar{\varphi}_M = 1$ eindeutig festgelegte und durch rein geometrische Überlegungen zu bestimmende virtuelle Verschiebungskomponente darstellt. Gl.(2) als Beziehung zwischen der Last P und dem Moment M stellt eine G l e i c h g e w i c h t s bedingung dar.

Für die Vorzeichenregelung gilt:

$\bar{\varphi}_M = 1$ wird entgegen +M eingetragen (M nach Faserdifinition),

$\bar{v}_P$ ist in Richtung von P positiv.

Wesentlich ist hier die Feststellung, daß Gl.(2) auch für beliebig nichtlineare Verhältnisse gültig bleibt. Wird nach Theorie II. Ordnung gerechnet, so ist der Ermittlung von $\bar{v}_P$ lediglich die Geometrie des v e r f o r m t e n Systems zugrunde zu legen.

Es sei noch bemerkt, daß für P = 1 als Wanderlast mit $M \equiv \bar{v}_P$ die kinematisch gewonnene Einflußlinie für M vorliegt.

2.2 Das Prinzip der virtuellen Kräfte

Beim Prinzip der virtuellen Kräfte sind die Verschiebungsgrößen wirklich und die Kraftgrößen virtuell. Der wirklich vorhandene Drehwinkel entsteht i.d.R. durch eine Krümmung $\varkappa$ am Stabelement dx, demnach ist φ_M durch $d\varphi = \varkappa dx$ zu ersetzen; entsprechend tritt an die Stelle der wirklichen Absenkung v_P der durch $d\varphi$ hervorgerufene Wert dw. Die nunmehr virtuelle Last $\bar{P}$ wird, wie üblich gleich 1 eingesetzt, das zugehörige virtuelle Moment sei $\bar{M}$. Gl.(1) geht dann über in

$$dw = \bar{M} \, \varkappa \, dx , \qquad (3)$$

wobei zur Bestimmung von $\bar{M}$ nur das Gleichgewicht zu betrachten ist. Die Beziehung (3) als Verknüpfung zweier Weggrößen stellt naturgemäß eine g e o m e t r i s c h e Beziehung dar.

Für die Vorzeichenregelung wird vereinbart:

$\bar{P} = 1$ ist in Richtung von +w anzusetzen

$\bar{M}$ und $\varkappa$ sind positiv, wenn die Definitionsfaser gedehnt wird.

Alle bisher angestellten Überlegungen sind für beide Prinzipien inhaltlich und formal völlig analog. - Dennoch besteht ein sehr wesentlicher Unterschied, der wie folgt erläutert werden kann:

Das Prinzip der virtuellen Verrückungen und die damit ausgedrückte Gleichgewichtsbedingung sind auf einen bestimmten Zustand bezogen, der je nach Theorie I. oder II. Ordnung durch das unverformte bzw. verformte System gegeben ist.

Dagegen wird beim Prinzip der virtuellen Kräfte ein Vorgang betrachtet, im Verlauf dessen sich die Verformungen ausbilden. Während für einen Zustand alle maßgebenden Größen eindeutig festliegen, können sich diese über den Verformungsweg ändern. Das Prinzip der virtuellen Kräfte ist nun in der vorliegenden Form nur dann noch gültig, wenn die virtuellen Schnittgrößen - hier $\bar{M}$ - als unveränderlich über den Verformungsvorgang angesehen werden können; dies bedeutet aber, daß die Systemgeometrie unveränderlich sein muß und letztlich, daß Proportionalität zwischen den Elementverformungen ($d\varphi = \varkappa\, dx$) und der gesuchten Weggröße (dw) bestehen muß. Diese Bedingung wird als Linearität der Systembeziehung bezeichnet.

Erwähnt sei an dieser Stelle, daß grundsätzlich kein Zusammenhang zwischen der Linearität von System- und Gleichgewichtsbeziehung bestehen muß, d.h. jede Beziehung kann unabhängig von der anderen linear oder nichtlinear sein.

Eine Bemerkung hinsichtlich der in der Literatur meist genannten Voraussetzung für das Prinzip der virtuellen Kräfte sei hier eingefügt: Es wird dort gefordert, daß die Formänderungen "klein" sein müssen. Mit dieser Bedingung ist aber noch keineswegs die Unveränderlichkeit der virtuellen Schnittgrößen gesichert. So würde man z.B. für die Lastabsenkung eines Knickstabes auch dann noch falsche Ergebnisse erhalten, wenn die Auslenkungen beliebig klein gewählt werden. Dieser Sachverhalt wird auch am Beispiel des Abschnittes 2.3 deutlich.

Das durch Gl.(3) ausgedrückte Prinzip der virtuellen Kräfte soll nun noch auf die gewohnte baustatische Form gebracht werden. Hierzu sind die Elementverformungen über die einzelnen Stablängen zu integrieren ($\int_0^l$) und über alle Stäbe des Systems zu summieren ($\sum_S$):

$$w = \sum_S \int_0^l \bar{M}\, \varkappa\, dx. \qquad (4)$$

In dieser Formel ist noch offen, ob die Krümmung $\varkappa$ durch Biegemomente, durch über die Stabdicke linear verteilte Temperaturdehnungen oder andere Einflüsse erzeugt wird und ob im Fall eines Biegemomentes elastische oder plastische Dehnungen vorliegen.

Für die Navier'sche Balkenbiegung geht Gl.(4) mit $\varkappa = M/EI$ in die bekannte Form über

$$w = \sum_S \int_0^l \bar{M}\, \frac{M}{EI}\, dx. \qquad (5)$$

Nimmt man zur Krümmung $\varkappa$ noch die Längsdehnung ε der Stäbe hinzu (die aus einer Normalkraft, Temperatur, Schwinden o.ä. entstehen kann), so lautet das Prinzip der virtuellen Kräfte

$$w = \sum_S \int_0^1 \bar{N}\,\varepsilon\,dx + \sum_S \int_0^1 \bar{M}\,\varkappa\,dx, \tag{6}$$

worin $\bar{N}$ die virtuelle Normalkraft darstellt.

Weitere mögliche Verformungen, z.B. durch Torsion, Querkraft oder auch Auflagerbewegungen können ganz analog erfaßt werden, sollen jedoch im Rahmen dieses Aufsatzes außer Betracht bleiben.

2.3 Beispiel

Im folgenden soll die zulässige bzw. unzulässige Anwendung der genannten Prinzipien bei nichtlinearer Gleichgewichts- und Systembeziehung an dem Beispiel der Abb. 2 gezeigt werden. Ein Stab mit dem kleinen Hebel e sei selbst starr und habe am Auflager A eine elastische Einspannung. Unter der Last P trete dort der Drehwinkel ψ auf, die Lastabsenkung sei w.

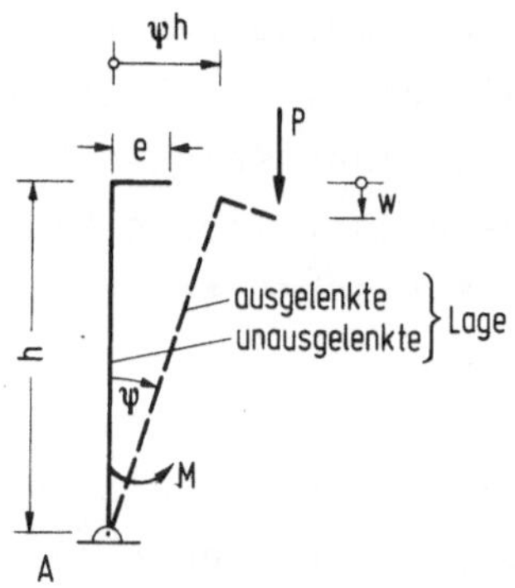

Abb. 2 Beispiel

<u>Prinzip der virtuellen Verrückungen</u>

Es kann hier Gl.(2) angewandt werden. Die zu bestimmende virtuelle Lastabsenkung $\bar{v}_P$ entsteht dadurch, daß das a u s g e l e n k t e System im Punkt A um den virtuellen Winkel 1 entgegen M gedreht wird. Die Kinematik ergibt

$$\bar{v}_P = e + \psi h. \tag{7}$$

Nach Einsetzen in Gl.(2) erhält man

$$M = (e + \psi h)\,P, \tag{8}$$

was offensichtlich mit der direkt formulierten Gleichgewichtsbedingung übereinstimmt.

Prinzip der virtuellen Kräfte

Bei Anwendung des Prinzips der virtuellen Kräfte und analogem Vorgehen wie beim Prinzip der virtuellen Verrückungen, d.h. bei Bestimmung des virtuellen Kraftzustandes am ausgelenkten System, würde man mit $\bar{P} = 1$ zunächst

$$\bar{M} = e + \psi h \tag{9}$$

erhalten. Das Prinzip der virtuellen Kräfte würde dann folgende nichtlineare geometrische Beziehung ergeben

$$w = \bar{M}\psi = (e + \psi h)\ \psi = e\psi + \psi^2 h. \tag{1o}$$

Formuliert man aber diese Beziehung direkt mit Hilfe geometrischer Überlegungen, so erhält man

$$w = e\psi + h\ (1-\cos\psi)$$

und mit $\psi << 1$

$$w = e\psi + \frac{1}{2}\ \psi^2 h. \tag{11}$$

Der Vergleich mit (1o) zeigt den in dieser Gleichung enthaltenen prinzipiellen Fehler nach dem Prinzip der virtuellen Kräfte: Bei dem nichtlinearen Glied fehlt der Faktor 1/2. Betrachtet man den Sonderfall $e = 0$, so sind die Ergebnisse nach Gl.(1o) stets doppelt so groß wie die richtigen nach Gl.(11). Dieser Fehler bleibt natürlich auch für beliebig kleine Werte ψ erhalten; somit kann die Beschränkung auf "kleine" Verformungen kein allgemeines Kriterium für die Gültigkeit des Prinzips der virtuellen Kräfte sein.

Für den normalerweise vorliegenden Fall eines auf ganze Länge biegeelastischen Stabes gelten die gleichen Überlegungen.

3. Erweiterung des Prinzips der virtuellen Kräfte für nichtlineare Systembeziehung

3.1 Ableitung

Das Versagen dieses Prinzips bei dem betrachteten Beispiel lag an der Veränderlichkeit des virtuellen Momentes $\bar{M}$ während der Verformung: Es war $\bar{M} = e$ zu Beginn und $\bar{M} = e + \psi h$ am Ende der Auslenkung. In diesen Fällen darf das Prinzip nicht mehr auf den Gesamtbetrag, sondern muß auf einen differentiellen Teil der Verformung angewandt werden. Statt

$$dw = \bar{N}\,\varepsilon\,dx + \bar{M}\,\varkappa\,dx \tag{12}$$

als vervollständigte Form von Gl.(3) ist jetzt zu schreiben

$$\delta dw = \bar{N}\,\delta\varepsilon_z\,dx + \bar{M}\,\delta\varkappa_z\,dx. \tag{13}$$

Darin wird zur Unterscheidung vom Koordinatendifferential dx das Verformungsdifferential mit δ... bezeichnet. Der Index z deutet auf einen Zwischenverformungszustand hin. Die virtuellen Schnittgrößen $\bar{N}$ und $\bar{M}$ sind an der durch den Zwischenzustand festgelegten Systemgeometrie zu ermitteln und damit veränderlich.

Nach Integration über den Verformungsweg ($\int_V$) sowie Integration und Summation über die einzelnen Stäbe erhält man

$$w = \sum_S \int_0^l \int_V \bar{N}\,\delta\varepsilon_z\,dx + \sum_S \int_0^l \int_V \bar{M}\,\delta\varkappa_z\,dx. \tag{14}$$

Diese Gleichung stellt das allgemein gültige, exakte Prinzip der virtuellen Kräfte in erweiterter Form für Stabdehnungen und -krümmungen dar. Es soll im weiteren auf eine praktisch anwendbare Form gebracht werden.

Zunächst wird eine Annahme hinsichtlich des Verformungsvorganges getroffen. Von den beliebig vielen Möglichkeiten des Aufbaus der Verformungen bis zum Erreichen des Endzustandes soll folgendes besonders naheliegende Gedankenmodell gewählt werden: Die Formänderungen ε_z und $\varkappa_z$ wachsen g l e i c h z e i t i g und p r o p o r t i o n a l auf ihren Endwert an, d.h. der Endzustand wird über lauter ähnliche Zwischenzustände erreicht.- Dies ist keine Näherungsannahme, sondern eine zwar spezielle, aber doch genaue unter all den denkbar möglichen Annahmen. Damit kann für einen Zwischenverformungszustand folgender Ansatz gemacht werden

$$\varepsilon_z = \mu\varepsilon \text{ und } \varkappa_z = \mu\varkappa, \tag{15}$$

wobei mit μ ($0 \leq \mu \leq 1$) ausschließlich der Zwischenzustand beschrieben wird, während die Endwerte ε und $\varkappa$ nur noch von x abhängig sind. Damit folgt

$$\delta\varepsilon_z = \delta\mu\,\varepsilon \quad \text{und} \quad \delta\varkappa_z = \delta\mu\,\varkappa. \tag{16}$$

Gl.(14) kann dann wie folgt umgeformt werden

$$w = \sum_S \int_0^l \varepsilon \left(\int_0^1 \bar{N}\,\delta\mu\right) dx + \sum_S \int_0^l \varkappa \left(\int_0^1 \bar{M}\,\delta\mu\right) dx. \tag{17}$$

Weiterhin wird vereinbart

$$\bar{N}_m = \int_o^1 \bar{N}\,\delta\mu \text{ und } \bar{M}_m = \int_o^1 \bar{M}\,\delta\mu . \qquad (18)$$

Die Abkürzungen $\bar{N}_m$ und $\bar{M}_m$ bedeuten darin die über den Verformungsverlauf integrierten Mittelwerte der virtuellen Kräfte bzw. Momente. Damit lautet nun das erweiterte Prinzip der virtuellen Kräfte

$$w = \sum_S \int_o^l \bar{N}_m\,\varepsilon\,dx + \sum_S \int_o^l \bar{M}_m\,\varkappa\,dx. \qquad (19)$$

Es weist wieder die gleiche Form wie das für lineare Systembeziehung gültige Prinzip gemäß Gl.(6) auf. Daraus läßt sich folgende Regel aufstellen: Für das erweiterte Prinzip der virtuellen Kräfte können alle bekannten Formeln übernommen werden, wenn die virtuellen Schnittgrößen $\bar{N}$, $\bar{M}$ durch die gemittelten Werte $\bar{N}_m$, $\bar{M}_m$ ersetzt werden.

3.2 Näherungsmöglichkeit

Man kann davon ausgehen, daß bei den in der Bauingenieurpraxis auftretenden Fällen eine gleichmäßige Änderung der Systemgeometrie die Regel ist, wenn schon der Sonderfall vorliegt, daß sich die Geometrie überhaupt ändert. Dies bedeutet, daß die Funktionen $\bar{N} = \bar{N}(\mu)$ und $\bar{M} = \bar{M}(\mu)$ näherungsweise als linear angenommen und deshalb die Werte $\bar{N}_m$ und $\bar{M}_m$ als arithmetisches Mittel des Anfangszustandes (a) und des Endzustandes (e) - oder, was völlig gleichwertig ist, als Summe des Anfangszustandes und des halben Zuwachses (Δ) - berechnet werden können (vgl. Abb. 3):

$$\left.\begin{aligned} \bar{N}_m &= \int_o^1 \bar{N}\,\delta\mu \simeq \frac{1}{2}(\bar{N}_a + \bar{N}_e) = \bar{N}_a + \frac{1}{2}\bar{N}_\Delta \\ \bar{M}_m &= \int_o^1 \bar{M}\,\delta\mu \simeq \frac{1}{2}(\bar{M}_a + \bar{M}_e) = \bar{M}_a + \frac{1}{2}\bar{M}_\Delta . \end{aligned}\right\} \qquad (2o)$$

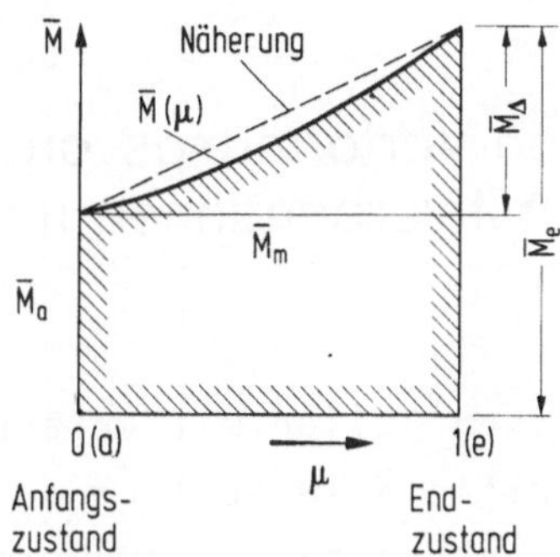

Abb. 3 Allgemeiner Verlauf $\bar{M}(\mu)$ und Näherung

Selbstverständlich kann ein allgemeines Kriterium für die Brauchbarkeit dieser Näherung nicht angegeben werden. Ausgeschlossen sind sicherlich all jene Fälle, bei denen ein vollständiger Systemwandel eintritt (z.B. "Durchschlagen" eines Systems). Wie in Abschn. 4 dargelegt, liegt jedoch für einen Großteil der praktisch interessierenden Fälle tatsächlich ein linearer Verlauf der virtuellen Schnittgrößen über den Verformungsweg vor, so daß dann die Näherungsbeziehungen (2o) sogar genau erfüllt sind.

3.3 Beispiel

Das erweiterte Prinzip der virtuellen Kräfte soll nun auf das bereits behandelte Beispiel nach Abb. 2 angewandt werden, wobei in Gl.(1o) $\bar{M}$ jetzt durch $\bar{M}_m$ zu ersetzen ist

$$w = \bar{M}_m \psi . \qquad (21)$$

Für einen Zwischenzustand $\psi_z = \mu\psi$ ist (vgl. Gl.(9))

$$\bar{M} = \bar{M}(\mu) = e + \psi_z h = e + \mu\psi h \quad (\text{linear in } \mu). \qquad (22)$$

Deshalb liefert sowohl die Integration nach Gl.(18) als auch die Näherungsbeziehung (2o) folgendes genaue Ergebnis

$$\bar{M}_m = \int_0^1 \bar{M}\,\delta\mu = \frac{1}{2}(\bar{M}_a + \bar{M}_e) = \frac{1}{2}(e + e + \psi h) = e + \frac{1}{2}\psi h . \qquad (23)$$

Die gesuchte Absenkung wird damit

$$w = \bar{M}_m \psi = e\psi + \frac{1}{2}\psi^2 h , \qquad (24)$$

was mit der richtigen Beziehung (11) übereinstimmt.

4. Der Sonderfall der über den Verformungsvorgang konstanten virtuellen Normalkraft N und des damit verbundenen linearen Verlaufs des virtuellen Moments M

In den weitaus meisten praktischen Fällen mit veränderlicher Systemgeometrie bleiben die virtuellen Normalkräfte $\bar{N}$ im Verlauf der Verformung (zumindest in 1. Näherung) konstant. Es soll nun gezeigt werden, daß die virtuellen Momente $\bar{M}(\mu)$ dann linear veränderlich sind und somit die Näherungsgln. (2o) genau gelten.

Entsprechend Abb. 4 habe die virtuelle Normalkraft $\bar{N}$ bezüglich des betrachteten Stabpunktes x den e l a s t i s c h e n Hebelarm y_z, der gleichzeitig auch einen Zwischenzustand der Biegelinie beschreibt. Das virtuelle Moment wird nun als Summe des am unverformten Stab vorhandenen Anteils $\bar{M}_a$ und des Zuwachses aufgrund der Auslenkung $\bar{M}_{\Delta z}$ angeschrieben

$$\bar{M} = \bar{M}_a + \bar{M}_{\Delta z} = \bar{M}_a - \bar{N}\, y_z . \tag{25}$$

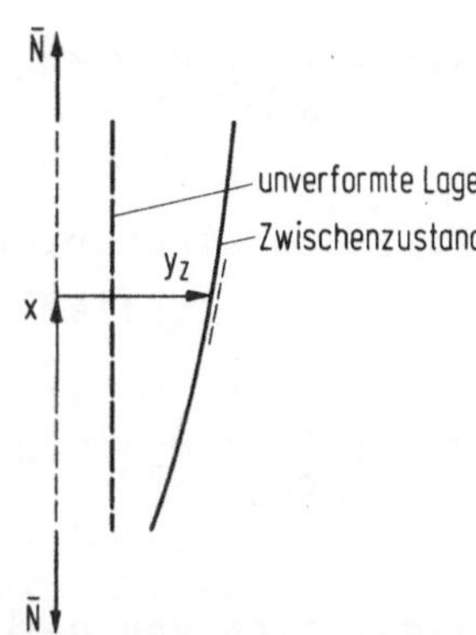

Abb. 4 Definitionsfigur

Wegen des angenommenen proportionalen Aufbaues der Verformungen gilt für die Krümmungen wieder $\varkappa_z = \mu\varkappa$ oder $y_z'' = \mu y''$, wenn, wie üblich $\varkappa_z = -y_z''$ gesetzt wird ($y_z'^2 \ll 1$). Daraus folgt wegen der Unabhängigkeit des Zustandsparameters μ von x

$$y_z'' = \mu y'' = (\mu y)'' .$$

Somit muß auch gelten

$$y_z = \mu y , \tag{26}$$

was lediglich besagt, daß mit proportionalem Aufbau der Krümmungen sich auch die Biegelinie proportional aufbaut.

Aus Gl.(25) erhält man damit

$$\bar{M} = \bar{M}_a - \bar{N}\,\mu\, y, \tag{27}$$

d.h. eine lineare Funktion $\bar{M}(\mu)$, so daß die Näherung entsprechend Gl.(2o) jetzt eine genaue Beziehung darstellt

$$\bar{M}_m = \int_o^1 \bar{M}\,\delta\mu = \bar{M}_a + \frac{1}{2}\bar{M}_\Delta = \bar{M}_a - \frac{1}{2}\bar{N}\, y . \tag{28}$$

Setzt man diesen Ausdruck sowie $\bar{N}_m = \bar{N}$ ($N(\mu)$ = konst.) und außerdem $\varkappa = -y''$ in Gl.(19) ein, so erhält man

$$w = \sum_S \int_0^l \bar{N}\,\varepsilon\,dx + \sum_S \int_0^l \bar{M}_a\,\varkappa\,dx + \frac{1}{2}\sum_S \int_0^l \bar{N}\,y\,y''\,dx .$$

Da $\bar{N}$ in allen virtuellen Lastfällen auch über die Länge l des einzelnen Stabes konstant ist, kann $\bar{N}$ vor das Integral gezogen werden

$$w = \sum_S \bar{N}\left(\int_0^l \varepsilon\,dx + \frac{1}{2}\int_0^l y\,y''dx\right) + \sum_S \int_0^l \bar{M}_a\,\varkappa\,dx . \tag{29}$$

Nach partieller Integration des 2. Integralausdruckes, die hier im einzelnen nicht ausgeführt werden soll, ergibt sich schließlich

$$w = \sum_S \bar{N}\left(\int_0^l \varepsilon\,dx - \frac{1}{2}\int_0^l y'^2\,dx\right) + \sum_S \int_0^l \bar{M}_a\,\varkappa\,dx \tag{3o}$$

Diese Form des Prinzips unterscheidet sich von der üblichen baustatischen Form nur noch durch das 2. Integral als Zusatzglied. Die Formel zeigt, daß die veränderliche Systemgeometrie einfach dadurch berücksichtigt werden kann, daß man den Ausdruck $1/2\;y'^2$ als zusätzliche negative Längsdehnung überlagert. Dies ist auch anschaulich verständlich, denn der Wert $1/2\;y'^2 dx$ gibt die Annäherung der Endpunkte des Elements dx durch die Ausbiegung y an.

Für den praktischen Gebrauch kann nun alternativ Formel (19) oder (3o) angewendet werden, der Rechenaufwand dürfte in beiden Fällen etwa gleich sein, die Ergebnisse stimmen genau überein. Diese Aussagen treffen jedoch nur zu, wenn die Voraussetzung dieses Abschnittes erfüllt ist, wenn also $\bar{N}(\mu)$ konstant ist. Andernfalls darf nur Gl.(19) verwendet werden, die im allgemeinen Fall dann eine Näherungslösung darstellt.

Abschließend sei bemerkt, daß Gl.(3o) - und erst recht natürlich die allgemeinere Gl.(19) - auch noch für Stäbe mit kleiner Vorverformung anwendbar sind. Es ist dann jedoch zu beachten, daß die Funktionen y' und $\varkappa$ nur den eigentlichen Verformungsanteil ohne Vorverformung darstellen.

5. Beispiele

5.1 Beispiel mit $\bar{N}(\mu)$ = konstant über Verformungsverlauf

Ein Balken auf 2 Stützen hat im spannungslosen Zustand eine parabolische Überhöhung mit dem Stich f_o (Abb. 5a). Für die Gleichstreckenlast q ist der horizontale Verschiebungsweg w des rechten Auflagers zu bestimmen, das von der Stabachse den Abstand e (= halbe Balkendicke) hat. Es wird das in Abb. 5b dargestellte idealisierte System betrachtet.

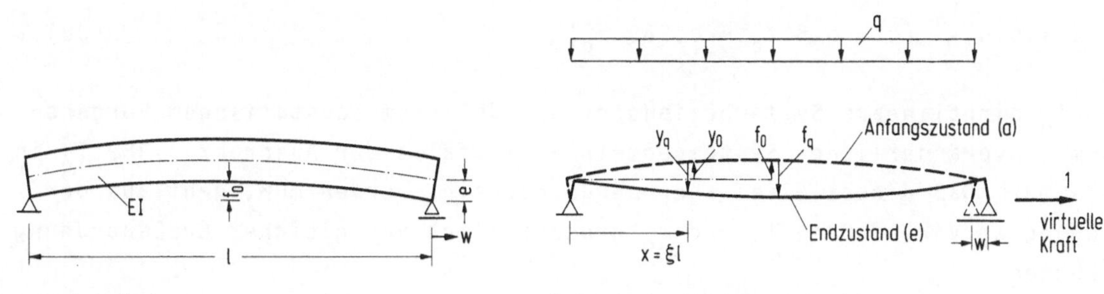

Abb. 5 Beispiel mit $\bar{N}(\mu)$ = konst.

Die Biegelinie des unbelasteten Stabes ist

$$y_o = f_o\, 4(\xi - \xi^2). \tag{31}$$

Aus der Gleichstreckenlast q ergibt sich die Momentenlinie

$$M = \max M\, 4(\xi - \xi^2) \qquad \text{mit } \max M = \frac{1}{8}\, q\, l^2 \tag{32}$$

und die Biegelinie

$$y_q = f_q\, 3{,}2(\xi - 2\xi^3 + \xi^4) \quad \text{mit } f_q = \frac{\max M\, l^2}{9{,}6\, EI}. \tag{33}$$

a) <u>Lösung mit Hilfe von Gl.(3o)</u>

Gl.(3o) lautet hier mit $\varepsilon = 0$, $y' = y'_q$ und $\varkappa = M/EI$

$$w = -\frac{1}{2}\, \bar{N} \int_o^l y_q'^2\, dx + \int_o^l \bar{M}_a\, \frac{M}{EI}\, dx. \tag{34}$$

Als virtuelle Schnittgrößen sind vorhanden (vgl. Abb. 5b)

$$\bar{N} = 1 \tag{35}$$

$$\bar{M}_a = e + y_o = e + f_o\, 4\,(\xi - \xi^2). \tag{36}$$

Weiterhin ergibt sich aus Gl.(33)

$$y'_q = \frac{f_q}{l}\, 3{,}2\,(1 - 6\xi^2 + 4\xi^3). \tag{37}$$

Nach Einführung der Gln.(35), (36), (37) und (32) in Gl.(34) und Integration erhält man

$$w = 6{,}4 \frac{f_q}{l} (e + o{,}8\ f_o - o{,}389\ f_q), \tag{38}$$

die in f_q nichtlineare Systembeziehung. Bei üblichem baustatischem Vorgehen (Annahme unveränderlicher Systemgeometrie) entfällt der Ausdruck o,389 f_q in der Klammer. Daß dieses Glied aber berücksichtigt werden muß, geht aus der Überlegung hervor, daß e, f_o und f_q grundsätzlich von gleicher Größenordnung sein können.

b) Lösung mit Hilfe von Gl.(19)

Die Verschiebungsberechnung kann ebenso gut und etwa mit gleichem Aufwand nach Gl.(19) und der hier genau geltenden zweiten Gl.(2o) durchgeführt werden. Sie lauten mit $\varepsilon = 0$

$$w = \int_o^l \bar{M}_m \frac{M}{EI}\, dx \tag{39}$$

$$\bar{M}_m = \frac{1}{2} (\bar{M}_a + \bar{M}_e). \tag{4o}$$

Für die Ausgangslage gilt unverändert Gl.(36) und für die Endlage

$$\bar{M}_e = e + y_o - y_q. \tag{41}$$

Somit ist

$$\bar{M}_m = e + y_o - \frac{1}{2} y_q. \tag{42}$$

Nach Einsetzen der Funktionen y_o, y_q, $\bar{M}_m$ und M sowie Integration erhält man aus Gl.(39) wieder genau das gleiche Ergebnis wie nach der 1. Rechnung unter a).

5.2 Beispiel mit $\bar{N}(\mu)$ = veränderlich über Verformungsverlauf

Gegeben ist das in Abb. 6a dargestellte System, wobei die horizontale Länge e klein ist im Verhältnis zur Höhe h. Es ist die Horizontalverschiebung w des oberen Auflagers für den Fall zu bestimmen, daß die rechte Faser des Stiels über die ganze Höhe h um Δt erwärmt wird und die Temperaturänderung über die Stieldicke d nach links linear auf Null abnimmt.

Die Stabdehnung beträgt (Erwärmung der Mittelfaser = $\frac{1}{2}\,\Delta t$)

$$\varepsilon = \frac{1}{2}\,\Delta t\,\alpha_{th} \tag{43}$$

und die Stabkrümmung aufgrund des Temperaturgefälles Δt

$$\varkappa = \frac{\Delta t\,\alpha_{th}}{d}\,. \tag{44}$$

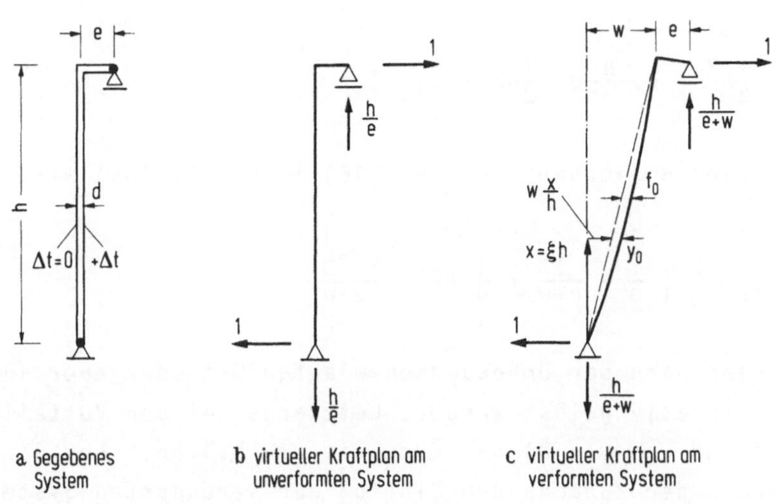

Abb. 6 Beispiel mit $\bar{N}(\mu)$ = veränderlich

Aufgrund des kleinen Verhältnisses e/h ist die Veränderlichkeit der Systemgeometrie zu berücksichtigen. Die Berechnung der Verschiebung w muß hier wegen $\bar{N}(\mu)$ = veränderlich nach Gl.(19) erfolgen, wobei die Näherungsbeziehungen (2o) angewandt werden. Da $\varepsilon(x)$ und $\varkappa(x)$ konstant sind, gilt

$$w = \bar{N}_m\,\varepsilon\,h + \varkappa \int_o^h \bar{M}_m\,dx\,. \tag{45}$$

Die virtuellen Schnittgrößen ergeben sich aus Abb. 6b und c

$$\bar{N}_m = \frac{1}{2}\,(\bar{N}_a + \bar{N}_e) = \frac{1}{2}\,\left(\frac{h}{e} + \frac{h}{e+w}\right) \tag{46}$$

$$\bar{M}_m = \frac{1}{2}\,(\bar{M}_a + \bar{M}_e) \tag{47}$$

mit

$$\bar{M}_a = x \tag{48}$$

$$\bar{M}_e = x - \frac{h}{e+w}\,\left(w\,\frac{x}{h} + y_o\right), \tag{49}$$

wobei y_o die aus der konstanten Krümmung $\varkappa$ durch zweimalige Integration hervorgehende Biegelinie des Balkens auf 2 Stützen ist ($y'' = -\varkappa$)

$$y_o = f_o\, 4(\xi - \xi^2) \text{ mit } f_o = \frac{1}{8}\varkappa h^2. \qquad (5o)$$

Damit erhält man

$$\bar{M}_m = \frac{1}{2}\left[x + x - \frac{h}{e+w}\left(w\frac{x}{h}+y_o\right)\right] = x - \frac{h}{2(e+w)}\left(w\frac{x}{h}+y_o\right) \qquad (51)$$

und

$$\int_o^h \bar{M}_m\, dx = \frac{1}{2}h^2 - \frac{h}{2(e+w)}\left(\frac{1}{2}wh + \frac{2}{3}f_o h\right). \qquad (52)$$

Nach Einsetzen dieser Beziehung sowie Gl.(46) in Formel (45) wird

$$w = \frac{1}{4}\,\Delta t\, \alpha_{th}\, h^2 \left[\frac{1}{e} + \frac{1}{e+w} + \frac{1}{d}\left(2 - \frac{w+\frac{4}{3}f_o}{e+w}\right)\right] \qquad (53)$$

Diese Gleichung kann nach der Unbekannten w aufgelöst oder aber in der angeschriebenen Form iterativ gelöst werden. Letzteres hat den Vorteil, daß man im 1. Schritt (ausgehend von $w = 0$) das Ergebnis wie bei üblicher linearer Berechnung erhält, während der Zuwachs den Einfluß der veränderten Systemgeometrie darstellt.

Die Auswertung soll nun für folgende Zahlenwerte vorgenommen werden: $e/h = 1/2o$; $\Delta t = 4o^oC$; $\alpha_{th} = 1{,}2\cdot 1o^{-5}/^oC$; $d = e/4 = h/8o$. Damit wird

$$f_o = \frac{1}{8}\,\frac{\Delta t\ \alpha_{th}}{d}\, h^2 = o{,}oo48\ h$$

und schließlich

$$w = o{,}o197\ h.$$

Die genaue Rechnung ergibt $w = o{,}o191\ h$, d.h. das Näherungsergebnis ist 3% zu groß. Nach der üblichen Form des Prinzips der virtuellen Kräfte würde man $w = o{,}o228\ h$ erhalten (= Ergebnis nach 1. Iterationsschritt), somit einen um 19% zu hohen Wert.

6. Zusammenfassung

Bei Linearität aller maßgebenden Beziehungen besteht vollständige Analogie zwischen dem Prinzip der virtuellen Verrückungen und dem Prinzip der virtuellen Kräfte. Während jedoch bei nichtlinearer Gleichgewichtsbeziehung (Theorie II.

Ordnung) das Verschiebungsprinzip noch uneingeschränkt anwendbar ist, verliert das Kraftprinzip (in der bekannten Form) bei nichtlinearer Systembeziehung seine Gültigkeit.

Es ist das Ziel des vorliegenden Beitrages, zunächst den wesentlichen Unterschied der beiden Prinzipien im nichtlinearen Bereich anschaulich zu begründen und dann eine erweiterte Formulierung des Prinzips der virtuellen Kräfte mit gleichfalls uneingeschränktem Gültigkeitsbereich anzugeben. Wie sich zeigt, macht diese Formulierung eine zusätzliche Integration über den Verformungsvorgang erforderlich. Es gelingt jedoch, eine Schreibweise zu finden, die formal mit den bereits bekannten Formeln übereinstimmt. Der Unterschied besteht nur noch darin, daß beim erweiterten Prinzip als virtuelle Schnittgrößen die über den Verformungsweg integrierten Mittelwerte einzusetzen sind. Als eine einfache und meist ausreichend genaue Näherung kann hierzu das arithmetische Mittel aus den virtuellen Schnittgrößen des Anfangszustandes (a) und des Endzustandes (e) verwendet werden. Für den praktisch häufigen Fall (über den Verformungsverlauf) konstanter virtueller Normalkräfte und linear veränderlicher virtueller Biegemomente trifft dieser Näherungsansatz sogar genau zu. In diesem Sonderfall läßt sich außerdem eine weitere, mechanisch besonders anschauliche Fassung des verallgemeinerten Prinzips der virtuellen Kräfte angeben.

Selbstverständlich ist, wie stets bei nichtlinearem Verhalten, das Superpositionsgesetz nicht mehr gültig.

Literatur

(1) Hawranek, A. und O. Steinhardt: Theorie und Berechnung der Stahlbrücken. S. 23 ff. Berlin/Göttingen/Heidelberg 1958.

(2) Steinhardt, O.: Über die Anwendung der Energie-Methode auf Stabwerke. Aus Theorie und Praxis des Stahlbetonbaues. Festschrift zum 65. Geburtstag von Prof. Dr.-Ing. G. Franz, Karlsruhe. Berlin/München 1969.

(3) Rubin, H.: Deutung und Abgrenzung der wichtigsten Grundgesetze der Mechanik anhand der Vierquadrantendarstellung. Angewandte Forschung im Stahl-, Leichtmetall-, Holz und Steinbau. Sammelband der Versuchsanstalt für Stahl, Holz und Steine der Universität Karlsruhe anläßlich des 6o. Geburtstages von Prof. Steinhardt, Karlsruhe 1969.

Methoden und Kriterien für eine wirtschaftliche Bemessung von Stahlrahmen bei Anwendung des Traglastverfahrens

U. VOGEL, Karlsruhe

1. Einführung

Die vom Deutschen Ausschuß für Stahlbau herausgegebenen "Richtlinien zur Anwendung des Traglastverfahrens im Stahlbau" (Lit. 1) gestatten für ein- und zweigeschossige Rahmen folgenden Doppelnachweis:

a) Berechnung der Traglast aus der Fließgelenkkette nach Theorie I. Ordnung,
b) zusätzlicher Stabilitätsnachweis für die auf Druck und Biegung beanspruchten Rahmenstäbe nach Abschnitt 7.3 der Richtlinien.

In den Erläuterungen zu den DASt-Richtlinien wird darauf hingewiesen, daß die Anwendung der Näherungsformeln in manchen Fällen zu unwirtschaftlichen Ergebnissen führt. Dies wird auch durch Untersuchungen von Rubin (Lit. 2) - insbesondere für seitenverschiebliche Rahmen - bestätigt. In "Zweifelsfällen" wird daher eine genauere Berechnung nach Theorie II. Ordnung empfohlen. Hierfür eignet sich z.B. das in (Lit. 3) entwickelte Verfahren, dessen Konvergenz durch eine von Kärcher (Lit. 4) angegebene Rechenvorschrift erheblich verbessert werden kann. Mit diesem Verfahren ermittelt man unter Berücksichtigung des Einflusses der Verformungen auf das Kräftegleichgewicht die plastische Grenzlast P_g, d.h. diejenige Laststufe, bei der das System durch Bildung einer Fließgelenkkette kinematisch wird. Die Ausbreitung teilplastischer Zonen neben den örtlich konzentriert angenommenen Fließgelenken wird dabei vernachlässigt. Eine vereinfachte Berechnung des Fließgelenksystems nach Theorie II. Ordnung stellt das "Q_Δ-Verfahren" (Lit. 2) dar, das mit ausreichender Genauigkeit - bei Vermeidung transzendenter Funktionen - die plastische Grenzlast mit geringerem Rechenaufwand liefert.

In einer großen Anzahl von im Stahlhochbau praktisch vorkommenden Fällen wird - wenn örtliche Instabilitäten ausgeschlossen sind - die Traglast P_T (das ist die höchste vom Tragwerk getragene Last) durch die plastische Grenzlast nach Theorie II. Ordnung mit guter Näherung beschrieben.

Beitrag in "Theorie und Berechnung von Tragwerken", Springer-Verlag 1974, von Prof. Dr.-Ing. U. Vogel, Institut für Baustatik, Universität (TH) Karlsruhe

Bei hohen Normalkräften - insbesondere in den Stützen von Rahmen - kann jedoch auch die plastische Grenzlast nach Theorie II. Ordnung noch zu ungünstige, d.h. zu unwirtschaftliche Ergebnisse liefern (Lit. 2, 3, 5). Dann sollte die Traglast genauer bestimmt werden.

Es ist das Ziel dieses Aufsatzes, Kriterien zum Erkennen solcher Tragwerke zu entwickeln und Hinweise zu geben, durch welche Art des Nachweises eine wirtschaftlichere Bemessung erfolgen kann.

Dazu müssen zunächst einige charakteristische Eigenschaften der möglichen Last-Verformungs-Beziehungen von Rahmen aus Baustahl diskutiert werden.

2. Allgemeine Möglichkeiten für Last-Verformungs-Beziehungen

Den folgenden Betrachtungen wird ein n-fach statisch unbestimmter Rahmen zugrundegelegt. Die plastische Grenzlast ist erreicht, wenn sich n+1 Fließgelenke gebildet haben. Je nach Geometrie, Steifigkeits- und Lastverhältnissen gibt es grundsätzlich drei Möglichkeiten für die Last-Verformungs-Beziehungen solch eines Rahmens. Diese drei Möglichkeiten sind in Abb. 1 für das Beispiel eines eingespannten Portalrahmen charakterisiert (s.a. Lit. 6).

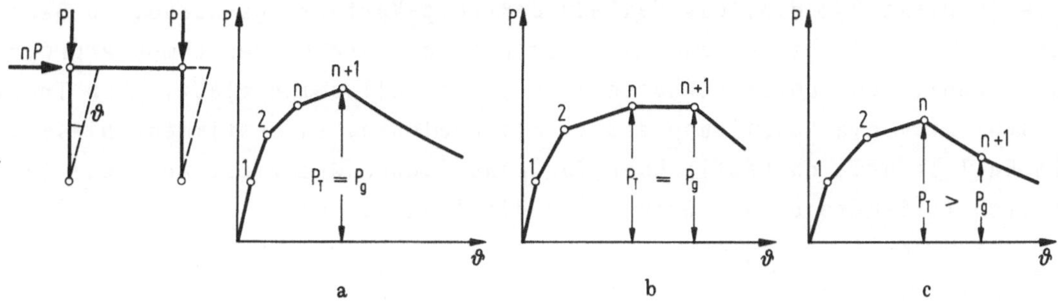

Abb. 1 Charakteristische Last-Verformungs-Beziehungen von Rahmen

Abb. 1a: Das letzte Fließgelenk bildet sich im Maximum der Lastverformungskurve. Die Traglast ist gleich der plastischen Grenzlast. Bis zum Erreichen dieser Last besteht stets stabiles Gleichgewicht.

Abb. 1b: Die Traglast wird bereits bei Ausbildung des vorletzten Fließgelenkes erreicht. Das Gleichgewicht wird jedoch an dieser Stelle indifferent, so daß sich bei Vergrößerung der Verformung das zur plastischen Grenzlast gehörige letzte Fließgelenk bei der gleichen Laststufe ausbildet.

Abb. 1c: Die plastische Grenzlast liegt bereits im instabilen Bereich auf dem abfallenden Ast der Last-Verformungs-Kurve. Die Traglast wird bei einer höheren Laststufe erreicht, ohne daß sich bereits genügend Fließgelenke gebildet haben, um eine kinematische Kette entstehen zu lassen. P_T muß hier nicht zum vorletzten Gelenk gehören; es kann ebenso das erste oder ein dazwischen liegendes sein. (Auch ist es möglich, daß vor Ausbildung des letzten Fließgelenks zwei Fließgelenke - ähnlich wie in Abb. 1b - auf gleicher Höhe liegen, so daß bei Erreichen der Traglast in einem be grenzten Verformungsbereich zunächst noch indifferentes Gleichgewicht herrscht).

In den Fällen 1a und 1b stellt die plastische Grenzlast nach der Fließgelenktheorie II. Ordnung eine sehr gute Näherung für die genaue Traglast des Systems dar, die unter Berücksichtigung der Ausbreitung teilplastischer Zonen neben den Fließgelenken, bzw. des exakten Krümmungsverlaufes im elastisch-plastischen Bereich, berechnet werden müßte.

Liegt jedoch der Fall 1c vor, so kann die Abweichung zwischen der plastischen Grenzlast und der Traglast so groß sein, daß eine Dimensionierung aufgrund der plastischen Grenzlast unwirtschaftlich wird. Es ist daher wünschenswert, diesen Fall erkennen zu können, ohne das gesamte Lastverformungsdiagramm schrittweise durchrechnen zu müssen.

Ein Kriterium hierfür wird im folgenden Abschnitt aufgestellt. Findet man mit Hilfe dieses Kriteriums, daß der Fall 1c vorliegt, so empfiehlt es sich, entweder die Traglast P_T, d.h. das Maximum der Last-Verformungs-Kurve, zu berechnen, oder - falls dies zu mühsam ist oder kein entsprechendes Computerprogramm vorliegt - wenigstens unter Voraussetzung eines vollkommen elastischen Tragwerks die Laststufe für die Ausbildung des 1. Fließgelenkes zu bestimmen. Diese Last liegt im Fall 1c nämlich häufig über der plastischen Grenzlast und stellt dann eine wirtschaftlichere untere Grenze für die Traglast dar.

3. Kriterium für die Brauchbarkeit der plastischen Grenzlast nach Theorie II. Ordnung als Näherung für die Traglast

3.1 Aufstellen des Kriteriums

Durch den abfallenden Ast der Last-Verformungs-Kurve in Abb. 1c werden instabile Gleichgewichtszustände beschrieben. Verwendet man für die Berechnung des Systems die Deformationsmethode mit den Stab- und Knotendrehwinkeln als Unbekannte, so äußert sich die mechanische Tatsache der Instabilität mathematisch durch einen negativen Wert der Nennerdeterminate des Gleichungssystems für diese Verformungsgrößen (Lit. 5). Legt man das homogene Gleichungssystem zugrunde, d.h. betrachtet man das lediglich mit den zugehörigen Stabnormalkräften beanspruchte System, so bedeutet dies auch, daß die ideale Knicklast P_{Ki}^{TG} des "Traglast-Gelenksystems" kleiner als die plastische Grenzlast sowie alle zwischen der Traglast und der plastischen Grenzlast liegenden Laststufen sein muß (Lit. 7). Unter dem Traglast-Gelenksystem wird dasjenige statische System verstanden, das an allen im Traglastzustand vorhandenen Fließgelenkstellen reibungslose Gelenke besitzt.

Berücksichtigt man ferner, daß im Falle $P_g < P_T$ die Knicklast $P_{Ki}^n \leq P_{Ki}^{TG}$ ist, wobei P_{Ki}^n gleich der Knicklast desjenigen Systems ist, bei dem sich n Fließgelenke, d.h. alle bis auf das letzte, gebildet haben, so läßt sich das folgende Kriterium für die Brauchbarkeit der plastischen Grenzlast nach Theorie II. Ordnung als Näherung für die Traglast angeben:

Gilt für die unter der Voraussetzung örtlich konzentrierter Fließgelenke nach der Theorie II. Ordnung berechnete plastische Grenzlast

$$P_g \leq P_{Ki}^n, \tag{1}$$

so ist $P_g = P_T$ und stellt damit einen guten Näherungswert für die tatsächliche Traglast dar.

Ist die Bedingungen (1) nicht erfüllt, d.h. gilt $P_g > P_{Ki}^n$, so kann P_g soweit auf der sicheren Seite liegen, daß die Dimensionierung unwirtschaftlich ist. Es empfiehlt sich dann eine genauere Untersuchung.

Die Knicklast P_{Ki}^n ist für das statische System zu ermitteln, bei dem an sämtlichen Fließgelenken, bis auf das sich zuletzt bildende, reibungslose Gelenke vorhanden sind und bei dem nur die Stabnormalkräfte des zugehörigen Grenzlastzustandes einzusetzen sind. Dieses System ist für die Verformungsberechnung nach Theorie II. Ordnung ohnehin zu untersuchen, und damit ist auch der Ort des letzten Fließgelenks bekannt.

3.2 Weitere Schlußfolgerungen

Aus den Abschnitten 2 und 3 - insbesondere aus den Bildern 1a bis 1c - geht folgende Erweiterung des bekannten "statischen Satzes" (Lit. 8) hervor.

Eine nach Theorie II. Ordnung berechnete Laststufe P_{Gi}, die zu einem im Gleichgewicht befindlichen System mit beliebig vielen ($i \leq n + 1$) Fließgelenken gehört, stellt stets eine untere Schranke für die Traglast P_T dar. $$P_{Gi} \leq P_T$$ Der Gleichgewichtszustand muß nicht stabil sein.	(2)

Vorausgesetzt ist dabei, daß die Fließgelenke des n-fach statisch unbestimmten Systems als örtlich konzentriert angenommen werden können (d.h. ein idealelastisch-idealplastisches Biegemomenten-Krümmungs-Gesetz angenommen wird), daß örtliche Instabilitäten - auch das Knicken einer Pendelstütze - ausgeschlossen sind und daß die Fließbedingungen $|M_i| \leq |M_{Pl,Ni}|$ eingehalten sind.

Das bedeutet, daß der Vorschlag von Uhlmann (Lit. 9), für die Berechnung von Rahmentragwerken im Stahlhochbau auch künftig nach DIN 4114, Ri 1o.2 zu verfahren, jedoch die Tragreserven bis zur Bildung des e r s t e n Fließgelenks auszuschöpfen, erweitert werden kann, indem man b e l i e b i g v i e l e Fließgelenke zuläßt. Es bleibt dann dem Bearbeiter überlassen, welchen Arbeitsaufwand er treiben will. Während die Laststufen für das 1. und das letzte Fließgelenk relativ einfach zu ermitteln sind, steigt für die Zwischenzustände - insbesondere für die Berechnung von P_T - bei vielen Fließgelenken der Rechenaufwand erheblich an. Allerdings gibt es auch hierfür bereits leistungsfähige Computerprogramme (z.B. Lit. 1o).

4. Beispiel

Anhand des folgenden Beispiels sollen die in den Abschnitten 1 bis 3 erörterten Gedanken und Schlußfolgerungen veranschaulicht und gleichzeitig einige praktische Hinweise auf die Berechnung nach verschiedenen Methoden gegeben werden.

4.1 System und Belastung

Es wird ein Zweigelenkrahmen mit den allgemeinen Bezeichnungen nach Abb. 2 untersucht.

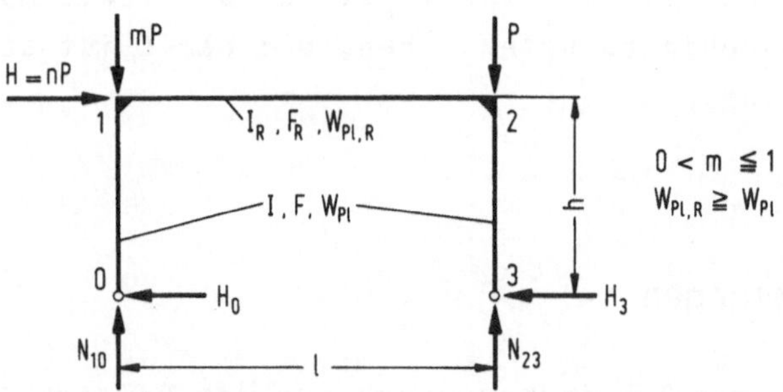

Abb. 2 System und Bezeichnungen

Diese Bezeichnungen werden für die Entwicklung allgemein gültiger Beziehungen für verschiedene Grenzlasten und Verformungen verwendet.

Für die Zahlenrechnung werden anschließend folgende Größen eingeführt:

$m = 1$

$0{,}01 \leq n \leq 1$

$h = 5{,}00$ m

$l = 4{,}00$ m

Riegel u. Stiel: IPB 300

mit $F = 149{,}0$ cm^2, $I = 25\,170{,}0$ cm^4, $W_{Pl} = 1\,864{,}8$ cm^3

Stahl St 52 mit $\sigma_F = 3{,}6$ Mp/cm^2

Dieser Rahmen wurde auch von Klöppel/Uhlmann (Lit. 11) - allerdings mit St 37 - untersucht.

4.2 Ermittlung der plastischen Grenzlast nach Theorie II. Ordnung

Da bei dem in Abb. 2 angegebenen Belastungsbild im elastischen Bereich in der Ecke 2 das größte Biegemoment auftritt, wird sich dort das 1. Fließgelenk ausbilden. Das letzte Fließgelenk entsteht also in der Ecke 1 (im Stiel), so daß dort im Augenblick der Ausbildung der kinematischen Kette, d.h. bei Erreichen der plastischen Grenzlast, gerade noch Kontinuität herrscht.

Die Verformungsfigur in diesem Zustand ist in Abb. 3 dargestellt.

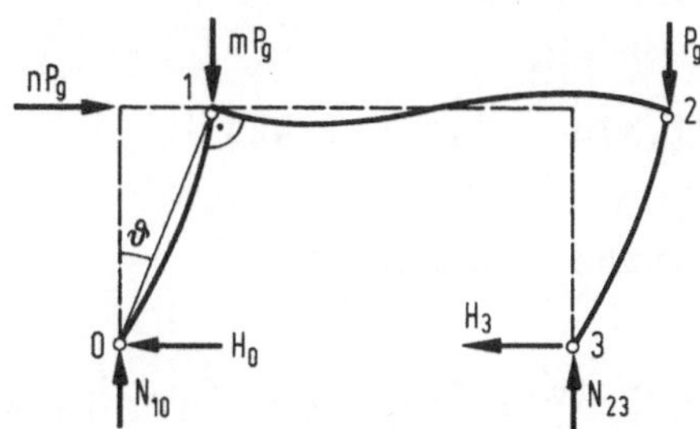

Abb. 3 Verformtes System beim Erreichen von Pg

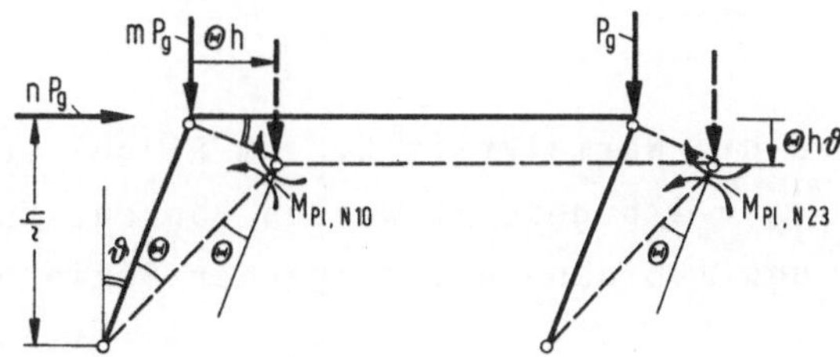

Abb. 4 Virtuelle Verschiebungen des verformten Systems unter P_g

Erteilt man diesem verformten System eine virtuelle Verschiebung entsprechend Abb. 4, so erhält man mit dem Prinzip der virtuellen Verschiebungen

$$P_g\ (1 + m)\ \Theta\vartheta h + n\ P_g\ \Theta h = (M_{Pl,N1o} + M_{Pl,N23})\ \Theta .$$

Daraus folgt die Beziehung für die plastische Grenzlast nach Theorie II. Ordnung zu

$$P_g = \frac{M_{Pl,N1o} + M_{Pl,N23}}{[(1 + m)\,\vartheta + n]\cdot h}\ . \qquad (3)$$

In dieser Gleichung sind noch die Normalkräfte N_{1o} und N_{23} sowie der Stabdrehwinkel ϑ unbekannt.

Für die Normalkräfte erhält man aus den Gleichgewichtsbedingungen $\Sigma M_3 = 0$ und $\Sigma M_0 = 0$ (s. Abb. 3)

$$N_{1o} = \frac{P_g}{l}\ [m\ (1 - \vartheta h)\ - \vartheta h\ -\ nh] \qquad (4a)$$

$$N_{23} = \frac{P_g}{l}\ [(1 + \vartheta h) + m\vartheta h + nh]\ . \qquad (4b)$$

Aus der Kontinuitätsbedingung $\varphi_{1o} = \varphi_{12}$ am Ort des letzten Fließgelenks ergibt sich mit den Stabenddrehwinkeln

$$\varphi_{1o} = \vartheta - \frac{h}{EI}\,\alpha'_{1o}\,M_{Pl,N1o}$$

und

$$\varphi_{12} = 0 + \frac{l}{EI_R}\,[\alpha'_{12}\,M_{Pl,N1o} - \beta'_{12}\,M_{Pl,N23}]$$

folgende Beziehung für den Stabdrehwinkel ϑ

$$\vartheta = \frac{h}{EI}\,\alpha'_{1o}\,M_{Pl,N1o} + \frac{l}{EI_R}\,(\alpha'_{12}\,M_{Pl,N1o} - \beta'_{12}\,M_{Pl,N23}), \qquad (5)$$

wobei α'_{ik} und β'_{ik} die von den entspr. Stabkennzahlen $\varepsilon_{ik} = l_i\sqrt{N_{ik}/EI}$ abhängigen Hilfswerte nach (Lit. 12) sind.

In den meisten Fällen wird die Normalkraft N_{12} im Riegel vernachlässigbar sein und damit $\alpha'_{12} \approx 1/3$ und $\beta'_{12} \approx 1/6$ gesetzt werden können. Für den allgemeinen Fall wird jedoch N_{12} benötigt und muß dann aus folgender Beziehung errechnet werden

$$N_{12} = H_3 = \frac{M_{Pl,N23}}{h} - N_{23}\vartheta . \qquad (6)$$

Mit Hilfe der Gleichungen (3) bis (6) können iterativ die plastische Grenzlast, der Stabdrehwinkel ϑ und sämtliche Schnittkräfte im Grenzlastzustand bestimmt werden. Bei großen Stabnormalkräften kann jedoch die Konvergenz dieser Iteration sehr schlecht sein. Es wird daher das in (Lit. 4) abgeleitete Verfahren zur Konvergenzverbesserung verwendet. Dazu werden Gl. (3) in (4a) und (4b) eingesetzt, die neuen Gleichungen nach N_i aufgelöst und die Iteration für ϑ durchgeführt.

Setzt man zunächst Gl.(3) in die Gln.(4a) und (4b) ein, so erhält man

$$N_{1o} = \frac{M_{Pl,N1o} + M_{Pl,N23}}{[(1+m)\vartheta + n]\, h\, l}\,[m(l - \vartheta h) - \vartheta h - nh] \tag{7a}$$

$$N_{23} = \frac{M_{Pl,N1o} + M_{Pl,N23}}{[(1+m)\vartheta + n]\, h\, l}\,[(l+\vartheta h) + m\vartheta h + nh]. \tag{7b}$$

Mit Gleichung (4) aus Lit. 1 gilt für die vollplastischen Momente in den beiden gleich ausgeführten Stielen

$$M_{Pl,Nik} = M_{Plik} \qquad \text{für} \quad \frac{|N_{ik}|}{N_{Plik}} \leq 0{,}091 \tag{8a}$$

$$M_{Pl,Nik} = M_{Plik}\, 1{,}1\,\left(1 - \frac{|N_{ik}|}{N_{Plik}}\right) \qquad \text{für} \quad \frac{|N_{ik}|}{N_{Plik}} > 0{,}091\,. \tag{8b}$$

Setzt man (8a) bzw. (8b) in (7a) und (7b) ein, so erhält man zwei lineare Gleichungen für N_{1o} und N_{23}, deren Auflösung zu folgendem Ergebnis führt

$$\left.\begin{aligned} N_{1o} &= \frac{2N_{Pl}\; c\; d_{1o}}{\pm(1+c\; d_{23}) + c\; d_{1o}} \qquad (9a)\\ N_{23} &= \pm\frac{2N_{Pl}\; c\; d_{23}}{\pm(1+c\; d_{23}) + c\; d_{1o}} \qquad (9b)\end{aligned}\right\} \quad \text{für} \quad \frac{|N_{ik}|}{N_{Pl}} > 0{,}091$$

bzw.

$$N_{1o} = \pm\,\frac{N_{Pl}\,(c_{1o} + c_{23})\; d_{1o}}{1 + c_{23}\; d_{23}} \qquad \text{für} \quad \frac{|N_{1o}|}{N_{Pl}} \leq 0{,}091 \tag{9c}$$

$$N_{23} = \frac{N_{Pl}\,(c_{1o} + c_{23})\; d_{23}}{1 + c_{23}\; d_{23}} \qquad \text{und} \quad \frac{|N_{23}|}{N_{Pl}} > 0{,}091 \tag{9d}$$

mit den Abkürzungen

$$c = c_{23} = \frac{1{,}1\; M_{Pl}}{N_{Pl}\;[(m+1)\vartheta+n]\;\; h\; l}$$

$$c_{1o} = \frac{M_{Pl}}{N_{Pl}\;[(m+1)\vartheta+n]\; h\; l}$$

$$d_{1o} = [m\ (1-\vartheta h)-\vartheta h\ -\ nh]$$

$$d_{23} = [(1 + \vartheta h) + m\vartheta h + nh].$$

Das Ergebnis für N_{ik} muß stets positiv sein. Wenn N_{1o} eine Zugkraft ist, gilt an den Stellen des Doppelzeichens -, sonst + .
N_{23} ist nach Abb. 2 stets eine Druckkraft.

Der praktische Rechnungsgang läuft für bestimmte Zahlen wie folgt ab:

1. Annahme für ϑ,
2. Berechnung von N_{ik} aus den Gleichungen (9),
3. Berechnung von ϑ aus (5),
4. Ggf. Wiederholung von 1. ÷ 3., bis gewünschte Genauigkeit für ϑ erreicht ist.

In der Regel genügen hierbei 2 bis 3 Iterationsschnitte.

4.3 Ermittlung der Laststufe P_{G1} für das 1. Fließgelenk nach Theorie II. Ordnung

Bis zum Erreichen dieser Laststufe kann wegen der Annahme örtlich konzentrierter Fließgelenke der Rahmen als vollkommen elastisch angesehen werden.

Es wird auch hier die Deformationsmethode verwendet, um später aus den aufgestellten Gleichungen die Knickbedingung zur Bestimmung von P^n_{Ki} für die Anwendung des Kriteriums (1) abzuleiten (s. Abschnitt 4.5).

Als Unbekannte werden jedoch nicht die Knotendrehwinkel, sondern die Biegemomente in den Rahmenecken neben dem Stieldrehwinkel eingeführt (s. Abb. 5).

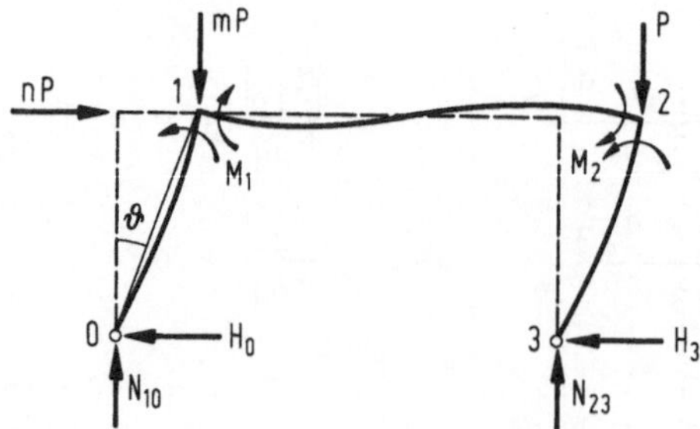

Abb. 5 Kräfte und Verformungen des elastischen Systems

Zwei Gleichungen für M_1 und M_2 erhält man aus den Kontinuitätsbedingungen

$$\varphi_{1o} = \varphi_{12} \quad \text{und} \quad \varphi_{21} = \varphi_{23}$$

mit

$$\varphi_{1o} = \vartheta - \frac{h}{EI}\,\alpha'_{1o}\,M_1$$

$$\varphi_{12} = 0 + \frac{1}{EI_R}\,(\alpha'_{12}\,M_1 - \beta'_{12}\,M_2)$$

$$\varphi_{21} = 0 + \frac{1}{EI_R}\,(\alpha'_{12}\,M_2 - \beta'_{12}\,M_1)$$

$$\varphi_{23} = \vartheta - \frac{h}{EI}\,\alpha'_{23}\,M_2$$

zu

$$-M_1\left(\frac{h}{EI}\alpha'_{1o} + \frac{1}{EI_R}\alpha'_{12}\right) + M_2\,\frac{1}{EI_R}\,\beta'_{12} + \vartheta = 0 \qquad (1oa)$$

$$+M_1\,\frac{1}{EI_R}\beta'_{12} - M_2\left(\frac{h}{EI}\alpha'_{23} + \frac{1}{EI_R}\alpha'_{12}\right) + \vartheta = 0\,. \qquad (1ob)$$

Eine dritte Gleichung für ϑ folgt aus der Gleichgewichtsbedingung

$$\Sigma H = 0 = nP - H_o - H_3$$

mit

$$H_o = \frac{M_1}{h} - N_{1o}\cdot\vartheta$$

und

$$H_3 = \frac{M_2}{h} - N_{23}\cdot\vartheta \quad (=N_{12})$$

zu

$$n\cdot P - \frac{1}{h}\,(M_1 + M_2) + (N_{1o} + N_{23})\cdot\vartheta = 0\,.$$

Berücksichtigt man ferner, daß wegen $\Sigma V = 0$ $N_{1o} + N_{23} = (1+m)\cdot P$ ist, so erhält man

$$n\cdot P - \frac{1}{h}(M_1 + M_2) + (1 + m)\cdot P\cdot\vartheta = 0\,.$$

Die Gleichungen (1oa), (1ob) und (1oc) lassen sich zu der Matrizengleichung (11) zusammenfassen

$$\begin{bmatrix} -\left(\frac{h}{EI}\alpha'_{1o} + \frac{1}{EI_R}\alpha'_{12}\right) & +\frac{1}{EI_R}\beta'_{12} & +1 \\ +\frac{1}{EI_R}\beta'_{12} & -\left(\frac{h}{EI}\alpha'_{23} + \frac{1}{EI_R}\alpha'_{12}\right) & +1 \\ +\frac{1}{h} & +\frac{1}{h} & -(1+m)\,P \end{bmatrix} \cdot \begin{bmatrix} M_1 \\ M_2 \\ \vartheta \end{bmatrix} = \begin{bmatrix} 0 \\ 0 \\ n\,P \end{bmatrix}. \qquad (11)$$

Aus (11) können M_1, M_2 und ϑ für bestimmte Werte von P berechnet werden, wobei jedoch für die Ermittlung der Hilfszahlen α' und β' die Normalkräfte zunächst zu schätzen sind. Für diese Normalkräfte gelten die Gleichungen (4a) und (4b) mit P statt P_g und (6) mit M_2 statt $M_{Pl,N23}$.

Die Laststufe P_{G1} für die Ausbildung des 1. Fließgelenks an der Stelle 2 ist erreicht, wenn die Bedingung

$$M_2 = M_{Pl,N23} = 1{,}1\ M_{Pl,23}\ (1 - \frac{|N_{23}|}{N_{Pl}}) \qquad (12)$$

erfüllt ist. Dieser Wert muß ebenfalls iterativ ermittelt werden.

4.4 Ermittlung der elastischen Grenzlast P_F nach Theorie II. Ordnung

Es kann auch hier die für den gesamten elastischen Bereich gültige Gleichung (11) verwendet werden. Die Bedingungen für das Erreichen der elastischen Grenzlast P_F, d.h. für das Erreichen der Fließgrenze an der am höchsten beanspruchten Stelle 2 im Stiel lautet:

$$\frac{M_2}{W} + \frac{N_{23}}{F} = \sigma_F \, .$$

4.5 Aufstellen der Knickbedingungen für das System mit n = 1 Fließgelenken

Das zu untersuchende System ist in Abb. 6 skizziert:

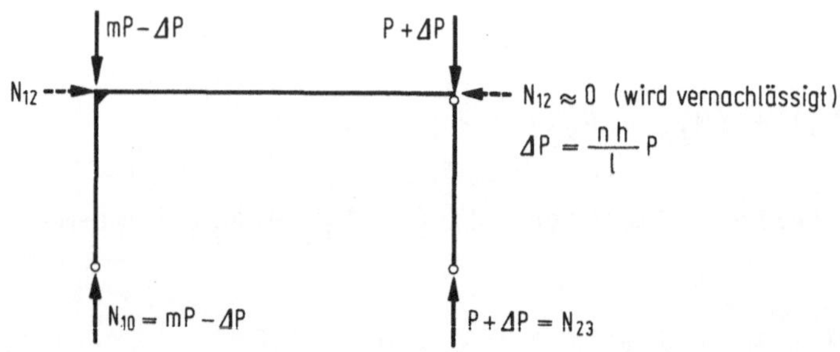

Abb. 6 Statisches System zur Ermittlung von P^n_{Ki}

Die Knickbedingung für dieses System folgt unmittelbar aus Gl. (11), indem die zweite Zeile, die aus der jetzt nicht mehr gültigen Kontinuitätsbedingung $\varphi_{21} = \varphi_{23}$ entstanden ist, und die zweite Spalte (wegen $M_2 = 0$ entsprechend Abb. 6) gestrichen werden und weiter die rechte Seite $H = n \cdot P = 0$ gesetzt wird.

(Analog kann man auch bei anderen statischen Systemen verfahren).

$$\begin{bmatrix} -(\frac{h}{EI}\alpha'_{1o} + \frac{1}{EI_R}\alpha'_{12}) & +1 \\ +\frac{1}{h} & -(1+m)\,P^n_{Ki} \end{bmatrix} \cdot \begin{bmatrix} M_1 \\ \vartheta \end{bmatrix} = \begin{bmatrix} 0 \\ 0 \end{bmatrix}. \tag{13}$$

Daraus folgt die Knickbedingung (mit $\alpha'_{12} = \frac{1}{3}$ wegen $N_{12} \simeq 0$)

$$(\frac{h}{EI}\alpha'_{1o} + \frac{1}{3EI_R})\,(m+1)\,P^n_{Ki} - \frac{1}{h} = 0. \tag{14}$$

Es ist jedoch auch zu überprüfen, ob der rechte Stiel nicht als Pendelstab vor Erreichen von P^n_{Ki} knickt. Es gilt hier wegen des beim Traglastverfahren vorausgesetzten idealelastisch-idealplastischen Spannungen-Dehnungs-Gesetzes

$$N_{23,Ki} = \frac{\pi^2 EI}{h^2} \quad \text{für} \quad N_{23,Ki} \leq F\sigma_F$$

$$N_{23,K} = F\sigma_F \quad \text{für} \quad N_{23,Ki} \geq F\sigma_F .$$

Sollte diese Knicklast kleiner werden als die sich aus (14) ergebende, so ist sie anstelle von P^n_{Ki} für das Kriterium (1) zu verwenden.

4.6 Das Gleichungssystem für die iterative Berechnung der plastischen Grenzlast nach dem Q_Δ-Verfahren (Lit. 2)

Mit

$$\bar{H} = H + Q_\Delta = n\,P_g + (\gamma_{1o}\,m\,P_g + \gamma_{23}\,P_g)\,\vartheta$$

$$\bar{H} = [n + (m\,\gamma_{1o} + \gamma_{23})\vartheta]\,P_g = \bar{n}\,P_g$$

erhält man das Gleichungssystem aus (3), (4a), (4b) und (5), indem man die Vereinfachungen der Theorie I. Ordnung ($\alpha'_{ik} = 1/3$, $\beta'_{ik} = 1/6$ und $\vartheta = 0$ in den Gleichgewichtsbedingungen) einführt, zu

$$P_g = \frac{M_{Pl,N1o} + M_{Pl,N23}}{\bar{n}\,h} \tag{$\bar{3}$}$$

$$N_{1o} = \frac{P_g}{l}\,(m\,l - \bar{n}\,h) \tag{$\bar{4}$a}$$

$$N_{23} = \frac{P_g}{l}\,(l + \bar{n}\,h) \tag{$\bar{4}$b}$$

$$\vartheta = \frac{h}{3EI}\,M_{Pl,N1o} + \frac{1}{6EI_R}\,(2\,M_{Pl,N1o} - M_{Pl,N23}). \tag{$\bar{5}$}$$

Hierin ist

$$\bar{n} = [n + (m\gamma_{1o} + \gamma_{23})\vartheta]$$

mit

$$\gamma_{1o} = 1 + \frac{1}{18o}\left(\frac{2M_{Pl,N1o}\ h}{EI\cdot\vartheta}\right)^2$$

$$\gamma_{23} = 1 + \frac{1}{18o}\left(\frac{2M_{Pl,N23}\ h}{EI\cdot\vartheta}\right)^2 .$$

Die Iteration läuft analog der Erläuterung von Abschnitt 4.2 ab.

4.7 Beispiel für die Zahlenrechnung

Mit den Zahlenwerten nach Abschnitt 4.1 wird der 1. Schritt für die iterative Berechnung der plastischen Grenzlast nach Abschnitt 4.2 für n = o,o1 vorgeführt.

Vorwerte:

$$N_{Pl} = 149{,}o\cdot 3{,}6 = 536{,}4 \text{ Mp}$$

$$M_{Pl} = 1864{,}8\cdot 3{,}6 = 6713{,}3 \text{ Mpcm}$$

1. Annahme: $\vartheta = o{,}o2oo$

$$c = \frac{1{,}1\cdot 6713{,}3}{536{,}4[(1+1)\cdot o{,}o2oo + o{,}o1]\cdot 4oo\cdot 5oo} = 1{,}3766\cdot 1o^{-3} \text{ cm}$$

$$d_{1o} = [1\cdot(4oo - o{,}o2oo\cdot 5oo) - o{,}o2oo\cdot 5oo - o{,}o1\cdot 5oo] = 375{,}o \text{ cm}$$

$$d_{23} = [(4oo + o{,}o2oo\cdot 5oo) + 1\cdot o{,}o2oo\cdot 5oo + o{,}o1\cdot 5oo] = 425{,}o \text{ cm}$$

$$N_{1o} = \frac{2\cdot 536{,}4\cdot 1{,}3766\cdot 375\cdot 1o^{-3}}{+(1+1{,}3766\cdot 425\cdot 1o^{-3}) + 1{,}3766\cdot 375\cdot 1o^{-3}} = 263{,}55 \text{ Mp}$$

$$N_{23} = \frac{2\cdot 536{,}4\cdot 1{,}3766\cdot 425\cdot 1o^{-3}}{+(1+1{,}3766\cdot 425\cdot 1o^{-3}) + 1{,}3766\cdot 375\cdot 1o^{-3}} = 298{,}68 \text{ Mp}$$

$$\chi_{1o} = 263{,}55/536{,}4 = o{,}4913 \rightarrow \psi_{1o} = 1{,}1\cdot(1 - o{,}4913) = o{,}5595$$

$$\chi_{23} = 298{,}68/536{,}4 = o{,}5568 \rightarrow \psi_{23} = 1{,}1\cdot(1 - o{,}5568) = o{,}4875$$

$$\varepsilon_{1o} = 5oo\cdot\sqrt{263{,}55/21oo\cdot 2517o} = 1{,}118 \rightarrow \alpha'_{1o} = o{,}365$$

$$\vartheta = \frac{5oo\cdot o{,}365\cdot o{,}5595\cdot 6713{,}3}{21oo\cdot 2517o} + \frac{6713{,}3\cdot 4oo}{21oo\cdot 2517o\cdot 6}(2\cdot o{,}5595 - o{,}4875)$$

$$\vartheta = o{,}o183 \neq o{,}o2oo$$

2. Annahme: $\vartheta = 0{,}0173$

Die analoge Zahlenrechnung wie oben ergibt:

$$N_{10} = 279{,}82 \text{ Mp}; \qquad N_{23} = 312{,}97 \text{ Mp}$$

$$\vartheta = 0{,}0173 = 0{,}0173.$$

Damit wird die plastische Grenzlast nach Theorie II. Ordnung

$$P_g = \frac{1}{2}\cdot(N_{10} + N_{23}) = \frac{1}{2}\cdot(279{,}82 + 312{,}97) \text{ Mp}$$

$$P_g = 296{,}4 \text{ Mp}.$$

Berechnet man P_{Ki}^n nach Abschnitt 4.5 aus (14) so erhält man

$$P_{Ki}^n = 170{,}0 \text{ Mp} < P_g \;!$$

Damit ist das Kriterium (1) nicht erfüllt, und es ist zu erwarten, daß die nach Abschnitt 4.3 zu berechnende Last P_{G1} bei Ausbildung des 1. Fließgelenks höher liegt. Tatsächlich ergibt die Zahlenrechnung die T r a g l a s t $P_{G1} = P_T$ zu

$$P_{G1} = 308{,}4 \text{ Mp}.$$

Auch die elastische Grenzlast nach Abschnitt 4.4 liegt mit

$$P_F = 299{,}5 \text{ Mp}$$

über der plastischen Grenzlast, so daß hier schon die bekannte "Spannungstheorie II. Ordnung" günstigere Ergebnisse liefert als das Traglastverfahren, bei dem das kinematische System als maßgebend zugrunde gelegt würde.

Schließlich wird noch darauf hingewiesen, daß die DASt-Ri. 008 wegen der Gleichung (11) zu einer "Traglast" von

$$P_{DASt\text{-}Ri.008} = 227 \text{ Mp führt.}$$

Verwendet man dagegen das Q_Δ-Verfahren nach (Lit. 2), so erhält man mit dieser noch etwas einfacheren Methode als bei der vorgeführten Zahlenrechnung

$$P_{g,Q_\Delta} = 294{,}1 \text{ Mp}.$$

Dieser Wert weicht von dem genaueren P_g nur um 0,8% ab, liegt jedoch um 29,6% über dem Wert der DASt-Richtlinie.

In Abb. 7 sind die Ergebnisse in einem Last-Verformungs-Diagramm zusammengestellt.

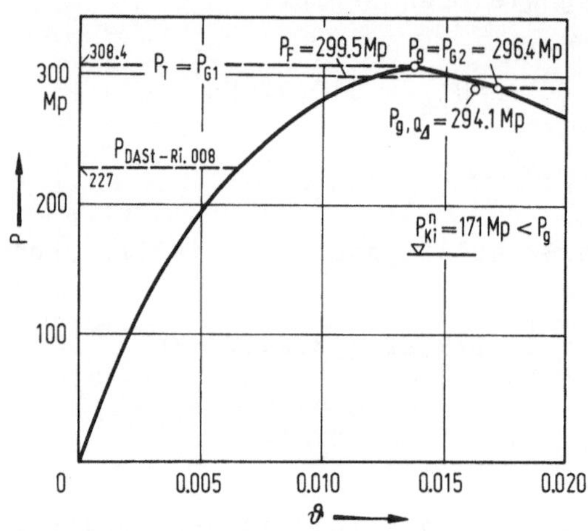

Abb. 7 P-ϑ-Beziehung für n = o,o1

Die Abb. 8 und 9 zeigen die Ergebnisse für größere Horizontallasten (n = o,o67 und n = 1,o).

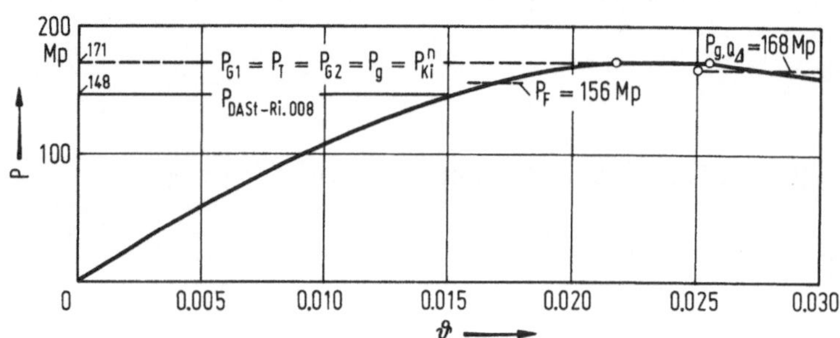

Abb. 8 P-ϑ-Beziehung für n = o,o67

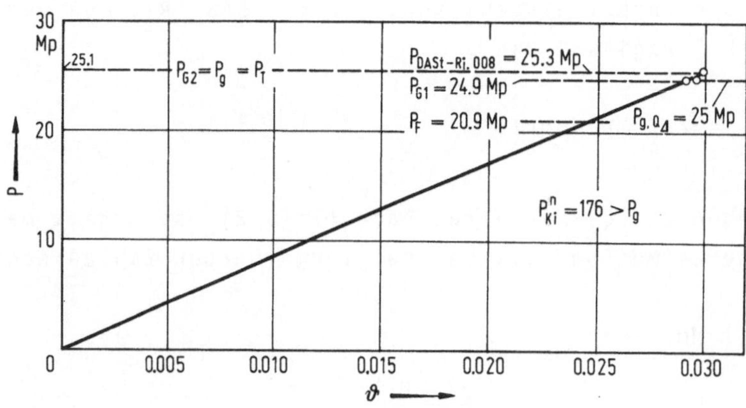

Abb. 9 P-ϑ-Beziehung für n = 1,o

Schließlich zeigt Abb. 1o eine Übersicht für die sinnvollen Anwendungsbereiche der plastischen Grenzlast P_g und der Last P_{G1} bei Ausbildung des 1. Fließgelenks entsprechend dem Kriterium (1) im Bereich o,o1 $\leq$ n $\leq$ 1,o.

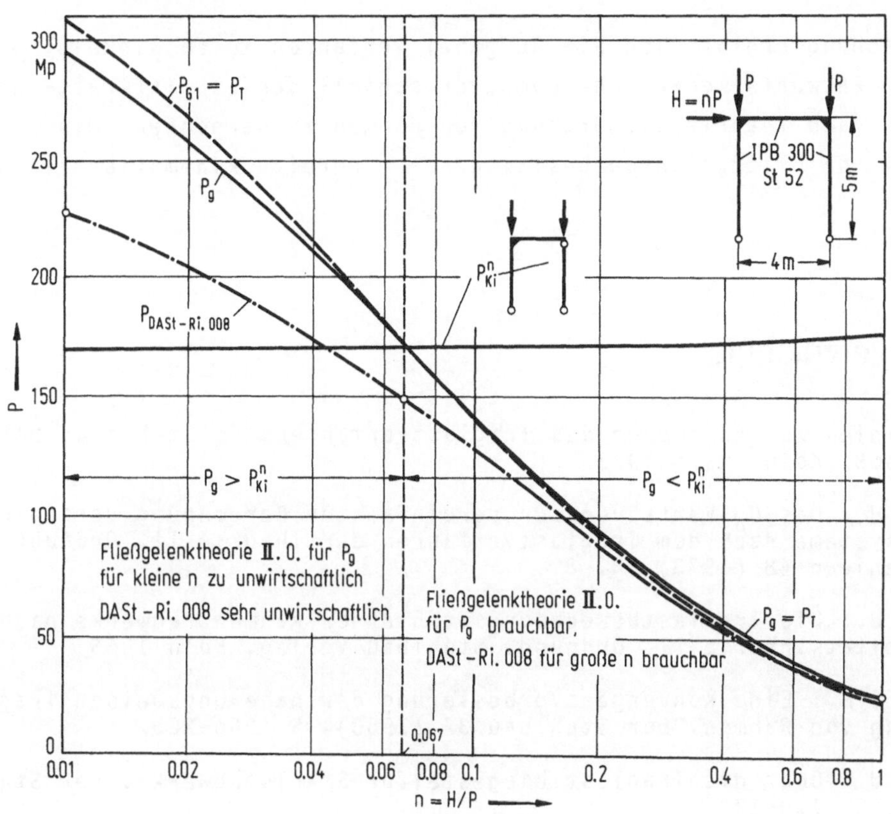

Abb. 1o Vergleich verschiedener Grenzlasten als Funktion von n.

5. Zusammenfassung und Schlußfolgerungen für Praxis und Forschung

Bei der Bemessung verschieblicher Rahmen nach dem Traglastverfahren ist es i.a. scnwierig zu beurteilen, ob der Doppelnachweis der DASt-Ri. oo8 zu brauchbaren Ergebnissen führt. Es ist daher zu empfehlen, diesen Doppelnachweis konsequent durch eine Traglastberechnung nach der Theorie II. Ordnung zu ersetzen. Eine Möglichkeit hierfür bietet das in Lit. 3 entwickelte Verfahren mit der Konvergenzverbesserung nach Lit. 4, bei dem die "plastische Grenzlast P_g" des kinematischen Fließgelenksystems berechnet wird. Für die Praxis von Bedeutung ist, daß der Rechenaufwand durch Anwendung des "Q_Δ-Verfahrens" (Lit. 2) ohne nennenswerte Einbuße an Genauigkeit noch etwas verringert werden kann.

Bei schlanken Rahmen und bei großen Normalkräften kann jedoch auch diese Methode zu einer unwirtschaftlichen Bemessung führen. Es wird daher ein Kriterium angegeben, mit dessen Hilfe festgestellt werden kann, ob solch ein ungünstiger Fall vorliegt. Weiterhin werden Hinweise gegeben, wie eine wirtschaftlichere Bemessung durchgeführt werden kann. Schließlich wird eine Erweiterung von DIN 4114, Ri 1o.2 vorgeschlagen.

Für die Forschung ergibt sich die Aufgabe, Verfahren zu entwickeln, die es gestatten, für Entwurfszwecke ohne Computer schnell den Schnittkraft- und Verformungszustand nach Theorie II. Ordnung von Rahmen zu berechnen, die eine beliebig große Anzahl von Fließgelenken besitzen, ohne bereits kinematisch zu sein.

6. Literaturverzeichnis

(1) Richtlinien zur Anwendung des Traglastverfahrens im Stahlbau. DASt-Richtlinie oo8, Köln, März 1973.

(2) Rubin, H.: Das Q_{Δ}-Verfahren zur vereinfachten Berechnung verschieblicher Rahmensysteme nach dem Traglastverfahren der Theorie II. Ordnung. Der Bauingenieur 48 (1973), H. 8.

(3) Vogel, U.: Die Traglastberechnung stählerner Rahmentragwerke nach der Plastizitätstheorie II. Ordnung. Stahlbau-Verlag, Köln 1965.

(4) Kärcher, H.: Eine Konvergenzverbesserung der näherungsweisen Traglastberechnung von Rahmen. Der Stahlbau 37 (1968), S. 25o-255.

(5) Vogel, U.: Über die Traglast biegesteifer Stahlstabwerke. Der Stahlbau 32 (1963), S. 119-122.

(6) Rubin, H.: Über das Stabilitätsverhalten plastizierter Systeme, dargestellt am Beispiel eines eingespannten verschieblichen Rahmens. Kurzreferat Prüfingenieurtagung Freudenstadt 22.6.73.

(7) Galambos, T.V.: Structural Members and Frames. Prentice Hall 1968, Chapt. 6.

(8) Greenberg, H.J. and W. Prager: On Limit Design of Beams and Frames. Trans. Am.Soc. Civ. Engrs. 117 (1952), S. 447.

(9) Protokoll der 3. Sitzung der Arbeitsgruppe KNICKEN im Unterausschuß "Stabilität" des DASt am 18.1.73 in Frankfurt a.M.

(1o) Burth, K.: Traglasten und Stabilität ebener Rahmentragwerke bei Berücksichtigung von großen Verschiebungen und Schnittlastenumlagerungen. Dissertation, TU Berlin 1969.

(11) Klöppel, K. und W. Uhlmann: Die Berechnung der Traglasten beliebig gelagerter Einfeldrahmen mit beliebiger Querschnittsform unter Berücksichtigung der plastischen Zonen in Stablängsrichtung mit Hilfe elektronischer Rechenautomaten. Der Stahlbau 37 (1968), S. 65-71, 145-154.

(12) Hilfstafeln zur Berechnung von Spannungsproblemen der Theorie II. Ordnung und von Knickproblemen. Stahlbau-Verlags-GmbH, Köln 1959.

Knick- und Traglasten der Stützen aus Baustoffen mit nichtlinearen Momenten-Krümmungsbeziehungen

N. S. DIMITROV und A. SCHUTTE, Stuttgart

1. Das Stabilitätsproblem nach Theorie II. Ordnung

Bei Berücksichtigung der Imperfektionen, für die meist stellvertretend Exzentrizitäten des Lastangriffs oder Vorkrümmungen der Stabachse in die Rechnung eingeführt werden, hat man es mit einem Stabilitätsproblem nach Theorie II. Ordnung zu tun, sofern es sich um einen Baustoff mit gekrümmten Arbeitslinien handelt. Diesen Sachverhalt veranschaulicht Abb. 1.

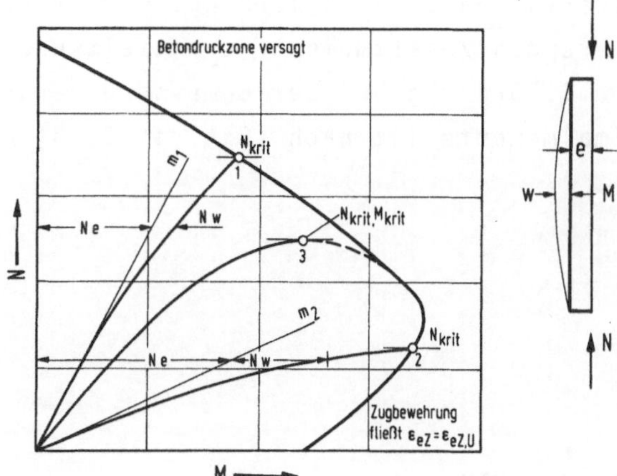

Abb. 1 Interaktionsdiagramm für verschiedene Außermittigkeiten m

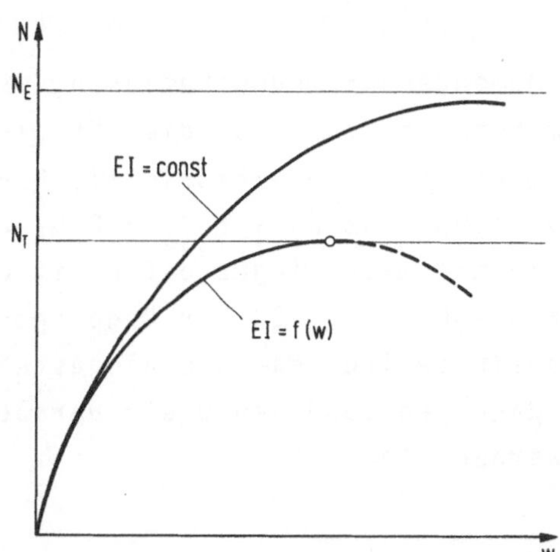

Abb. 2 Stabilitäts- und Spannungsproblem beim linearen und nichtlinearen Verhalten

Beitrag in "Theorie und Berechnung von Tragwerken", Springer-Verlag 1974, von o. Prof. Dr.-Ing. N.S. Dimitrov und Dipl.-Ing. A. Schutte, Institut für Tragkonstruktionen und konstruktives Entwerfen, Universität Stuttgart

Das Versagen - im folgenden dargestellt am Beispiel einer Stahlbetonstütze - kann entweder durch Überschreitung der Grenzdehnungen des gefährdeten Querschnittes (Spannungsproblem II. Ordnung) ausgelöst werden, oder bereits vorher, wenn die inneren Schnittgrößen den äußeren nicht mehr das Gleichgewicht halten können (Stabilitätsproblem ohne Gleichgewichtsverzweigung). In beiden Fällen liegt die Traglast N_T weit unterhalb der Eulerlast N_E, Abb. 2.

2. Die rechnerische Behandlung des Spannungsproblems mit Hilfe der Eulerlast

Die durch die Linien 1 und 2 in Abb. 1 dargestellten Fälle können auf das sogenannte Regelbemessungsverfahren dadurch zurückgeführt werden, daß die aus den Formänderungen resultierenden Zusatzmomente ermittelt und zusammen mit den Momenten nach der Theorie I. Ordnung bei der Bemessung berücksichtigt werden. Die Berechnung dieser Maximalmomente ist nach (Lit. 1, 2, 3) in guter Näherung mittels Gl.(1) möglich

$$M_\nu = M_o \frac{N_E/N_\nu+\delta}{N_E/N_\nu-1} \tag{1}$$

Es bedeuten

M_o = max. Moment bei reiner Biegung
δ = Zahlenfaktor, der von der Art der Belastung abhängig ist
N_ν = rechnerische Traglast (mit ν = 1,75 vergrößerte Gebrauchslast)

Infolge der nichtlinearen Momenten-Krümmungsbeziehung ist allerdings die Ermittlung der Eulerlast recht mühsam, da zunächst die für die Berechnung der Biegesteifigkeit maßgebenden Momente nach der Theorie II. Ordnung nicht bekannt sind. Durch Vorgabe eines Grenzdehnungszustandes $\varepsilon_{e,s}$ = 2‰ an der Stelle des Maximalmomentes erhält man dort die minimale Biegesteifigkeit und vermeidet so die Iteration. Der Fehler ist gering (Lit. 4). In der Regel genügt es, an der Stelle des kleinsten äußeren Momentes ein zweites Mal die Biegesteifigkeit zu bestimmen. Für die Zwischenbereiche kann dann genügend genau ein parabelförmiger Verlauf der Biegesteifigkeit angenommen werden (Abb. 3b).

Damit kann nach Einführung einer konstanten Ersatzsteifigkeit (Lit. 5) die Eulerlast sofort ermittelt werden

$$N_E = \frac{\pi^2 (E_i I_b)_c}{L^2} \tag{2}$$

Es bedeuten

E_i = ideeller E-Modul, der sowohl die Abnahme des physikalischen E-Moduls, als auch des Trägheitsmomentes infolge Aufreißens der Zugzone, beinhaltet.

I_b = Trägheitsmoment des homogenen Betonquerschnittes.

Da naturgemäß nur eine beschränkte Anzahl von Tabellen und Diagrammen für die Ermittlung konst. Ersatzsteifigkeiten zur Verfügung stehen, wird im folgenden ein allgemein gültiges, numerisches Verfahren aufgezeigt (Lit. 6).

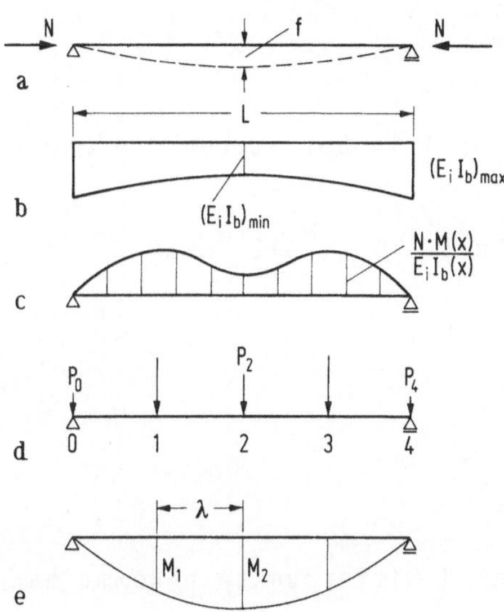

Abb. 3 a) gekrümmte Gleichgewichtslage
b) parabelförmiger Verlauf der Biegesteifigkeit
c) Ersatzlast
d) Diskretisierung der Ersatzlast
e) Momente infolge Ersatzlast

Unmittelbar aus der stabilen, gekrümmten Gleichgewichtszulage in Abb. 3a folgt, durch Einführen einer Ersatzbelastung (Abb. 3c), die durch Einzellasten an einzelnen Gitterpunkten ersetzt wird, die Differenzengleichung

$$\frac{M_n - M_{n+1}}{\lambda} + \frac{M_{n+2} - M_{n+1}}{\lambda} + N_\nu \cdot K_{n+1} \left[\frac{M(x)}{E_i I_b(x)} \right] = 0. \qquad (3)$$

Der Verlauf der Ersatzbelastung kann in guter Näherung durch Parabelstücke approximiert werden

$$K_{n+1} = \frac{\lambda}{12} \left[\frac{M_n}{(E_i I_b)_n} + 10 \, \frac{M_{n+1}}{(E_i I_b)_{n+1}} + \frac{M_{n+2}}{(E_i I_b)_{n+2}} \right]. \qquad (4)$$

Damit und mit den Beziehungen

$$a_{n+1} = \frac{(E_i I_b)_o}{(E_i I_b)_{n+1}} \tag{5a}$$

$$\alpha_{n+1} = 1 + \gamma \cdot a_{n+1} \tag{5b}$$

$$\beta_{n+1} = 1 - 5\gamma \cdot a_{n+1} \tag{5c}$$

$$\gamma = \frac{N_\nu \cdot \lambda^2 \cdot o{,}o833}{(E_i I_b)_c} \tag{5d}$$

hat man schließlich für Gl.(3) in Operatoren die Rekursionsformel

$$\{M_n \cdot \alpha_n\} - 2\{M_{n+1} \cdot \beta_{n+1}\} + \{M_{n+2} \cdot \alpha_{n+2}\} = 0, \tag{6}$$

deren allgemeine Lösung

$$M = \frac{\alpha_1 \cdot M_1 \cdot h}{[\alpha] - 2h\,[\beta] + [\alpha]\,h^2} \quad \text{ist.} \tag{7}$$

Für die in Abb. 3 gewählten 5 Gitterpunkte bekommt man eine kubische Gleichung für die Unbekannte γ (Lit. 4)

$$\gamma^3(49o\,a_1 a_2 a_3) + \gamma^2(-1o4\,a_1 a_2 - 11o\,a_1 a_3 - 1o4\,a_2 a_3) + \\ + \gamma \cdot (16a_1 + 22a_2 + 16a_3) - 2 = 0. \tag{8}$$

Mit γ_{min} in Gl.(5d) erhält man schließlich die abgeminderte Eulerlast

$$N_E = \frac{\gamma_{min} \cdot 192 (E_i I_b)_o}{L^2}. \tag{9}$$

Mit

$$\frac{\pi^2 (E_i I_b)_c}{L^2} = \frac{\gamma_{min} \cdot 192 (E_i I_b)_o}{L^2}$$

hat man zum Vergleich mit (Lit. 5) eine konstante Ersatzbiegesteifigkeit

$$(E_i I_b)_c = \frac{\gamma_{min} \cdot 192 (E_i I_b)_o}{\pi^2} \tag{1o}$$

Für den in Abb. 4 gewählten Steifigkeitsverlauf erhält man mit $a_{1,3} = 1/o,57143 = 1,75$; $a_2 = 2$ in Gl.(8)

$$3oo1,25\cdot\gamma^3 - 1o64,875\cdot\gamma^2 + 1oo\cdot\gamma - 2 = 0,$$

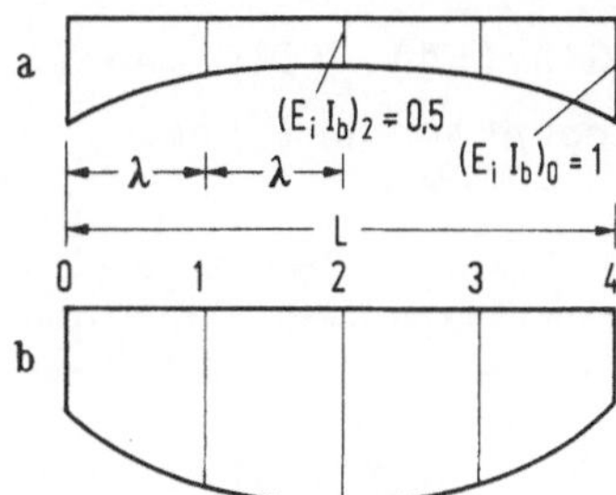

Abb. 4 a) Stetig veränderlicher Verlauf der Biegesteifigkeit ($1o^3$-fach)
b) Parabolischer Verlauf der Reziproke $1/E_iJ_b$

bzw. γ =o,o273531. Damit und mit Gl.(1o) ist

$$(E_iI_b)_c = \frac{o,o273531\cdot 192\cdot 1o^3}{\pi^2} = o,532 \cdot 1o^3 \text{ Mpm}^2.$$

Nach Gl. (17c) in (Lit. 5) hat man

$$(E_iI_b)_c = \frac{(E_iI_b)_o}{o,13+o,87(E_iI_b)_o/(E_iI_b)_2} = o,535 \cdot 1o^3 \text{ Mpm}^2.$$

Die Übereinstimmung ist sehr gut.

3. Die rechnerische Behandlung des Stabilitätsproblems ohne Gleichgewichtsverzweigung

Für den Fall 3 in Abb. 1 findet man die Traglast weit unterhalb der Knicklast, die hier im Gegensatz zum Spannungsproblem für die praktische Berechnung keine Bedeutung besitzt.

Allerdings kann der für die Berechnung der Eulerlast entwickelte Rechenformalismus Gl.(9) in leicht abgewandelter Form gute Dienste leisten. Es hat sich als zweckmäßig erwiesen, statt der kritischen Last die kritische Länge zu bestimmen, da dann mittels der bekannten, vorhandenen Normalkraft N_ν und beliebigen, aufgezwungenen Verformungen f wieder die Biegesteifigkeit

$$E_i I_b[M,N] = M_i \frac{d}{|\varepsilon_Z|+|\varepsilon_D|} \tag{11}$$

ohne Iteration ermittelt werden kann, wobei

$$M_i = N_\nu \cdot f .$$

Mit γ_{min} aus Gl.(8) sowie den Gln.(5d), (11) und (12) ergibt sich die unbekannte Länge einer Stütze mit 5 Gitterpunkten bei konst. Gitterpunktabstand (Abb. 3) mit

$$\lambda = \sqrt{\frac{\gamma_{min} \cdot 12 (E_i I_b)_o}{N_\nu}} \tag{13}$$

zu $L = 4\,\lambda .$ (14)

Mit Hilfe dieser Gleichungen wurden für eine Stahlbetonstütze die zu verschiedenen, aufgezwungenen Verformungen gehörenden Längen ermittelt und in Abb. 5 aufgetragen.

Durch Einsetzen verschieden großer Lastausmitten e/d können dann die zugehörigen kritischen Längen, bzw. gemäß

$$\frac{L_{krit}^2}{L^2} = \frac{\dfrac{\pi^2 \cdot (E_i I_b)_c}{N_{krit}}}{\dfrac{\pi^2 \cdot (E_i I_b)_c}{N_\nu}} = \frac{N_\nu}{N_{krit}} \tag{15}$$

die auf den zentrisch belasteten Druckstab bezogenen kritischen Lasten ermittelt werden.

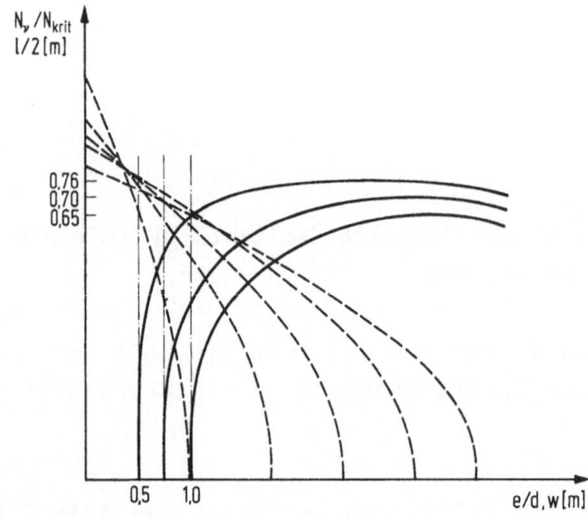

Abb. 5 Bezogene kritische Lasten einer Stahlbetonstütze mit β_R = 175o Mp/m^2; β_S = 42ooo Mp/m^2
$F_e = F_{e'}$ = 27,1 cm^2; b·d = o,4·o,4 = o,16 m^2, h = o,9·d, h' = o,1·d

Hiermit kann festgestellt werden, daß die Trennung zwischen Knicklast und kritischer Traglast bei Baustoffen mit nichtlinearem Werkstoffverhalten deutlicher ausfällt als beim elastischen Baustoff, wo man lediglich den kritischen und überkritischen Bereich unterscheidet. Eine Identifizierung beider Probleme ist nicht allgemein möglich.

Literaturnachweis

(1) Dischinger, F.: Untersuchungen über die Knicksicherheit, die elastische Verformung und das Kriechen des Betons bei Bogenbrücken. Der Bauing. 18 (1937), S.487/52o, S.539/552 und S.595/621.

(2) Dimitrov, N.: Die Einflußlinie der Theorie II. Ordnung und einige praktische Formeln. Der Bauing. 28 (1953), S.19/22.

(3) Dimel, E.: Knicksicherheitsnachweis für ausmittig belastete Stahlbetondruckglieder. Beton und Stahlbeton 62 (1967), S.68/74 u. S.93/98.

(4) Schutte, A.: Die Druckbiegung einer Stütze mit veränderlicher Biegesteifigkeit. Ein Beitrag zur Berechnung schlanker Betonstützen mit Hilfe der Operatorenrechnung. Dissertation Univ. Stuttgart (TH) 1973. Erscheint demnächst.

(5) Dimitrov, N.: Ermittlung konstanter Ersatzträgheitsmomente für Druckstäbe mit veränderlichen Querschnitten. Der Bauing. 28 (1953), S.2o8/211.

(6) Dimitrov, N.: Die Baustatische Methode in Operatorenform. Angewandte Forschung im Stahl-, Leichtmetall-, Holz- und Steinbau. Sammelband der Versuchsanstalt für Stahl, Holz und Steine der Universität Karlsruhe anläßlich des 6o. Geburtstags von Prof. Steinhardt, Karlsruhe 1969.

Ein Sonderfall des nichtlinearen Biegetorsionsproblems

P. VIELSACK, Karlsruhe

1. Übersicht

Es wird eine nichtlineare Theorie hergeleitet, die auf der Annahme infinitesimaler Krümmung, aber endlicher Verwindung basiert. Hierbei wird die Verwandtschaft mit bestehenden Theorien aufgezeigt und ein Anwendungsbeispiel durchgerechnet.

Betrachtet man die geometrische Form eines ausgekippten Stabes, so ist seine Verwandtschaft mit einem spannungslos vorverwundenen Stab augenscheinlich. Diese Eigenschaft soll für die Herleitung nichtlinearer Beziehungen zwischen Biegung und Torsion benützt werden.

Es sei angenommen, der Stab hätte sich infolge äußerer Lasten verformt. Diese Verformungen lassen sich an jedem Querschnitt durch drei unabhängige Koordinaten beschreiben, nämlich die Verschiebungen in Richtung der beiden Hauptträgheitsachsen des Querschnitts und - unter den einschränkenden Annahmen, daß Drillruhepunkt und Schubmittelpunkt mit dem Schwerpunkt zusammenfallen - durch die Verwindung des Querschnitts um die Stabachse. Wir denken uns zuerst ein mitbewegtes lokales Koordinatensystem (ξ, η, z) so definiert, daß die Achsen ξ und η immer mit den Hauptachsen des Querschnitts zusammenfallen. Die z-Achse sei die Stabachse. In diesem lokalen Hauptachsensystem sind die Achsen (ξ, η) gegenüber den Achsen (x, y) eines raumfesten Koordinatensystems (x, y, z) an einem beliebigen Querschnitt um einen Winkel ϑ gedreht.

Für $z = 0$ sei $\vartheta = 0$, d.h. die Achsen ξ und x bzw. η und y sind dort identisch. Unter der Voraussetzung infinitesimaler Verschiebungen, aber endlicher Verdrillungen erhält man - wie vom Verfasser gezeigt wurde (Lit. 1) - die Differentialgleichungssysteme

$$w_\eta' + \vartheta' w_\xi = \varphi_\xi \qquad \varphi_\xi' + \vartheta'\varphi_\eta = -M_\xi/EJ_\xi$$

und

$$w_\xi' - \vartheta' w_\eta = \varphi_\eta \qquad \varphi_\eta' - \vartheta'\varphi_\xi = M_\eta/EJ_\eta \quad ,$$

Beitrag in "Theorie und Berechnung von Tragwerken", Springer-Verlag 1974, von Dr.-Ing. P. Vielsack, Institut für Mechanik der Universität Fridericiana Karlsruhe (TH)

die die Verschiebung w_η und w_ξ mit den Winkeln φ_ξ und φ_η und diese wiederum mit den Momenten M_ξ und M_η im körperfesten System verknüpfen. EJ_ξ und EJ_η sind die Biegesteifigkeiten um beide Hauptachsen. Diese beiden Systeme lassen sich durch Einsetzen des ersten in das zweite in ein einziges System der Form

$$(w_\eta' + \vartheta' w_\xi)' + \vartheta' \varphi_\eta = - M_\xi / EJ_\xi$$

$$(w_\xi' - \vartheta' w_\eta)' - \vartheta' \varphi_\xi = M_\eta / EJ_\eta$$

überführen. Diese Gleichungen gelten noch für beliebig große Verdrillung ϑ. Beschränken wir uns auf kleine, aber endliche Winkel ϑ, so läßt sich das System weiter vereinfachen. Hierzu verwenden wir die Identitäten

$$(\vartheta' w_\xi)' = (\vartheta w_\xi)'' - \vartheta' w_\xi' - \vartheta w_\xi''$$

und

$$-(\vartheta' w_\eta)' = -(\vartheta w_\eta)'' + \vartheta' w_\eta' + \vartheta w_\eta'' \; .$$

Eingesetzt erhalten wir

$$(w_\eta + \vartheta w_\xi)'' + \vartheta'(\varphi_\eta - w_\xi') - \vartheta w_\xi'' = - M_\xi / EJ_\xi$$

$$(w_\xi - \vartheta w_\eta)'' + \vartheta'(w_\eta' - \varphi_\xi) + \vartheta w_\eta'' = M_\eta / EJ_\eta .$$

Vernachlässigen wir wegen der Kleinheit von ϑ alle höheren Glieder, d.h. z.B. Produkte der Art $\vartheta'^2 \cdot w_\eta$, so heben sich die beiden mittleren Terme auf den linken Seiten beider Gleichungen heraus, und für die dritten Terme dürfen die Näherungen

$$w_\xi'' = M_\eta / EJ_\eta$$

und

$$w_\eta'' = -M_\xi / EJ_\xi$$

verwendet werden. Damit erhält man

$$(w_\eta + \vartheta w_\xi)'' = - \frac{M_\xi}{EJ_\xi} + \vartheta \frac{M_\eta}{EJ_\eta}$$

$$(w_\xi - \vartheta w_\eta)'' = \frac{M_\eta}{EJ_\eta} + \vartheta \frac{M_\xi}{EJ_\xi}$$

und schließlich unter Verwendung der Transformationsformeln, - wobei auch hier alle höheren Terme vernachlässigt werden -,

$$u = w_\xi - \vartheta w_\eta$$

und

$$v = w_\eta + \vartheta w_\xi ,$$

die die Verschiebungen (w_ξ, w_η) im körperfesten Koordinatensystem mit denen (u, v) des raumfesten Systems verknüpfen, die Gleichungen

$$v'' = -\frac{M_\xi}{EJ_\xi} + \vartheta\frac{M_\eta}{EJ_\eta}$$

$$u'' = \frac{M_\eta}{EJ_\eta} + \vartheta\frac{M_\xi}{EJ_\xi}\,. \qquad (1a,\ b)$$

Berücksichtigen wir der Einfachheit halber nur Saint-Vénant'sche Torsion, so existiert als dritte Gleichung die bekannte Beziehung

$$GJ_D\vartheta'' - M_\xi u'' + M_\eta v'' = 0. \qquad (1c)$$

Die Vorzeichenregelung der Schnittgrößen soll derjenigen von Kovari (Lit. 2) entsprechen. Die Gleichungen (1a, b, c) beschreiben das Verhalten eines Stabes mit infinitesimaler Biegung und - wohl kleiner - aber doch endlicher Verdrillung. Sieht man bei den von Roik, Carl und Lindner (Lit. 3) hergeleiteten nichtlinearen Gleichungen des Biegetorsionsproblems von denjenigen Termen ab, die durch die Berücksichtigung von Normalkräften, außermittigen Lastangriffen und beliebiger Drillachse herrühren, so überrascht die Ähnlichkeit der hergeleiteten Gleichungen mit den letztgenannten. Ein wesentlicher Unterschied besteht aber darin, daß in den Gln.(1a) und (1b) die mit ϑ behafteten Terme das Steifigkeitsverhältnis um beide Hauptachsen enthalten.

2. Beispiel

Wie betrachten einen geraden Stab der Länge l, mit den Biegesteifigkeiten EJ_ξ und EJ_η und der Torsionssteifigkeit GJ_D. An beiden gabelgelagerten Enden greifen Biegemomente M_0 an, die um die Achse ξ, d.h. die Achse des größten Trägheitsmomentes, drehen. Die Querschnitte des Stabes seien gegenüber dem Auflagerquerschnitt nach dem Gesetz

$$\vartheta_0 = T_0 \sin\left(\frac{\pi}{l}z\right) \qquad (2)$$

spannungslos gegeneinander verdreht, wobei alle Verdrehungen gegenüber der raumfesten Vertikalen gemessen werden und T_0 deren Maximalwert darstellt. Dieser Verformung entspricht die erste Eigenlösung des linearen Kippproblems. Die äußeren Momente M_0 rufen zusätzliche Verdrillungen hervor, so daß für das Torsionsmoment

$$GJ_D\,(\vartheta - \vartheta_0)' = M_z \qquad (3)$$

und für die Biegung

$$M_\eta = - M_o \sin\vartheta$$

und (4)

$$M_\xi = M_o \cos\vartheta$$

gilt. Setzen wir Gl.(2) in Gl.(3) ein und verwenden die Gln.(4) bei den Gln.(1a, b), so erhalten wir nach elementaren Umformungen bei Vernachlässigung höherer Terme in den Gln.(4) zwei Ausdrücke, mit deren Hilfe sich Gl.(1c) in die Form

$$\vartheta'' + \alpha\vartheta + \beta\vartheta^3 = F \sin(\omega z) \qquad (5)$$

überführen läßt. Hierbei gelten die Abkürzungen

$$\alpha = \frac{M_o^2}{GJ_D \cdot EJ_\eta}, \quad \beta = \frac{M_o^2}{3GJ_D}\left(\frac{1}{EJ_\eta} + \frac{1}{EJ_\xi}\right), \quad F = -T_o\omega^2 \text{ und } \omega = \frac{\pi}{l}.$$

Das Ergebnis der Gl.(5) ist die in der Theorie nichtlinearer Schwingungen wohlbekannte Duffing-Gleichung. Zur Lösung bietet sich ein von Stoker (Lit. 4) angegebenes Näherungsverfahren an. Beschränken wir uns auf die Verdrillung in Balkenmitte, so erhalten wir nach Berücksichtigung der homogenen Randbedingungen, nach Ersetzen des Faktors 7/27 durch 1/4 und nach Vernachlässigung des Faktors EJ_η/EJ_ξ gegenüber 1 den Wert

$$\vartheta\left(\frac{l}{2}\right) = \frac{T_o}{1-(M_o/M_{kr})^2}\left[1 + \left(\frac{T_o}{2}\right)^2 \cdot \left(\frac{M_o/M_{kr}}{1-(M_o/M_{kr})^2}\right)^2\right]. \qquad (6)$$

Hierbei ist M_{kr} das Prandtl'sche Kippmoment. Eine zu Gl.(5) identische Differentialgleichung entsteht, wenn nicht Verformungen betrachtet werden, sondern äußere Torsionsmomente am Stab angreifen. Das Ergebnis der Gl.(6) läßt sich deshalb als Spannungsproblem interpretieren, wobei T_o sich nur um einen konstanten Faktor vom maximalen Betrag einer kontinuierlichen Torsionsmomentenbelastung unterscheidet.

Die Gültigkeit der sogenannten "Theorie 2. Ordnung" für den vollkommen elastischen Stab läßt sich somit mit Hilfe der Gl.(6) einschränken. Hierzu betrachten wir die Abb. 1a, b, in denen die gestrichelten Linien den Ergebnissen der Theorie 2. Ordnung (beschrieben durch lineare Dgln.), die durchgezogenen Linien denen der hergeleiteten Theorie (beschrieben durch nichtlineare Dgln.) entsprechen.

Wie zu ersehen, ist die Theorie 2. Ordnung nur dann anwendbar, wenn

1) diejenige Belastung (M_o), die als Parameter im problembeschreibenden, linearen Differentialoperator ($\vartheta'' + \alpha\vartheta$) auftritt, genü-

gend kleiner ist als die kritische Last (M_{kr}) des Problems (Abb. 1a),

2) diejenige Belastung (T_0), die als Parameter in der Störfunktion auftritt, im Fall der linearen Dgl. keine zu großen Verschiebungen des Systems bewirkt (Abb. 1b).

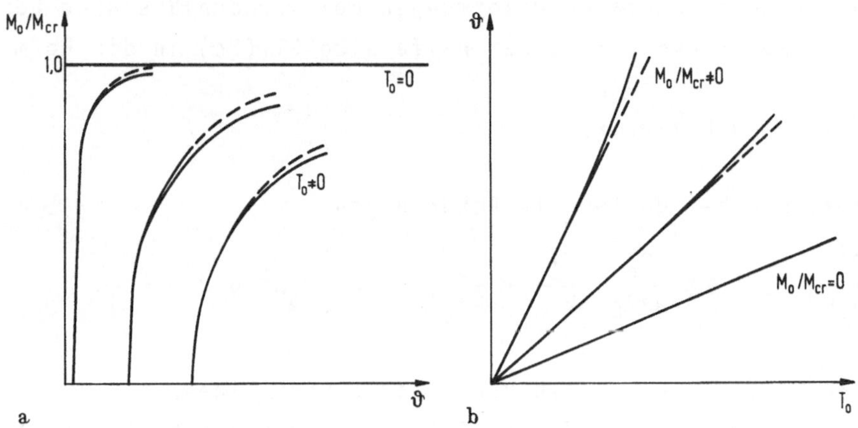

Abb. 1 Einfluß der nichtlinearen Schnittgrößen-Verformungs-Beziehungen auf die Verwindung
a) Anfangsauslenkung als Parameter
b) Biegemoment als Parameter

Das zweite Ergebnis wird durch die Anschauung bestätigt: Wachsende Verformungen (Torsionsmomente) bedingen bei konservativen, konstanten äußeren Biegemomenten M_0 eine nichtlineare Zunahme der Verformungen ϑ, d.h. das System wird weicher und verliert an Tragfähigkeit.

Literatur

(1) Vielsack, P.: Theorie und Berechnung des Hyparrostes mit geraden Stäben. Diss. TH Karlsruhe 1973.

(2) Kovari, K.: Räumliche Verzweigungsprobleme des dünnen elastischen Stabes. Ing. Arch. 37 (1969), S. 393.

(3) Roik, K., J. Carl und J. Lindner: Biegetorsionsprobleme gerader dünnwandiger Stäbe. Berlin 1972.

(4) Stoker, J.J.: Nonlinear Vibrations. Interscience Publisher, Inc. New York 195o.

Zur Bemessung stoßbeanspruchter Stahlbetonfundamente

F. P. MÜLLER, Karlsruhe

1. Einführung

Die Fundamente von "Umformmaschinen" (z.B. Schmiedehämmern und Pressen) werden überwiegend in Stahlbeton, mitunter auch in Spannbeton ausgeführt. Zur Umformung von Schmiedestücken selbst sind große Stoßkräfte erforderlich. Diese werden von entsprechenden Stoßvorrichtungen (Freifallbären oder pneumatisch angetriebene Bären) mit extrem kurzen Stoßzeiten (o,5 - 5 ms) erzeugt. Die Stoßkräfte wirken über die Schabotte (Abb. 1) auf das Fundament, das diese Lasten aufnehmen muß. Maßgebend für die Bemessung des Fundamentes sind die sogenannten Prellschläge, die die größten Beanspruchungen erzeugen. Um eine Verminderung der Stoßwirkung zu erreichen, wird in vielen Fällen zwischen Schabotte und Fundament eine "elastische Schicht" eingelegt. Die Wirkung derartiger Zwischenschichten ist aber problematisch, weil u.a. keine systematischen Untersuchungen über ihre Dauerhaftigkeit vorliegen.

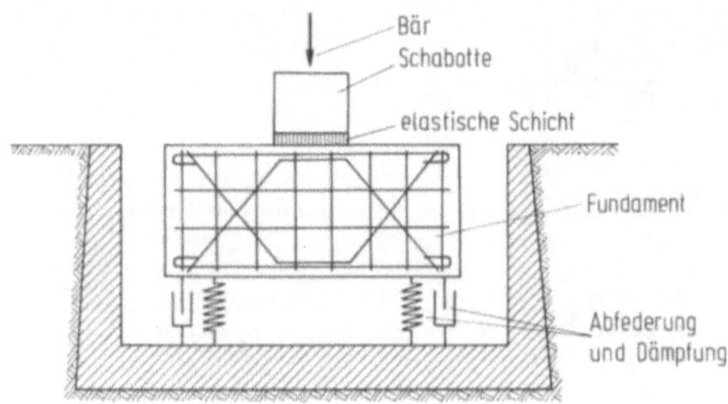

Abb. 1 Abgefedertes Hammerfundament

Die Stahlbetonfundamente werden heute fast ausnahmslos auf Stahlfedern aufgelagert, um die Eigenfrequenzen der Fundamente genau berechnen zu können und Erschütterungsübertragungen in die Umgebung weitgehend zu vermeiden. Zur Schwingungsdämpfung werden zusätzlich Dämpfer angeordnet.

Beitrag in "Theorie und Berechnung von Tragwerken", Springer-Verlag 1974 von o. Prof. Dr.-Ing. F.P. Müller, Institut für Beton und Stahlbeton, Universität (TH) Karlsruhe

Um eine optimale Schmiedearbeit zu erreichen, sind je nach Größe der aufgebrachten Stoßkräfte vergleichsweise große Fundamente erforderlich, die eine ruhige Lage des Untergesenkes und eine geringe Schwingungsamplitude gewährleisten.

Der Bewegungsablauf des Stoßvorganges kann mit Hilfe der Newton'schen Stoßtheorie beschrieben werden. Die Belastung, also die Größe der Stoßkräfte selbst, ist jedoch nur näherungsweise bekannt.

Nach den derzeit üblichen Berechnungsverfahren werden empirisch ermittelte Stoßkräfte (Lit. 2, 3 und 4) mit den Trägheitskräften ins Gleichgewicht gesetzt und daraus Schnittkräfte ermittelt. Es handelt sich also um "quasi statische- oder Ersatzlastverfahren". Die danach durchzuführende Bemessung vernachlässigt außerdem die Tatsache, daß es sich bei den Fundamenten um gedrungene Körper handelt.

2. Stand der Berechnung

Geht man zunächst davon aus, daß zwischen Schabotte und Fundament eine elastische Zwischenschicht eingelegt wird, so läßt sich der Stoßvorgang in eine Folge von 2 Einzelstößen zerlegen (Lit. 2), und man erhält die bekannte Beziehung für die Geschwindigkeit der Schabotte nach dem Stoß:

$$v_S = (1 + k) \cdot v_B \cdot \frac{m_B}{m_S + m_B} . \tag{1}$$

Ähnlich erhält man die Geschwindigkeit des Fundamentes zu

$$v_F = (1 + k) \cdot v_S \cdot \frac{m_S}{m_F + m_S} . \tag{2}$$

Die einzelnen Bezeichnungen bedeuten:

v_B Geschwindigkeit des Bären vor dem Stoß; z.B. ist beim Fallhammer $v_B = \sqrt{2\ gh}$

v_S Geschwindigkeit der Schabotte nach dem Stoß

v_F Geschwindigkeit des Fundamentes nach dem Stoß

k Stoßbeiwert

m_B Masse des Bären

m_S Masse der Schabotte

m_F Masse des Fundamentes

Die angegebenen Beziehungen nach Lit. 2 und 5 werden ergänzt durch Ansätze zur Berechnung des Gesamtfundamentes als 2-Massenschwinger (Lit. 3, 6). Die Annahmen von Lit. 2, 3, 5 und 6 sind in den folgenden Abbildungen 2a-c dargestellt.

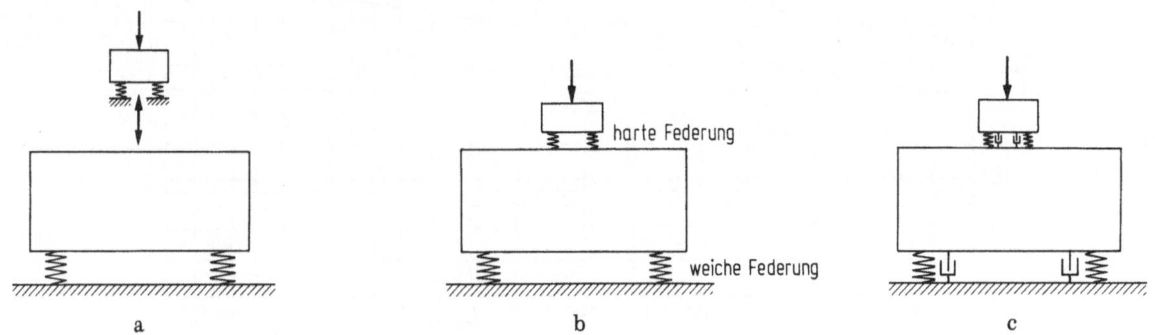

Abb. 2 Stoß auf Schwingersysteme
a) zwei Einmassensysteme (Lit. 2, 5)
b) Zweimassensystem ohne Dämpfung (Lit. 3)
c) Zweimassensystem mit Dämpfung (Lit. 6)

Es sei hier noch darauf hingewiesen (vergl. Lit. 1), daß die mathematisch sehr viel aufwendigeren Berechnungen nach Lit. 3 und 6 nicht in jedem Fall zutreffendere Ergebnisse liefern als die Verfahren nach Lit. 2 und 5.

Zur Ermittlung der Schnittkräfte im Fundament ist die Größe der Stoßkräfte oder die Größe des Stoßimpulses auf das Fundament erforderlich. In Lit. 2 finden sich für die elastisch gelagerte Schabotte Angaben über Stoßkräfte, die jedoch nur als Größenordnung zu verstehen sind. Ist eine "elastische Zwischenschicht" angeordnet, so kann man die Größe der Stoßkräfte in Abhängigkeit von der Schlagenergie lediglich aus einer Kurventafel der DIN 4o25 entnehmen. Eigene Messungen an Schabotten von Versuchsfundamenten (Lit. 7) haben wesentlich geringere Kräfte ergeben, wie sie auch von Lit. 8 und 9 bestätigt werden. Auf Abb. 3 sind Angaben über die Größe der Stoßkräfte nach DIN 4o25 in Abhängigkeit von der Schlagenergie sowie eigene Versuchsergebnisse (Lit. 1) und Meßwerte von Lit. 8 aufgetragen, die mit den eigenen Ergebnissen gut übereinstimmen. Die Stoßkräfte nach Lit. 1 und Lit. 8 gelten für eine Stoßdauer von 1 ms. Wegen des logarithmischen Maßstabes werden die Abweichungen der Versuchsergebnisse von den Werten der DIN 4o25 nicht sehr deutlich. Sie sind aber so groß, daß sie sich auch nicht durch Berücksichtigung eines Ermüdungsbeiwertes erklären lassen.

Die wirkliche Größe der Stoßkräfte ist also, wie bereits erwähnt, nur unzureichend bekannt. Sie müssen durch Versuche ermittelt werden, da derartige Vorgänge analytisch nicht erfaßt werden können.

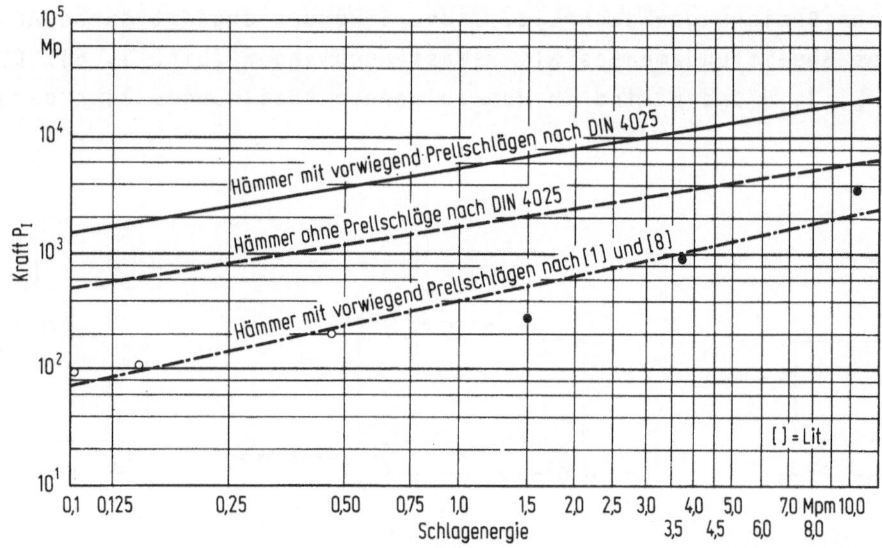

Abb. 3 Stoßkräfte in Abhängigkeit von der Schlagenergie

Die Bemessungsverfahren sind Ersatzlastverfahren (quasi statisch), die die tatsächlichen Beanspruchungen nur grob annähern können und zu einer aufwendigen Fundamentbewehrung führen (Lit. 2). Es wird deshalb zunächst theoretisch untersucht und danach durch Versuche überprüft, ob ein dynamisches Bemessungsverfahren, das dem Stoßvorgang besser entspricht, zutreffendere Ergebnisse liefert.

3. Theoretische Untersuchungen und Lösungsversuche an Modellen

Theoretische Ansätze setzen einen homogenen und isotropen, also auch zugfesten Baustoff voraus. Für Stahlbeton ist diese Voraussetzung eine einschneidende Vereinfachung, die das Ergebnis solcher Untersuchungen sicher wesentlich beeinflußt.

Theoretische Ansätze zur Ermittlung von Spannungen in stoßbelasteten Körpern findet man in Lit. 1o, 11, 12, 13 und 14. In diesen Veröffentlichungen sind Angaben über Spannungswellen zu finden, die sich mit endlicher Geschwindigkeit ausbreiten und eine punktförmige Lasteintragung voraussetzen. Das dann mögliche Rißbild stimmt aber mit den in der Praxis an Hammerfundamenten beobachteten Rissen nicht überein.

Weitere Veröffentlichungen über stoßbelastete elastische Körper gehen im wesentlichen auf eine grundlegende Arbeit von Cagniard (Lit. 15) zurück. Die entsprechenden Arbeiten (Lit 16 bis 25) benutzen durchweg mehrfache Integraltransformationen, die im transformierten Bereich zu sehr komplizierten Ausdrücken führen und weder analytisch noch numerisch befriedigend zurücktransformiert werden können. Numerische Ansätze, wie sie in Lit. 1 beschrieben sind, führten auch bei Benutzung von Elektronenrechnern nicht zu praktikablen Lösungen. Eine analytische Lösung des Problems war also selbst bei Beschränkung des Problems auf homogene und isotrope Körper nicht möglich.

Untersuchungen an Modellen mit Hilfe der Spannungsoptik, etwa durch Fotografieren stoßerregter Spannungswellen (Lit. 26, 27, 28, 29 und 1), ergaben keine umfassenden Aussagen, da die Spannungsoptik im allgemeinen nur auf ebene Probleme angewandt werden kann. Ebenso erwiesen sich Untersuchungen an Modellen aus spannungsoptisch nicht aktiven und homogenen Werkstoffen, bei denen die unter Belastung auftretenden Dehnungen mit Dehnungsmeßstreifen (Lit. 3o) gemessen werden sollten, als problematisch, da die dynamische Belastung eine außerordentlich aufwendige Meßtechnik erfordert.

Ausreichende Ergebnisse waren auch nicht an Modellen aus Mikrobeton zu erwarten, da derzeit Dehnungsmessungen an den eingelegten Bewehrungsdrähten noch nicht möglich sind und die unvermeidlichen Rißbildungen die Anwendung von Modellgesetzen wesentlich komplizierter machen.

Um ein zutreffendes dynamisches Bemessungsverfahren entwickeln zu können, waren Versuche an Hammerfundamenten aus Stahlbeton notwendig.

4. Versuche an Hammerfundamenten

Die Abmessungen der Versuchsfundamente sollten ausgeführten Fundamenten für kleine Hämmer bzw. Pressen entsprechen, um damit zur Praxis vergleichbare Ergebnisse zu erhalten. Es wurden deshalb mehrere schlaff bewehrte Versuchsfundamente in den Abmessungen o,9 x 1,o x 1,9 m bzw. o,9 x 1,o x 2,9 m hergestellt und wahlweise auf Stahlfedern oder auf dem Baugrund gelagert, um den Einfluß der Auflagerung studieren zu können (Abb. 4). Wegen der kurzen Lasteinwirkungsdauer von etwa 1 ms mußte eine kritische Auswahl der erforderlichen elektronischen Ausrüstung vorgenommen werden (Lit. 1, 7). Insbesondere wurden Dehnungsmessungen an charakteristischen Bewehrungsstählen und eine induktive Messung der Rißweiten am Fundament vorgenommen. Weiter wurde während der Stoßversuche die relative Schabottenbewegung und die Bärendgeschwindigkeit überprüft. Da außer der Fundamentbeanspruchung auch die Größe der beim Betrieb auftretenden Stoßkräfte unsicher ist, wurde mit Hilfe eines Kraftmeßelementes die vom Bär auf die Schabotte ausgeübte Kraft nach Größe und zeitlichem Verlauf gemessen (vergl. auch Abb. 3). Derartige Kraftmeßelemente,

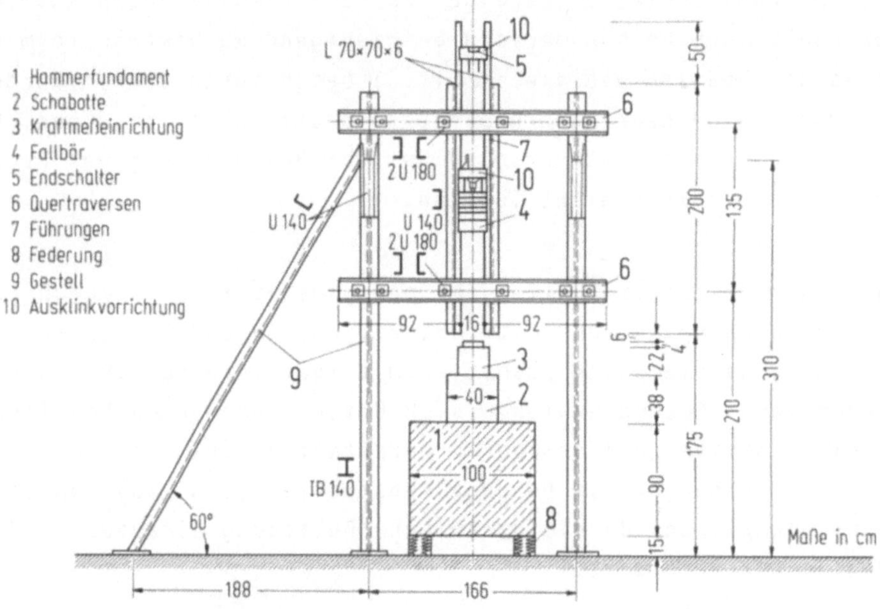

Abb. 4 Belastungsvorrichtung

die unter Umständen exzentrische Stöße bis zu 1ooo Mp aufnehmen müssen, sind im Handel nicht erhältlich und mußten erst entwickelt werden (Lit. 1, 7).

Beim Ausschmieden von Quadern aus Reinaluminium wurden Stoßkräfte bis zu 1ooo Mp und Stoßzeiten von rund o,5 ms gemessen. Beim Zurückstauchen des Quaders stiegen die Stoßzeiten auf 1o ms an, wobei die Kräfte bis auf 5o Mp absanken. Da die Schlagarbeit in den Grenzen von 1oo bis 1ooo kpm verändert werden konnte, stand für die Messungen eine große Variationsbreite an möglicher Belastung zur Verfügung. Es wurden einige zehntausend Messungen durchgeführt, deren Auswertung es gestattete, den zeitlichen Ablauf der wesentlichen Formänderungen, Bewegungen und Spannungen zu beschreiben. Grundsätzlich zeigte sich bei der Belastung der Versuchsfundamente bis zur Gebrauchsunfähigkeit immer die gleiche charakteristische Rißbildung (Abb. 5). Zunächst trat ein Riß etwa in der vertikalen Symmetrieebene auf. Schrägrisse, wie sie durch Einlegen einer "Scherbewehrung" (Lit. 2) in Grenzen gehalten werden sollten, waren von untergeordneter Bedeutung. Es wurden an eingelegten Schrägstäben auch nur vergleichsweise unbedeutende Spannungen gemessen.

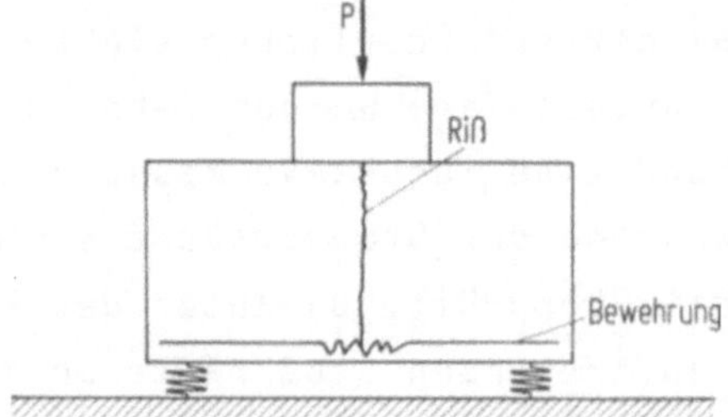

Abb. 5 Rißbildung bei Beanspruchung bis zur Gebrauchsunfähigkeit

5. Dynamische Berechnung stoßbeanspruchter Fundamente

Aus der Symmetrie der Rißbildung läßt sich ein Ersatzsystem für die dynamische Berechnung wählen, wobei es genügt, eine Hälfte des Fundamentes zu untersuchen (Abb. 6). Für die folgende Berechnung wird vorausgesetzt, daß die auf das Untergesenk wirkende Umformkraft (Stoßkraft) durch die Schabotte gleichmäßig verteilt wird und keine elastische Schicht zwischen Schabotte und Fundament eingelegt wird. Für diesen Fall sind in der Fuge zwischen Schabotte und Fundament die durch den Bär auf die Schabotte ausgeübten Stoßkräfte anzusetzen (vergl. auch Abschnitt 7).

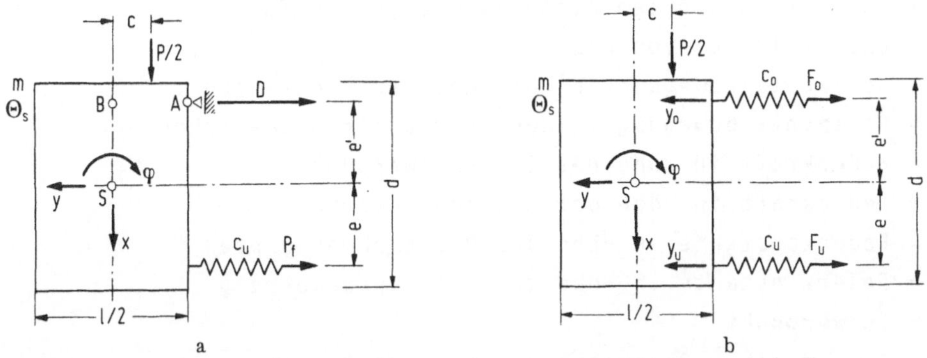

Abb. 6 Ersatzsysteme für die Berechnung
a) vereinfacht
b) mit Berücksichtigung der Betonelastizität

Es ist dann ausreichend, die Flächenpressung durch eine resultierende Einzellast P/2 zu ersetzen, die im Schwerpunkt der halben Schabottengrundfläche als äußere Kraft wirkt. Aus Gleichgewichtsgründen ist dann die Auflagerung des Ersatzsystems im Zug- und Druckschwerpunkt anzunehmen.

Wie die Messungen zeigen, liegt die Frequenz der Rißbewegung beim etwa hundertfachen der Fundamenteigenfrequenz. Für die weiteren Untersuchungen ist es deshalb möglich, die Vertikalschwingung des Fundamentes zu vernachlässigen. Diese Entkoppelung bringt eine wesentliche Vereinfachung der Berechnung. Danach wurde der Einfluß der Betonelastizität auf die Rechenergebnisse an dem System nach Abb. 6b untersucht und festgestellt (Lit. 1, 7), daß die "Betonfeder" vernachlässigt werden kann. Bei der dynamischen Berechnung ist also nur die elastische Federung des Stahles zu berücksichtigen.

Zur Bemessung des Fundamentes sind demnach die Annahmen nach Abb. 6a ausreichend und die in diesem Bild angegebenen Kräfte maßgebend. Das Ersatzsystem ist ein Schwinger mit einem Freiheitsgrad, der sich durch eine Differentialgleichung beschreiben läßt. Für die Berechnung werden folgende Bezeichnungen benutzt:

l	= Länge des Fundamentes
b	= Breite des Fundamentes
d	= Höhe des Fundamentes
e	= Abstand zwischen Schwerlinie und unterer Bewehrung
e'	= Abstand zwischen Schwerlinie und Druckschwerpunkt
m	$= \frac{1}{2} \cdot b \cdot d \cdot \frac{\gamma}{g}$ = Masse der Fundamenthälfte
Θ_S	= Massenträgheitsmoment der Fundamenthälfte bezogen auf den Schwerpunkt
x	= Koordinate der vertikalen Bewegung des Schwerpunktes
y	= Koordinate der horizontalen Bewegung des Schwerpunktes
φ	= Koordinate der Drehbewegung
$P/2$	= von der Schabottenhälfte abgegebene Kraft
c	= Exzentrizität von P/2
y_o	= Horizontalbewegung in Höhe des Druckschwerpunktes
y_u	= Horizontalbewegung in Höhe der unteren Bewehrung
F_o	= Federkraft in Höhe des Druckschwerpunktes
F_u	= Federkraft in Höhe der unteren Bewehrung
c_o	= Federkonstante in Höhe des Druckschwerpunktes
c_u	= Federkonstante in Höhe der unteren Bewehrung
S	= Schwerpunkt
Θ_B	$= \Theta_S + m \cdot e'^2$ = Drehmasse auf B bezogen
t_1	= Stoß- oder Schlagdauer
t	= Zeitkoordinate
P_f	= Federkraft

Auf den Schwerpunkt bezogen ergeben sich die folgenden Gleichgewichtsbedingungen

$$V = 0 \quad \text{(entfällt)} \tag{3}$$

$$M = 0 = \frac{P}{2} \cdot c - \Theta_S \cdot \ddot{\varphi} + D \cdot e' - P_f \cdot e \tag{4}$$

$$H = 0 = -D - m \cdot \ddot{y} - P_f \, . \tag{5}$$

Die Differentialgleichung für den Schwinger mit einem Freiheitsgrad erhält man durch Eliminieren von D aus den Gln. (4) und (5) mit

$$y = \varphi \cdot e' \text{ und } \Theta_B = \Theta_S + m \cdot e'^2 \text{ zu}$$

$$M = 0 = P \cdot \frac{c}{2} - \Theta_B \cdot \ddot{\varphi} - P_f \, (e + e') \tag{6}$$

oder

$$\Theta_B \cdot \ddot{\varphi} + (e + e') \cdot P_f = P \cdot \frac{c}{2} \, . \tag{7}$$

Die Gleichung läßt sich mit $P_f = c_u \, (e + e') \cdot \varphi$ auf die Form

$$\Theta_B \cdot \ddot{\varphi} + c_u\,(e + e')^2 \cdot \varphi = P \cdot \frac{c}{2} \tag{8}$$

bringen. Für $c_u = 0$ ergibt sich

$$\ddot{\varphi}(t) = \frac{M}{\Theta_B} = \text{const}\ (M = P \cdot \frac{c}{2}) \quad \text{und} \tag{9}$$

$$\dot{\varphi}(t) = \frac{M}{\Theta_B} \cdot t + \dot{\varphi}_o\ (\dot{\varphi}_o = 0), \tag{1o}$$

Verlauf und Eigenfrequenz der freien Schwingung erhält man aus der Lösung der homogenen Differentialgleichung

$$\Theta_B \cdot \ddot{\varphi} + c_u\,(e + e')^2 \cdot \varphi = 0. \tag{11}$$

Mit dem Lösungsansatz

$$\varphi = \Phi \cdot \sin\omega t \tag{12}$$

ergibt sich

$$-\Theta_B \cdot \omega^2 \cdot \Phi \cdot \sin\omega t + c_u \cdot (e + e')^2 \cdot \Phi \cdot \sin\omega t = 0\ , \tag{13}$$

woraus man für die nichttriviale Lösung $\omega \neq 0$

$$-\Theta_B \cdot \omega^2 + c_u \cdot (e + e')^2 = 0 \tag{14}$$

oder für die Kreisfrequenz

$$\omega^2 = \frac{c_u . (e + e')^2}{\Theta_B} \quad \text{erhält.} \tag{15}$$

Die maximale Schwinggeschwindigkeit wird für einen Rechteck-Impuls

$$\max\dot{\varphi} = \omega \cdot \Phi = \frac{M}{\Theta_B} \cdot t_1\,. \tag{16}$$

Damit läßt sich die Schwingwegamplitude Φ durch Einsetzen von ω und Auflösen nach Φ angeben.

Man erhält

$$\Phi = \frac{M \cdot t_1}{\Theta_B \cdot (e + e')} \cdot \sqrt{\frac{\Theta_B}{c_u}} = \frac{M \cdot t_1}{(e + e') \cdot \sqrt{c_u \cdot \Theta_B}} \tag{17}$$

Die für die Bemessung interessierende Federkraft aus der Belastung läßt sich in der Form

$$P_f(t) = c_u \cdot \varphi (e + e') \tag{18}$$

anschreiben.

Mit $\varphi = \Phi \cdot \sin\omega t$ ergibt sich die Amplitude dieser Federkraft zu

$$\max P_f = c_u \cdot \Phi \cdot (e + e') = \frac{c_u \cdot M \cdot t_1}{\sqrt{c_u \cdot \Theta_B}} \tag{19}$$

oder

$$\max P_f = M \cdot t_1 \cdot \sqrt{\frac{c_u}{\Theta_B}} \, , \quad (M = \frac{P \cdot c}{2}) \, . \tag{2o}$$

Bei bekannter Stoßkraft, Stoßdauer oder bekanntem Stoßimpuls (vergl. auch Abschn. 7, Gl. (31)) und mit der Federkonstanten der Bewehrung läßt sich also die maximale Federkraft der Bewehrung und aus der Beziehung $F_e = P_f/\sigma_e$ die erforderliche Bewehrungsmenge ermitteln.

Für die angegebenen Gln. (19), (2o) wird wie erwähnt zunächst davon ausgegangen, daß zwischen Schabotte und Fundament keine elastische Zwischenschicht eingelegt wird (vergl. Abschnitt 7).

6. Berechnung der Federkonstanten der Bewehrung

Außer der Stoßkraft (vergl. Abschn. 2, 3), die über M in Gl. (2o) eingeht, und der Stoßdauer t_1 (vergl. Abschn. 1, 2) oder dem Stoßimpuls $P \cdot t_1$ (vereinfacht als Rechteckimpuls angenommen) muß die Federkonstante der Biegebewehrung zur Ermittlung der Bewehrungsmenge bekannt sein. Um Zahlenwerte zu erhalten, waren umfangreiche Versuche notwendig, bei denen die Bewegung der Rißufer der Versuchsfundamente gemessen und mit den Stahlspannungen bzw. Dehnungen in der Nähe des charakteristischen Risses (vergl. Abb. 5) verglichen wurden. Bei der Auswertung der Meßergebnisse war allerdings zu beachten, daß Impuls und Stoßdauer beim Versuchsbetrieb nicht konstant waren. Es mußte deshalb zur Auswertung ein statistisches Verfahren gewählt werden, um diese Einflüsse zu eliminieren. Der Verlauf der Spannungen als Ordinaten über der jeweiligen Meßstelle entspricht aber der Form nach den Verhältnissen, wie sie auf Abb. 7 dargestellt sind. Dabei ist zu beachten, daß die absolute Spannungsgröße von der jeweils angeordneten Schabottenunterlage sehr wesentlich beeinflußt wird.

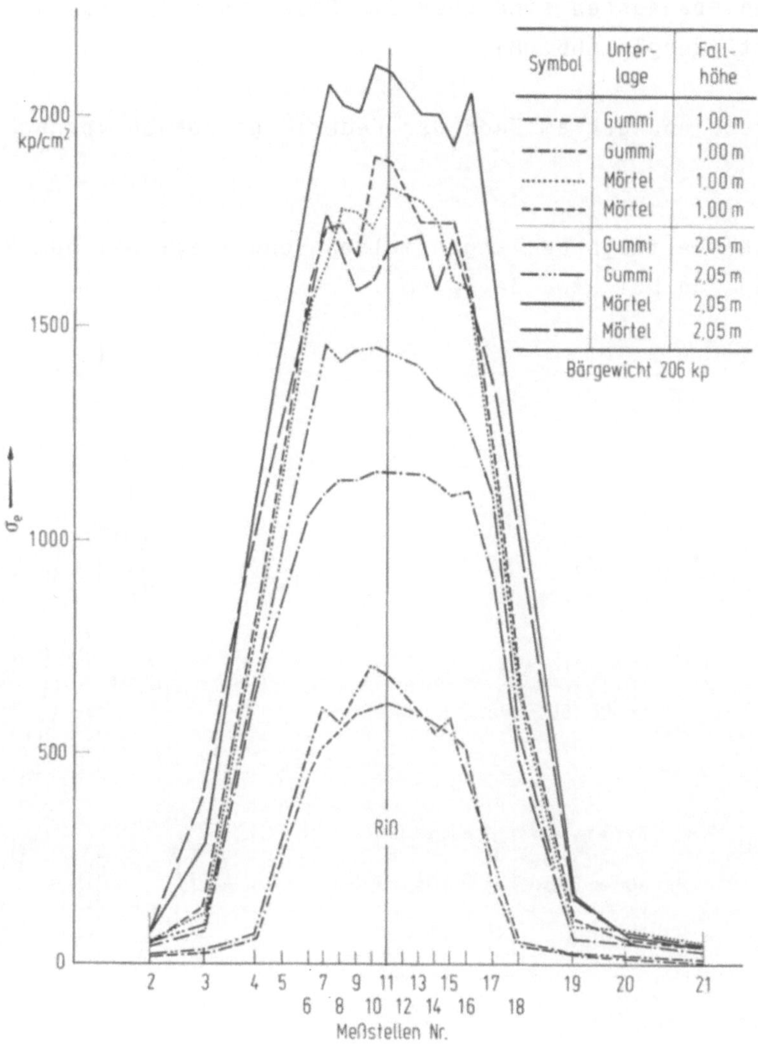

Abb. 7 Verlauf der Stahlspannungen in einem Bewehrungsstab

Die Auswertung der Messungen ergab für die Federkonstante der Bewehrung Zahlengrößen zwischen 9o und 15o (Mp/mm). Die größeren Werte wurden jeweils zu Beginn der Messung festgestellt und verminderten sich dann mit zunehmender Schlagzahl.

Um auch Fundamente beurteilen zu können, die von den Versuchsfundamenten abweichende Abmessungen und Bewehrungsprozentsätze aufweisen, sind noch eingehende Untersuchungen des Verformungsverhaltens der Bewehrung unter dynamischer Belastung notwendig. Hierzu wird auch auf Lit. 1, 31 und 32 verwiesen.

Mit den Ergebnissen der bisher ausgewerteten Versuche an glatten Bewehrungsstählen aus BSt 22/34 (St I) unter dynamischer Belastung erscheinen folgende ungünstige Annahmen zur Ermittlung der Federkonstanten gerechtfertigt

1. Die Stahlspannungen sind über die Federlänge l_f cosinus-förmig verteilt (vergl. Abb. 8).

2. Die Verschiebungen am Ende der Federlänge können vernachlässigt werden.

3. Die noch übertragbare Tangentialspannung liegt bei dem Versuchsbeton Bn 25o bei etwa 3o kp/cm^2.

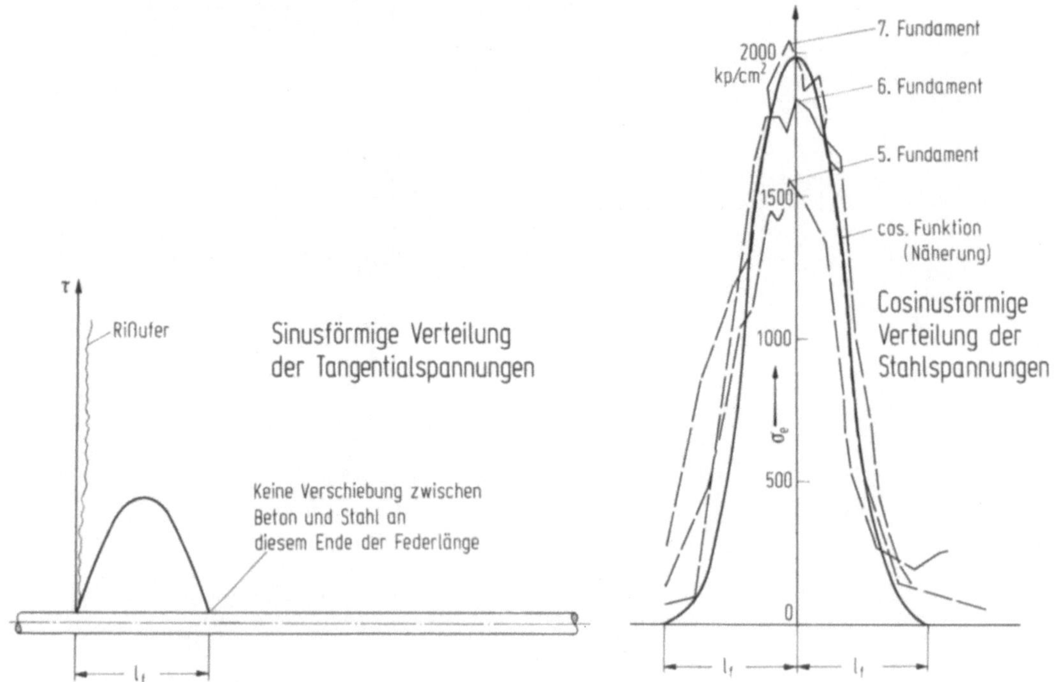

Abb. 8 Annahme zur Berechnung der Federkonstanten

Dann läßt sich die experimentell gefundene Verteilung der Stahlspannung zu

$$\sigma_e(x) = \frac{\sigma_e}{2} \cdot \left[\cos\left(\frac{\pi}{l_f} \cdot x\right) + 1\right] \tag{21}$$

anschreiben. Aus der Gleichgewichtsbedingung am Stabelement

$$F_e \cdot d\sigma_e(x) = -\tau(x) \cdot U \cdot dx \tag{22}$$

ergibt sich die Differentialgleichung

$$\frac{d\sigma_e(x)}{dx} = -\tau(x) \cdot \frac{U}{F_e} \tag{23}$$

Darin bedeuten:

$\sigma_e(x)$ = Stahlspannung an der Stelle x
σ_e = Stahlspannung im Riß
l_f = Federlänge
F_e = Querschnittsfläche der Bewehrung
U = Umfang der Bewehrung
$\tau(x)$ = an der Oberfläche eines Bewehrungsstabes übertragene Tangentialspannung.

Um die Verteilung der Tangentialspannung zu erhalten, wird (21) differenziert und in (23) eingesetzt. Man erhält

$$\tau(x) = \frac{\sigma_e}{2} \cdot \frac{\pi}{l_f} \cdot \frac{F_e}{U} \cdot \sin\left(\frac{\pi}{l_f} \cdot x\right). \qquad (24)$$

Der Maximalwert an der Stelle $x = l_f/2$ ergibt sich zu

$$\max\tau = \frac{\sigma_e}{2} \cdot \frac{\pi}{l_f} \cdot \frac{F_e}{U}. \qquad (25)$$

Aus dieser Beziehung läßt sich die Federlänge ermitteln. Man findet

$$l_f = \frac{\pi}{2} \cdot \frac{\sigma_e}{\max\tau} \cdot \frac{F_e}{U}. \qquad (26)$$

Für die Bemessung nach der Beziehung (2o) wird aber die Federkonstante der Bewehrung (c_u) benötigt, die sich aus Belastung und Verschiebung ergibt ($c_u = P/y_u$). Da die Untersuchungen an einer Fundamenthälfte durchgeführt wurden, ist für die Bemessung zu beachten, daß die elastische Vergrößerung der Rißbreite des gesamten Fundamentes unter Stoßbelastung der doppelten elastischen Verschiebung 2 y_u (vergl. Abb. 6b) entspricht. Diese läßt sich mit dem bestimmten Integral

$$2y_u = \frac{1}{E} \int_{-l_f}^{+l_f} \sigma_e(x) \cdot dx = \frac{\sigma_e}{2E} \left[\frac{l_f}{\pi} \sin\frac{\pi x}{l_f} + x \right]_{-l_f}^{+l_f} = \frac{\sigma_e \cdot l_f}{E} \qquad (27)$$

ermitteln.

Damit kann man die Federkonstante errechnen. Für die Belastung "1" wird $c_u = 1/y_u$ und mit $\sigma_e = 1/F_e$ ergibt sich bei Einsetzen von (27)

$$c_u = \frac{1}{y_u} = \frac{2 \cdot E \cdot F}{l_f} \qquad (28)$$

Beispiel

Ein Fundament ist mit 8 Ø 16 (F_e = 8·2 = 16 cm^2) bewehrt. Für einen Bewehrungsstab ergibt sich nach (26) eine Federlänge von

$$l_f = \frac{\pi}{2} \cdot \frac{14oo}{3o} \cdot \frac{2}{5} = 29,3 \text{ cm}.$$

Durch Einsetzen von l_f in (28) erhält man die Federkonstante für einen Bewehrungsstab zu

$$c_u = \frac{2 \cdot 2,1 \cdot 1o^6 \cdot 2}{29,3} = 2,86 \cdot 1o^5 \text{ kp/cm}^2$$

und für 8 Stäbe

$$c_u = 8 \cdot 2,86 \cdot 1o^5 = 2,29 \cdot 1o^6 \text{ kp/cm}.$$

Man kann davon ausgehen, daß die maximale Tangentialspannung mit zunehmender Betriebszeit geringer wird, und damit die Federkonstante der Bewehrung allmählich abnehmen wird. Damit vermindert sich auch die Stahlzugkraft, wodurch die Brucnsicherheit zunimmt. Da sich aber gleichzeitig auch die Rißbewegung vergrössert, ist unter Umständen der Bewehrungsquerschnitt zu erhöhen, um die Rißbreite auf ein zulässiges Maß zu begrenzen.

Die Messungen an den Versuchsfundamenten haben außerdem gezeigt, daß die Beanspruchungen der oberen Bewehrung des Fundamentes erheblich geringer sind als die der Bewehrung an der Fundamentunterseite. Es ist deshalb ausreichend, den Querschnitt der oberen Bewehrung auf etwa 5o% gegenüber der unteren Bewehrung abzumindern.

7. Einfluß einer „elastischen" Schabottenunterlage auf die Fundamentbeanspruchung

Wie bereits erwähnt, können die auf die Schabotte wirkenden Stoßkräfte analytisch nicht erfaßt werden. Es sind deshalb entsprechende Messungen erforderlich. Abb. 3 (DIN 4o25) zeigt, daß die Angaben über Stoßkräfte für den Fall der direkt auf dem Fundament aufgelagerten Schabotte erheblich auf der sicheren Seite liegen. Wird zwischen Schabotte und Fundament eine elastische Zwischenschicht eingelegt, so ist die Stoßzeit t_s der Schabotte und damit die Größe des Stoßimpulses auf das Fundament von den Federeigenschaften dieser Zwischenschicht abhängig. Die Stoßzeit t_s ist nicht mit der in (2o) angegebenen Stoßzeit t_1 (Dauer des Stoßes zwischen Schabotte und Fundament bei nicht elastischer Lagerung) identisch.

Die Anordnung einer elastischen Schicht unter der Schabotte beeinflußt also die Beanspruchung des Fundamentes. Da der Stoßimpuls der "abgefederten" Schabotte auf das Fundament in der Regel kleinere Beanspruchungen hervorruft als der Stoßimpuls auf die Schabotte, wie er zur Herleitung von (2o) angesetzt wurde, berücksichtigt man diese Abminderung bei der Ermittlung der Federkraft in (2o) zweckmäßig durch einen Faktor. Die für einen Rechteckimpuls hergeleitete Gl.(2o) erhält dann die Form

$$\max P_f = \frac{P \cdot c \cdot t_1}{2} \cdot \sqrt{\frac{c_u}{\Theta_B}} \cdot \beta \qquad (29)$$

wobei β als Abminderungsfaktor eingeführt wird. Für die weitere Berechnung wird zweckmäßig vom Stoßimpuls ausgegangen, dessen Größe $P \cdot dt$ sich aus der bekannten Bärendgeschwindigkeit errechnen läßt. Unabhängig von der Impulsform gilt

$$\int P \cdot dt = J_{ges} = m_B \cdot (v_{Br} + v_B). \qquad (3o)$$

Mit der Rücksprunggeschwindigkeit $v_{Br} = k \cdot v_B$ wird

$$J_{ges} = \int P \cdot dt = (1 + k)\, m_B \cdot v_B. \qquad (31)$$

In der Gl. (31) ist entweder der Stoßbeiwert k versuchsmäßig zu bestimmen, wenn man J_{ges} ermitteln will, oder die Stoßzeit und die Impulsform müssen aus Messungen bekannt sein, wenn die Stoßkraft errechnet werden soll. Für den Stoßbeiwert k werden in der Literatur Werte zwischen o,6 und o,8 für Prellschläge angegeben.

In ähnlicher Weise wie in der DIN 4o25 (Abb. 3) die Stoßkraft angegeben ist, läßt sich auch der Stoßimpuls in Abhängigkeit von der Schlagenergie darstellen.

Der Stoßimpuls J_{ges} kann aber bei Anordnung einer elastischen Zwischenschicht zwischen Schabotte und Fundament mit Hilfe des Faktors β in Abhängigkeit vom Verhältnis der Stoßzeit der Schabotte zur Schwingzeit des Fundamentes abgemindert werden. Der Verlauf des Abminderungsfaktors β ist qualitativ in Abb.9 dargestellt.

Auf der Ordinate ist die Größe von β, bezogen auf $J_{ges} = 1$ aufgetragen, auf der Abzisse der "Plötzlichkeitsgrad" α

$$\alpha = \frac{2t_s}{t_e}.$$

Dabei bedeutet:

t_s = Stoßzeit der elastisch gelagerten Schabotte

t_e = Schwingzeit des Fundamentes.

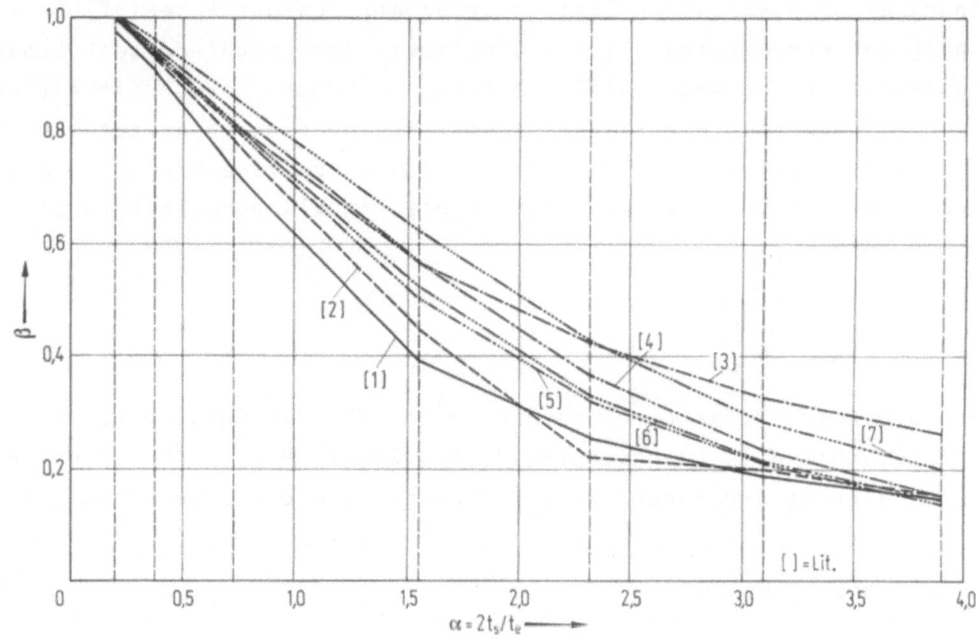

Abb. 9 Verlauf des Abminderungsfaktors β

Zur Ergänzung der bisher vorliegenden Messungen wurden für die Kurven (Lit. 1 bis 7) auf Abb. 9 die dargestellten Impulsformen vorgegeben, die für eine qualitative Beurteilung der Abminderung des Stoßimpulses J_{ges} ausreichen dürften.

Die Kurven [1] bis [7] auf Abb. 9 entsprechen folgenden Impulsformen:

1 = Rechteck-Verlauf
2 = linearer Anstieg, plötzlicher Abfall
3 = plötzlicher Anstieg, linearer Abfall
4 = linearer Anstieg, linearer Abfall
5 = Parabel-Verlauf
6 = Sinus-Verlauf
7 = Sinus-Quadrat-Verlauf

t_s

Die Kurvenschar wurde für diese Impulsformen numerisch für ein Fundament mit den Abmessungen o,9 x 1,o x 1,9 m und 16 cm^2 Biegebewehrung (an der Fundamentunterseite) ermittelt. Der Abminderungsfaktor β wurde bei konstantem Impuls $\int P \cdot dt$ auf die Schabotte aus der Stahlspannung errechnet.

Man erkennt, daß der Abminderungsfaktor im Bereich praktisch vorkommender Werte von α kleiner als o,5 werden kann. Die Berücksichtigung dieses Faktors ist deshalb von großem wirtschaftlichem Interesse. Er kann aber nur berücksichtigt werden, wenn sichergestellt ist, daß sich die elastischen Eigenschaften der Schabottenunterlage während des Betriebes nicht wesentlich verändern.

8. Zusammenfassung

Es wird ein dynamisches Bemessungsverfahren für stoßbeanspruchte Stahlbetonfundamente angegeben. Als Belastungsgröße wird zweckmäßig vom Stoßimpuls $J_{ges} = \int P \cdot dt$ auf die Schabotte ausgegangen. Der Stoßimpuls läßt sich aus der Schlagarbeit errechnen, wenn die zahlenmäßige Größe des Stoßbeiwertes k durch ausreichende Messungen bekannt ist. Damit erhält man eindeutige Belastungswerte, die unter den auf der sicheren Seite liegenden Werten nach der DIN 4o25 liegen. Wird eine elastische Schicht zwischen Schabotte und Fundament angeordnet, so ist die Größe des für die Bemessung maßgebenden Stoßimpulses auf das Fundament außerdem von den elastischen Eigenschaften dieser Schabottenunterlage abhängig. Je nach Größe der Stoßzeit kann die Abminderung des Stoßimpulses J_{ges} mehr als 5o% betragen.

Zur Bemessung stoßbeanspruchter Stahlbetonfundamente wird auf (Lit. 1) verwiesen.

Literaturverzeichnis

(1) Müller, F.P. und O. Henseleit: Bemessungsverfahren für Hammerfundamente. Veröffentlichung des Institutes für Beton und Stahlbeton, Universität Karlsruhe, 1972.

(2) Rausch, E.: Maschinenfundamente und andere dynamisch beanspruchte Baukonstruktionen. Düsseldorf, VDI-Verlag 1959.

(3) Major, A.: Berechnung und Planung von Maschinen- und Turbinenfundamenten. Berlin, Verlag für Bauwesen 1961.

(4) DIN 4o25: Fundamente für Amboß-Hämmer (Schabotte-Hämmer). Hrsg. Deutscher Normenausschuß, Ausg. Oktober 1958.

(5) Furchner, H.: Maschinen auf Schwingungsisolatoren. Konstruktion 6 (1964), Heft 5, S. 183-191.

(6) Starke, P.: Berechnung gedämpfter Schwingungen mit 2 Freiheitsgraden. Dissertation Hannover 1959.

(7) Henseleit, O.: Bemessungsverfahren für stoßbelastete Hammerfundamente. Dissertation Karlsruhe 1971.

(8) Omodaka, S.: On the Impact Stress in Hammer Forging. Bulletin of JSME 1 (1958) Nr. 4, S. 348-356.

(9) Drinkwaard, W.: Directives for designing elastically supported hammer foundations, De Ingenieur 76 (1964) Nr. 38 S. W 125-W 153.

(1o) Andrews und J.A.H. Crockett: Large Hammers and Their Foundations. Institution of Structural Engineers, London, 1945.

(11) Andrews und J.A.H. Crockett: The Theory of Hammers and Their Foundations. Institution of Engineering and Shipbuilding in Scotland, 1946.

(12) Behar, M.G.: Fondation de marteau-pilon en béton précontraint à vibrations controlées. Annales de l'institut technique du bâtiment et des travaux publics, 8 (1955) Nr. 86, Série Béton précontr. (2o).

(13) Beljaev, J.V. und A.K. Popov: Experimentelle Untersuchung der Belastungen der aufeinanderprallenden Teile von Hämmern während des Aufpralls aus: Kuznecno-Stampovocnoe proizvodstvo 1967, No. 2.

(14) Crockett, J.H.A.: Modern Forging Hammer Foundations. Civil Engineering and Public Works Review 53 (1958) Nr. 624 bis 627.

(15) Cagniard, L.: Réflexion et Réfraction des Ondes séismiques progressives. Paris, Gauthier-Villars 1939.

(16) Broberg, K.G.: A Problem on Stress Waves in an Infinite Elastic Plate. Transactions of the Royal Institute of Technology, Stockholm, Nr. 139 Göteborg, Elanders Boktryckeri Aktiebolag 1959.

(17) Davids, N.: Transient Analysis of Stress-Wave Penetration in Plates. Journal of Applied Mechanics 26 (1959), S. 651-66o.

(18) Knopoff, L.: Surface Motions of a Thick Plate. Journal of Applied Physics 29 (1958) No. 4 S. 661-67o.

(19) Polz, K.: Der mitschwingende Baugrund bei dynamisch belasteten Systemen. Die Bautechnik 33 (1956), Heft 6, S. 185-19o.

(2o) Polz, K.: Schwingungen innerhalb einer begrenzt mächtigen Bodenschicht. Die Bautechnik 34 (1957), Heft 5, S. 161-168.

(21) Rinehart, J.S.: The Role of Stress Waves in the Comminution of Brittle, Rocklike Materials. International Symposium in Stress Waves in Materials (ed.N. Davids). Interscience Publishers New York 196o, S. 247-269.

(22) Rühl, K., H.H. Emschermann, R. Flossmann und G. Jänicke: Untersuchungen über den Spannungsverlauf in stoßartig beanspruchten Stäben und Trägern. Materialprüfung 4 (1962), Nr. 7, S. 234-242.

(23) Schardin, H.: Ergebnisse der kinematograph. Untersuchung des Glasbruchvorganges. Glastechnische Berichte 23, (195o) S. 1, 67, 325.

(24) Thiruvenkatachar, V.R.: Stress Waves Produced in a Semiinfinitive Elastic Solid by Impulse Applied Over a Circular Area of the Plane Face. Proceedings of the first Congress on Theoretical and Applied Mechanics, Published by. Indian Society of Theoretical and Applied Mechanics, Indian Institute of Technology, Kharagpur, 1955.

(25) Träger, J.: Spannungsoptische Analyse des Hertzschen Stoßes. Schriftenreihe der Institute für Mathematik bei der deutschen Akademie der Wissenschaften in Berlin, 1966 Reihe B, Heft 3, S. 1o3.

(26) Harlfinger, R.: Beitrag zur Ausbreitung von Spannungswellen in Scheiben. (Spannungsoptische Untersuchung) Dissertation Stuttgart 1967.

(27) Kolsky, H.: The Propagation of Longitudinal Elastic Waves along cylindrical Bars. The Philosophical Magazine Ser. 7 Vol. 45, S. 712-726.

(28) Kolsky, H.: Experimental Wave-Propagation in Solids. Structural Mechanics, Proceedings of the first Symposium on Naval Structural Mechanics 196o, S. 233-262.

(29) Kolsky, H.: The detection and measurement of stress waves. Experimental Techniques in Shock and Vibration 1962.

(3o) Kolsky, H.: Fractures Produced by Stress-Waves. Conference on Fracture, S. 281-296 Wiley 1959.

(31) Rehm, G.: Über die Grundlagen des Verbundes zwischen Stahl und Beton. DAfSt Heft 138, Berlin, Ernst und Sohn 1961.

(32) Kol'ner, V.M.: Haftung der Bewehrung mit dem Beton bei dynamischen und zyklischen Belastungen (russ.) Beton i zelezobeton 14 (1968) Nr. 12, S. 18-2o.

Die Berechnung der mitwirkenden Gurtfläche bei veränderlicher Gurtdicke

H. UNGER, Duisburg

1. Einleitung

Die folgenden Überlegungen, die ich einer Anregung von Herrn Dr.-Ing. H. Homberg verdanke, beschränken sich auf Brückenkonstruktionen mit Betonfahrbahnplatten und sollen den Einfluß der Dickenvariation auf die mitwirkende Gurtfläche untersuchen, da die bisher erschienenen Arbeiten zu diesem Thema (Lit. 1) nur Gurte konstanter Dicke behandeln.

Für die Herleitung eines Rechenalgorithmus denkt man sich den kontinuierlichen Dickenverlauf durch einen stufenförmigen ersetzt (Abb. 1), so daß einzelne Gurtstreifen konstanter Dicke entstehen. Macht man noch die Annahme, daß die äußeren Belastungen nur in den Stegebenen angreifen, dann lassen sich die Gurtspannungen nach der Scheibentheorie unter Zugrundelegung des Übertragungsmatrizenverfahrens (Lit. 2) ermitteln, wie die nachfolgenden Ausführungen zeigen. Dabei wird unterschieden zwischen symmetrischem und antimetrischem Lastangriff in Brükkenquerrichtung.

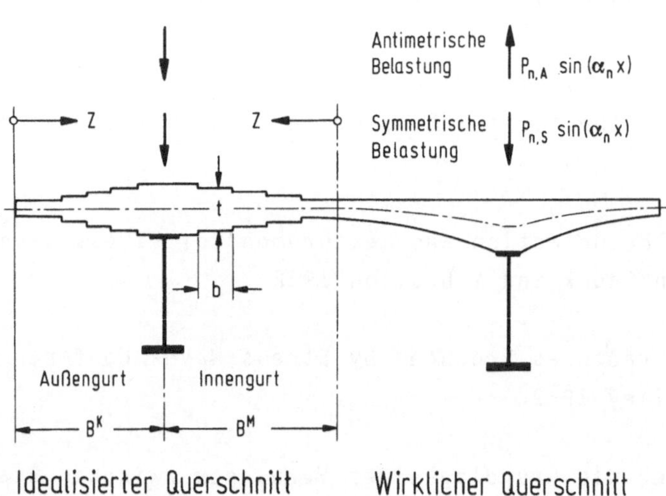

Abb. 1 Querschnitt

Beitrag in "Theorie und Berechnung von Tragwerken", Springer-Verlag 1974, von Dr.-Ing. H. Unger in Fa. August Klönne, Dortmund

2. Grundlagen des Rechenverfahrens

Betrachtet man einen Gurtstreifen konstanter Dicke, so läßt sich dessen Verhalten mit Hilfe der Airy'schen Spannungsfunktion F durch die partielle Differentialgleichung

$$\frac{\partial^4 F}{\partial x^4} + \frac{2\partial^4 F}{\partial x^2 \partial z^2} + \frac{\partial^4 F}{\partial z^4} = 0 \tag{1}$$

beschreiben. Legt man für den in Abb. 1 dargestellten Brückenquerschnitt einen Träger auf zwei Stützen mit der Stützweite L zugrunde und setzt idealisierte Randquerträger voraus, die so beschaffen sind, daß sie als unendlich steif angesehen werden dürfen für Verschiebungen in ihrer vertikalen Ebene und unendlich weich für Verschiebungen aus dieser Ebene heraus, dann lauten die Lösungen für die Spannungsfunktionen der Scheibe konstanter Dicke in allgemeiner Form (Lit. 3)

$$\sigma_z(x,z) = \frac{\partial^2 F}{\partial x^2} = \sum_{n=1}^{\infty} \sigma_{z,n}(z)\sin(\alpha_n x) =$$

$$= \sum_{n=1}^{\infty} \left\{ A_n f_{n,11}(z) + B_n f_{n,12}(z) + C_n f_{n,13}(z) + D_n f_{n,14}(z) \right\} \sin(\alpha_n x) \tag{2}$$

$$\sigma_x(x,z) = \frac{\partial^2 F}{\partial z^2} = \sum_{n=1}^{\infty} \sigma_{x,n}(z)\sin(\alpha_n x) =$$

$$= \sum_{n=1}^{\infty} \left\{ A_n f_{n,21}(z) + B_n f_{n,22}(z) + C_n f_{n,23}(z) + D_n f_{n,24}(z) \right\} \sin(\alpha_n x) \tag{3}$$

$$\tau(x,z) = \frac{\partial^2 F}{\partial x \partial y} = \sum_{n=1}^{\infty} \tau_n(z)\cos(\alpha_n x) =$$

$$= \sum_{n=1}^{\infty} \left\{ A_n f_{n,31}(z) + B_n f_{n,32}(z) + C_n f_{n,33}(z) + D_n f_{n,34}(z) \right\} \cos(\alpha_n x) \tag{4}$$

mit $\alpha_n = \frac{n\pi}{L}$.

Die Dehnungen ε_x, ε_z der Scheibe und die Verschiebung w_z ergeben sich aus

$$\varepsilon_x = \frac{1}{E}(\sigma_x - \nu\sigma_z), \tag{5a}$$

$$\varepsilon_z = \frac{1}{E}(\sigma_z - \nu\sigma_x), \tag{5b}$$

$$w_z = \frac{1}{E}\int \varepsilon_z dz + K. \tag{5c}$$

Für letzteren Ausdruck läßt sich bei Entwicklung von K in

$$K = \sum_{n=1}^{\infty} k_n \sin(\alpha_n x)$$

und bei Einführung der Beiwertsfunktion $\widetilde{w}_{z,n}(z)$,

$$\widetilde{w}_{z,n}(z) = w_{z,n}(z) - k_n,$$

folgende allgemeine Schreibweise verwenden:

$$w_z(x,z) - K = \sum_{n=1}^{\infty} \left[w_{z,n}(z) - k_n \right] \sin(\alpha_n x) = \sum_{n=1}^{\infty} \widetilde{w}_{z,n}(z) \sin(\alpha_n x) =$$

$$= \sum_{n=1}^{\infty} \left\{ A_n f_{n,41}(z) + B_n f_{n,42}(z) + C_n f_{n,43}(z) + \right.$$

$$\left. + D_n f_{n,44}(z) \right\} \sin(\alpha_n x). \tag{6}$$

Faßt man jetzt die Gleichungen (2,3,4,6) zu einer einzigen Vektorgleichung zusammen, bekommt man mit den Vektoren

$$\bar{z}_n(z) = \begin{bmatrix} \sigma_{z,n}(z) \\ \sigma_{x,n}(z) \\ \tau_n(z) \\ \widetilde{w}_{z,n}(z) \end{bmatrix} \qquad \bar{c}_n = \begin{bmatrix} A_n \\ B_n \\ C_n \\ D_n \end{bmatrix},$$

der Diagonalmatrix

$$\mathbf{h}_n(x) = \begin{bmatrix} \sin(\alpha_n x) & 0 & 0 & 0 \\ 0 & \sin(\alpha_n x) & 0 & 0 \\ 0 & 0 & \cos(\alpha_n x) & 0 \\ 0 & 0 & 0 & \sin(\alpha_n x) \end{bmatrix}$$

und der Feldmatrix

$$\mathbf{F}_n(z) = \begin{bmatrix} f_{n,11}(z) & f_{n,12}(z) & f_{n,13}(z) & f_{n,14}(z) \\ f_{n,21}(z) & f_{n,22}(z) & f_{n,23}(z) & f_{n,24}(z) \\ f_{n,31}(z) & f_{n,32}(z) & f_{n,33}(z) & f_{n,34}(z) \\ f_{n,41}(z) & f_{n,42}(z) & f_{n,43}(z) & f_{n,44}(z) \end{bmatrix}$$

die Beziehung

$$\sum_{n=1}^{\infty} \mathbf{h}_n(x)\, \bar{z}_n(z) = \sum_{n=1}^{\infty} \mathbf{h}_n(x)\, \mathbf{F}_n(z)\bar{C}_n. \tag{7}$$

Ihre Umstellung liefert

$$\sum_{n=1}^{\infty} \mathbf{h}_n(x)\left[\bar{z}_n(z) - \mathbf{F}_n(z)\bar{C}_n\right] = 0, \tag{8}$$

was nur null sein kann, wenn jeder Klammerausdruck für sich null ist. Das heißt, es muß sein

$$\bar{z}_n(z) - \mathbf{F}_n(z)\bar{C}_n = 0. \tag{9}$$

Für z = 0 ergibt sich

$$\bar{z}_n(0) = \mathbf{F}_n(0)\bar{C}_n;$$

mithin ist

$$\bar{C}_n = \mathbf{F}_n^{-1}(0)\bar{z}_n(0). \tag{1o}$$

Aus Gl.(9) bekommt man demnach durch Einsetzen von $\bar{C}_n$ nach Gl.(1o) zwischen dem Zustandsvektor

$$\bar{z}_{n,A} = \bar{z}_n(0)$$

am Anfang und dem Zustandsvektor

$$\bar{z}_{n,B} = \bar{z}_n(b)$$

am Ende eines Scheibenstreifens von der Breite b mit der Übertragungsmatrix

$$\mathbf{U}_n = \mathbf{F}_n^{-1}(0)\mathbf{F}_n(b)$$

die Zuordnung

$$\bar{z}_{n,B} = \mathbf{U}_n\bar{z}_{n,A}. \tag{11}$$

(Hinsichtlich der Elemente von $\mathbf{U}_n$ siehe Anhang).

Dafür schreibt man allgemeiner mit bezug auf den i-ten Scheibenstreifen

$$\bar{z}_{n,B}^{(i)} = \mathbf{U}_n^{(i)}\bar{z}_{n,A}^{(i)}. \tag{12}$$

Stellt man jetzt die Forderung, daß zwischen den Streifen mit den Nummern i und k die Bedingung

$$\bar{z}^{(k)}_{n,A} = \mathbf{P}^{(ki)}_{n}\bar{z}^{(i)}_{n,B} \qquad (13)$$

gilt, wobei $\mathbf{P}^{(ki)}_{n}$ eine (4,4)-Matrix ist, deren Elemente sich aus nachstehenden Übergangsbedingungen bestimmen lassen.

1. $t_k\ \sigma^{(k)}_{z,n}(0) = t_i\ \sigma^{(i)}_{z,n}(b_i).$

2. $\varepsilon^{(k)}_{x,n}(0) = \varepsilon^{(i)}_{x,n}(b_i)$ bzw.

$$\frac{1}{E_k}[\sigma^{(k)}_{x,n}(0) - \nu_k\ \sigma^{(k)}_{z,n}(0)] = \frac{1}{E_i}\ [\sigma^{(i)}_{x,n}(b_i) - \nu_i\ \sigma^{(i)}_{z,n}(b_i)]$$

3. $t_k\ \tau^{(k)}_{n}(0) = t_i\ \tau^{(i)}_{n}(b_i).$

4. $\tilde{w}^{(k)}_{z,n}(0) = \tilde{w}^{(i)}_{z}b_i).$

Danach ist

$$\mathbf{P}^{(k,i)}_{n} = \begin{bmatrix} \frac{t_i}{t_k} & 0 & 0 & 0 \\ (-\nu_i\ \frac{E_k}{E_i} + \frac{t_i}{t_k}\ \nu_k) & \frac{E_k}{E_i} & 0 & 0 \\ 0 & 0 & \frac{t_i}{t_k} & 0 \\ 0 & 0 & 0 & 1 \end{bmatrix},$$

was leicht nachvollzogen werden kann.

Wendet man jetzt das Übertragungsmatrizenverfahren (Lit. 2) auf die gesamte Gurtbreite an, dann erhält man zwischen den Zustandsvektoren in Brückenmitte und in Stegachse bei r Gurtstreifen die Verknüpfung

$$\bar{z}^{(r)}_{n,B} = \mathbf{U}^{(r)}_{n}\mathbf{P}^{(r,q)}_{n}\mathbf{U}^{(q)}_{n}\ldots\ldots\ldots\mathbf{P}^{(2,1)}_{n}\mathbf{U}^{(1)}_{n}\bar{z}^{(1)}_{n,A}. \qquad (14)$$

Oder bei Verwendung der Abkürzungen

$$\mathbf{L}^{M}_{n} = \mathbf{U}^{(r)}_{n}\mathbf{P}^{(r,q)}_{n}\mathbf{U}^{(q)}_{n}\ldots\ldots\ldots\mathbf{P}^{(2,1)}_{n}\mathbf{U}^{(1)}_{n}\bar{z}^{(1)}_{n,A},$$

$$\bar{z}^{(r)}_{n,B} = \bar{s}^{M}_{n}, \quad \bar{z}^{(1)}_{n} = \bar{x}^{M}_{n},$$

$$\bar{s}^{M}_{n} = \mathbf{L}^{M}_{n}\bar{x}^{M}_{n}, \qquad (15)$$

wobei der obenstehende Index M auf den Gurtstreifen zwischen den Stegen hinweisen soll. Eine entsprechende Gleichung läßt sich für den Konsolbereich angeben, die durch den hochstehenden Index K gekennzeichnet werden soll.

$$\bar{s}_n^K = \mathbf{L}_n^K \ \bar{x}_n^K . \tag{16}$$

Nun bedarf es noch der Einarbeitung der Randbedingungen. Dabei ist zu unterscheiden zwischen drei Möglichkeiten, und zwar muß gelten

in Brückenmitte

1. für symmetrische Belastung

$$\sigma_z \neq 0 \ ; \quad \sigma_x \neq 0 \ ; \quad \tau = 0 \ ; \quad \tilde{w} = 0 \ ;$$

2. für antimetrische Belastung

$$\sigma_z = 0 \ ; \quad \sigma_x = 0 \ ; \quad \tau \neq 0 \ ; \quad \tilde{w} \neq 0 \ ;$$

am Konsolenaußenrand (freies Ende)

$$\sigma_z = 0 \ ; \quad \sigma_x \neq 0 \ ; \quad \tau = 0 \ ; \quad \tilde{w} \neq 0.$$

Mit diesen Randbedingungen und den Forderungen, daß in der Stegachse die Vektorelemente von $\bar{s}_n^M$ und $\bar{s}_n^K$ nachfolgende Bedingungen erfüllen müssen.

$$s_n^M\,(1) = s_n^K\,(1)$$

$$\left.\begin{aligned} s_n^M\,(2) &= 1 \\ s_n^K\,(3) &= 1 \end{aligned}\right\} \quad \begin{aligned} &\text{Einheitsspannung } \sigma_{x,n} \\ &\text{(frei wählbare Größen)} \end{aligned}$$

$$s_n^M\,(4) = -s_n^K\,(4)$$

sind sämtliche Vektorelemente von $\bar{x}_n^M$ und $\bar{x}_n^K$ bestimmt; auf Einzelheiten hierzu kann verzichtet werden.

Sind die Anfangsvektoren $\bar{x}_n^M$ und $\bar{x}_n^K$ berechnet, dann lassen sich in einem zweiten Schritt die Spannungsverläufe σ_z, σ_x, τ, die Verschiebung w_z, die Dehnungen ε_z, ε_x und als weitere Größen

$$N_{x,n}(z) = \int_0^z t(u)\sigma_x(u)du \tag{17}$$

und

$$M_{x,n}(z) = \int_0^z N_{x,n}(u)du \tag{18}$$

ermitteln. Dabei erweitern sich die Matrizen $\mathbf{U}_n$ auf die Größe (8,4) (siehe Anhang) und die Matrizen $\mathbf{P}_n$ auf die Größe (8,8), wobei die Erweiterung der letzteren aus Nullelementen besteht, bis auf die Hauptdiagonalelemente, die die Größe "Eins" haben.

Schließlich liefern die Ausdrücke

$$\mu_n = \frac{N_{x,n}(B)}{\int_0^B t(z)dz} \tag{19}$$

und

$$\rho_n = \frac{M_{x,n}(B)}{B \cdot N_{x,n}(B)} \tag{2o}$$

auf Gurtfläche und Gurtbreite bezogene dimensionslose Größen für die mitwirkende Gurtfläche und den Abstand der Resultierenden der Gurtkraft.

Mit ihrer Hilfe lassen sich für sinusförmige Belastungen in der Stegachse die Mitwirkung der Gurte in Abhängigkeit von α_n in die Haupttragwerksberechnung aufnehmen, was natürlich für jedes Reihenglied andere Querschnittswerte zur Folge hat.

3. Anwendung

Das oben beschriebene Rechenverfahren bildet die Grundlage eines Rechenprogrammes, so daß es möglich ist, umfangreiche Auswertungen vorzunehmen. Für drei besonders markante, aus Abb. 2 hervorgehende Fälle, enthalten die Diagramme der Abb. 3,4 und 5 die Ergebnisse für die mitwirkende Gurtfläche und den bezogenen Spannungsverlauf für σ_x. Die Querkontraktion wurde dabei zu 1/6 angenommen.

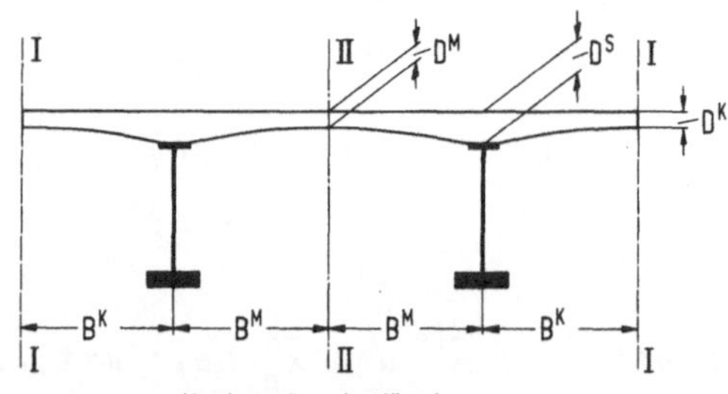

Vouten: Parabelförmig

Querschnitt Formen	D^M	D^S	D^K	Legende
Fall A	$2{,}5\cdot\pi$	$2{,}5\cdot\pi$	$2{,}5\cdot\pi$	————
Fall B	$2{,}5\cdot\pi$	$5{,}0\cdot\pi$	$2{,}5\cdot\pi$	– – – – – –
Fall C	$2{,}5\cdot\pi$	$7{,}5\cdot\pi$	$2{,}5\cdot\pi$	–··–··–··–
Fall D	$2{,}5\cdot\pi$	$5{,}0\cdot\pi$	$3{,}25\cdot\pi$	–·–·–·–
Fall E	$2{,}5\cdot\pi$	$5{,}0\cdot\pi$	$4{,}0\cdot\pi$	·············

Beispiele in Diagramm	Stützweite L	Formen	B^M	B^K	Randbe. I-I	Randbe. II-II
I	$1000\cdot\pi$	A,B,C	$50\cdot\pi$	$50\cdot\pi$	1	1
II	$1000\cdot\pi$	A,B,C	$50\cdot\pi$	$50\cdot\pi$	3	1
III	$1000\cdot\pi$	A,B,C	$50\cdot\pi$	$50\cdot\pi$	3	2
IV	$1000\cdot\pi$	A,D,E	$50\cdot\pi$	$25\cdot\pi$	3	1
V	$1000\cdot\pi$	A,D,E	$50\cdot\pi$	$25\cdot\pi$	3	2

Randbedingung: 1 Symmetrische Belastung } innen
2 Antimetrische Belastung } innen
3 Freier Rand außen

Abb. 2 Systemangaben für Rechenbeispiele

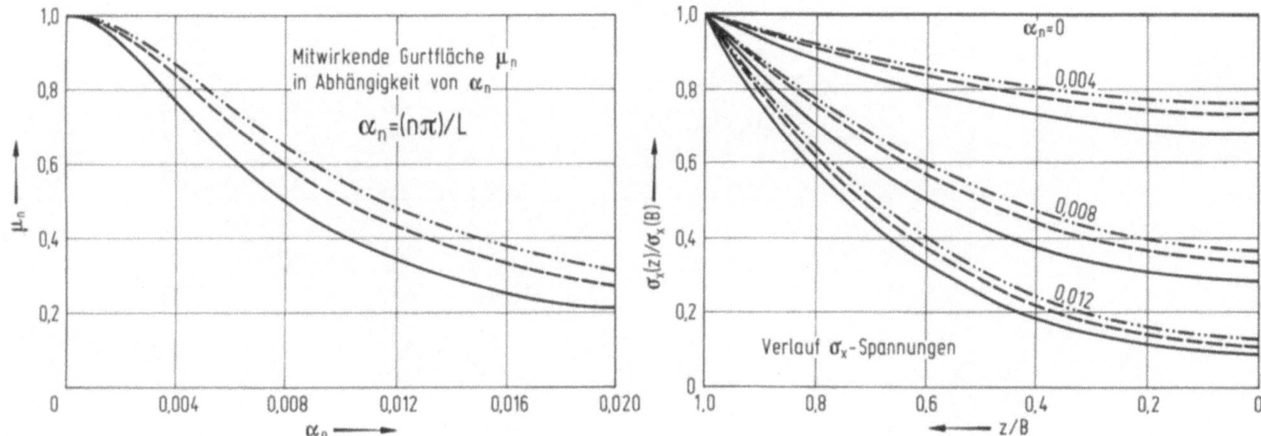

Abb. 3 Rechenergebnisse für durchlaufende Gurte Diagramm I, Symmetrische Belastung

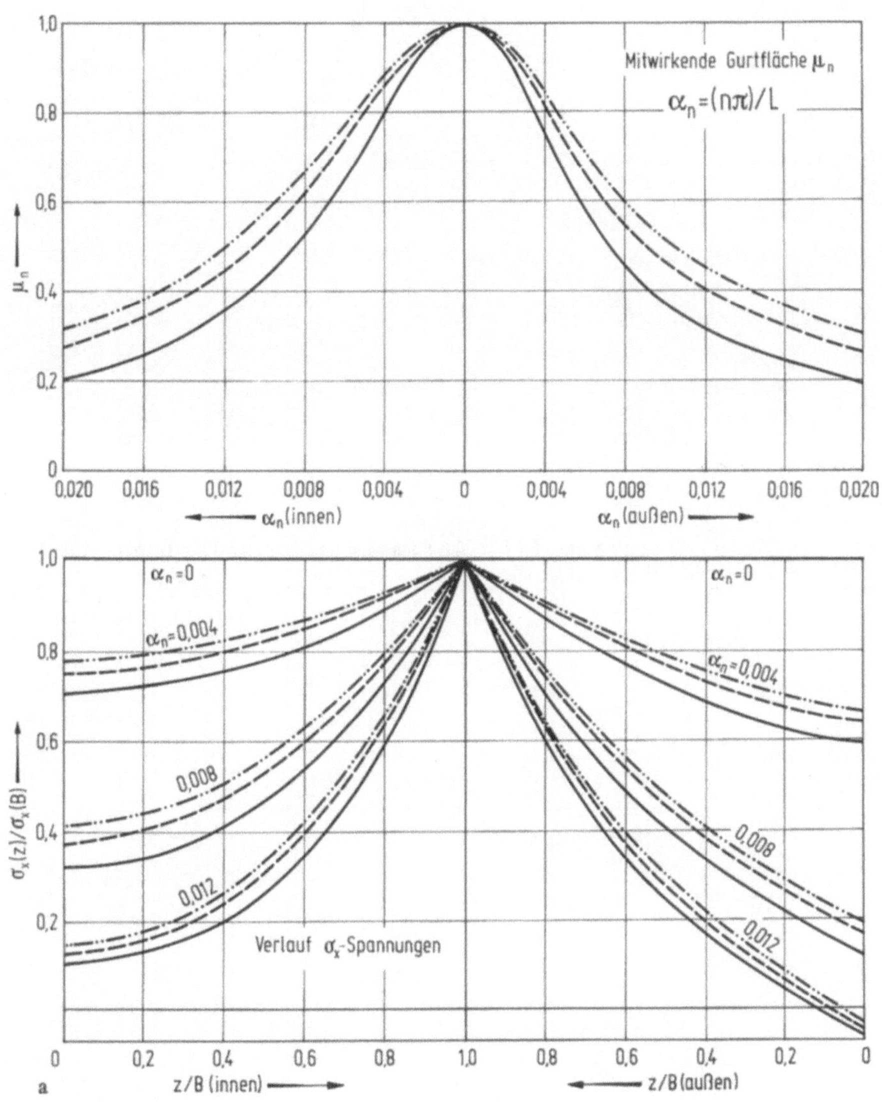

Abb. 4 Rechenergebnisse für Plattenbalken $B^K = B^M$
a) Diagramm II , Symmetrische Belastung

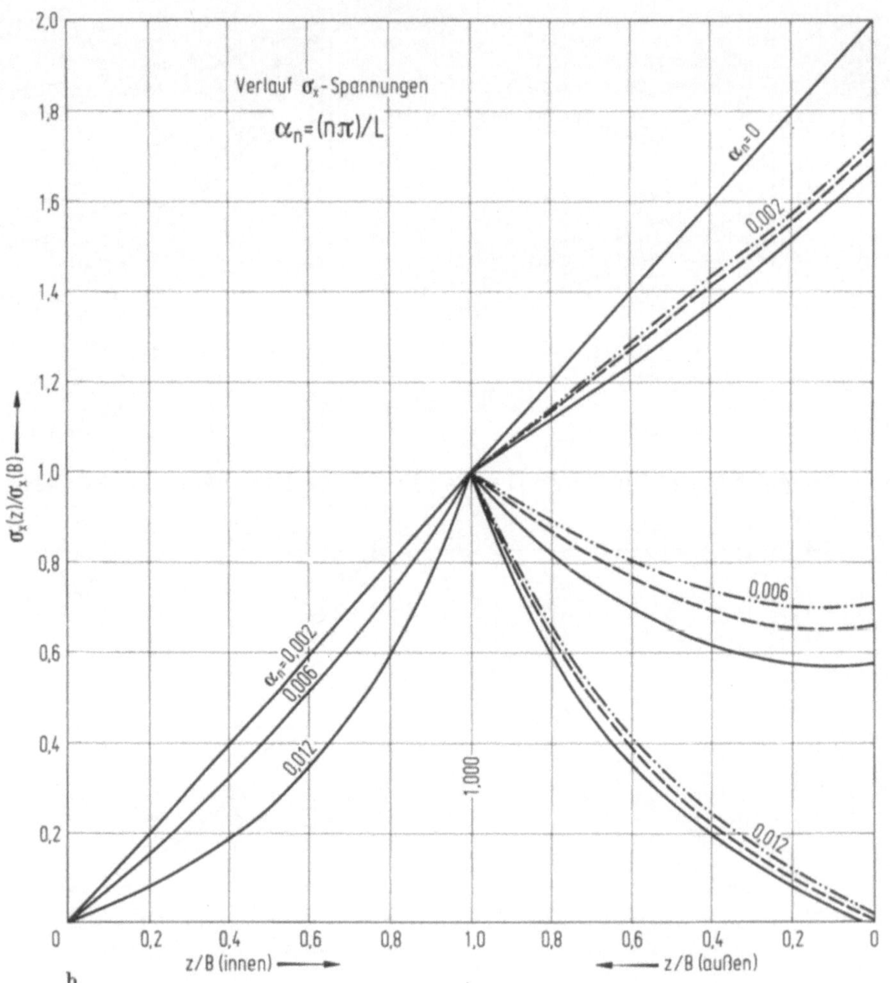

b) Diagramm III, Antimetrische Belastung

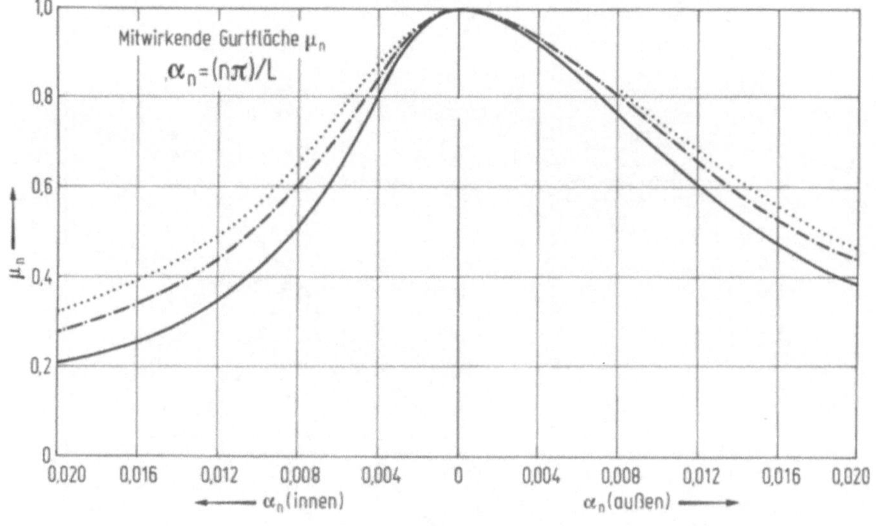

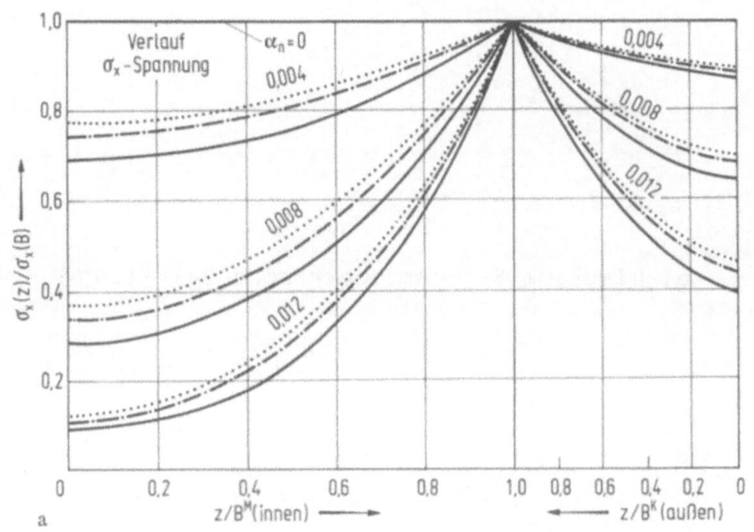

Abb. 5 Rechenergebnisse für Plattenbalken $B^K = 0{,}5\ B^M$
a) Diagramm IV, Symmetrische Belastung

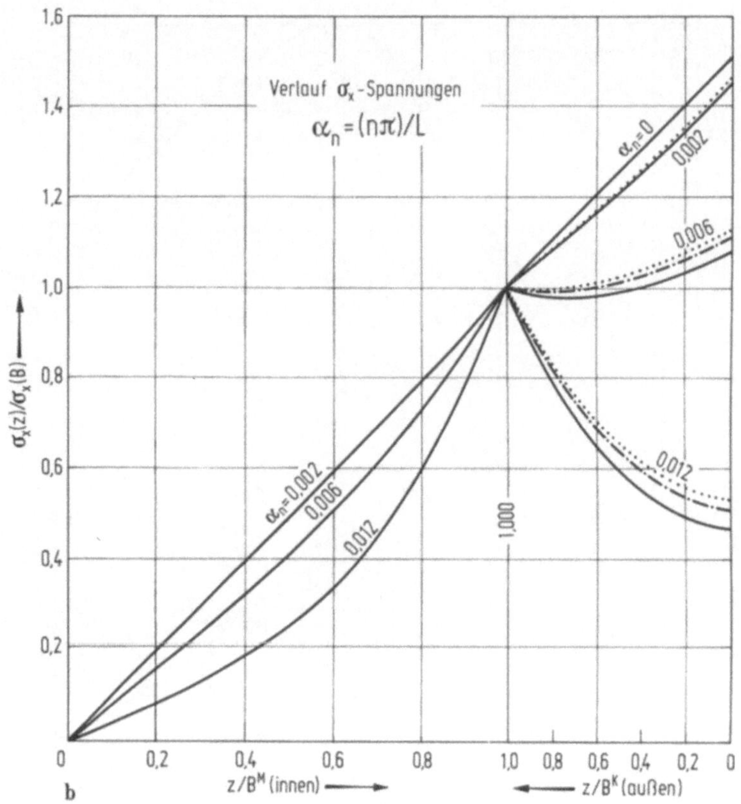

b) Diagramm V , Antimetrische Belastung

Literaturverzeichnis

(1) Schmidt, H.: Die mittragende Wirkung der Fahrbahnen breiter Plattenbalkenbrücken. Dissertation Universität Braunschweig 197o. (Die Arbeit enthält eine umfangreiche Literaturrecherche).

(2) Zurmühl, R.: Matrizen. 3. Auflage. Berlin Göttingen Heidelberg, Springer 1961.

(3) Girkmann, K.: Flächentragwerke. 5. Auflage. Wien Springer-Verlag 1959.

$$a_n = \alpha_n b$$

$$\begin{bmatrix} \sigma_{z,n}(b) \\ \sigma_{x,n}(b) \\ \tau_n(b) \\ W_{z,n}(b) - K_n \\ \varepsilon_{z,n}(b) \\ \varepsilon_{x,n}(b) \\ N_{x,n}(b) - N_{x,n}(o) \\ M_{x,n}(b) - \left[M_{x,n}(o) + b\, N_{x,n}(o)\right] \end{bmatrix} = \begin{bmatrix}
\cosh a_n - \frac{1}{2} a_n \sinh a_n & -\frac{1}{2} a_n \sinh a_n & -\frac{1-\nu}{2} \sinh a_n - \frac{1+\nu}{2} a_n \cosh a_n & \frac{E\alpha_n}{2}\left[\sinh a_n - a_n \cosh a_n\right] \\
\frac{1}{2} a_n \sinh a_n & \cosh a_n + \frac{1}{2} a_n \sinh a_n & \frac{1-\nu}{2} \sinh a_n + \frac{1+\nu}{2}\left[2 \sinh a_n + a_n \cosh a_n\right] & \frac{E\alpha_n}{2}\left[\sinh a_n + a_n \cosh a_n\right] \\
\frac{1}{2}\left[a_n \cosh a_n - \sinh a_n\right] & \frac{1}{2}\left[\sinh a_n + a_n \cosh a_n\right] & \cosh a_n + \frac{1+\nu}{2} a_n \sinh a_n & \frac{E\alpha_n}{2}\left[a_n \sinh a_n\right] \\
\frac{1+\nu}{E\alpha_n}\left[\sinh a_n - \frac{1}{2} a_n \cosh a_n + \frac{1-\nu}{1+\nu} \cdot \frac{1}{2} \sinh a_n\right] & \frac{1+\nu}{2E\alpha_n}\left[-a_n \cosh a_n - \frac{1-\nu}{1+\nu} \sinh a_n\right] & -\frac{(1+\nu)^2}{2E\alpha_n^2}\left[a_n \sinh a_n - \frac{1-\nu}{1+\nu} \cosh a_n\right] - \frac{1-\nu^2}{2E\alpha_n} \cosh a_n & \frac{1+\nu}{2}\left[\cosh a_n - a_n \sinh a_n + \frac{1-\nu}{1+\nu} \cosh a_n\right] \\
\frac{1+\nu}{E}\left[\cosh a_n - \frac{1}{2} a_n \sinh a_n - \frac{\nu}{1+\nu} \cosh a_n\right] & -\frac{1+\nu}{2E}\left[a_n \sinh a_n + \frac{2\nu}{1+\nu} \cosh a_n\right] & -\frac{(1+\nu)^2}{2E}\left[a_n \cosh a_n + \frac{2\nu}{1+\nu} \sinh a_n\right] - \frac{1-\nu^2}{2E} \sinh a_n & \frac{\alpha_n(1+\nu)}{2}\left[\sinh a_n - a_n \cosh a_n - \frac{2\nu}{1+\nu} \sinh a_n\right] \\
\frac{1+\nu}{E}\left[-\cosh a_n + \frac{1}{2} a_n \sinh a_n + \frac{1}{1+\nu} \cosh a_n\right] & \frac{1+\nu}{2E}\left[a_n \sinh a_n + \frac{2}{1+\nu} \cosh a_n\right] & \frac{(1+\nu)^2}{2E}\left[a_n \cosh a_n + \frac{2\nu}{1+\nu} \sinh a_n\right] + \frac{1-\nu^2}{2E} \sinh a_n & \frac{\alpha_n(1+\nu)}{2}\left[-\sinh a_n + a_n \cosh a_n + \frac{2}{1+\nu} - \sinh a_n\right] \\
\frac{t}{\alpha_n}\left[-\sinh a_n + \frac{1}{2}(a_n \cosh a_n + \sinh a_n)\right] & \frac{t}{2\alpha_n}\left[a_n \cosh a_n + \sinh a_n\right] & \frac{(1+\nu)t}{2\alpha_n}\left[a_n \sinh a_n + \cosh a_n - 1\right] + \frac{(1+\nu)t}{2\alpha_n}\left[\cosh a_n - 1\right] & \frac{Et}{2}\left[a_n \sinh a_n\right] \\
\frac{t}{\alpha_n^2}\left[1 - \cosh a_n + \frac{1}{2} a_n \sinh a_n\right] & \frac{t}{2\alpha_n^2}\left[a_n \sinh a_n\right] & \frac{(1-\nu)t}{2\alpha_n^2}\left[\sinh a_n - a_n\right] + \frac{(1+\nu)t}{2\alpha_n^2}\left[a_n \mathrm{cosn}\, a_n - a_n\right] & \frac{Et}{2\alpha_n}\left[a_n \cosh a_n - \sinh a_n\right]
\end{bmatrix} \begin{bmatrix} \sigma_{z,n}(0) \\ \sigma_{x,n}(0) \\ \tau_n(0) \\ \tilde{W}_{z,n}(0) \end{bmatrix}$$

Festigkeit von Holzspanplatten als Bauteile

F. KOLLMANN, München

1. Verbrauch von Spanplatten im Bauwesen

Charakteristisch für die Spanplattenindustrie ist ihr außerordentlich rasches Wachstum. Entgegen früheren Erwartungen ist auf der S-förmigen Wachstumskurve der etwa für 1965 erwartete Wendepunkt, von dem ab die Wachstumsgeschwindigkeit nicht mehr zu-, sondern abnimmt, noch nicht erreicht. In den letzten 5 Jahren hat sich der Ausstoß von Spanplatten nahezu verdoppelt und erreichte 1971 eine Höhe von rund 4,3 Mio. m^3 (Lit. 1). Verschiedene Ursachen spielten dabei eine Rolle, von denen nur die wichtigsten erwähnt seien:

1. Holzwerkstoffe (Sperrholz, Spanplatten, Faserplatten) sind großflächig und lassen sich im Trockenbau leicht und wirtschaftlich verarbeiten.

2. Spanplatten sind im Vergleich zu Nadelschnittholz und Sperrholz preisgünstig. Während der Index der Erzeugerpreise in der BRD für Nadelschnittholz im Jahre 1956 rund 97%, im Jahre 1971 rund 1o8% betrug, waren die entsprechenden Zahlen für Spanplatten 126% bzw. 77%.

3. Die Möbelerzeugung, die fortlaufend sehr große Mengen von Spanplatten aufnimmt, hat ihre Produktion seit 1966 etwa verdoppelt; mit weiteren hohen Zuwachsraten wird gerechnet.

4. Oberflächenveredelte Spanplatten erlangten immer größere Bedeutung. Dabei ist wesentlich, daß 1966 folgende Mengen erzeugt wurden: Furnierte Spanplatten 12,5 Mio. m^2, beschichtete Spanplatten 5,o Mio. m^2, im Jahre 1972 hingegen nur mehr 7,5 Mio. m^2 furnierte, aber 63,5 Mio. m^2 beschichtete Spanplatten.

5. Während Spanplatten ursprünglich (von ihrem industriellen Anfang an, d.h. von etwa 195o) bis 1958 fast ausschließlich bei der Möbelherstellung verarbeitet wurden, gelangte dann ein stets größer werdender Anteil in die Bauindustrie. Abb. 1 zeigt, daß 1971 von den verbrauchten

---

Beitrag in "Theorie und Berechnung von Tragwerken", Springer-Verlag 1974, von Prof. Dr.-Ing. Dr.h.c. Franz Kollmann, Institut für Holzforschung und Holztechnik, Universität München

4,42 Mio. m^3 Spanplatten auf die reine Möbelindustrie rund 45%, die gleiche Menge aber auf die Bauindustrie entfielen (Lit. 1, 2).

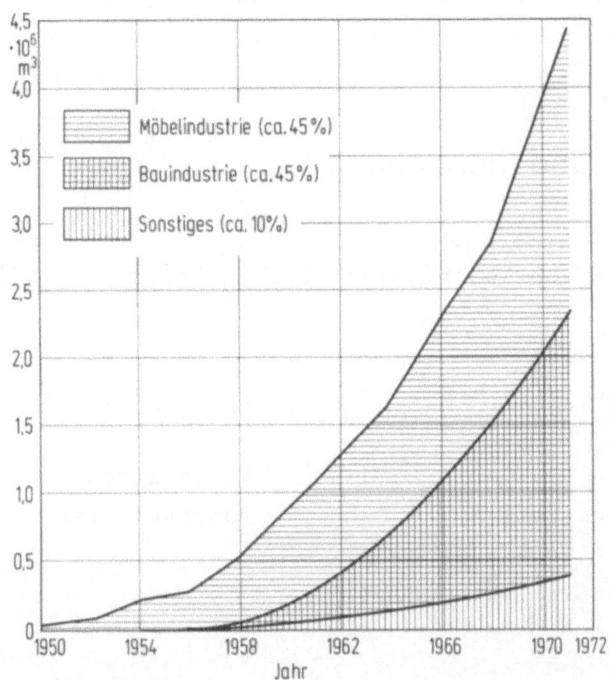

Abb. 1 Verbrauchsentwicklung bei Spanplatten in der BRD, aufgegliedert nach Verwendungsgebieten (Stegmann, 1972, nach FESYP-Umfragen)

Ursprünglich wurden Spanplatten nur für den Innenausbau verwendet: Für Trennwände, Wand- und Deckenverschalungen, zur Dachisolierung, für Einbauten, Umbauten, beim Ladenbau, als Unterböden - in den U.S.A. entfallen etwa 4o% der Spanplattenproduktion auf diesen Zweck (Lit. 3) - und neuerdings in steigendem Umfang in Fertighäusern. Als Bindemittel für Spanplatten dienten lange Zeit in Mitteleuropa zu über 9o% Harnstoff-Formaldehydharze. Das festigkeitsmäßig wirtschaftliche Optimum liegt bei etwa 9% Harnstoffharz-Gehalt (Trockenharz, bezogen auf das absolute Trockengewicht der Holzspäne). Bei dreischichtigen Spanplatten wählt man je nach den Spanformen und Preßbedingungen für die Innenschicht 6 bis 8%, für die Deckschichten 1o bis 12% Bindemittelgehalt.

Der Wunsch, wetterfeste Spanplatten zu erzeugen, die auch zu Außenwänden, Dächern usw. verarbeitet werden können, führte zur Verwendung von Phenol- und Kresolharzen (AW 1oo nach DIN 68 7o5 und WBP nach British Standard 1455; zur Technologie der Phenolharze (Lit.4)). In den U.S.A. sind solche Harze trotz ihres verhältnismäßig hohen Preises und gewisser Nachteile bei der Anwendung (höhere Preßtemperaturen, längere Preßzeiten) früh und ausgedehnt bei der Spanplattenherstellung eingesetzt worden. Die Güteeigenschaften dieser Platten entsprechen nicht denen europäischer Platten. In den Jahren 1961/62 erzeugte ein bedeutendes deutsches Spanplattenwerk erstmals phenolharz-verleimte Spanplatten industriell und gab den Anstoß zu erweiterter Anwendung von Spanplatten im Bauwesen.

2. Spanplattentypen und -herstellung

Es gibt folgende Typen von Spanplatten (DIN 68 761 u. 68 764):

Flachpreßplatten	Strangpreßplatten
einschichtig	Vollplatten
drei- und mehrschichtig	Röhrenplatten
graduiert (stufenloser Übergang von außen feinen zu innen groben Spänen)	

Flachgepreßte Spanplatten werden aus zerkleinerten und zerspanten (vor- und nachzerkleinerten) Rohhölzern (Rundholz, Knüppel, Scheiter, Schwarten, Säumlinge, Resthölzer der Furnierherstellung, Schäl- und Hobelspäne) nach Trocknung, Sichtung, Sortierung, Silierung, Beleimung und gegebenenfalls Imprägnierung durch diskontinuierliches oder kontinuierliches Einstreuen auf Formbleche oder blechlose Förderbänder, unter Umständen nach vorhergehender kalter Vorpressung, in hydraulischen Heißpressen mit vorwiegend vielen, z.B. bis zu 24 Etagen, verpreßt. Die flächigen, schuppenförmigen, auch splittrigen Späne liegen flach übereinander. Die größten Heizplatten-Formate liegen bei etwa 155o mm x 515o mm. Die spezifischen Preßdrücke betragen gewöhnlich bis zu 25 kp/cm^2. Graduierte Platten werden durch Streuung der Späne mittels Wind- oder Wurfschüttung erzeugt.

Bei stranggepreßten Platten werden die Späne nach üblicher Aufbereitung mittels eines Preßkolbens durch einen Formkanal gepreßt. Die Platten treten als endloses Band aus der Presse. Durch Einbau von Röhren in die Strangpresse können in den Platten durchlaufende Hohlräume erzeugt werden. Der endlose Plattenstrang wird automatisch auf gewünschte Längen abgelängt.

Im Frühjahr 1972 gab es in der BRD die in Tabelle 1 aufgeführten Fertigungsanlagen für Spanplatten (Lit. 1).

Tabelle 1 Fertigungsanlagen für Spanplatten in der BRD 1972

	Werke Anzahl	Pressen Anzahl	Kapazität Mio. m^3
1. Ein-Etagen-Flachpressen (zusätzlich in Mehr-Etagen-Anlagen)	12 (9)	32 (17)	1,25
2. Mehr-Etagen-Flachpressen	5o	68	4,35
3. Strangpressen (zusätzlich in Flachpressen-anlagen)	7 (1)	33	o,25
Summe	69	15o	5,85

Rechnerisch entfielen von der gesamten Spanplattenproduktion rund 95,7% auf Flachpreßplatten und nur 4,3% auf Strangpreßplatten. Die Herstellungsverfahren sind näher beschrieben von Kollmann und Mitarbeitern (Lit. 5.) sowie von Trutter und Himmelheber (Lit. 6).

3. Rohdichte und Struktur

Die Rohdichte der Spanplatten, die für das Bauwesen in Frage kommen, liegt zwischen 4oo und 95o kg/m^3. Die Rohdichte beeinflußt die physikalischen und mechanischen Eigenschaften (Lit. 7). Die meisten Verbraucher wünschen, daß die Platten ausreichend steif und fest sind, um sie leicht handhaben zu können; eine besondere Rolle spielt dies bei großformatigen Platten, die in Ein-Etagen-Pressen hergestellt werden und bei einer maximalen Breite von rund 2,6o m und einer maximalen Länge von rund 13 m eine Plattenfläche von etwa 34 m^2 haben; bei einer Plattendicke von 19 mm und einer Rohdichte von 65o kg/m^3 ergibt sich ein Plattengewicht von rund 42o kg. Die Platten müssen fest genug sein, um bei Konstruktionen ihr Eigengewicht zu tragen.

Allgemein gilt

1. Die Rohdichte wird umso größer, je feiner und gleichmäßiger die verarbeiteten Späne sind und je höher der Preßdruck bei der Fertigung ist.

2. Die Rohdichte ist über die Plattendicke nicht gleichmäßig verteilt, vielmehr treten bei Flachpreßplatten Maxima in den äußersten Schich-

ten oder nahe diesen Schichten, Minima in der Plattenmitte auf (Abb. 2). Verfahrenstechnische Einzelheiten haben darauf Einfluß. Bei geschliffenen Platten liegen die Höchstwerte der Rohdichte unmittelbar unter den Oberflächen.

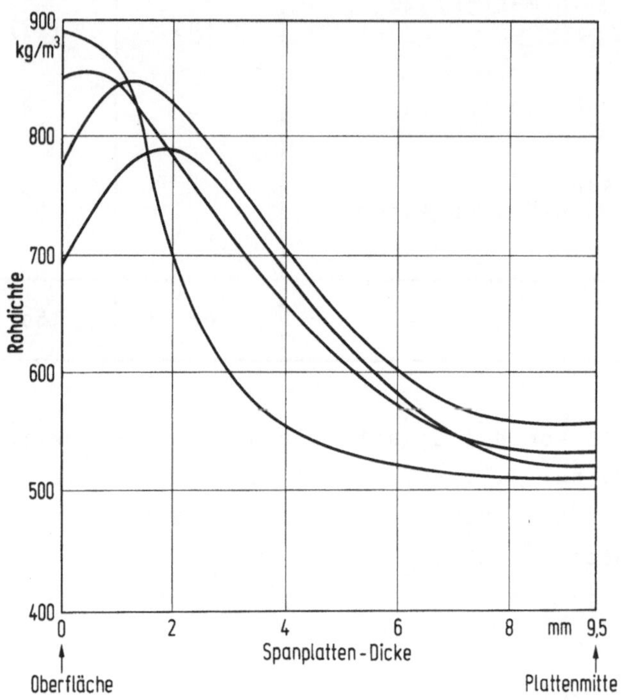

Abb. 2 Verteilung der Rohdichte über die Plattendicke (19 mm) von vier verschiedenen güteüberwachten Flachpreßplatten (Teichgräber, in Kollmann (Lit. 5) S. 539)

3. Die Rohdichte der Rohhölzer hat erheblichen Einfluß auf die Rohdichte der erzeugten Spanplatten. Durch Abstimmung des Preßdrucks kann man aus spezifisch verschieden schweren Hölzern Spanplatten mit gleicher Rohdichte erhalten. Die spezifisch leichteren Hölzer werden verhältnismäßig stärker zusammengepreßt und liefern dadurch festere Platten, wie Abb. 3 beweist (Lit. 8).

4. Mit Phenolharz verleimte Platten haben im allgemeinen eine höhere Rohdichte als solche mit Harnstoffharzen als Bindemittel.

5. Platten mit geringer Dicke haben in der Regel eine höhere Rohdichte als solche mit großer Dicke.

6. Elastizitätsmodul und Festigkeitseigenschaften bei statischer Beanspruchung nehmen direkt proportional oder schwach parabolisch mit steigender Rohdichte zu;

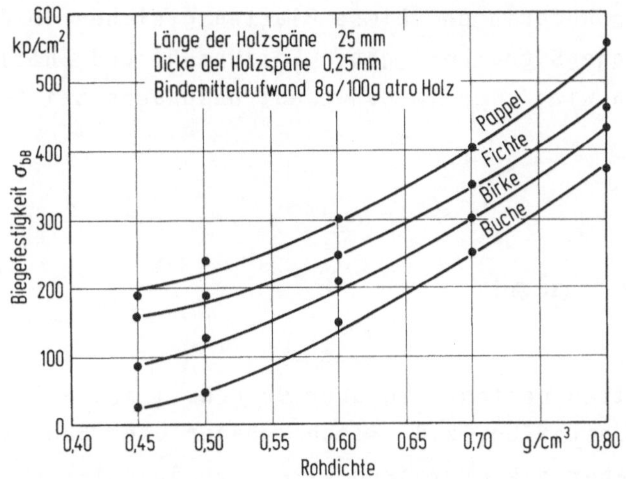

Abb. 3 Biegefestigkeit von Holzspanplatten aus verschiedenen Holzarten, nach Klauditz (Lit. 8) (mittlere Rohdichten in kg/m^3 der Holzarten bei 15% Feuchtigkeit nach Kollmann, Technologie des Holzes und der Holzwerkstoffe, 2. Aufl., Bd.1, Springer-Verlag, Berlin, Göttingen, Heidelberg, 1951, Anhang-Tafel V: Pappel 45o, Fichte 47o, Birke 65o, Buche 72o kg/m^3)

7. Die Struktur der Platten über ihrem Querschnitt beeinflußt das mechanische Verhalten. Abb. 4 zeigt den Verlauf der Biegespannungen über den Querschnitt von auf Biegung beanspruchten einschichtigen, dreischichtigen und graduierten Platten (Lit. 9, 1o).

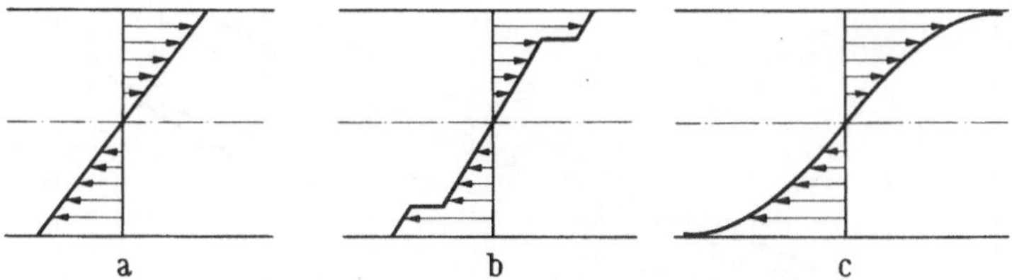

Abb. 4 Verlauf der Biegespannungen über den Querschnitt von auf Biegung beanspruchten a.) einschichtigen, b.) dreischichtigen, c.) graduierten Spanplatten (Greten, in Kollmann (Lit. 5), S. 442)

Als sicher kann gelten, daß in Zukunft mehr noch als bisher Platten mit besonderen technologischen und mechanischen Eigenschaften hergestellt werden, z.B. solche mit besonders glatten Oberflächen durch Feinschichtauflagen auf den Außenseiten. Es wurde nachgewiesen, daß dadurch keine nennenswerte Festigkeitseinbuße eintritt (Lit. 11). Der Einfluß der Befeuchtung bzw. Feuchterhaltung der Decklagenspäne wurde schon 1942 von Fahrni zum Patent angemeldet (Lit. 12) und von Klauditz (Lit. 13) und Kollmann (Lit. 14) technisch-wissenschaftlich erforscht.

Es gelang nicht nur, die Spanplatten-Oberflächen (meist mit melaminharz-getränkten Trägerbahnen) zu beschichten, wodurch diese "Verbundplatten" fester, feuchtigkeitsundurchlässig, kratzfest, gegen viele Chemikalien unempfindlich und schöner werden, sondern man kann auch verschiedenfarbige mineralische Granulate mit Kunstharzklebern aufbringen. Diese Platten gleichen im Aussehen verputzten Wänden und bieten hohe Sicherheit gegen Entzündung und Entflammung. Die Anwendung solcher Platten wird sich im Bauwesen, besonders bei Fertighäusern, fortsetzen.

4. Einfluß der Feuchtigkeit

Wasserfreie Spanplatten bestehen zu über 9o Gew.-% aus Holz oder anderen lignocellulosehaltigen Rohstoffen (z.B. Flachsschäben oder Bagasse). Lignocellulose ist hygroskopisch, aber die Hygroskopizität von Spanplatten ist im Vergleich zu unbehandeltem Holz verringert (Abb. 5).

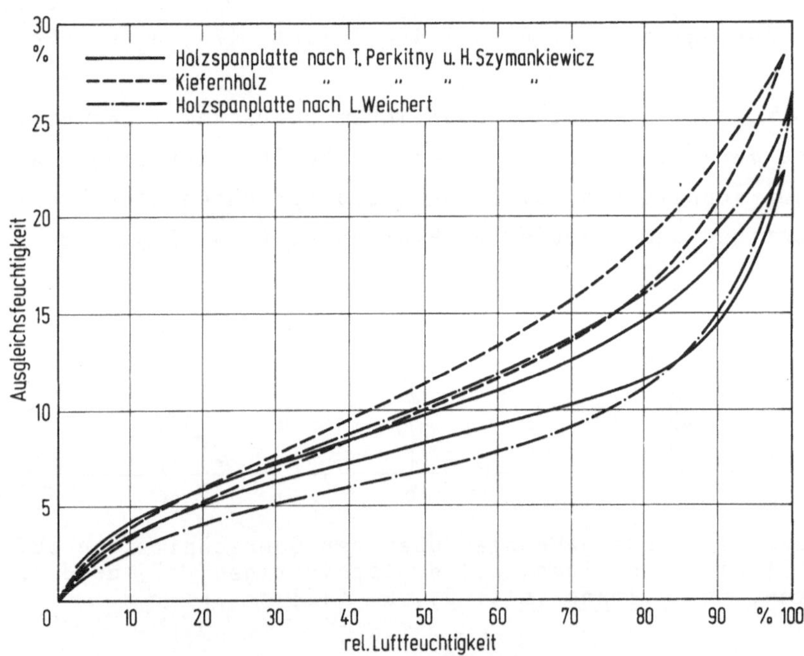

Abb. 5 Hygroskopische Isothermen für Desorption und Adsorption von Holzspanplatten und Kiefernholz, in Kollmann (Lit. 5), S. 546

Mit jeder Feuchtigkeitsaufnahme von Holz und Holzwerkstoffen, also auch von Spanplatten, ist unterhalb des Fasersättigungspunktes eine Abnahme der Festigkeitseigenschaften verbunden. Sie ist aber bei Holzspanplatten nicht so ausgeprägt wie bei Vollholz. Perkitny (Lit. 15) hat dies festgestellt (Abb. 6). Bemerkenswert ist, daß die besonders wichtige Biegefestigkeit im Bereich von 0 bis 15% praktisch unabhängig von der Holzfeuchtigkeit ist. Erst darüber nehmen die Festigkeitseigenschaften ab. Die für das mechanische Verhalten von Spanplatten im Bauwesen besonders wichtige Querzugfestigkeit steigt sogar von 0 bis 1o% Holzfeuchtigkeit um etwa 36% an, dann wird ein Maximum erreicht, hierauf folgt ein Abfall um rund 55%. Die Zugabe wasserabweisender Stoffe senkt die Wasserabsorption und Quellung bei Spanplatten (Lit. 16).

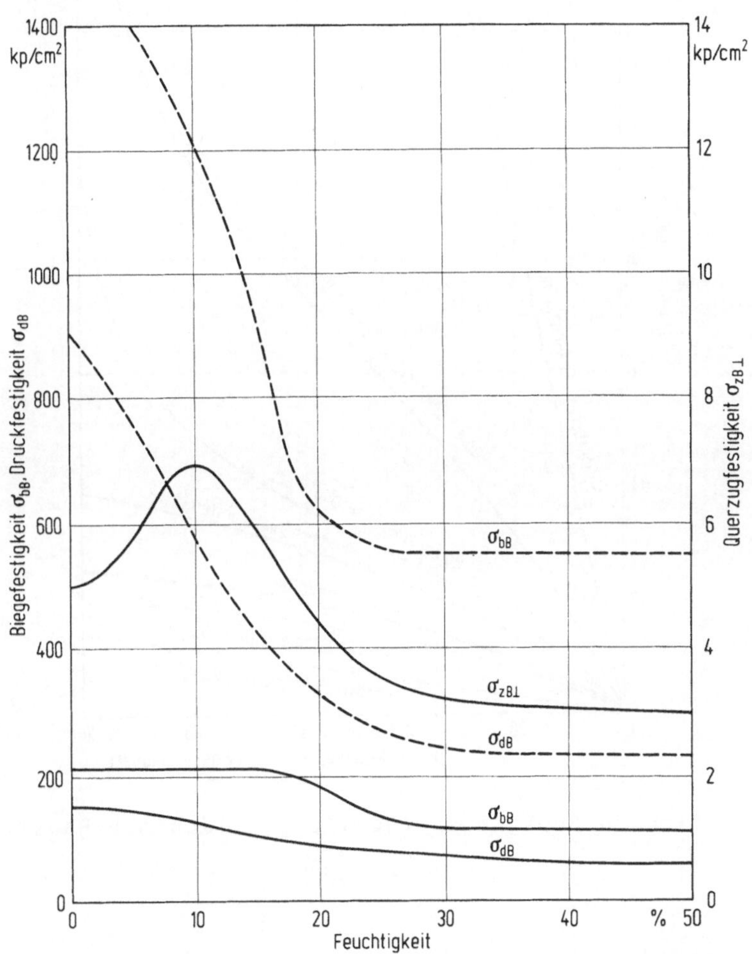

Abb. 6 Abhängigkeit der Biege-, Druck- und Querzugfestigkeit von Spanplatten (ausgezogene Kurven) von der Feuchtigkeit, verglichen mit Kiefernholz (gestrichelte Kurven) (Perkitny (Lit. 15), vgl. Teichgräber, in Kollmann (Lit. 5), S. 534)

Je größer eine Holzspanplatte ist, desto wichtiger für die praktische Bewährung ist ihre lineare Bewegung (Ausdehnung) infolge von Änderungen des Feuchtigkeitsgehaltes oder der Temperatur. Abb. 7 zeigt nach Heebink (Lit. 17), wie günstig

Bau-Spanplatten in dieser Hinsicht verglichen mit anderen flächenförmigen Holzwerkstoffen, Papierschichtplatten, Faserplatten und Brettern, quer und längs zur Faserrichtung gemessen, abschneiden.

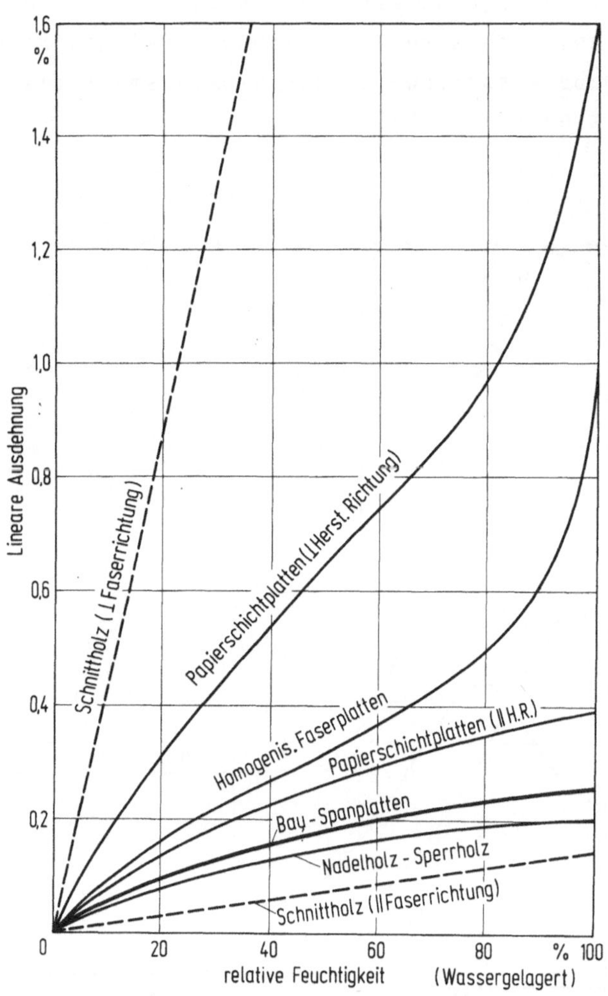

Abb. 7 Typische lineare Bewegungen (Quellung) flächiger Baustoffe, nach Heebink (Lit. 2o)

5. Elastizität, Plastizität, Festigkeit

Spanplatten, ursprünglich nur im Möbelbau verwendet, müssen im Bauwesen ausreichend steif und fest sein. Erwartet muß auch werden, daß die mechanischen Eigenschaften unter dem Einfluß von wechselnder Belastung, von Feuchtigkeits- und Temperaturschwankungen nicht zu stark abnehmen. Von praktischer Bedeutung wurde diese Frage erst in den letzten zehn Jahren. Innerhalb dieser Zeit wurden Spanplatten in einem größeren Bereich von Dichte und Dicke, auch mit verbesserter Herstellungstechnik (Einstreuen, Verleimen, Leimtypen, Preßbedingungen, Klimatisierung usw.) erzeugt. Das Band der Eigenschaften erweiterte sich, Spanplatten werden heute für Bauteile vielfach angewendet, diese Entwicklung wird sich fortsetzen.

Tabelle 2 gibt einige Mittelwerte für die mechanischen Eigenschaften von Flachspanpreßplatten. Die Werte beziehen sich auf die vorherrschende Dicke von 19 mm (3/4 in.).

Tabelle 2 Mechanische Eigenschaften von 19 mm dicken Flachspanpreßplatten (nach Kollmann)

Dichte kg/m³	5oo... 7oo
Elastizitätsmodul (Biegung) kp/cm²	23 ooo... 35 ooo
Zugfestigkeit parallel zu Decklagen kp/cm² quer zu Decklagen kp/cm²	 1oo... 25o 3... 8
Druckfestigkeit parallel zu Decklagen kp/cm²	 1oo... 2oo
Biegefestigkiet kp/cm²	13o... 25o
Biege-Dauerfestigkeit (> 10^6 Lastspiele) kp/cm²	 3o... 55
Scherfestigkeit ‖ Plattenebene kp/cm² ⊥ Plattenebene kp/cm²	 rd. 8o rd. 18o

Die Abhängigkeit der mechanischen Eigenschaften von der Spanplattendicke ist in Abb. 8 dargestellt. Mit zunehmender Plattendicke nimmt die Kohäsion ab, die Streuungen werden aber kleiner; dies ist für den Elastizitätsmodul nach Erfahrung und Schätzung eingezeichnet.

Bei der Beurteilung von Spanplatten spielt auch ihre Quellung eine wichtige Rolle. Leider sind die Prüfverfahren (nach DIN 52 364) zwar scharf, aber fragwürdig: zweistündiges Tauchen in Wasser von Raumtemperatur. Nach diesem Test sind 6 bis 1o% Dickenquellung zulässig.

Für die mechanische Berechnung von Spanplatten gibt es Anleitungen von Keylwerth (Lit. 18) und Plath (Lit. 19).

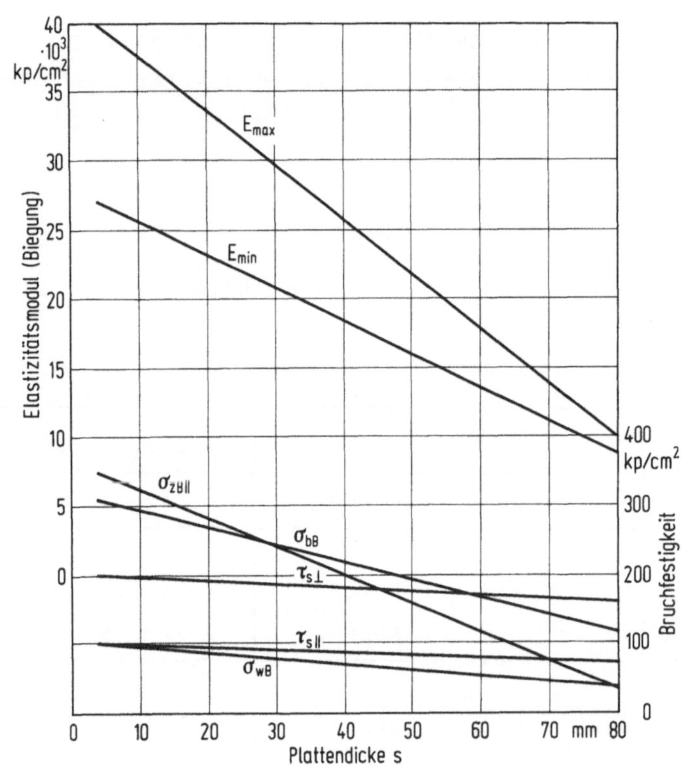

Abb. 8 Abhängigkeit der mechanischen Eigenschaften von Flachpreßplatten von der Plattendicke (nach Kollmann)

Für die zulässigen Spannungen bei Holzspanplatten im Bauwesen gibt es noch keine einheitlichen Festlegungen. DIN 68 762, (Sept. 1973) nennt als Mindest-Biegefestigkeit für leichte Flachpreßplatten 35 und 5o kp/cm^2. In DIN 68 763 (Sept. 1973) sind für Flachpreßplatten mit hoher Biege- und normaler Querzugfestigkeit Biegefestigkeiten ausgewiesen, die von 2oo kp/cm^2 für dünne Platten von 6 bis 13 mm Dicke auf 15o kp/cm^2 für Platten mit 2o bis 25 mm Dicke und 8o kp/cm^2 für Platten mit über 4o mm Dicke abnehmen (Abb. 9). Durch Überfurnieren erhöhen sich die Biegefestigkeiten auf das 2,5 - bis 3fache.

Bei Strangpreßplatten sind die Verhältnisse verwickelt: Parallel zur Faser gibt es keine genormten Werte, senkrecht dazu liegen sie zwischen 8o und 1oo kp/cm^2. Furnieren erhöht bei dieser Beanspruchung die Werte um 25 bis 5o%.

Bei Flachpreßplatten muß man die Querzugfestigkeit besonders vorsichtig bewerten. Nach Tabelle 2 kann man durchschnittlich 5 kp/cm^2 annehmen. Hier sind Strangpreßplatten infolge ihrer besonderen Struktur (Fasern, Faserbündel oder Späne senkrecht zur Plattenebene) mit rund 15 kp/cm^2 überlegen.

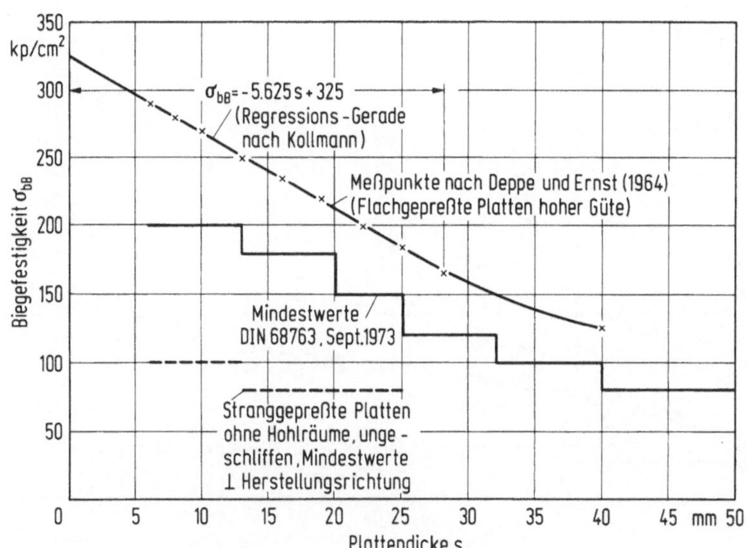

Abb. 9 Abhängigkeit der Biegefestigkeit von Flachpreßplatten von der Plattendicke

6. Kriechen, Relaxation

Spanplatten verhalten sich wie Vollholz und andere hochpolymere Stoffe teils als elastische (Hooke'sche) Festkörper, teils als Newton'sche Flüssigkeiten. Belastungszeit, Temperatur und Feuchtigkeitsgehalt bestimmen die Formänderung.
Die Theorie von Verformung und plastischem Fließen wurde vielfach behandelt, verwiesen sei auf Schmidt und Marlies (Lit. 2o) und Kollmann (Lit. 21). Über das Dauerstandverhalten von Span- und Furnierplatten haben Möhler und Ehlbeck (Lit. 22) berichtet. Sie fanden bei gegen Feuchtigkeitsaufnahmen aus der Luft nicht geschützten Spanplatten auch unter verhältnismäßig geringen Biegebeanspruchungen erhebliche Zunahmen der Durchbiegungen bei mehrfach wiederholten Belastungs-Entlastungszyklen und zogen in Erwägung, bei Berechnungen anstelle des Elastizitätsmoduls einen abgeminderten Verformungsmodul heranzuziehen. Ausführlich untersuchte Kufner (Lit. 23) das Kriechen von handelsüblichen 19 mm dicken Flachpreßplatten bei langzeitiger Biegebeanspruchung. Aufgenommene Zeit-Verformungskurven (Abb. 1o) haben meist einen treppenförmigen Verlauf, der sich aus plötzlichen Verformungen als Folge von Teilbrüchen erklären läßt. Das Zeit-Verformungsdiagramm eines rheo-

logischen Kurzversuchs mit einer Spanplatte bei 1o% Feuchtigkeitsgehalt zeigt Abb. 11. Das Formänderungsverhalten läßt sich mit dem Modell des Burgers-Körpers (Lit. 21, 24, 25, 26) erklären und berechnen. Kufner (Lit. 23) gibt die in Tabelle 3 enthaltenen Werte der Zeitstandfestigkeit von 19 mm dicken Spanplatten an.

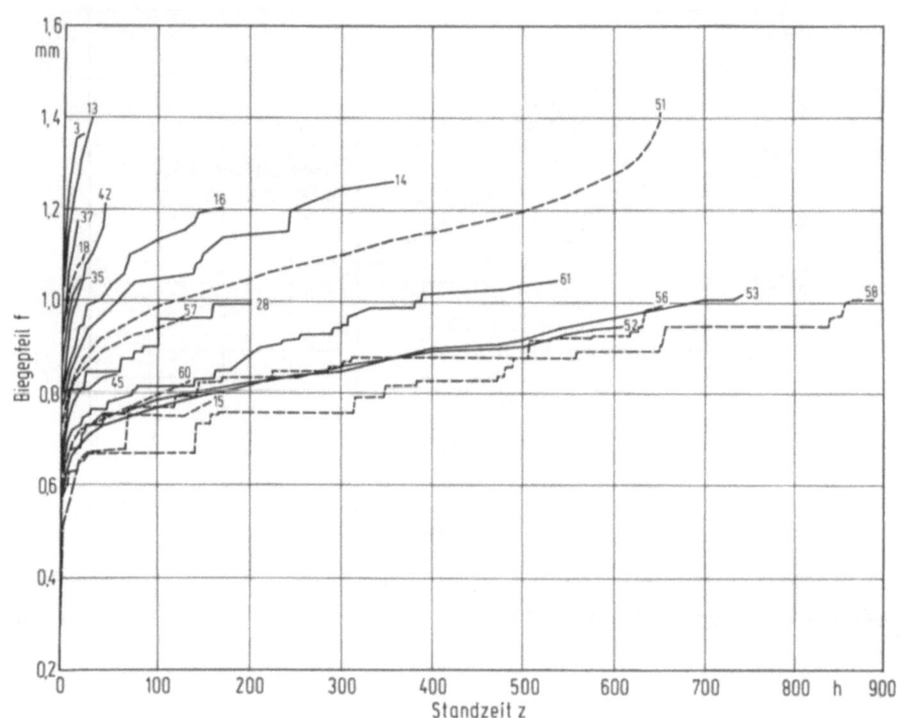

Abb. 1o Zeit-Verformungskurven ausgewählter Proben einer Vielschichtplatte bei konstanter Biegebeanspruchung (nach Kufner, 197o)

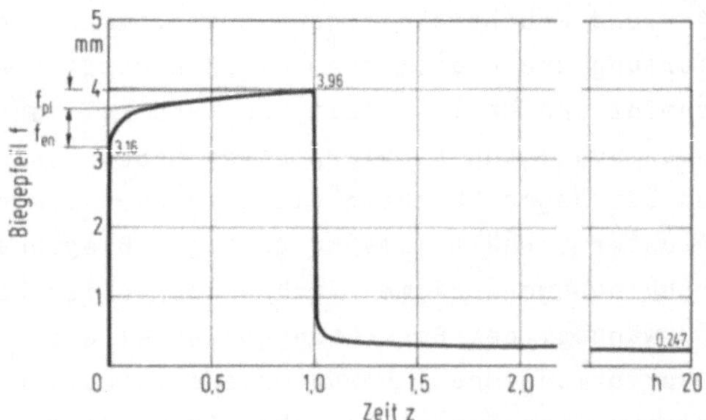

Abb. 11 Zeit-Verformungsdiagramm eines rheologischen Kurzversuchs mit einer Spanplattenprobe von 1o% Feuchtigkeitsgehalt (nach Kufner, 197o)

Tabelle 3 Extrapolierte Werte der Zeitstandbiegefestigkeit von 19 mm dicken Flachpreßplatten (Lit. 23)

Feuchtigkeitsgehalt %	Zeitstandbiegefestigkeit kp/cm² nach einer Standzeit in Jahren		
	1o	5o	1oo
1o	11o,3	1o2,8	99,6
2o	54,3	5o	48,2

7. Dynamische Festigkeit

Die Festigkeit unter dauernd wechselnden Spannungen beträgt bei Flachpreßplatten nur etwa 22% der entsprechenden statischen Kurzzeitfestigkeit. Viele Faktoren beeinflussen aber die "Ermüdung" wie Größe und Form der beanspruchten Körper, das Vorhandensein von Kerben, die Beschaffenheit der Oberflächen, das innere Dämpfungsvermögen.

Bei Bauteilen können schließlich stoßweise Beanspruchungen auftreten. Bei Bruchschlagversuchen mit dem Pendelhammer haben, wie Winter und Frenz (Lit. 27) fanden, die Abmessungen der Proben, insbesondere das Verhältnis der Stützweite zur Probendicke einen starken Einfluß auf die Versuchsergebnisse. Die genannten Autoren ermittelten spezifische (d.h. auf den Probenquerschnitt bezogene) Bruchschlagarbeiten zwischen 4 und 2o cmkp/cm².

Wichtigere Aufschlüsse geben Durchschlagversuche an quadratischen Plattenausschnitten. Dosoudil (Lit. 28) verwendete dazu tropfenförmige Fallkörper aus Stahl. Die Durchschlagenergie ist ungefähr proportional dem Flächengewicht der Platten.

8. Ausblick

Spanplatten werden in Zukunft noch mehr als bisher im Bauwesen Verwendung finden. Flachgepreßte Platten werden vorwiegen, aber auch stranggepreßte Platten haben bei Fertighäusern große Bedeutung. Besonders wichtig sind graduierte Platten und solche mit Oberflächenbeschichtung. Die Genauigkeit der Abmessungen, die Oberflächenbeschaffenheit, die mechanischen Eigenschaften und das Standvermögen wurden wesentlich verbessert. Alle Spanplatten sind leicht von Hand und maschinell zu bearbeiten. Das Haltevermögen für Nägel und Schrauben ist (besonders quer zur Plattenebene) gut.

Biologischen Angriffen (durch Pilze und Insekten) widerstehen Spanplatten etwas besser als Vollholz. Sie können mit einem bereits bei der Herstellung der begrenzt wetterbeständigen Verleimung eingebrachten Holzschutzmittel geschützt werden (Normtyp V1ooG nach DIN 68 763, Sept. 1973). Es gibt heute Spanplatten, die nach DIN 41o2 als Baustoffe in die Klasse B1 "schwer entflammbar" und als Bauteile in die Klasse F 6o ("brandverzögernd") fallen.

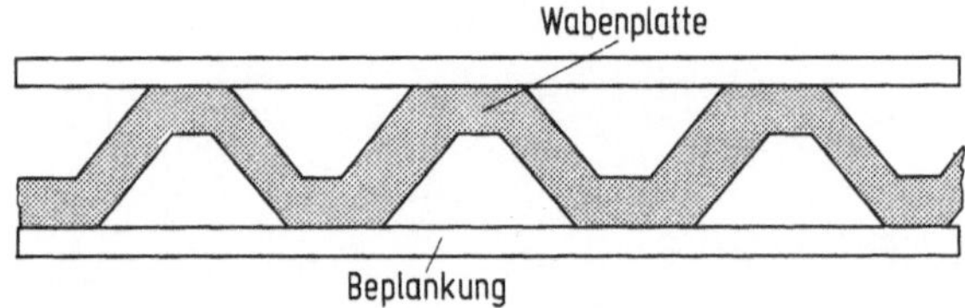

Abb. 12 Querschnitt durch eine beplankte Wabenplatte (Wilhelm Klauditz-Institut für Holzforschung, Braunschweig)

Auch ganz neue Plattentypen, z.B. Wabenplatten (Abb. 12) mit großer Dicke, niedrigem Flächengewicht, sehr hoher Querzugfestigkeit und bei Beplankung sehr hohem Widerstandsmoment gegen Durchbiegung (Lit. 29) und vorgefertigte Außenwandelemente (z.B. 1,25 m x 2,5o m) (Lit. 3o) finden Verwendung. Auf die große Bedeutung der Prüfung von Fertigbauelementen mit Spanplatten, insbesondere auf ihre Festigkeit hat Möhler (Lit. 31) hingewiesen. Dies ist auch der einzige Weg, um von der für solche Bauteile noch geltenden Sicherheitszahl gegenüber der in einem statischen Versuch bestimmten Bruchlast herunterzukommen.

Literatur

(1) Stegmann, G.: Zum Ausbaustand der Spanplattenindustrie in der BRD. Holz- und Kunststoff-Verarbeitung 7 (1972), S.626/636. Zugleich Ber. 157/1972 d. Wilh. Klauditz-Instituts für Holzforschung a.d. T.U. Braunschweig 1972.

(2) Hobohm, S.: Struktur und Holzverwendung in der Möbelindustrie. Holz-Zbl. 93 (1972), S.1o93/1o98.

(3) Freas, A.D.: Wood products and their use in construction. Unasylva 25 (1971), No 1o1, 1o2, 1o3, 53-68.

(4) Deppe, H.-J. und K. Ernst: Technologie der Spanplatten. S.18, 36/39 Stuttgart 1964.

(5) Kollmann, F.: Holzspanwerkstoffe. Berlin, Heidelberg, New York 1966.

(6) Trutter, G. und M. Himmelheber: Die moderne Spanplattenfertigung. Stand der Technik bei den Fertigungsverfahren. Holz als Roh- und Werkstoff 28 (197o), S.85/1o1.

(7) Plath, E.: Einfluß der Rohdichte auf die Eigenschaften von Holzwerkstoffen. Holz als Roh- und Werkstoff 21 (1963), S.1o4/1o8.

(8) Klauditz, W.: Untersuchungen über die Eigenschaften verschiedener Holzarten, insbesondere von Rotbuchenholz, zur Herstellung von Holzspanplatten. Ber. 25/1952 d.Inst.f.Holzforschg.a.d.TH Braunschweig 1952.

(9) Greten, E.: Bison-Verfahren. In: Kollmann, F., Holzspanwerkstoffe. S.442. Berlin, Heidelberg, New York 1966.

(1o) Keylwerth, R.: Zur Mechanik der mehrschichtigen Spanplatte. Holz als Roh- und Werkstoff 16 (1958), S.419/43o.

(11) Kollmann, F. und R. Teichgräber: Abhängigkeit der Querzugfestigkeit der Spanplatten vom Anteil an Feingut. Holz als Roh- und Werkstoff 2o (1962), S.4o4/4o5.

(12) Fahrni, F.: Verfahren zur Herstellung von Preßholz-Kunstplatten. Deutsche Patentanmeldung F 1658 XII/381 vom 25.4.1942, hinterlegt beim Reichspatentamt, veröffentlicht am 24.9.1953.

(13) Klauditz, W.: Zur Kenntnis der Druckverleimung von Holzspänen zu Holzspanplatten in beheizten hydraulischen Etagenpressen und Beschleunigung der Verleimungsvorgänge durch Einstellung zweckmäßiger Feuchtigkeitsgehalte des beleimten Spanguts und durch Erhöhung der Temperatur bei der Verleimung. Ber. 45/1955 d.Inst.f.Holzforschg.a.d.TU Braunschweig 1955.

(14) Kollmann, F.: Über den Einfluß von Feuchtigkeitsunterschieden im Spangut vor dem Verpressen auf die Eigenschaften von Holzspanplatten. Holz als Roh- und Werkstoff 15 (1957), S.35/44.

(15) Perkitny, T.: Beiträge zur Ermittlung der Qualität von Spanplatten. Holztechnologie 3 (1962), S.64/7o.

(16) Lawniczak, M. und K. Nowak.: Der Einfluß hydrophobierender Imprägniermittel auf feuchtigkeitsbedingte Formänderungen der Span- und Flachsschäbenplatten. Holz als Roh- und Werkstoff 2o (1962), S.68/72.

(17) Heebink, B.G.: Some views on large structural particleboard panels. U.S.D/A. Forest Service, Research Note, FPL-o22o, 1972.

(18) Keylwerth, R.: s. Lit. 1o.

(19) Plath, E.: Berechnung von Holz-Verbundwerkstoffen. Holz als Roh- und Werkstoff 3o (1972), S.57/61.

(2o) Schmidt, A.X. und C.A. Marlies: Principles of high-polymer theory and practice. New York, Toronto, London 1948.

(21) Kollmann, F.: Der Einfluß der Zeit auf die mechanischen Eigenschaften der Hölzer. Holz als Roh- und Werkstoff 1o (1952), S.187/197.

(22) Möhler, K. und J. Ehlbeck: Versuche über das Dauerstandverhalten bei Biegebeanspruchung. Holz als Roh- und Werkstoff 26 (1968), S.118/124.

(23) Kufner, M.: Das Kriechen von Holzspanplatten bei langzeitiger Biegebeanspruchung. Holz als Roh- und Werkstoff 28 (197o), S.429/446.

(24) Kollmann, F.: Über Unterschiede im rheologischen Verhalten von Holz und Holzwerkstoffen bei Querdruckbelastung. Forsch.Ing.Wes. 23 (1957), S. 49/54.

(25) Kollmann, F.: Rheologie und Strukturfestigkeit von Holz. Holz als Roh- und Werkstoff 19 (1961), S.73/8o.

(26) Kollmann, F.: Über das rheologische Verhalten von Buchenholz verschiedener Feuchtigkeit bei Druckbeanspruchung längs der Faser. Materialprüfung 4 (1962), S.313/319.

(27) Winter, H. und W. Frenz: Ein Beitrag zu den Prüfverfahren für die Kennzeichnung der Eigenschaften von Holzspanplatten. Holz als Roh- und Werkstoff 12 (1954), S.348/357.

(28) Dosoudil, A.: Dynamische Festigkeit von Platten. Svensk Papperstidning 53 (195o), S.6o9/612.

(29) Wabenplatten. WKI-Kurzbericht Nr. 16/71

(3o) Außenwandbauelemente - Testhaus. WKI-Kurzbericht Nr. M 1/72.

(31) Möhler, K.: Prüfverfahren für Fertigbau-Elemente (insbes. Festigkeitsprüfverfahren). In: Bauen mit Spanplatten. S. 119/125. Triangel-Spanplattenwerke, Triangel 1964.